普通高等教育"十一五"国家级规划教材 国家精品课程 国家精品资源共享课程 配套教材

21世纪高等教育计算机规划教材

计算机科学概论
（第3版）

An Overview of Computer Science

丛书主编 赵欢

赵欢 主编

U0264878

人 民 邮 电 出 版 社

北 京

图书在版编目（ＣＩＰ）数据

计算机科学概论 / 赵欢主编. -- 3版. -- 北京：
人民邮电出版社，2014.11（2023.7重印）
21世纪高等教育计算机规划教材
ISBN 978-7-115-37108-9

Ⅰ. ①计… Ⅱ. ①赵… Ⅲ. ①计算机科学－高等学校
－教材 Ⅳ. ①TP3

中国版本图书馆CIP数据核字(2014)第232582号

内 容 提 要

本书是计算机导论的教材，分为基础理论和高级专题两个部分。基础理论部分依广度优先的原则，用通俗易懂的语言、大量图片和示例，全面介绍计算机发展历史和重要历史人物及其思想，系统地介绍计算机科学与技术的基本概念、方法和技术；内容涉及计算机组成与结构（包括计算的历史与未来、计算机组成与工作原理）、操作系统与网络、算法与程序设计语言和数据组织（包括数据结构、文件结构和数据库概述）等。高级专题就近年出现的计算机新技术和新领域进行深入浅出的科普介绍，内容包括嵌入式计算、信息安全/网络安全、物联网、智能信息处理、大数据和云计算。

本书旨在培养学生计算机科学与技术的知识理念和计算思维，使他们对计算机、计算机科学技术有一个基本、较全面的了解，并跟踪新技术，为他们将来的发展提供线索和发展空间。

本书可作为大学本科计算机类或电子信息类专业的计算机导论教材，或作为一年级非计算机专业研究生选修课教材，还可作为大学的通识选修课教材，也可作为其他人员的读物或参考书。

◆ 主　　编　赵　欢
责任编辑　邹文波
责任印制　彭志环　杨林杰

◆ 人民邮电出版社出版发行　北京市丰台区成寿寺路 11 号
邮编　100164　电子邮件　315@ptpress.com.cn
网址　http://www.ptpress.com.cn
固安县铭成印刷有限公司印刷

◆ 开本：787×1092　1/16
印张：22.75　　　　　2014 年 11 月第 3 版
字数：598 千字　　　 2023 年 7 月河北第 12 次印刷

定价：49.00 元
读者服务热线：(010)81055256　印装质量热线：(010)81055316
反盗版热线：(010)81055315

第 3 版前言

电子计算机的发明是人类历史上最伟大的发明之一,它使人类社会进入了信息时代,第一台现代电子计算机诞生已近 70 年,计算机技术以不可思议的速度发展,迅速改变着世界和人类生活。如今,计算已经"无所不在",计算机与其他设备甚至是生活用品之间的界限日益淡化,现代社会的每个人都要与计算机打交道,每个家庭每天也在不经意间使用了很多"计算机"设备,数字化社会以不可抗拒之势到来,社会对人们掌握计算机技术的程度要求已远远超过以往任何时期。走在时代前列的大学生,有必要了解计算机发展历史、发展趋势,掌握计算机科学与技术的基本概念、一般方法和新技术,以便更好地使用计算机及计算机技术为社会服务。

近几年来,各高校都在逐步进行顺应时代的教育教学创新改革,大学计算机基础教育在课程体系、教学内容、教学理念和教学方法上都有了较大提升,本套丛书正是这项改革的产物。

关于本套丛书

本套教材包括以下 7 本:

- 计算机科学概论
- 计算机操作实践
- 高级 Office 技术
- SQL server 数据库技术及 PHP 技术
- MATLAB 及 Mathematic 软件应用
- SPSS 软件应用
- 多媒体技术及应用

本套教材可以适用于不同类型的学校和不同层次的学生,也可作为相关研究者的参考书。前面三本具有更广的适用性,后面几本更倾向于教学中的各个模块,针对不同专业类的学生,学校可以选择不同模块组织教学。

关于《计算机科学概论(第 3 版)》

(1)学时安排及教学方法建议。

《计算机科学概论(第 3 版)》可安排 10 ~ 20 学时(非计算机专业)或 16 ~ 32 学时(计算机专业);有条件的学校最好组织具有研究专长的高水平教师梯队,采用学术讲座或科普讲座方式教学;每个教学梯队由 4 ~ 5 位教师组成,其研究领域应来自不同领域,例如,分别来自计算机体系结构、网络与信息安全、程序设计及算法分析、数据库系统以及智能系统、大数据、云计算等,负责讲述各部分内容。

(2)本书的结构。

全书共分为 2 个部分。

第一部分,基础理论。包括第 1 章,计算的历史与未来;第 2 章,计算机组成与工作原理;第 3 章,操作系统;第 4 章,计算机网络;第 5 章,算法;第 6 章,程序设计语言;第 7 章,数据结构;第 8 章,文件系统;第 9 章,数据库系统。

第二部分，高级专题。包括第 10 章，嵌入式计算专题；第 11 章，信息安全与网络安全专题；第 12 章，物联网专题；第 13 章，智能信息处理专题；第 14 章，大数据专题；第 15 章，云计算专题。

第一部分为基本部分，一般作为必讲内容；第二部分为高级部分，可根据学校及学生专业类别选择安排。

本书第 1 章、第 2 章由赵欢编写，第 3 章、第 4 章由肖德贵编写，第 5 章、第 6 章由李丽娟编写，第 7 章 ~ 第 9 章由骆嘉伟编写，第 10 章由徐成编写，第 11 章由彭飞编写，第 12 章由罗娟编写，第 13 章由杨高波编写，第 14 章由李智勇编写，第 15 章由唐卓编写，全书由赵欢统稿。

网站资源

有如下两种途径获取教学资源：

（1）通过人民邮电出版社教学资源网站：http://www.ptpress.com.cn/download，可免费下载 PPT 教案、操作案例和素材包。

（2）通过中国大学精品资源课程网站：http://www.icourses.cn/coursestatic/course_2799.html，除可获取上述资源外，还可免费注册在线学习。

致谢

感谢湖南大学信息科学与工程学院院长李仁发教授对本书提出的指导性建议；同时感谢彭蔓蔓、吴昊、徐红云、吴蓉晖、陈娟、杨圣洪，他们或参与了本书大纲的讨论，或提供了素材。

由于编者水平有限，加之编写时间仓促，书中难免有错误和不当之处，请读者批评指正。

赵 欢
于湖南长沙岳麓山
2014 年 10 月

目　录

第一部分
基础理论

第1章
计算的历史与未来

计算的历史十分悠久，可以追溯到原始人用手指计算、石头计算或结绳计算。当文化越来越复杂、社会越来越进步，计算工具也在相应变化，现代计算机的出现就源于这种需求。

计算机无疑是人类历史上最伟大发明之一。如果说，蒸汽机的发明导致了工业革命，使人类社会进入了工业社会；计算机的发明则导致了信息革命，使人类社会进入了信息社会。

世界上第一台电子计算机 1946 年诞生于美国宾西法尼亚大学，名叫 ENIAC。大半个世纪以来，计算机及计算机技术发展之迅猛是当初发明者所始料未及的。如今，"计算"已经无所不在，计算机及计算机技术已经深入生产、生活各个方面。

这个给人类带来巨大变革的机器是如何诞生的？它诞生至今走过了怎样的历程？它的未来有怎样的发展趋势？有哪些奠定历史的人物及其思想？这些正是本章要介绍的内容。

1.1　计算机的史前时代

计算机的概念除了平常所说的"电脑"外，还包括机械式计算机和机电式计算机，它们的历史都早于电子计算机。此处所说"计算机的史前时代"指计算机出现之前计算工具的发展历史。计算机之所以区别于其他计算工具，主要是由于计算机可以执行程序，至少可以自动进行一系列计算，而其他计算工具的每一步计算都需要人工干预。

没有这些还称不上计算机的计算工具的历史，没有人们对"计算"逐步进化的认识，没有人们对"计算"永不停止的追求，现代计算机就不会研制出来。

1.1.1　石头计算到算盘

计算机的史前史应该从计算工具开端，至少可以追溯到我们祖先用石头或手指帮助计数的远古时代。美国著名科普大师阿西莫夫说过，人类最早的"计算机"是手指；古人也曾用石头计算捕获的猎物，石头就是他们的计算工具。中国数学史专家考证，大约在新石器时代早期，即远古传说里伏羲、黄帝之前，人们使用的是结绳计数，即用绳子打结的多少来表示数的概念。

图 1.1　泥板上的契形文字代表数字"25"

当我们的祖先告别了结绳记数，数学萌芽让人类开始了"数字化生存"的初次尝试。从公元前四五千年起，美索不达米亚两河流域苏美尔人在发明楔形文字的同时，也在泥板上刻下了人类最早的一批数字符号（见图 1.1）。

　　中国古代的"算筹"（见图 1.2）也是一直神奇的计算工具，它运用"筹码"——一种削制竹签来进行运算。中国古代使用的算筹一般长为 13～14cm，直径 0.2～0.3cm。古人创造了纵式和横式两种不同的摆法，两种摆法都可以用 1～9 九种数字来计算任意大的自然数，与现代通行的十进制计数法完全一致，显示了中国古代人民高超的数学才能。公元 500 年前，中国南北朝时期的数学家祖冲之，借助算筹作为计算工具，成功地将圆周率 π 值计算到小数点后的第 7 位，成为当时世界上最精确的 π 值，比法国数学家韦达的相同成就早了 1100 多年。

　　算盘（见图 1.3）是人类经过加工制造出来的第一种计算工具，是我国古代发明创造的重要成就之一，至今已有一千多年的历史了。它用木质框架及珠柱构成，柱上串有算珠，以算珠的排列位置作为计数结果。算盘最早记录于汉朝人徐岳撰写的《数术记遗》一书里，书载："珠算控带四时，经纬三才"。由于珠算口诀便于记忆，运算方便，算盘一时间风靡海内外，并且逐渐传入日本、朝鲜、越南、泰国等地，随后，又经一些商人和旅行家带到欧洲，逐渐向西方传播，对世界数学的发展产生了重要的影响。

图 1.2　中国古代算筹

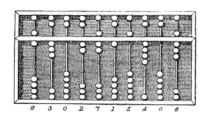

图 1.3　中国古代的 9 档算盘

1.1.2　计算尺和计算器

1. 计算尺

17 世纪初，计算工具在西方呈现了较快的发展势头。

1614 年，苏格兰数学家约翰·纳皮尔（John Napier）发现利用加减计算乘除的方法，依此发明对数，纳皮尔在制作第一张对数表的时候，必需进行大量的乘法运算，而一条物理线的距离或区间可表示真数，于是他设计出计算器"纳皮尔骨头"协助计算（见图 1.4，也称纳皮尔算筹）。

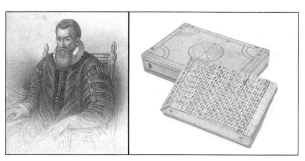

图 1.4　纳皮尔及其发明的纳皮尔算筹

【纳皮尔算筹只是纳皮尔的附带发明，他在数学领域最伟大的贡献是 1614 年发表的对数概念，这影响了整整一代数学家，并极大地推动了数学向前发展，随后出现的计算尺正是基于对数原理的。】

　　1633 年，英国牧师威廉·奥特雷德（William Oughtred）利用对数基础，发明出一种圆形计算工具比例环（见图 1.5），后来逐渐演变成近代熟悉的计算尺（见图 1.6），它不仅能做加、减、乘、除、乘方、开方运算，甚至可以计算三角函数、指数函数和对数函数。直到口袋型计算器发明之前，有一整个世代的工程师，以及跟数学沾上边的专业人士都使用过计算尺。美国阿波罗计划里的工程师甚至利用计算尺就将人类送上了月球，其精确度达到 3 位或 4 位有效数字。

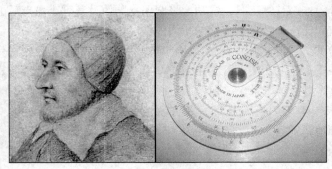

图 1.5　奥特雷德及发明的比例环

图 1.6　风靡 18～19 世纪的计算尺

2．计算器

1957 年，卡西欧公司制作了世界上第一台商用小型电子计算器，如图 1.7 所示。后来，电子计算器功能越来越完全、体积越来越小，甚至可以毫不费劲地装入口袋，因而被称为口袋型计算器，图 1.8 所示的是一台普通的口袋电子计算器。即使是在计算机如此发达的今天，这种袖珍计算器仍然有其广泛的市场。

图 1.7　Casio 14-A——第一台商用小型电子计算器

图 1.8　一台普通的袖珍电子计算器

1.2　机械式计算机

平常所说的"电脑"指的是"电子计算机"即"现代计算机"。在电子计算机出现之前，从 17～19 世纪长达两百多年的时间里，一批杰出的科学家相继进行了"机械计算机"的研究，这些机器虽然构造简单、性能不够好，甚至不能被称为严格意义上的"计算机"，但其工作原理与现代计算机极为相似，为现代计算机的产生奠定了基础。

1.2.1　施卡德计算机

鲜为人知的是，德国图宾根大学的教授威海姆·施卡德（Wilhelm Schickard）曾经于 1623 年制作出一台机械计算器，这是迄今世界已知的第一部机械式计算机器。这部机械改良自时钟的齿轮技术，能进行六位数的加减，并经由钟声输出答案，因此又称为"计算钟"，机器上部还附加一套圆柱型"纳皮尔算筹"，因此也能进行乘除运算。可惜后来毁于火灾，施卡德也因战祸而逝。

人们大都把第一台机械计算机的荣誉归功于法国的帕斯卡，实际上施卡德计算机早于帕斯卡的加法机，但施卡德当时只造了两台原型机，且因战乱没有保存下来，不为人们所知，后来，人们是在他的一封信里发现了该机器的示意图，才知道了这个事实。图 1.9 所示的机器是 1960 年施卡德的家乡人根据示意图重新制作出来的。

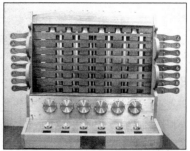

图 1.9　施卡德及施卡德计算机

1.2.2　帕斯卡加法机

1642 年，法国数学家帕斯卡为税务所苦的税务员父亲发明了滚轮式加法器（Pascaline），可透过转盘进行自动加法运算。

图 1.10　帕斯卡及其加法机

帕斯卡加法机是一种系列齿轮组成的装置，如图 1.10 所示。外壳用黄铜材料制作，是一个长 20 英寸、宽 4 英寸、高 3 英寸的长方盒子，面板上有一列显示数字的小窗口，旋紧发条后才能转动，用专用的铁笔来拨动转轮以输入数字。帕斯卡后来总共制造了 50 台同样的机器，其中，有两台至今还保存在巴黎国立工艺博物馆里。

帕斯卡从加法机的成功中得出结论：人的某些思维过程与机械过程没有差别，因此可以设想用机械模拟人的思维活动。

【布莱斯·帕斯卡（Blaise Pascal），法国数学家、物理学家及思想家，自幼十分聪明，求知欲强，12岁便开始学习几何，并通读欧几里德的《几何原本》，16岁便提出了著名的帕斯卡六边形定理。】

1.2.3　莱布尼兹乘法机

1673年德国数学家戈特弗里德·莱布尼茨（Gottfried Leibnitz）使用阶梯式圆柱齿轮加以改良，制作出步进计算器（Stepped Reckoner）。这是世界上第一台可以运行完整四则运算的计算机器（也被称为"乘法机"见图1.11），可惜成本高昂不受当代重视，它长100cm、宽30cm、高25cm，主要由不动的计数器和可动的定位机构两部分组成，整个机器由一套齿轮系统传动。

图1.11　莱布尼兹及其乘法机

莱布尼茨最伟大的成就因独立发明微积分而与牛顿齐名。他对计算机的贡献不仅在于乘法机，公元1700年左右，莱布尼茨从一位友人送给他的中国"易图"（八卦）里受到启发，最终悟出了二进制数的真谛，他率先提出了二进制的运算法则。在著名的《不列颠百科全书》里，莱布尼茨被称为"西方文明最伟大的人物之一"。

【虽然机械式计算器在17世纪被发明，直到1820年之后才被广为使用。法国人汤玛斯以莱布尼茨的设计为基础，率先成功量产可作四则运算的机械式计算器，后来命名为汤玛斯计算器（Thomas Arithmometer，见图1.12），此后机械式计算器风行草偃，直到20世纪70年代的150年间，十进制的加法机（addiator，见图1.13）、康普托计算器（comptometer，见图1.14）、门罗计算器（Monroe calculator，见图1.15）以及科塔计算器（Curta calculator，见图1.16）等相继面市。】

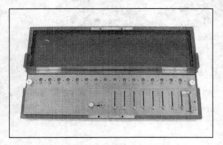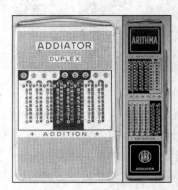

图1.12　汤玛斯计算器　　　　　　　　　图1.13　十进制加（减）法机

图 1.14　康普托计算器

图 1.15　门罗计算器

图 1.16　科塔计算器

1.3　卡片时代

1.3.1　"编织"的程序：自动编织机

提花编织机最早出现在中国。在我国出土的战国时代墓葬物品中，就有许多用彩色丝线编织的漂亮花布，它们都是由提花编织机织出来的；而要掌握这项技术却决非易事，因为所有操作全部需要经过手工完成。据史书记载，西汉年间，钜鹿县纺织工匠陈宝光的妻子，能熟练地掌握提花编织机操作技术，她的机器配置了 120 根经线，平均 60 天即可织成一匹花布，每匹价值万钱。明朝刻印的《天工开物》一书中，还赫然地印着一幅提花机的示意图，如图 1.17 所示。

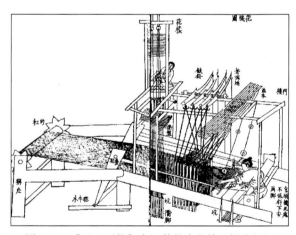

图 1.17　《天工开物》中记载的小花楼"提花机"

中国提花机后经丝绸之路传入西方，引起了西方纺织机械师们的兴趣和思考：如何能够让编织机自动按照设定的图案编织呢？

1725 年，法国纺织机械师贝斯莱·布乔（Basile Bouchon）突发奇想，想出了一个"穿孔纸带"的绝妙主意用于转织图样。布乔首先设法用一排编织针控制所有的经线运动，然后取来一卷纸带，根据图案打出一排排小孔，并把它压在编织针上。启动机器后，正对着小孔的编织针能穿过去钩起经线，其他的针则被纸带挡住不动，这样一来，编织针就自动按照预先设计的图案去挑选经线。他的合作伙伴则在 1726 年着手改良设计，将纸带换成相互串连的穿孔卡片，以此达到仅需手工进料的半自动化生产。

1801 年，法国人约瑟夫·雅卡尔（Joseph Jacquard）发明了"自动提花编织机"（Jacquard loom），利用布乔的打孔卡控制织花图样。与前者不同的是，这部织布机变更连串的卡片时，无需变动机械设计，不仅让机器编织出更为绚丽多彩的图案，而且意味着程序控制思想的萌芽，此乃可编程化机器的里程碑。穿孔纸带和穿孔卡片也广泛用于早期计算机以存储程序和数据。图 1.18 所示为英国曼彻斯特科学与工业博物馆中的雅卡尔编织机。

（a）正面图　　　　　　　　　　（b）侧面图（布乔"穿孔卡片"）

图 1.18　英国曼彻斯特科学与工业博物馆中的雅卡尔编织机

1.3.2　穿孔制表机

穿孔卡是早期计算机输入信息的设备，通常可以存储 80 列数据。它是一种很薄的纸片，面积为 190mm×84mm。首次使用穿孔卡技术的数据处理机器，是美国统计学家赫尔曼·何乐礼（Herman Hollerith）博士的伟大发明。

何乐礼是德国侨民，早年毕业于美国哥伦比亚大学矿业学院，大学毕业后来到人口调查局。美国宪法规定每十年必须进行一次人口普查，1880 年排山倒海的普查资料花费了 8 年时间处理分析，这项工作的繁琐和极易出错使他一直在思考，怎样才能减轻劳动强度、减少错误？他从 1888 年开始研制一种排序机，利用打孔卡储存资料，再由机器传感卡片，协助美国人口调查局对统计资料进行自动化制表。

何乐礼把每个人的调查项目依次排列于一张卡片，然后根据调查结果在相应项目的位置上打孔，其巧妙的设计在于自动统计。他在机器上安装了一组盛满水银的小杯，穿好孔的卡片就放置在这些水银杯上。卡片上方有几排精心调好的探针，探针连接在电路的一端，水银杯则连接于电路的另一端。与雅卡尔提花机穿孔纸带的原理类似：只要某根探针撞到卡片上有孔的位置，便会自动跌落下去，与水银接触接通电流，启动计数装置前进一个刻度。

图 1.19　陈列在博物馆中的自动制表机（墙上照片为何乐礼）

1888 年，何乐礼将自动制表机的设计申报了专利，并用于了美国人口调查局 1890 年人口普查，结果不出 3 年就完成了人口统计，且大大降低了的错误率。图 1.19 所示为陈列在博物馆中的自动制表机。

【何乐礼依托自己发明的制表机，于 1896 年创办了一家专业制表机公司，1911 年并入 CTR（计算机制表记录）公司，1924 年，CTR 公司更名为"国际商业机器公司（International Business Machines Corporation）"，即著名的 IBM 公司。在卡片机时代，IBM 的卡片是在业界与政府机构最为广泛使用的。】

虽然何乐礼发明的并不是通用计算机，除了能统计数据表格外，它几乎没有别的用途，然而，制表机穿孔卡第一次把数据转变成二进制信息。在以后的计算机系统里，用穿孔卡片输入数据的方法一直沿用到 20 世纪 70 年代，数据处理也发展成为计算机的主要功能之一。

雅卡尔的自动编织机和何乐礼的自动制表机分别开创了程序设计和数据处理之先河，正是这种程序设计和数据处理，构成了计算机"软件"的雏形。

【19 世纪 00 年代开启了计算的穿孔卡片时代，这项技术后来被广泛应用于早期的计算机中，作为程序输入的主要模式。直到 20 世纪 70 年代为止，不少计算机设备仍以卡片作为主要处理媒介，世界各地都有科学系或工程系的大学生拿着大叠卡片到当地的计算机中心递交作业程序，一张卡片代表一行程序，然后耐心排队等着自己的程序被计算机中心的大型计算机处理、编译并执行。图 1.20 所示为一张过去的 FORTRAN 程序打孔卡。】

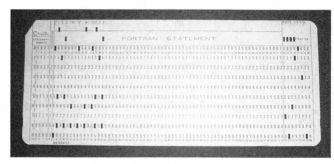

图 1.20　FORTRAN 程序打孔卡

1.4　程式化计算机的萌芽：差分机和分析机

1.4.1　差分机

可编程化是通用计算机的重要标志，正是由于这一点，在计算机发展史上，差分机和分析机占有重要的地位，它们为现代计算机的诞生奠定了理论基础。它们的研制者是英国剑桥大学教授查尔斯·巴贝奇（Charles Babbage，见图 1.21），被后人称为"现代计算机的奠基人"。

巴贝奇是一位富有的银行家的儿子，1791 年出生在英格兰西南部的托特纳斯。童年时代的巴贝奇就显示出极高的数学天赋，从剑桥大学毕业后留校任教，24 岁即受聘担任剑桥大学"路卡辛讲座"的数学教授，这是只有牛顿等科学大师才能获得的殊荣。巴贝奇不但精于科学理论，更喜欢将科学应用在各种发

图 1.21　查尔斯·巴贝奇素描画像

明创造上。

19 世纪是个人们相信机械的力量可以做到一切的时代，工业时代的进步带来了蒸汽机和各种机械装置，将人们从各种劳动中解放了出来。就是在这样的环境下，巴贝奇开始了对数学制表的机械化的研究。在那个没有计算器和计算机的时代，很多计算最快的方式是查表，但靠人工来制表不仅费时费力，而且难免会有计算错误、抄写错误、校对错误、印制错误等问题。巴贝奇在剑桥求学时，发现到了这个现象，于是就将改善制表时的各种问题当作了毕生的志向。

巴贝奇的第一个目标是制作一台差分机。"差分"的含义，是把函数表的复杂算式转化为差分运算，用简单的加法代替平方运算，即求出多项方程式的结果完全只需要用到加法与减法。简单来说，差分机就是一台多项式求值机，只要将欲求多项式方程的前 3 个初始值输入到机器里，机器每运转一轮，就能产生出一个值来。巴贝奇从雅卡尔的提花编织机上获得了灵感，在差分机设计中闪烁出了程序控制的灵光——它能够按照设计者的旨意，自动处理不同函数的计算过程。

巴贝奇的想法很简单，他想要造一台机器，从计算一直到最后印结果全部都自动化，在减少人工的同时，全面地消除可能出错的一切问题。他设计的第一台机器称为差分机引擎一号（Difference Engine No.1），利用 N 次多项式求值会有共通的 N 次阶差的特性，以齿轮运转，带动十进制的数值相加减、进位。

1822 年，在英国政府的支持下，巴贝奇雄心勃勃地开始建造这台以蒸汽引擎驱动的差分机。然而遗憾的是，巴贝奇耗费了整整 10 年光阴，竟未能完全成功。差分机一号完工预计需要 25 000 个零件，重达 4 吨，可计算到第六阶差，最高可以存 16 位数（相当于千兆的数）。但因为大量精密零件制造困难，加上巴贝奇不停地边制造边修改设计，从 1822～1832 年的 10 年间，巴贝奇只完成了 1/7（见图 1.22）。

【差分机一号（Difference Engine No.1）：计划严重超支，再加上巴贝奇不停地在制作过程中修改设计和其他的一些因素，令他和工匠师傅克里门之间时有争论，最后不仅导致克里门辞职，差分机一号也很遗憾地搁浅。最后，其 12 000 个零件被熔掉回收，英国政府在 1842 年的最后清算发现，整个计划一共让英国政府赔掉了 17 500 英镑，约等同于 22 台蒸汽火车头，一个相当惊人的数字。但即使如此，差分机运转中的精密程度仍令当时的人们叹为观止，至今依然是人类踏进科技的一个重大起步。】

【差分机二号（Difference Engine No.2）：在分析机引擎未果之后，巴贝奇运用在开发过程中获得的心得，重新回头设计了差分机引擎。运用新的方法，在 1847～1849 年间设计出差分机引擎二号，这台机器可以进行相当复杂的数学计算，计算精度可以达到 31 位数，可计算到第七阶差，而且零件数只有差分机引擎的 1/3。可惜的是，这时候巴贝奇已经找不到愿意出资的人，使得差分机引擎二号也停留在了纸上。到巴贝奇一生结束，一共只留下来了 1/7 的差分机引擎一号，一些实验性的分析机引擎零件和大量的笔记和图纸。但这些，都掩盖不了这位伟大的科学家的耀眼光环和对现代计算机技术的卓越贡献。】

1991 年，为了纪念巴贝奇 200 周年诞辰，英国伦敦科学博物馆根据巴贝奇留下的图纸重新建造了一台差分机。在复制过程中，只发现图纸存在着几处小的错误。复制者特地采用 18 世纪中期的技术设备来制作，不仅成功地造出了机器，而且可以正常运转，如图 1.23 所示。

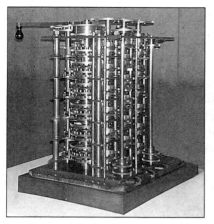

图 1.22　差分机一号的 1/7 完成品

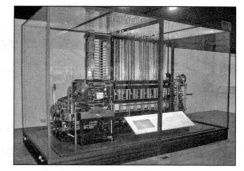

图 1.23　后人重建的差分机二号

1.4.2　分析机

1834 年，巴贝奇提出他的通用计算机——"分析机"设想，并希望它能自动解算有 100 个变量的复杂算题，每个数达 25 位，速度达到每秒运算一次。分析机包括齿轮式"存储仓库"（Store）和"运算室"（即"作坊"Mill），还有他未给出名称的"控制器"装置，以及在"存贮仓库"和"作坊"之间运输数据的输入/输出部件。这种天才的设想，与现代计算机五大部件的逻辑结构惊人一致。

但是直到 1871 年巴贝奇去世，分析机也没能造出来，可巴贝奇的绝妙构思为后人留下了一笔巨大的财富，后来的计算机研制专家无不为巴贝奇的设计方案喝彩。现代计算机的先驱之一，Mark-I 计算机的设计者，美国的艾肯博士曾感慨万分地说："假如巴贝奇晚生 70 年，我可就得失业了。"图 1.24、图 1.25 所示分别为分析机的设计图纸和复制品。

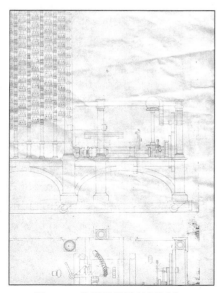

图 1.24　分析机的设计图纸之一

图 1.25　分析机：伦敦科学馆的复制品

【提到巴贝奇的分析机，必须提到一位伟大的女性，她就是奥古斯塔·艾达·拜伦（Augusta Ada

Byron，见图 1.26）伯爵夫人——英国著名诗人拜伦的女儿，被称为世界第一位计算机程序员。她帮助巴贝奇研究分析机，建议用二进制数代替原来的十进制数。她还指出分析机可以编程，并发现了编程的要素，她还为某些计算开发了一些指令，并预言计算机总有一天会演奏音乐。】

图 1.26　世界上第一位程序员——艾达夫人

无论是帕斯卡的加法机、莱布尼茨的乘法机，还是巴贝奇的分析机，它们都采用机械零件，主要采用机械传动原理工作，而下面要提到的这些机器开始采用电气控制技术取代纯机械装置，这是计算机发展史上的飞跃，也标志着计算机由机械时代向电子时代迈进。

1.5　模拟计算机

第二次世界大战之前，当时的最高科技是机械式和电动式的模拟计算机，也被认为是前途光明的计算机趋势。模拟计算机使用连续变化的物理量，像是电势、流体压力、机械运动等，处理表示待解问题中相应量的器件。例如，在 1936 年制作得相当精巧的水流积算器。跟现代的数字计算机比起来，模拟计算机相当不具弹性，必须手动装配（像是重新改编程序）才能处理下一个待解问题。不过早期的数字计算机能力有限，无法解决太过复杂的问题，所以当时的模拟计算机还是占有优势。直到数字计算机越来越快，拥有越来越强的记忆能力（像是 RAM）之后，模拟计算机就迅速被淘汰，程序设计从此成为人类另一项专业技能。

1930 年，美国麻省理工学院教授万尼瓦尔·布什（Vannevar Bush，见图 1.27）发明微分分析器（Differential Analyzer），机器采用一系列电机驱动，利用齿轮转动的角度来模拟计算结果，模拟计算机科技至此达到顶峰。1946 年，宾夕法尼亚大学的摩尔电工学院（Moore School of Electrical Engineering）打造出最具影响力的数字电子计算机埃尼阿克，终结了大部分模拟计算机的生路，在 1950～1960 年，由数字电子学控制的混合型模拟计算机依然活跃，之后模拟计算机就应用在部分专业用途上。图 1.28 所示为微分分析仪。

【万尼瓦尔·布什在第二次世界大战期间为曼哈顿计划发挥了巨大的政治作用。他写了《Science, the Endless Frontier》（科学，无尽的边疆）一文给小罗斯福总统，建议美国政府大力支持科学研究，而且政府不需自己设立研究机构，只需提供研究经费，让大学和私人企业依照研究表现来竞争政府的研究经费。此后美国政府提供的科学研究经费大幅增加，研究成果也很杰出，成为全球科技第一的国家。在他的一篇文章中《*As We May Think*》提出 "Memex"（一种信息机器）的构想，可以被看成为是现代万维网的先锋。】

图 1.27　现代电脑之父万尼瓦尔·布什

图 1.28　美国 NCAC 刘易斯飞行推进实验室的微分分析仪，摄于 1951 年

1.6　早期的数字计算机

20 世纪 30 年代后期到 20 世纪 40 年代，受第二次世界大战的影响，此一时期被认为是计算机发展史中的混乱时期，战争开启了现代计算机的时代，电子电路、继电器、电容及真空管相继登场，取代机械器件，就连各类机械式计算器也被数字计算器所代替。阿塔那索夫贝瑞电脑、Z3 电脑和巨人电脑相继诞生，它们使用包含继电器或真空管的电路，以打孔卡或打孔带作为输入和主要存储介质。

1.6.1　Z 系列计算机

有一位德国工程师，后来被人称为 "数字计算机之父"，他的名字叫克兰德·楚泽（Konrad Zuse，见图 1.29）。楚泽生活在法西斯统治下的德国，他无从得知美国科学家研制计算机的消息，甚至也没有听说巴贝奇和何乐礼的名字。1935 年楚泽大学毕业，在一家飞机制造厂找了份工作，由于经常需要对飞机强度做出分析，烦琐的计算使他萌生了制造一台计算机的念头。

1. Z-1

1938 年，28 岁的楚泽在黑暗中摸索，靠着顽强的毅力，终于完成了一台可编写程序的二进制计算机 Z-1。存储器用滑动的金属制成，运作得很理想，但算术部件不太成功。由于没有任何人支持，他花光了自己的几千马克，还是无法买来合适的零件，因此，Z-1 计算机实际上是一台实验模型，未能投入使用。图 1.30 所示为 Z-1 计算机的复制品。

图 1.29　数字计算机之父——克兰德·楚泽

2. Z-2

第二年，楚泽的朋友给了他一些电话公司废弃的继电器，楚泽用它们组装了第二台计算机 Z-2，这台机器已经可以正常工作，程序由穿孔带读取（不是纸带，是 35mm 的电影胶片），数据可以用一个数字键盘输入，而输出就显示在一个电灯上。

3. Z-3

这时，楚泽的工作引起德国飞机实验研究所的关注，他得到了一笔资助。1941 年，第三台电磁式计算机 Z-3 完成。Z-3 可处理 7 位指数、14 位小数，每秒钟能作 3～4 次加法运算，一次乘法需要 3～5 秒。使用了 2 600 个继电器，用穿孔纸带输入，实现了二进制数字程序控制，是世界上第一部在操作中可编写程序的计算机。因此，称楚泽为"数字计算机之父"是不为过的。遗憾的是，在一次空袭中，楚泽的住宅和包括 Z-3 在内的计算机都被炸毁。

4. Z-4

1945 年，楚泽又建造了一台比 Z-3 更先进的 Z-4 计算机（见图 1.31），因害怕再次被炸，他把 Z-4 计算机搬到阿尔卑斯山区的一个小村庄，藏在一个粮仓的地窖里，因而被戏称为"地窖计算机"。

过了很长时间之后，西方计算机界终于认识到，Z 系列的确是当时最先进的计算机，它研制成功的时间，要比美国、英国的同类发明更早；更重大的意义还在于，它是最先采用程序控制的数字计算机，楚泽还预见记忆存储器件可同时存储指令和数据，这项远见后见诸于冯·诺依曼结构中。

早在 1938 年就发明了计算机的楚泽，几乎被人遗忘了几十年，直到 1962 年，他才被确认为计算机发明人之一，得到了 8 个荣誉博士头衔以及德国大十字勋章。

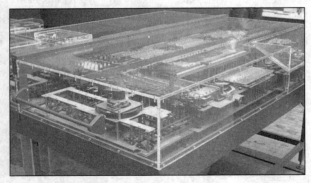

图 1.30　Z-1 计算机的复制品

图 1.31　德国博物馆里存放的 Z-4 计算机

【几乎在相同时期，美国达特茅斯大学教授乔治·斯蒂比兹（George Stibitz）博士也独立研制出二进制数字计算机 Model-K。有趣的是，斯蒂比兹的计算机与楚泽的 Z-3 采用的元件相同，都是使用电话继电器，研制的地点都在自己家里，唯一的区别是楚泽选择了起居室，而斯蒂比兹的发明却诞生于厨房的餐桌。斯蒂比兹的计算机名叫 Model-K（K 型机），"K"写全了就是"Kitchen table"，即"厨房餐桌"的意思，是他夫人多萝西亚起的名字。所以，斯蒂比兹与楚泽被并称为"数字计算机之父"。】

1.6.2　ABC 计算机

在计算机发展史上，有一位被"遗忘"的电子计算机之父——美国物理学家约翰·文森特·阿塔纳索夫。他先于莫契利和埃克特提出用电子管制作计算机，提出了清晰的计算机组成三原则，并先于 ENIAC 制成一台试验样机，可惜没被所在的爱荷华大学重视，既没有给予足够的投资，也没为其设计申请专利，而后一直搁置在爱荷华大学物理楼的储藏室里，甚至被人拆散，最后只留下了存储器部件，逐渐被人遗忘。

　　然而，我们不应该忘记阿塔纳索夫对电子计算机的贡献。

　　约翰·文森特·阿塔纳索夫（John Vincent Atanasoff，1903～1995 年，见图 1.32），美国物理学家。1903 年 10 月 4 日出生于纽约汉密尔顿，他是一位电气工程师的儿子。1925 年获佛罗里达大学电子工程专业学士学位，1926 年获爱荷华州立大学数学硕士学位，1930 年获威斯康星大学理论物理博士学位，这样的教育经历构成了阿塔纳索夫合理、宽广的知识结构。博士毕业后，阿塔纳索夫回到爱荷华大学任教。1995 年 6 月 15 日因中风去世。

图 1.32　被"遗忘"的电子计算机之父
——约翰·文森特·阿塔纳索夫

　　有史料称，ABC 机才是世界上第一台电子计算机，为阿塔纳索夫和他的研究生克利福特·贝瑞（Clifford Berry）在 1937～1941 年间开发。

　　由于求解微分方程的需要，1937 年开始，阿塔纳索夫一直在思考计算机设计方案，1939 年隆冬的一个晚上，设计遇到了难题，他驱车驶上高速公路兜风，当阿坦纳索夫把车停靠伊里诺伊州路旁小店前，要了两杯饮料，独自坐下来时，思维变得活跃起来，突然豁然开朗："逻辑电路、二进制码、记忆元件……"，计算机的结构在他头脑中构思成熟。

　　这就是著名的计算机三原则：以二进制的逻辑基础来实现数字运算，以保证精度；利用电子技术来实现控制、逻辑运算和算术运算，以保证计算速度；采用把计算功能和二进制数存储功能相分离的结构。

　　1939 年 10 月，依据计算机三原则，阿塔纳索夫和研究生助手贝瑞一起制成试验样机，这就是后来举世闻名的阿塔纳索夫—贝瑞计算机（Atanasoff-Berry Computer，ABC[1]）。图 1.33 所示为 ABC 计算机的结构设计图。不过，这台样机还不是完全的电子计算机。1940 年秋，他们写了一份更详细的建议书，用 300 多个电子管组装一台正式的 ABC 电子计算机，预算需要 5 000 美元，这也是世界上第一台具有现代计算机雏形的计算机。保守的爱荷华大学认为这是浪费金钱，断然拒绝了他们的请求。阿坦那索夫和贝瑞只得自己想办法，因陋就简，1941 年年底，ABC 主要部件已经定型，只有穿孔卡设备有待最后完成，由于美国正式参加反法西斯战争，贝瑞离开学校前往一家军事工程公司工作，这台机器原定的目标没有实现。

　　虽然，ABC 也没有实现存储程序结构（如果实现的话，它将成为真正的全通用、可重新编程的计算机）。然而，这台计算机实现了三个关键思想，这些思想在现代计算机中仍然是一个组成部分：

　　（1）使用二进制数表示所有的数值和数据；

　　（2）使用电子器件进行所有计算操作，而不是滚轮、棘轮或者机械开关；

　　（3）计算和存储在系统中分离成两部分。

　　另外，这套系统开创了对蓄热式电容内存的使用，今天它仍在 DRAM 中广泛使用。

　　如图 1.34 所示，ABC 计算机的复制品现存放在爱荷华大学，成品在 1946 年被人拆散，唯一只留下了存储器部件，逐渐被人遗忘。当年爱荷华大学没有为 ABC 申请专利，给电子计算机的发明权问题带来了旷日持久的法律纠纷。

---

[1] A、B 分别取阿塔纳索夫（Atanasoff）和贝瑞（Berry）俩人名字的第一字母，C 即"计算机"的首字母。

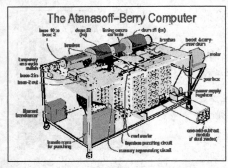

图 1.33　ABC 计算机的结构设计图

图 1.34　ABC 计算机的复制品
——位于爱荷华州立大学达勒姆中心 1 层

【关于 ENIAC 专利的诉讼：

莫契利在 1942 年 8 月写出 ENIAC 总体设想之前，曾经拜访过阿塔纳索夫，人们认为莫契利受到阿塔纳索夫有关电子计算机设计思想的启发才成功设计出 ENIAC。于是，20 世纪 60 年代中期，在美国发生了一场涉及 ENIAC 专利权的诉讼，1973 年 10 月 19 日，明尼苏达州一家地方法院经过 135 次开庭审理，宣判撤销了 ENIAC 的专利权，莫契利是 ENIAC 的总设计师而不拥有发明权。

从历史的角度客观地说，第一台通用的电子计算机 ENIAC 设计者莫契利借鉴了阿塔纳索夫的思想。正如 ENIAC 在世界科技史上具有的重大意义不可抹杀一样，阿塔纳索夫提出的计算机三原则及其 ABC 计算机对现代计算机产生的影响也是毋庸置疑的。】

1.6.3　巨人计算机

1943 年 10 月，绰号为"巨人"用来破译德军密码的计算机（Colossus computer）在英国布雷契莱庄园制造成功，此后又制造多台，为第二次世界大战的胜利立下了汗马功劳。

英国靠巨人计算机（见图 1.35）破解了部分德国军事通信密码，使德军的恩尼格玛密码机大受威胁。这台电脑的核心部件称为炸弹机（Bombe），是阿兰·图灵（Alan Turing）与高登·威奇曼（Gordon Welchman）仿造 1938 年的波兰解密机炸弹机（Bomba）所设计，运用一连串的电子逻辑演绎器件找出可能是恩尼格玛密码机的密码。此后，针对德国另外一系列与恩尼格玛密码机全然不同的电传打字机加密系统（如用于高级军事通信的劳伦兹密码机），巨人计算机也发挥了不小的作用。

图 1.35　第二次世界大战期间用来破译德国密码的巨人计算机

第一台巨人计算机"马克一号"是 1943 年的 3 月到 12 月之间，由汤米·佛劳斯（Tommy Flowers）及其同僚建造于伦敦多利士山（Dollis Hill）的邮政研究局。

【巨人计算机是世界上最早的全电子化的数字计算机，使用了数量庞大的真空管，以纸带作为输入器件，能够执行各种布尔逻辑的运算，但仍未具备图灵机完全的标准。巨人计算机一直建造到第 9 部"马克二号"停止。在第二次世界大战结束的时候，丘吉尔亲自下达一项销毁命令，命令拆毁十二台中的十台，另两台在 1961 年被拆毁。据说 Colossus 被拆得非常碎，所有的零件不超过巴掌大小，致使其实体器件、设计图样和操作方法，直到 20 世纪 70 年代还是一个谜，巨人计算机在计算机历史里未曾留下一纸纪录。英国布莱切利园目前展有巨人计算机的重建机种。】

1.6.4　Mark 系列计算机

在计算机发展史上占据重要地位的电磁式计算机叫 Mark-Ⅰ，它是现代电子计算机"史前史"里最后一台著名的计算机。

在先驱者行列中，Mark-Ⅰ发明人霍华德·艾肯（Howard Aiken，见图 1.36）是大器晚成者，他在 36 岁那年毅然辞去收入丰厚的工作，重新走进哈佛大学读博士。由于博士论文涉及空间电荷的传导理论，需要求解非常复杂的非线性微分方程，艾肯很想发明一种机器代替人工求解的方法，以帮助他解决数学难题。

3 年后，艾肯在图书馆里发现了巴贝奇和艾达的论文，以当时的科技水平，艾肯想也许已经能够完成巴贝奇未竟的事业，造出通用计算机了。为此，他写了一篇"自动计算机的设想"的建议书，提出要用机电方式，而不是用纯机械方法来构造新的"分析机"。

为了获得研制经费，艾肯找到 IBM 公司沃森求助，沃森慷慨地提供了 100 万美元，并且派来 4 名工程师协助，IBM 公司也因此告别了制表机行业，正式跨进了计算机领域。

经过 4 年的努力，1944 年 Mark-Ⅰ计算机（见图 1.37）在哈佛大学研制成功，它的外壳用钢和玻璃制成，长约 15m，高约 2.4m，自重达 31.5t。它装备了 3 000 多个继电器，共有 15 万个元件和长达 800km 的电线，用穿孔纸带输入。这台机器每秒能进行 3 次运算，23 位数加 23 位数的加法，仅需要 0.3s；而进行同样位数的乘法，则需要 6s 多时间。

图 1.36　霍华德·艾肯博士

图 1.37　哈佛大学里的 Mark-Ⅰ

MAEK-1 计算机的问世不但实现了巴贝奇的夙愿，而且也代表着自帕斯卡加法器问世以来机械计算机和电动计算机的最高水平。它使用十进位制、转轮式存储器、旋转式开关以及电磁继电器，由数个计算单元平行控制，经由打孔纸带进行程式化（改良后改由纸带读取器控制，并可依条件切换读取器），因而有人认为马克一号是世界上第一部通用计算机。

此后，艾肯相还继研制出 MARK-II、MARK-III。

【有趣的是，与巴贝奇类似，为 Mark 系列计算机编写程序的，也是一位女数学家，时任海军中尉的格蕾斯·霍波（Grace Hopper，见图1.38）博士。1946年，霍波博士在发生故障的Mark-Ⅱ计算机里找到了一只飞蛾，这只小虫被夹扁在继电器的触点里，影响了机器运作。于是，霍波把它小心地保存在工作笔记里（见图1.39），并诙谐地把程序故障统称为"臭虫（Bug）"，这一奇怪的称呼，后来成为计算机领域的专业术语。从1949年开始，霍波加盟第一台电子计算机发明者莫契利和埃克特等创办的公司，为第一台存储程序的商业电子计算机UNIVAC编写软件。1952年，霍波成功研制第一个编译程序A-0。1959年，在五角大楼支持下，她领导一个工作小组又成功地研制出商用编程语言COBOL（Common Business-Oriented Language）。霍波被后人称为"计算机软件之母"。】

图1.38　霍波博士在操作Mark计算机

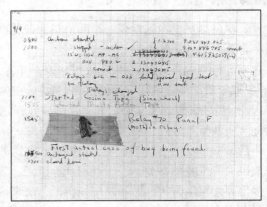

图1.39　保存在霍波笔记本中的"臭虫"

【霍波天才的创造和发明，除了计算机界通用的术语"臭虫"（Bug）外，还有一个就是家喻户晓的"千年虫"（Y2K）。20世纪50年代计算机存储器非常昂贵，为了节省内存空间，霍波开始采用6位数表示日期，即年、月、日各两位，随着COBOL语言影响日愈扩大，这一习惯被沿用下来，到2000年前居然变成了危害巨大的"千年虫"，这是她始料未及的。】

Mark系列计算机是电磁式计算机，艾肯与霍波等人研制出Mark系列计算机后，他们联名发表文章说，Mark计算机能自动实现人们预先选定的系列运算，甚至可以求解微分方程，他们终于实现了巴贝奇分析机的夙愿。但他们没有想到，这种机器从它投入运行的那一刻开始就差不多已经过时，因为同样在美国，有一些人已经开始了完全的电子器件计算机的研制。

1.7　现代电子计算机

前面介绍的计算机有些采用了二进制、闪现了数字电路的灵光，有的也尝试采用机电混合装置或者继电器，甚至许多都可以执行程序。但ENIAC才是真正采用全电子元器件、能自动执行程序、具有通用用途的第一台现代电子计算机，它的诞生标志着一个时代的开始。

1.7.1　电子管时代

1. 电子文明的曙光——电子二极管、三极管

1883年，美国天才发明家托马斯·爱迪生（Thomas Edison）的一次偶然发现——"单向电子流效应"（爱迪生效应），引起了大洋彼岸的一位英国青年工程师约翰·弗莱明（John Fleming，见图1.40）的关注和思考。1904年，为了解决无线电信号的检波问题，弗莱明在实验室重新摆弄起

爱迪生的那次试验，当然，他对试验进行了改进，就是这次试验使他发明了"真空二极管"——可以将交流电信号整流成单向流动的直流电。

电子管确实是计算机理想的开关元件，虽然弗莱明的真空二极管尚未达到计算机高速开关的要求，但我们似乎已经看到采用电子器件制作计算机的曙光。

1906 年，为了提高真空二极管检波灵敏度，美国青年发明家李・德・福雷斯特(Lee De Forest，见图 1.41) 在弗莱明的玻璃管内添加了一种栅栏式的金属网，形成电子管的第三个极。他惊讶地看到，这个"栅极"仿佛就像百叶窗，能控制阴极与屏极之间的电子流；只要栅极有微弱电流通过，就可在屏极上获得较大的电流，而且波形与栅极电流完全一致。也就是说，福雷斯特发明了能够起放大作用的真空三极管，这使得电子管的实用价值大大提高，为电子工业的发展奠定了基础。

图 1.40　弗莱明及其发明的电子二极管　　　　图 1.41　福雷斯特及电子三极管

【在帕洛阿托市的福雷斯特故居，至今依然矗立着一块小小的纪念牌，以市政府名义书写着一行文字："李・德・福雷斯特在此发现了电子管的放大作用"，用来纪念福雷斯特的伟大发明为新兴电子工业所奠定的基础。福雷斯特也因此被称为"电子管之父"，他的家乡帕洛阿托小镇今日已成为硅谷的中心地带。】

电子管最初主要在无线电装置里充当检波、整流、放大和振荡元件，它的诞生为通信、广播、电视等相关技术的出现、发展铺平了道路。人们不久后还发现，按照不同的电路形式，真空三极管除了可以处于"放大"状态外，还可分别处于"饱和"与"截止"状态。"饱和"即从阴极到阳极的电流完全导通，相当于开关开启；"截止"即从阴极到阳极没有电流流过，相当于开关关闭；两种状态可以由栅极进行控制，其控制速度要比艾肯的继电器快 10 000 倍。这样用电子器件构成计算机很快就会成为现实。

图 1.42 是三极管的符号表示及一个三极管的截面示意图。真空管具有发射电子的（K）和工作时通常加上高压的阳极（P）。灯丝（F）是一种极细的金属丝，而电流通过其中，使金属丝产生光和热，而去激发阴极来放射电子。栅极（G）置于阴极与阳极之间，栅极加电压是抑制电子通过栅极的量，所以能够在阴极和阳极之间对电流起到控制作用。

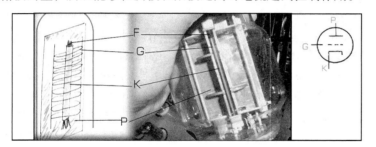

F = 灯丝

G = 控制栅极

K = 阴极

P = 阳极

图 1.42　6C33C-B 双三极管的截面及三极管的电路符号表示

【1918 年，前苏联科学家布鲁叶维奇研制出电子管触发器。第二年，英国物理学家爱克尔斯与乔丹，把两个三极管和两个电阻连接起来，也制成了一种触发电路。一个触发电路可以存储一个二进制数，若干个触发电路可以组成寄存器。寄存器是计算机在工作时暂时存放数据或指令的一种装置。触发电路的发明，为计算机技术的发展创造了条件。】

2. 第一台电子计算机的诞生

举世公认的第一台电子计算机 ENIAC，诞生在战火纷飞的第二次世界大战，它的"出生地"是美国马里兰州阿贝丁陆军试炮场。

1943 年，正是第二次世界大战的关键时期，阿贝丁试炮场再次承担美国陆军新式火炮的试验任务，陆军军械部派青年军官赫尔曼·戈德斯坦（Herman Glodstine）中尉负责此项任务。刚试制出来的大炮是否能够通过验收，必须对它发射多枚炮弹的轨迹作认真检查，分析弹着点误差的原因。一发炮弹从发射升空到落地爆炸，大约只需 1 分钟，而计算这发炮弹的轨迹却要做 750 次乘法和更多的加减法，一张完整的弹道表需要计算近 4 000 条弹道，试炮场每天要提供给戈德斯坦 6 张这样的表，为此，戈德斯坦从宾夕法尼亚大学莫尔电气工程学院召集来一批研究人员，帮助计算弹道表，他还从陆军抽调了 100 多人做辅助性人工计算。即便如此，仍难以满足计算需求，因为实际的场景是：一发炮弹打过去，100 多人用手摇计算机忙乱地算个不停，还经常出错，既吃力又不讨好，那场景不免令人啼笑皆非。

莫尔学院的两位青年学者，时年 36 岁的副教授约翰·莫契利（John Mauchiy，见图 1.43）和
24 岁的工程师普雷斯伯·埃克特（Presper Eckert，见图 1.43），向戈德斯坦提交了一份研制电子计算机的设计方案——"高速电子管计算装置的使用"，他们明确提出要使用电子管作为主要元件，制造一台前所未有的计算机器，把弹道计算的效率提高成百上千倍。戈德斯坦本人就是数学家，战前在密西根大学任数学助理教授，戈德斯坦敏锐地感觉到这是个值得一试的绝妙设想，于是，他即刻将报告提交美国陆军。同年 4 月 9 日，陆军军械部召集会议审议并通过了这份报告，军方为莫尔学院提供 48 万美元的研制经费（约相当于现在 1 000 多万美元）。

图 1.43　ENIAC 两位设计者
——约翰·莫契利和普雷斯伯·埃克特

研制项目由莫尔学院资深教授勃雷纳德（J.Brainerd）总负责，小组成员包括物理学家、数学家和工程师 30 余名，在计算机研制中发挥最主要作用的当属方案的提出者莫契利和埃克特，以及一位名叫阿瑟·勃克斯（Arthur Burks）的工程师。莫契利负责计算机的总体设计；埃克特是总工程师，负责解决复杂而困难的工程技术问题；勃克斯则作为逻辑学家，为计算机设计乘法器等大型逻辑元件。

1946 年 2 月 14 日，世界上第一台通用电子计算机研制成功。这台机器的名字叫"ENIAC"（Electronic Numerical Integrator And Calculator），即"电子数值积分和计算机"的英文缩写，如图 1.44 所示。它采用穿孔卡输入/输出数据，每分钟可以输入 125 张卡片，输出 100 张卡片。在 ENIAC 内部，总共安装了 17 468 只电子管、7 200 个二极管、70 000 多电阻器、10 000 多只电容器和 6 000 只继电器，电路的焊接点多达 50 万个；在机器表面，则布满电表、电线和指示灯；机器被安装在一排 2.75m 高的金属柜里，占地面积为 170m^2 左右，总重量达到 30t；耗电量超过 174kW，电子管平均每隔 7min 就要被烧坏一只，必须不停更换。现存放在 ENIAC 博物馆的部分器件如图 1.45 所示。

图 1.44　世界上第一台电子计算机 ENIAC

图 1.45　现存放在 ENIAC 博物馆的部分器件

ENIAC 的运算速度达到每秒 5 000 次加法，可以在 3/1 000s 时间内做完两个 10 位数乘法，其运算速度超出 Mark-Ⅰ 至少 1 000 倍。一条炮弹的轨迹，20s 就能算完，比炮弹本身的飞行速度还要快。虽然，为支援战争赶制的机器没能在战争期间完成，但 ENIAC 的诞生标志着现代通用电子计算机的创世，人类社会从此大步迈进了计算机时代的门槛。

3．电子管计算机特点

（1）年代：1946 年～20 世纪 50 年代后期

（2）主要特点

● 逻辑元件——电子管

● 主　　存——磁鼓

● 辅　　存——磁带

● 软　　件——机器语言、符号语言

● 应　　用——科学计算

（3）主要成就

① 数字电子计算机的出现，揭开了人类历史新篇章。

② 1946 年 6 月，美国数学家、普林斯顿大学教授约翰·冯·诺依曼（John Von Neumann）提出了"存储程序"的概念以及计算机组成和框架，奠定了现代计算机组成与工作原理基础。70 年来，虽然计算机已经经历了四代，计算机系统结构有了很大改进，但其结构和工作原理仍然都是基于冯·诺依曼结构的。

1.7.2　晶体管时代

1．晶体管的诞生

威廉·肖克利（William Shockley，见图 1.46），1910 年生于伦敦，3 岁随父母举家迁往加州，1932 年本科毕业于加州理工学院，1936 年获得麻省理工学院博士学位后留校任教，不久来到位于新泽西州的贝尔实验室工作，负责新一代电子管的研制工作。

图 1.46　晶体管之父
——威廉·肖克利

1947 年圣诞节前两天的一个中午，肖克利和两位同事约翰·巴丁（John Bardeen，见图 1.47）和沃尔特·布拉坦（Walter Brattain，见图 1.47），用几条金箔片，一片半导体材料和一个弯纸架制成一个小模型，可以传导、放大和开关电流。他们把这一发明称为

"点接晶体管放大器（Point-Contact Transistor Amplifier）"。这就是后来引发一场电子革命的"晶体管"，这是一种用以代替真空管的电子信号放大元件，是电子专业的强大引擎，被媒体和科学界称为"20世纪最重要的发明"。三位科学家因此而荣获1956年度的诺贝尔物理学奖。

（a）约翰·巴丁

（b）沃尔特·布垃坦

图1.47　晶体管的另外两位发明者

【1948年，肖克利等人申请了发明晶体管的专利。1949年，肖克利提出一种性能更好的结型晶体管的设想，通过控制中间一层很薄的基极上的电流，实现放大作用。1950年，结型晶体管研制成功。1955年，高纯硅的工业提炼技术已成熟，用硅晶片生产的晶体管收音机也问世。】

（a）晶体管实物图

（b）电子管实物图

图1.48　晶体管与电子管

如图1.48所示，晶体管在体积上比电子管小很多，耗电也大大降低，在稳定性上也有很大提高。1955年，贝尔实验室使用800只晶体管组装了世界上第一台晶体管计算机TRADIC（Transistor Digital Computer，见图1.49），揭开了晶体管计算机时代的序幕。

晶体管计算机比电子管计算机体积大大缩小，耗电大大降低，稳定性增强，计算机性能也得到质的飞跃。

2．晶体管计算机特点

（1）年代：20世纪50年代中期～20世纪60年代中期

（2）主要特点

- 逻辑元件——晶体管
- 主　　存——磁芯
- 辅　　存——磁盘
- 软　　件——高级程序设计语言、操作系统
- 应　　用——除科学计算外，已应用于数据处理、过程控制

图1.49　世界上第一台晶体管
计算机TRADIC

（3）主要成就

① 首次将晶体管用于计算机，使计算机缩小了体积，减低了功耗，提高了速度和可靠性。

② 发明了高级语言。1956 年美国国防部发明了第一个专用的高级语言 Ada 语言（以世界上第一位程序员艾达夫人的名字命名）。1957 年 IBM 公司的 Backus 发明了 FORTRAN 高级语言，主要用于科学计算。1959 年，霍波博士发明了 COBOL，主要面向应用。

③ 首次提出了计算机的兼容问题，包括硬件兼容和软件兼容。

1.7.3　集成电路时代

1. 集成电路的诞生

到了 20 世纪 50 年代中后期，如何使电子器件和设备更加小型化、更为可靠、价格更低廉成为迫切需求，因此晶体管的集成或集成电路的研制成为当时科技发展研究的目标。在德克萨斯仪器（TI）公司工作的杰克·基尔比（Jack Kilby，见图 1.50）当时正从事此方面研究，1958 年 7 月 24 日，他在工作笔记中记载了将硅电阻器、电容器和晶体管装在一块晶片上的集成电路设计方案，同年 9 月 12 日，他完成了他的设计，制成了第一块集成电路。

1959 年 2 月 6 日，基尔比向美国专利局申报专利"小型化电子电路（No. 3138743）"。稍后美国仙童公司的罗伯特·诺伊斯（Robort Noyce，见图 1.51）也宣称制出第一块集成电路，同年 7 月 30 日，仙童公司向美国专利局申请专利"半导体器件和引线结构（No. 2981877）"。由此，引发了一场关于集成电路发明优先权的争论和法律诉讼，交涉一直拖到 1969 年 11 月，才最终裁定两人分享集成电路发明权。但科技界普遍认为集成电路是基尔比首先发明的，而诺依斯发明了更新型的集成电路。

【杰克·基尔比，美国物理学家。1923 年 11 月 8 日生于密苏里州杰裴逊城。1947 年获伊利诺斯大学电子工程学士学位，1950 年获威斯康星大学电子工程硕士学位。1947～1958 年任全球联合公司设计负责人，1958～1970 年任德克萨斯仪器公司助理副经理，1978 年后任德克萨斯 A&M 大学教授。基尔比在集成电路方面获 50 项专利，2000 年获得诺贝尔物理学奖。】

【罗伯特·诺伊斯一生创办了两家硅谷最伟大的公司。第一家是半导体工业的摇篮——仙童（Fairchild）公司；第二家后来跻身美国最大的公司之列，这就是英特尔（Intel）公司。因此他的外号叫"硅谷市长"。】

图 1.50　集成电路的发明人
——杰克·基尔比

图 1.51　集成电路的另一发明人
——罗伯特·诺伊斯

【1955 年，"晶体管之父"威廉·肖克利离开比尔实验室，创建肖克利半导体实验室（Shockley Semiconductor Laboratory）。他吸引了很多富有才华的年轻科学家加盟，其中就包括集成电路的发明人

诺伊斯。但是很快，肖克利的管理方法和怪异行为引起员工的不满。其中八人决定一同辞职，他们是罗伯特·诺伊斯（Robert Noyce）、戈登·摩尔（Gordon Moore）、朱利亚斯·布兰克（Julius Blank）、尤金·克莱尔（Eugene Kleiner）、简·赫尔尼（Jean Hoerni）、杰·拉斯特（Jay Last）、谢尔顿·罗伯茨（Sheldon Roberts）和维克多·格里尼克（Victor Grinich）。后来他们被肖克利称为"八叛逆"，如图 1.52 所示。八人接受位于纽约的"仙童摄影设备公司"（Fairchild Camera and Instrument）的资助，于 1957 年创办了飞兆半导体公司（Fairchild Semiconductor，见图 1.53），俗称"仙童公司"。随后，他们发明了集成电路，率先提出商业化生产集成电路的方法，发现了摩尔定律，并于 1968 年和 1969 年分别创建了 Intel 公司和 AMD（Advanced Micro Devices）公司，在世界的半导体技术领域享有盛誉。】

图 1.52　仙童八叛逆

图 1.53　飞兆半导体公司大厦外的历史性标记

1964 年 4 月 7 日，在 IBM 公司成立 50 周年之际，由年仅 40 岁的吉恩·阿姆达尔（Gene Amdahl）担任主设计师，历时四年研发的 IBM 360 计算机问世，标志着第三代计算机的全面登场，这也是 IBM 历史上最为成功的机型之一，如图 1.54 所示。

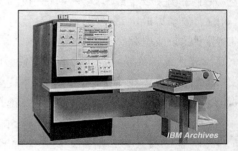

图 1.54　IBM360 计算机

2．集成电路计算机特点

（1）年代：20 世纪 60 年代中期～20 世纪 70 年代初期

（2）主要特点

- 逻辑元件——集成电路
- 主　　存——半导体
- 辅　　存——磁盘
- 软　　件——高级程序设计语言、操作系统
- 应　　用——科学计算、数据处理、过程控制

（3）主要成就

① IBM 公司首次提出了系列机的概念，圆满地解决了计算机兼容的问题，典型代表是 IBM 360 系列机。

② 控制器设计使用微程序控制技术，使控制器的设计规整化。

③ 结构化程序设计思想成熟，软硬件设计标准化。

1.7.4　大规模集成电路时代：微处理器时代

1．微处理器的出现

集成电路的出现，并没有使科学家停止研究脚步，而是更为专注于使电子器件和设备小型化、省电、性能更好、更廉价的研究。

1971 年，Intel 公司宣称，他们首创了一种"开启集成电路新纪元"的半导体芯片，即第一块微处理器芯片 4004。微处理器芯片是将 CPU（Central Processing Unit，中央处理器）集成在一块芯片上，这是大规模集成电路计算机的标志。

根据 Intel 公司提供的资料，三个发明家共同创造了历史，他们是特德·霍夫（Ted Hoff，见图 1.55）、斯坦·麦卓尔（Stan Mazor）和佛德利克·法金（Federico Faggin）。其中，起最关键作用的特德·霍夫。

1969 年，霍夫代表 Intel 公司，帮助日本商业通信公司（Busicom）设计台式计算器芯片。日方提出至少需要用 12 个芯片来组装机器。1969 年 8 月下旬一个周末，霍夫在海滩游泳，突然产生了灵感。他认为，完全可以把中央处理单元（CPU）电路集成在一块芯片上。这样不仅可以满足 Busicom 的要求，并且可以插接在多种应用产品而无需再进行设计。Intel 公司负责人罗伯特·诺伊斯和戈登·摩尔支持霍夫的设想，并派来逻辑结构专家麦卓尔和芯片设计专家法金，为芯片设计出图纸。

1971 年 1 月，以霍夫为首的研制小组，完成了世界上第一个微处理器芯片 4004，在 3mm×4mm 面积上集成晶体管 2 250 个，每秒运算速度达 6 万次。它意味着 CPU 已经微缩成一块集成电路，意味着"芯片上的计算机"诞生。Intel 公司于同年 11 月 15 日正式对外公布了这款处理器，如图 1.56 所示。

图 1.55　微处理器之父——特德·霍夫

图 1.56　第一块微处理器芯片 4004

CPU4004 长 1/6 英寸、宽 1/8 英寸，比一块普通硬币还小，从而直观感受到大规模集成电路技术的伟大。电子管、晶体管计算机时代，一台计算机占满一大间房、外形好像几个大柜子、耗电巨大，这已成过去。计算机像如今这样普及，我们应该感谢大规模、超大规模集成电路技术的发展。

2. 微型计算机

（1）第一台微型计算机：Altair 8800

1975 年 4 月，微型仪器与自动测量系统公司（MITS）推出了首台通用微型计算机 Altair 8800，售价 375 美元，带有 1KB 存储器，这是世界上第一台微型计算机，如图 1.57 所示。

Altair 8800 非常简陋，而且并不是一台完整的计算机，只是一件组件，用户得自己动手组装。一年后，比尔·盖茨（Bill Gates，见图 1.58）和保罗·艾伦（Paul Allen）发布了第一个真正意义上的产品，用于 Altair 8800 的 BASIC 编译程序，从而开始了 Microsoft 公司的传奇之旅。

图 1.57　第一台微型计算机——Altair 8800

【比尔·盖茨在哈佛大学学习期间就为第一台微型计算机开发了 BASIC 编程语言的一个版

本，1975年，年仅20岁的盖茨与好友艾伦共同创建了Microsoft公司。】

（2）个人计算机——PC

1981年8月12日是一个普通的日子，但对全球计算机产业来说则是一个值得纪念的日子。在这一天，IBM公司正式推出了全球第一台个人计算机——IBM PC，如图1.59所示。该机采用主频4.77MHz的Intel 8088微处理器，运行Microsoft公司专门为IBM PC开发的MS-DOS操作系统。

图1.58　微软创始人——比尔·盖茨　　　　图1.59　第一台个人计算机——IBM PC

虽然早在IBM PC推出之前，已经出现了Altair 8800，使计算机从"蠢笨的大铁柜"变成人人伸手可及的小型机器。但是，IBM PC的诞生才真正具有划时代的意义，因为它首创了个人计算机（Personal Computer）的概念，并为PC制定了全球通用的工业标准。它所用的处理器芯片来自Intel公司，DOS磁盘操作系统来自Microsoft公司，不久之后就催生了Microsoft公司和Intel公司这两大PC时代的霸主。

直到今天，"IBM PC及其兼容机"始终是PC工业标准的代名词。为促使PC产业的健康发展，IBM公司对所有厂商开放PC工业标准，从而使得这一产业迅速地发展成为20世纪80年代的主导性产业，并造就了一大批IBM PC"兼容机"制造厂商。PC产业由此诞生。

3．大规模集成电路计算机特点

（1）年代：20世纪70年代初期～至今

（2）主要特点

● 逻辑元件——大规模/超大规模集成电路（LSI/VLSI）

● 主　　存——LSI/VLSI半导体芯片

● 辅　　存——磁盘、光盘

● 软　　件——高级程序设计语言、操作系统

● 应　　用——科学计算、数据处理、过程控制，并进入以计算机网络为特征的应用时代

（3）主要成就

① 1971年Intel公司成功地研制出了4004微处理器芯片。从此，随着LSI/VLSI技术的发展，微处理器每隔两三年就有一个新的产品问世，至今已发展到486、586、Itanium、Intel Core 2。

如果说第二代电子计算机由晶体管代替电子管，是由于元件革命所引起的飞跃，那么，第三代、第四代电子计算机产生的根本原因，则是由制造工艺的革新即集成电路工艺所引起的。

② 微型计算机出现，典型代表是IBM PC。

③ 面向对象、可视化程序设计概念出现；软件产业高度发达，各种实用软件层出不穷，极大地方便了用户。

④ 计算机技术与通信技术相结合，计算机网络把世界紧密地联系在一起。

⑤ 多媒体技术崛起，计算机集图像、图形、声音、文字处理于一体，在信息处理领域掀起了一场革命，与之对应的信息高速公路正在紧锣密鼓地筹划实施当中。

1.7.5　后 PC 时代

由于摩尔定律的效应，PC 的价格越来越低，台式机转向笔记本，而今，在苹果推出 iPad 之后，涌现出一大批平板电脑，并且智能手机也越来越普及。而传统 PC 产业在经历了几十多年的发展后，已经处于一个疲劳期——增速放缓，利润稀薄，用户体验陈旧，创新不足，逐渐走向没落，后 PC 时代已然来临。

有一种讲法认为公元 2000 年是一个分水岭，之前可以称之为 "PC"（Personal Computer）时代；而之后则被称为 "后 PC"（Post-Personal Computer）时代。

后 PC 时代是指将计算机、通信和消费产品的技术结合起来，以 3C 产品的形式（以上三者的英文首字母）通过 Internet 进入人们的工作和生活。简单的说，"后 PC 时代" 是以网络应用为主，各种电子设备也将具备上网功能，并以嵌入式为核心技术。后 PC 时代的网络通信的两大特色为 "无限" 与 "无线"。"无限" 指得是上网的工具与应用将无所限制，"无线" 代表的是人们将慢慢远离有线传输。近年出现的普适计算、物联网、云计算、大数据、智能设备等新技术，无不体现着 "后 PC 时代" 的特征。

1. 微软公司与苹果公司的后 PC 之争

图 1.60 摘自网络，形象生动地反映了两大微机巨头对于 "后 PC 阵地" 的争夺白热化状态。

图 1.60　微软苹果的后 PC 之争

（1）苹果公司的 "后 PC"

后个人计算机时代（Post-PC era，亦译为后 PC 时代）是苹果公司提出的词汇。描述 2010 以后的电子消费品市场特征，个人计算机的地位不断下降，其他移动智能设备如智能手机和平板电脑却急速发展，并促进了云计算的移动和跨平台的 Web 应用程序。

苹果公司前任 CEO 斯蒂夫·乔布斯（Steve Jobs）2010 年在 iPad 发布会上，第一次使用 "后 PC 时代" 一词来形容该公司三项成功的移动设备：iPod（2001）、iPhone（2007 年）和 iPad（2010），强调平板电脑与传统计算机之间的差异，并宣布进入 "后 PC 时代"。

苹果公司现任 CEO 蒂姆·库克（Tim Cook）在 2012 年初宣布公司 2011 年销量时，再次提到后 PC 时代。他强调世界的 PC 将不再有只是一个人的数字生活的中心，移动设备如平板电脑和智能手机将是"更便携，更个性化和极大地简化到任何个人计算机"。

【乔布斯早在 2007 年借 iphone 发布就提到过"后 PC 时代"。

乔布斯于 2007 年在 D5 会议上说：

我认为个人计算机会延续下去，这种通用设备会以不同的形式一直与我们同在，无论它是平板电脑还是笔记本电脑，又或者是普通的桌面计算机。所以我认为以后 PC 会成为大多数人都拥有的设备。但是现在一种爆发性的增长已经发生在了那些"后个人计算机设备"上，是吧？你可以把 iPod 当做后 PC 设备的一种……有一类设备并不像传统的通用设备一样，它们更注重于一些特定功能，无论是手机、iPod、Zune 或者其他设备都是这样。我认为这类设备将会持续性地创造革新，我们也会越来越多地看到它们。】

（2）微软公司的"PC+"

2012 年 7 月 13 日，微软公司全球合作伙伴大会，微软公司首席运营官凯文·特纳（Kevin Turner）在谈到苹果公司即将发布的 Mountain Lion 操作系统时说："苹果公司的确做出了不错的硬件，但事实是我们在操作系统方面有不同的看法。苹果公司说现在已经是"后 PC 时代"，他们认为平板电脑和 PC 是不同的，但我们认为苹果公司的想法是错误的。特纳接着指出现在应该是"PC+时代"（PC Plus era）："我们认为 Windows 8 会带来 PC+新时代。我们相信你只要用一个按键就可以将 PC 和平板两个世界无缝衔接，而且触摸操作、笔操作、键鼠操作，一个都不能少。"特纳解释说，PC+时代就是所有的设备使用一个统一的操作系统，就像微软公司新的 Surface 平板电脑将使用完整版本的 Windows 8 平台一样。

苹果公司的两任掌门人乔布斯和库克分别在 2010 年和 2012 年强调过，平板电脑和传统 PC 之间有着巨大的区别，乔布斯在 iPad 发布时更宣称"后 PC 时代来了"。特纳所说的"苹果错了"就是针对以上乔布斯和库克的说法。

【"后 PC 时代"的说法早在 2007 年就已经被乔布斯提出，此时 iPad 尚未诞生；而"PC+时代"的说法则更为久远，比尔·盖茨在 1999 年就已经提出过这样的概念。但是，苹果公司的"后 PC 时代"与微软公司的"PC+时代"真的是两种不同的概念吗？国外科技网站 The Verge 为我们进行了详细的解读：其实，这两种说法没有太大的区别。乔布斯与盖茨这两位 PC 时代的先驱，在新一轮科技浪潮中再次印证了那句"英雄所见略同"。】

2. 后 PC 时代的未来

美国 IT 网站 ZDNet 2013 年 7 月 15 日发表署名安德里亚·金斯利-休斯（Adrian Kingsley-Hughes）的文章，列举了后 PC 时代的几大可能的发展方向，游戏主机、穿戴式技术、家庭娱乐、服务和汽车均榜上有名。

【以下为文章摘要：

PC 称霸 IT 行业数十年，直到被后 PC 时代的设备废黜王位。这股风潮最大的催化剂便是 iPhone 以及后来的 iPad。但有迹象显示，后 PC 市场似乎已经未老先衰，逐渐饱和。所以，科技巨头难免要寻找新的渠道来维持利润增长。

（1）游戏主机

可以说，游戏主机（见图 1.61）是最早的后 PC 设备之一。长期的斗争导致原本利润丰厚的 PC 游戏变成了二线产品，但现在，老牌 PC 企业都开始纷纷转向游戏主机市场。

（2）可穿戴技术

如果你注意观察的话，你会发现几乎所有科技企业都在开发穿戴式技术。如苹果公司的

iWatch、谷歌公司的眼镜，还有消息称，微软公司也在开发腕式计算机。我们可能已经是左手平板计算机，右手智能手机了，但我们的面部和手腕还是给科技产品的发展留下了空间。这的确是一个令人兴奋的领域。图 1.62 所示为一款可穿戴的手表智能设备。

图 1.61　一款游戏主机

图 1.62　一款可穿戴手表智能设备

（3）家庭娱乐系统

图 1.63　正在享受家庭娱乐设备所带来的便捷和乐趣

　　由于游戏机只能吸引部分人群，所以客厅无疑会吸引大牌科技企业的关注，这毕竟是一个比较固定的市场，升级速度也慢于消费电子领域。人们可能只要两三年就会更换智能手机或平板电脑，但电视机和音响系统却有可能用上 5~10 年，甚至更长。电视和其他家庭娱乐设备仍是一项重要业务，尽管索尼等老牌企业的利润早已大不如前。然而，这却不能阻止苹果、微软、英特尔等大牌科技公司进军这一领域，令之"老树发嫩芽"。图 1.63 所示为一家庭正在享受家庭娱乐设备。

（4）网络服务

网络服务已经改变了我们生活的方方面面，从通信到购物，从导航到协作，再到备份数据，可谓无孔不入。我们生活中几乎没有什么领域从未受到该趋势的影响。图 1.64 所示为云服务示意图。

图 1.64 云服务示意图

（5）汽车

随着汽车燃料从汽油变成电，随着仪表盘的功能越来越强大，科技公司显然有很多用武之地。

不过，汽车制造商都拥有数十年的制造经验，而且具备大量专业技术和专利（汽车行业的专利数位居第三，仅次于通信和科技），所以他们不太可能将市场拱手让给科技公司。比较有可能的情况是，汽车厂商与科技公司展开合作，共同改进汽车。图 1.65 所示为一款未来的概念车。】

图 1.65 一款未来的概念车

1.7.6 下一代计算机

虽然计算机技术得到迅猛发展，计算机性能得到不可思议的提高，甚至外形也不再统一，但目前的计算机体系结构和工作原理基本上还是基于"冯·诺依曼结构"的，它的核心思想是"程序存储、指令驱动"。冯·诺依曼结构是否完美无瑕？在计算机向第五代、第六代迈进时，这种结构是否仍然合适？很多科学家提出了这样的疑问。

1965 年，时任仙童半导体公司研究开发实验室主任的摩尔应邀为《电子学》杂志 35 周年专刊写了一篇观察评论报告，题目是 "让集成电路填满更多的元件"。在摩尔绘制数据用于总结存储器芯片的增长规律时，发现了一个惊人的趋势："微芯片上集成的晶体管数目每 12 个月翻一番"。这一论断是在归纳微芯片的发展情况后做出的推测和设想，并没有理论上的依据。在随后的年月里，发现微芯片的容量通常每 18～24 个月翻一番。因而，"微芯片上集成的晶体管数目每三年翻两番" 就被人们称为摩尔定律（Moore's Law），如图 1.66 所示。

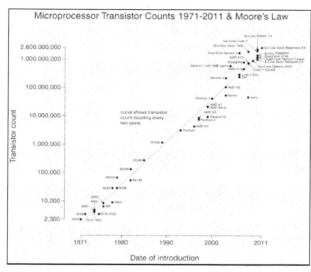

图 1.66　摩尔定律示意图

【戈登·摩尔（Gordon Moore, 1929- ）：英特尔公司（Intel）的创始人之一，如图 1.67 所示。

1929 年 1 月 3 日，戈登·摩尔出生在加州旧金山的佩斯卡迪诺。父亲没有上过多少学，17 岁就开始养家，做一个小官员，母亲只有中学毕业。高中毕业后他进入了著名的加州伯克利分校的化学专业，实现了自己的少年梦想。

1950 年，摩尔获得了学士学位，接着他继续深造，于 1954 年获得物理化学博士学位。

图 1.67　戈登·摩尔

1965 年，发现 "摩尔定律"。】

过去 50 年的实践基本上验证了摩尔定律的有效性。

1965 年，每个芯片（chip）上只有 65 个晶体三极管，2010 年达到 10 亿个。2000 年，CPU 芯片上的线宽做到了 $0.18\mu m$；2006 年，已经做到 $0.06\mu m$（或 60nm），2013 年则达到 22nm。

难道永远会按照摩尔定律发展下去吗？当 2004 年——在这个定律统治了 IT 业 40 年后，标志性的 Intel P4 4GHz 芯片的研制计划因为散热问题被取消，似乎暗示着 "摩尔定律神话" 的终结，也预示着一个崭新时代的来临。技术发展遇到了瓶颈，而芯片性能也已经超出普通用户的需求，在单纯追求速度变得越来越困难的时候，IT 业是否该开始另辟蹊径、寻找其他突破口呢？

专家们预言，随着晶体管的尺寸接近纳米级，不仅芯片发热等副作用逐渐显现，电子的运行也难以控制，晶体管将不再可靠。"摩尔定律" 肯定不会在下一个 50 年继续有效。不过，纳米材料、相变材料等新进展已经出现，有望应用到未来的芯片中。到那时，即使"摩尔定律"寿终正寝，信息技术前进的步伐也不会变慢。

从理论的角度讲，硅晶体管还能够继续缩小，直到 4nm 级别生产工艺出现为止，时间可能在 2023 年左右。到那个时候，由于控制电流的晶体管门以及氧化栅极距离将非常贴近，因此，将发生电子漂移现象。如果发生这种情况，晶体管会失去可靠性，原因是晶体管会由此无法控制电子的进出，从而无法制造出 1 和 0。

综上所述，下一代计算机无论是从体系结构、工作原理，还是器件及制造技术，都应该进行颠覆性变革了。目前，主要有以下几个研究热点。

1．生物计算机

科学家通过对生物组织体研究，发现组织体由无数的细胞组成，细胞由水、盐、蛋白质和核酸等有机物组成，而有些有机物中的蛋白质分子像开关一样，具有"开"与"关"的功能。因此，人类可以利用遗传工程技术，仿制出这种蛋白质分子，用来作为元件制成计算机。科学家把这种计算机叫做生物计算机。

生物计算机有很多优点，主要表现在以下几个方面。

（1）体积小，功效高。

用蛋白质制造的计算机芯片，在 1mm^2 面积上可容纳数亿个电路。因为它的一个存储点只有一个分子大小，所以存储容量可达到普通计算机的 10 亿倍。蛋白质构成的集成电路大小只相当于硅片集成电路的十万分之一，而且运转速度更快，只有 10^{-11}s，大大超过人脑的思维速度；生物计算机元件的密度比大脑神经元的密度高 100 万倍，传递信息速度也比人脑思维速度快 100 万倍。

（2）具有自我修复能力，使计算机具有半永久性，可靠性很高。

当我们在运动中，不小心碰伤了身体，有的上点儿药，有的甚至药都不上，过几天，伤口就愈合了。这是因为人体具有自我修复功能。同样，生物计算机也有这种功能，当它的内部芯片出现故障时，能自我修复，不需要人工修理，所以，生物计算机具有永久性和很高的可靠性。

（3）能耗极低。

生物计算机的元件是由有机分子组成的生物化学元件，它们是利用化学反应工作的，只需要很少的能量就可以工作，因此不会像电子计算机那样，工作一段时间后，机体会发热，而它的电路间也没有信号干扰。

1983 年，美国公布了研制生物计算机的设想之后，立即激起了发达国家的研制热潮。当前，美国、日本、德国和俄罗斯的科学家正在积极开展生物芯片的开发研究。目前，生物芯片仍处于研制阶段，但在生物元件，特别是在生物传感器的研制方面，已取得不少实际成果。

有科学家认为，21 世纪将是生物计算机的时代，生物技术将从根本上突破电子计算机的物理极限，DNA 有可能成为新一代功能更强大的计算机的基础。

2．光计算机

光计算机是由光纤与各种光学元件制成的计算机。它不像普通计算机靠电子在线路中的流动来处理信息，而是靠一小束低功率激光进入由反射镜和透镜组成的光回路来进行"思维"的，但同样具有存储、运算和控制等功能。

计算机的"本领"大小，主要决定于两个因素：一是计算机部件的运行速度，二是它们的排列紧密程度。从这两方面看，光比电优越得多。光子是宇宙中速度最快的东西，每秒达 3×10^8m，并且光束可以相互穿越而不产生影响。电子就不行，它在半导体内的运动速度为每秒 60～500km，最好也达不到光速的十分之一。另外，超大型集成电路中，一些片状器件的线脚已达 300 多只，排列密度受到限制，而光束的这种互不干扰特性，使得科学家能够在极小的空间内开辟很多的信息通道。例如，贝尔实验室的光学转换器就可做得极小，以致在不到 2mm 直径的器件中，可装入 2 000 多个通道。

从理论上讲，光计算机的运算速度可提高到 1 万亿次，比现代的微型计算机要快上千倍；光学器件还有信息量大的优点，一束光可以同时传送数以千计的通道的信息。

当然，目前光计算机的制造在理论和技术上还有许多问题没有解决。作为第一步，科学家利用光计算机驱动能量小的特点，把电子转换器同光结合起来，制造一种光与电"杂交"的计算机，然后再改变光计算机的"配角"作用，使它成为信息技术革命的主力军。

3. 量子计算机

量子计算机的概念源于对可逆计算机的研究，其目的是为了解决计算机中的能耗问题。

20 世纪 60 年代～70 年代，人们发现能耗会导致计算机中的芯片发热，极大地影响了芯片的集成度，从而限制了计算机的运行速度。研究发现，能耗来源于计算过程中的不可逆操作。那么，是否计算过程必须要用不可逆操作才能完成呢？问题的答案是：所有经典计算机都可以找到一种对应的可逆计算机，而且不影响运算能力。既然计算机中的每一步操作都可以改造为可逆操作，那么在量子力学中，它就可以用一个幺正变换来表示。

早期量子计算机，实际上是用量子力学语言描述的经典计算机，并没有用到量子力学的本质特性，如量子态的叠加性和相干性。在经典计算机中，基本信息单位为比特（bit），运算对象是各种比特序列。与此类似，在量子计算机中，基本信息单位是量子比特，运算对象是量子比特序列。所不同的是，量子比特序列不但可以处于各种正交态的叠加态上，而且还可以处于纠缠态上。这些特殊的量子态，不仅提供了量子并行计算的可能，而且还将带来许多奇妙的性质。与经典计算机不同，量子计算机可以做任意的幺正变换，在得到输出态后，进行测量得出计算结果。因此，量子计算对经典计算做了极大的扩充，在数学形式上，经典计算可看做是一类特殊的量子计算。量子计算机对每一个叠加分量进行变换，所有这些变换同时完成，并按一定的概率幅叠加起来，给出结果，这种计算称做量子并行计算。除了进行并行计算外，量子计算机的另一重要用途是模拟量子系统，这项工作是经典计算机无法胜任的。

迄今为止，世界上还没有真正意义上的量子计算机。但是，世界各地的许多实验室正在以巨大的热情追寻着这个梦想。如何实现量子计算的方案并不少，问题是在实验上实现对微观量子态的操纵确实太困难了。目前已经提出的方案主要利用了原子和光腔相互作用、冷阱束缚离子、电子或核自旋共振、量子点操纵、超导量子干涉等。研究量子计算机的目的不是要用它来取代现有的计算机。量子计算机使计算的概念焕然一新，这是量子计算机与其他计算机（如光计算机和生物计算机等）的不同之处。量子计算机的作用远不止是解决一些经典计算机无法解决的问题。

【以上热点都是目前科学家研究下一代计算机努力的方向，或许很快会有突破，或许会遇到巨大困难，或许上述几个方向的研究成果将结合起来。我们期待着新一代计算机的诞生！】

1.8　奠定现代计算机理论基础的重要人物和思想

作为能够模拟人类思维的高级计算工具，电子计算机有着严谨的数学理论基础和精密的体系结构。1946 年 ENIAC 的诞生不是偶然的，是数百年无数杰出科学家前仆后继努力奋斗的结果。下面这几位是值得我们永远铭记的，他们所提出的思想为现代计算机的产生奠定了理论基础。当然，我们同样要感谢没有被提到的那些科学家和工程师，他们的功绩同样是不可磨灭的。

1.8.1 布尔及逻辑代数

数字计算机首先来源于理论突破，是逻辑代数为开关电路设计奠定了数学基础。逻辑代数又称布尔代数，是以它的创立者——英国数学家乔治·布尔的名字命名的。

乔治·布尔（George Boole，1815～1864 年，见图 1.68），1815 年 11 月生于英格兰的林肯。布尔家境贫寒，父亲是位鞋匠，无力供他读书，他的学问主要来自于自学。布尔 12 岁就掌握了拉丁文和希腊语，后来又自学了意大利语和法语；16 岁开始任教以维持生活，从 20 岁起布尔对数学产生了浓厚兴趣，广泛涉猎著名数学家牛顿、拉普拉斯、拉格朗日等人的数学名著，并写下大量笔记。这些笔记中的思想，后来被用于他的第一部著作《逻辑的数学分析》之中。

图 1.68 逻辑代数创立人
——乔治·布尔

1847 年，布尔出版了《逻辑的数学分析》（The Mathematical Analysis of Logic），这是他对符号逻辑诸多贡献中的第一次。1849 年，他被任命位于爱尔兰科克的皇后学院（现 National University of Ireland，College Cork，UCC）的数学教授。1854 年，他出版了《思维规律的研究——逻辑与概率的数学理论基础》（An Investigation of the Laws of Thought, on Which are Founded the Mathematical Theories of Logic and Probabilities），这是他最著名的著作，在这本书中布尔介绍了逻辑代数。

以这两部著作为基础，布尔建立了一门新的数学学科——逻辑代数，也成布尔代数。在布尔代数里，布尔构思出一个关于 0 和 1 的代数系统，用基础的逻辑符号系统描述物体和概念。这种代数不仅广泛用于概率和统计等领域，更重要的是，它为百年后出现的数字计算机开关电路设计提供了最重要的数学方法和理论基础。

布尔一生发表了 50 多篇科学论文、两部教科书和两卷数学逻辑著作。为了表彰他的成功，都柏林大学和牛津大学先后授予这位自学成才的数学家荣誉学位，他还被推选为英国皇家学会会员。

1.8.2 香农及计算机开关电路

1938 年，信息论的创始人、美国科学家香农发表论文"继电器和开关电路的符号分析"（A Symbolic Analysis of Relay and Switching Circuits），首次阐述了如何将布尔代数运用于逻辑电路，奠定了现代电子计算机开关电路的理论基础。

克劳德·香农（Claude Shannon，1916～2001 年，见图 1.69），1916 年 4 月 30 日出生于美国密西根州，是爱迪生的远亲。1936 年香农毕业于密西根大学并获得数学和电子工程学士学位，1940 年获得麻省理工学院（MIT）数学博士学位和电子工程硕士学位。1941 年他加入贝尔实验室数学部，工作到 1972 年。1956 年他成为 MIT 客座教授，并于 1958 年成为终生教授，1978 年成为名誉教授。香农博士于 2001 年 2 月 26 日去世，享年 84 岁。

图 1.69 信息论的创始人——
克劳德·香农

在麻省理工大学攻读硕士期间，香农幸运地师从微分分析仪研制者万尼瓦尔·布什教授，导师曾对他预言说，微分分析仪的模拟电路必定可以用符号逻辑替代。从布尔的理论和布什的实践里，香农逐渐悟出了一个道理——前者正是后者最有效的数学工具。

1938 年，年仅 22 岁的香农在硕士论文的基础上，写就了那篇著名的论文"继电器和开关电路的符号分析"，被认为是通信历史上最杰出的理论之一。由于布尔代数只有 0 和 1 两个值，恰好与二进制数对应，香农把它运用于以脉冲方式处理信息的继电器开关，从理论到技术彻底改变了数字电路的设计方向。因此，这篇论文在现代数字计算机史上具有划时代的意义。

【香农在 1948 年 6 月和 10 月在《贝尔系统技术杂志》（Bell System Technical Journal）上连载发表了他影响深远的论文"通信的数学原理"（A Mathematical Theory of Communication），作为现代信息论研究的开端，在该文中，香农给出了信息熵的定义。1949 年，香农又在该杂志上发表了另一著名论文"噪声下的通信"（Communication in the Presence of Noise）。在这两篇文章中，他解决了过去许多悬而未决的问题，经典地阐明了通信的基本问题，提出了通信系统的模型，给出了信息量的数学表达式，解决了信道容量、信源统计特性、信源编码、信道编码等有关精确地传送通信符号的基本技术问题。这两篇论文成为了信息论的奠基性著作，此时尚不足 30 岁的香农成为了信息论的奠基人。】

1.8.3　图灵及图灵机、图灵测试

图灵，这个名字无论是在计算机领域、数学领域、人工智能领域还是哲学、逻辑学等领域，都可谓"掷地有声"。图灵是计算机逻辑的奠基者，许多人工智能的重要方法也源自这位伟大的科学家：24 岁，提出图灵机理论；31 岁，参与 Colossus[1] 的研制；33 岁，构思了仿真系统；35 岁，提出自动程序设计概念；38 岁，设计了"图灵测试"；在后来还创造了一门新学科——非线性力学。

阿兰·图灵（Alan Turing，1912～1954 年，见图 1.70），英国数学家、逻辑学家，1912 年 6 月 23 日出生于英国伦敦，其祖父曾获得剑桥大学数学荣誉学位，他 16 岁就开始研究爱因斯坦的相对论。1931 年，图灵考入剑桥大学国王学院，开始他的数学生涯，研究量子力学、概率论和逻辑学，在校期间，对由剑桥大学的罗素和怀特海创立的数理逻辑很感兴趣。1934 年，图灵毕业后到美国普林斯顿大学攻读博士学位，在邱奇指导下学习，1938 年获博士学位。1954 年，年仅 42 岁的图灵因食用浸过氰化物溶液的苹果离奇死亡。

图 1.70　计算机与人工智能之父
——阿兰·图灵

1. 图灵机

1936 年 5 月 28 日，图灵向伦敦权威的数学杂志投了一篇论文，题为"论可计算数及其在判定问题中的应用"（On Computable Numbers, with an Application to the Entscheidungsproblem）。在这篇开创性的论文中，图灵给"可计算性"下了一个严格的数学定义，并提出著名的"图灵机（Turing Machine）"的设想。

"图灵机"不是一种具体的机器，而是一种思想模型，可制造一种十分简单但运算能力极强的计算机装置，用来计算所有能想像得到的可计算函数。装置由一个控制器和一根假设两端无界的工作带（起存储器的作用）组成。工作带被划分为大小相同的方格，每一格上可书写一个给定字母表上的符号。控制器可以在带上左右移动，它带有一个读写头，可读出格子中的符号或写入。

---

[1] 在 1.6.3 小节中曾提到，英国破解德国通信密码的巨人计算机。

这篇论文，外行人看了如同云山雾罩，而内行人则称它是"阐明现代电脑原理的开山之作"，并冠以"理想计算机"的名称。图灵机模型示意图如图 1.71 所示。

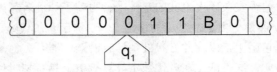

图 1.71　图灵机模型示意图

这一理论奠定了整个现代计算机的理论基础，"图灵机"在计算机史上与"冯·诺依曼机"齐名，被永远载入计算机发展史册，冯·诺依曼的助手弗兰克尔曾在一封信中写到："……计算机的基本概念属于图灵。按照我的看法，冯·诺依曼的基本作用是使世界认识了由图灵引入的计算机基本概念……"

2. 图灵测试

1950 年，图灵来到曼彻斯特大学任教，同时还担任该大学自动计算机项目的负责人。就在这年 10 月，他又发表了另一篇题为"计算机器与智能"（*Computing machinery and intelligence*）的论文，成为划时代之作，也正是这篇文章，为图灵赢得了一顶桂冠——"人工智能之父"。甚至有人说在第一代计算机占统治地位的那个时代，这篇论文可以看作是第五代、第六代计算机的宣言书。

在这篇论文里，图灵第一次提出"机器思维"的概念。他逐条反驳了机器不能思维的论调，做出了肯定的回答。他还对智能问题从行为主义的角度给出了定义，由此提出一假想：一个人在不接触对方的情况下，通过一种特殊的方式，和对方进行一系列的问答，如果在相当长时间内，他无法根据这些问题判断对方是人还是计算机，那么，就可以认为这个计算机具有同人相当的智力，即这台计算机是能思维的。这就是著名的"图灵测试"（Turing Testing）。

当时全世界只有几台计算机，根本无法通过这一测试。但图灵预言，在 20 世纪末，一定会有计算机通过"图灵测试"，他的预言终于在 IBM 公司的"深蓝"上得到彻底实现。

3. 图灵奖

为纪念图灵对计算机领域做出的巨大贡献，国际计算机协会（Association for Computing Machinery，ACM）于 1966 年开始设立图灵奖（Turing Award），这是计算机界最负盛名的奖项，有"计算机界诺贝尔奖"之称。

图灵奖专门奖励那些对计算机事业做出重要贡献的个人，获奖者的贡献必须在计算机领域具有持久而重大的技术先进性。一般每年只奖励一名计算机科学家，只有极少数年度有两名以上在同一方向上做出贡献的科学家同时获奖。目前图灵奖由 Intel 公司赞助，奖金为 100 000 美元。

【2000 年，因姚期智对计算理论做出了诸多"根本性的、意义重大的"贡献，国际计算机学会（ACM）决定把该年度的图灵奖授予他。这是图灵奖自创立以来首次授予一位华裔学者，姚期智为全世界华人争得了荣誉。

图 1.72　图灵奖首位华人获奖者——姚期智

姚期智（Andrew C.Yao，见图 1.72），祖籍湖北孝感，1946 年圣诞节前夜出生于上海，幼年随父母移居台湾省。1967 年，姚期智以优异的成绩毕业于台湾大学，之后赴美深造，1972 年取得哈佛大学物理学博士学位，1975 年获伊利诺大学计算机科学博士学位。

姚期智先后在麻省理工学院（1975～1976 年）、斯坦福大学（1976～1981 年，1983～1986 年）、加州大学伯克利分校（1981～1983 年）、普林斯顿大学（1986～2004 年）等美国一流高等学府从事教学和研究工作。此外，姚期智还是美国国家科学院院士、美国人文及科学院院士。2004 年 9 月，姚期智毅然辞去普林斯顿大学的终身教职回国，正式加盟清华大学高等研究中心，成为清华大学的全职教授。】

1.8.4　维纳及计算机设计五原则

诺伯特·维纳（Norbert Wiener, 1894～1964 年，见图 1.73），美国应用数学家。1894 年 11 月 26 日维纳出生在美国密苏里州哥伦比亚市的一个犹太人的家庭中，父亲是哈佛大学的语言学教授。维纳 18 岁时就获得了哈佛大学数学和哲学两个博士学位，随后他因提出了著名的"控制论"而闻名于世。1964 年 3 月 18 日维纳在瑞典斯德哥尔摩逝世。

图 1.73　控制论创始人——诺伯特·维纳

【维纳 1943 年在所发表的论文"行为、目的和目的论"[*Behavior, purpose, and teleology.* Phil. Sci. 10(1943).] 中，首次提出了"控制论"这个概念，第一次把只属于生物的有目的的行为赋予机器，初显了控制论的基本思想。1948 年维纳在麻省理工学院出版社（MIT Press）出版了里程碑式的著作《控制论——动物和机器中的通信与控制问题》（*Cybernetics: Or the Control and Communication in the Animal and the Machine. Cambridge*)，为控制论奠定了理论基础，标志着它的正式诞生。控制论、系统论和信息论是现代信息技术的理论基础。】

诺伯特·维纳是控制论创始人几乎尽人皆知，他对现代电子计算机产生所做的贡献却鲜为人知。前面已述，第一台数字电子计算机 ENIAC，诞生在美国马里兰州阿贝丁陆军试炮场，然而阿贝丁试炮场研制电子计算机的最初设想，竟与"控制论之父"维纳的一封信有关。

早在第一次世界大战期间，维纳就曾来过阿贝丁试炮场，当时弹道实验室负责人、著名数学家韦伯伦（O.Veblen）请他为高射炮编制射程表，使他不仅萌生了控制论的思想，而且第一次看到了高速计算机的必要性。维纳与模拟计算机发明人万尼瓦尔·布什一直在麻省理工学院共事，结下了深厚的友谊。1940 年，维纳在给布什的信中提出了现代计算机构想，维纳写道："现代计算机应该是数字式，由电子元件构成，采用二进制，并在内部储存数据……"

这就是著名的现代计算机设计五原则：不是模拟式，而是数字式；由电子元件构成，尽量减少机械部件；采用二进制，而不是十进制；内部存放计算表；在计算机内部存储数据。

维纳提出的这五原则，为电子计算机设计指引了正确的方向，为 ENIAC 的设计者提供了很好的思路。正是由于有前面这些科学家思想的闪光，才使得现代电子计算机顺利诞生。

1.8.5　冯·诺依曼及冯·诺依曼结构

约翰·冯·诺依曼（匈牙利语：Neumann János；英语：John von Neumann, 1903～1957 年见图 1.74），美籍匈牙利数学家，现代电子计算机创始人之一。他在计算机科学、经济、物理学中的量子力学及几乎所有数学领域都做过重大贡献。

冯·诺依曼 1903 年 12 月 28 日生于匈牙利的布达佩斯，1921～1923 年在苏黎世大学学习，1926 年以优异的成绩获得了布达佩斯大学数学博士学位。此后，冯·诺依曼相继在柏林大学和汉堡大学担任数学讲师，1930 年接受了普林斯顿大学客座教授的职位，西渡美国，1931 年成为该校终身教授，1933 年转到该校的高级研究所，成为最初六位教授之一，并在那里工作了一生。1954 年夏，冯·诺依曼被发现患有癌症，1957 年 2 月 8 日在华盛顿德里医院去世。

图 1.74　20 世纪 40 年代
的冯·诺依曼

从 1940 年起，冯·诺依曼担任阿贝丁试炮场的顾问，也是 ENIAC 设计小组的顾问，冯·诺依曼凭借自己渊博的知识，经常给设计小组一些引导性的建议，ENIAC 设计方案顺利出台有他的一份功劳。ENIAC 是第一个利用电子真空技术提高计算速度的范例，它不愧为第一台成功投入运行的完全的电子计算机。不过，ENIAC 存在两大缺点：没有存储器，程序与计算两分离。程序指令存放在机器的外部电路里，必须临时用人工搭接布线板，甚至要搭接数天，才可进行几分钟运算。在 ENIAC 尚未投入运行前，冯·诺依曼就看到了它的缺陷，决心对其进行改进。

1945 年 6 月 30 日，冯·诺依曼与戈德斯坦[1]、勃克斯[2]等，联名发表了一篇长达 101 页纸的报告，即计算机史上著名的“101 页报告”——*First Draft of a Report on the EDVAC*，一份专门为 EDVAC（Electronic Discrete Variable Automatic Computer，离散变量电子自动计算机）所写的设计报告；1946 年 7 月、8 月间，冯·诺依曼和戈德斯坦、勃克斯在 EDVAC 方案的基础上，为普林斯顿大学高级研究所（Institute for Advanced Study，IAS）研制计算机时，又提出了一个更加完善的设计报告“电子计算机逻辑设计初探”（*Preliminary discussion of the the logical design of an electronic computing instrument*）。

这两篇报告的综合设计思想，便是著名的“冯·诺依曼结构（von Neumann Architecture）”，也称普林斯顿结构。报告明确指出：采用二进制，不但数据采用二进制，指令也采用二进制；计算机由五部分构成：运算器、控制器、存储器、输入和输出装置，并描述了这五部分的职能和相互关系；程序由指令组成并和数据一起存放在存储器中，机器按程序指定的逻辑顺序，把指令从存储器中读出来并逐条执行，从而自动完成程序描述的处理工作。

该方案的革命意义在于“存储程序（stored-program）”，以便计算机自动依次执行指令。这个概念被誉为计算机发展史上的一个里程碑，它标志着现代电子计算机时代的真正开始，指导着以后的计算机设计。人们后来把这种“存储程序”体系结构的计算机统称为“冯·诺依曼机”，由于他在计算机逻辑结构设计上的伟大贡献，冯·诺依曼被誉为“现代计算机之父”。

【遗憾的是，由于种种原因，EDVAC 小组发生令人痛惜的分裂，EDVAC 机器无法在“101 页报告”出台后立即研制。1946 年 6 月，冯·诺依曼和戈德斯坦、勃克斯回到普林斯顿大学高级研究院，先期完成了另一台 IAS 电子计算机(见图 1.75)。直到 1951 年，在极端保密情况下，冯·诺依曼主持的 EDVAC 计算机（见图 1.76）才宣告完成，它不仅可应用于科学计算，而且可用于信息检索等领域，主要缘于“存储程序”的威力，EDVAC 只用了 3 563 只电子管和 1 万只晶体二极管，以 1 024 个 44 比特水银延迟线来储存程序和数据，耗电和占地面积只有 ENIAC 的 1/3，运算

---

[1] 1.7.1 小节提到的阿贝丁试跑场火炮试验负责人，ENIAC 计划主要负责人。
[2] 1.7.1 小节提到的 ENIAC 小组主要成员，主要负责大型逻辑器件设计。

速度比 ENIAC 快数百倍。】

图 1.75　冯·诺依曼及 IAS 计算机

图 1.76　冯·诺依曼主持完成的 EDVAC 计算机

【根据这一原理设计的 EDVAC 机和 IAS 机，与 ENIAC 机相比有如下重要的改进：将十进制改为二进制，程序和数据均由二进制代码表示；程序由外插变为内存，当算题改变时，不必变换线路板而只需更换程序；以超声波信号的方式存储输入的电信号，并建立多级存储结构，存储能力大大提高；采用并行计算原理，即对数字的各位同时进行处理。图 1.77 所示为保存在博物馆的 EDVAC 设计图。】

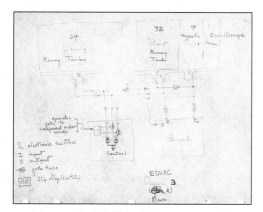

图 1.77　保存在博物馆的 EDVAC 设计图

图 1.78　第一台"存储程序"电子计算机——EDSAC

【然而，最早问世的内储程序式计算机既不是 IAS，也不是 EDVAC，而是英国剑桥大学莫里斯·威尔克斯（Maurice Wilkes）教授主持研制的 EDSAC。威尔克斯 1946 年曾到宾夕法尼亚大学参加冯·诺依曼主持的培训班，完全接受了冯·诺依曼"存储程序"的设计思想。回国后，他立即抓紧时间，主持新型计算机的研制，并于 1949 年 5 月，制成了一台由 3 000 只电子管为主要元件的计算机，命名为"EDSAC"（Electronic Delay Storage Automatic Computer，电子储存程序计算机），如图 1.78 所示。威尔克斯因此摘取了 1967 年图灵奖。】

1.9　计算机的发展趋势

自 1946 年第一台通用电子数字计算机 ENIAC 诞生，70 多年过去了，其神话般的进步如表 1.1 所示（数据统计至 2013 年）。

表 1.1　　　　　　　　　　　　　　　70 年来神话般的进步

	ENIAC	Intel Core 2 Duo	Intel Core i7 4770
首次登场	1946 年	2006 年	2013 年
性能/主频	5 000 次加法/秒	1.06GHZ	3.4GHZ
功耗	170kW	最多 31W	84W
重量	28t	几乎可以忽略	几乎可以忽略
大小	80 英尺×8 英尺	65nm	22nm
器件数量	17 840 支电子管	双 CPU 核/151.6 百万支晶体三极管	4 核
成本	US$487 000	US$637	约$500

我们引用两位科学家的话来表达我们对计算机这项神奇技术的评价：

● "人类文明迄今，除计算机技术外，没有任何一门技术其性能价格比能在 30 年内增长 6 个数量级。"——摘自：费里德里克·布鲁克著作。费里德里克·布鲁克，世界著名计算机科学家，"IBM System/ 360"之父。他的名著《The Mythical Man-Month (人月神话)》，被世界软件界奉为"圣经"。

● "谁要想对下半个世纪的计算技术做出详细精确的预言，那他一定是个"勇士"或"傻子"。但是没有对未来的想象和预见，我们就会像一个醉汉那样盲目徘徊，无法应对我们面临的诸多重大课题。"——摘自: Peter J. Denning, Robert M. Metcalfe. *Beyond Calculation*——*The Next Fifty Years of Computing*. New York: Springer press, Sep.25,1998。

【◇失误的预见——认识滞后。

1943 年，IBM 公司的创始人汤玛斯·沃森预言：整个美国只需要 5 台计算机。

1982 年，比尔·盖茨断言：在相当长的时间内，操作系统只需留出 640KB 的内存空间给用户就足够了。

1977 年 DEC 公司的 CEO，肯·奥森预言：家用计算机（Home Computer）毫无用途。】

【◇失误的预见——过于超前。

1950 年，阿兰·图灵曾预言：到 2000 年我们将会有同人类具有同样反应能力的计算机。】

举上述预见失误的例子只是为了说明要精确预测 50 年后计算机技术的发展，几乎是不可能的。我们要有充分的心理准备，面对计算机技术给社会发展带来的一切变革；我们如此兴奋，享受着科技进步带来的便利；同时，我们需要更多的俊才，投入这项事业。

虽然，我们无法精确预测未来什么时候会发生什么变化？但以下趋势是目前我们能明显感受到的，计算机技术将向两极发展：高性能计算（High Performance Computing，HPC）或超级计算（SuperComputing），无所不在的计算（Ubiquitous Computing）或普适计算（Pervasive Computing）。

1.9.1　高性能计算

超级计算机是价格在 10 万元以上的服务器。之所以称为超级计算机，主要是它跟微机与低档 PC 服务器相比而言具有性能、功能方面的优势，当然，价格和功耗也不可比拟。处于计算领域最高端的超级计算历来是计算机领域人们争夺的制高点，体现了一个国家的科技竞争力，任何国家都不会放弃高性能计算之争。

最开始，超级计算机主要在国防、政府部门、科研领域进行科学计算。近来，人们已逐渐认同，高性能计算技术也可用于商业，美国和欧洲的经验已经证明,企业使用超级计算机能够有效地提高生产率。图 1.79 所示为曙光 5000A 超级计算机图片，图 1.80 为北京气象局所用的长城至翔刀片式服务器。

图 1.79　曙光 5000A 超级计算机　　　　　图 1.80　北京气象局所用的长城至翔刀片式服务器

——2008 年全球超级计算机前十

2006 年 8 月 18 日，曙光集团总裁历军在北京召开的"中国电子工业协会标准化技术协会高性能计算机标准工作委员会筹备大会暨中国高性能计算机技术与标准研讨会"上发表了主题演讲。演讲的主题为"机遇与挑战：中国高性能计算机的技术与标准化现状"，开宗明义地分析了当前市场环境下中国超级计算机的技术现状，并指出了以下六大趋势：

（1）高性能计算技术标准化；

（2）芯片多核化；

（3）刀片服务器进入技术及应用成熟期；

（4）虚拟化技术在高性能服务器中的兴起；

（5）可信计算环境构造技术浮出水面；

（6）细分专用，应用导向。

【全球最快计算机排行榜，每年在 6 月和 11 月发布两次，这个榜单代表着世界上超级计算技术的最高水平。图 1.81 是 2014 年 6 月所发布的 TOP500 超级计算机分布图，从图上可以看出，美国仍然是世界高性能计算技术的引领者，在 TOP500 中他占据了将近半壁江山，中国则以拥有 76 席成为第二大户。】

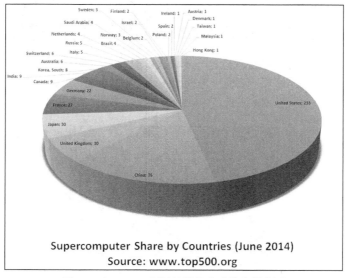

图 1.81　TOP500 超级计算机全球分布饼状图

——数据统计自 2014 年 6 月发布的第 43 期榜单

【2013 年 6 月 17 日，在德国莱比锡举行的国际超级计算大会上，第 41 期全球超级计算机 500 强排行榜公布，中国的天河 2 号（Tianhe-2）成功登顶。这也是继 2010 年 11 月的天河 1A 夺魁之后，中国重返超算性能世界第一！值得一提的是，截止本书截稿为止，其后每次发布的（2013 年 11 月和 2014 年 6 月）榜单，天河 2 号一直占据榜首。曾在 5 月份参观了天河 2 号系统的 TOP500 编辑 Jack Dongarra 表示，这套系统值得人们尊重。他说："这套系统的大部分功能都是中国研发的，只使用了 Intel 作为主计算部分。互连网络、操作系统、前端处理器、软件都是中国自己的。"】

【天河 2 号由国防科学技术大学研发，在广州国家超级计算中心进行部署。它由 1.6 万个浪潮节点组成，每个节点有两颗 Ivy Bridge-EP Xeon E5-2692 v2 2.2GHz 12 核心处理器、三块 Xeon Phi 31S1P 57 核心协处理计算卡，总计 3.2 万颗处理器、4.8 万个计算卡，总的计算核心数量为 312 万个。Linpack 峰值浮点计算能力为 54902.4Tflops（54.9Pflops），也就是每秒钟 5.49 亿亿次，最大计算能力为 33862.7TFlops，亦即接近 3.4 亿亿次每秒。】

图 1.82 ~ 图 1.83 和图 1.84 ~ 图 1.85 所示分别为中国和美国的超级计算机图片。

图 1.82　天河 1A 超级计算机，第 36 期榜单第一
——国家超级计算天津中心

图 1.83　天河 2 超级计算机，第 41~43 期连续第一
——国家超级计算广州中心

图 1.84　美国的"泰坦"（Titan），第 43 期榜单第 2 名
——Gray 公司研制，布置于美国能源部橡树岭国家实验室

图 1.85　美国"红杉"（Sequoia），第 43 期榜单第 3 名
——IBM 的蓝色基因 Q，为劳伦斯国家实验室研发

1.9.2　普适计算

1. 什么是普适计算?

普适计算(PC),即无所不在的计算(UC),是美国前施乐公司(Xerox PARC)首席科学家马克·威塞尔(Mark Weiser)提出的。1991 年 9 月他在《科学美国人》杂志上发表了一篇名为:"21 世纪的计算技术(*The Computer for the 21st Century*)"的文章,提出了"无所不在"计算技术的概念。

以下这句话就摘自这篇文章:"意义最为广泛和深远的技术是融入人们日常生活而又不被察觉的技术。21 世纪,计算技术就会是这样的技术。"威塞尔认为将来的"计算机",会出现在各式各样的实体对象当中,以一种"消失"的存在方式,与人类的生活紧密结合在一起。

例如,一位西方发达国家的家庭主妇每天要同几十、上百台计算机打交道,而她自己可能毫无察觉。这些计算机包括空调、洗衣机、微波炉、电视机,甚至她们家的灯等。

在普适计算时代,计算机主要不是以单独的计算设备的形态出现,而是将嵌入式处理器、存储器、通信模块和传感器集成在一起,以信息设备(Information Appliances)的形式出现。这些信息设备集计算、通信、传感功能于一身,能方便地与各种设备(包括日常用品)结合在一起。不仅如此,信息设备还可以非常廉价地通过无线网络与 Internet 连接,并按照用户的个性需求进行定制,以嵌入式产品的方式呈现在人们的工作和生活中——或者是手持的,或者是可穿戴的,甚至是以与人们日常生活中所碰到的器具融合在一起的多样形式体现,如图 1.86 所示。结果是,由通信和计算机构成的信息空间将与人们生活和工作的物理空间融为一体。

图 1.86　以 WatchPad 或 Smartphone 来订火车票、机票、预订旅馆、医院或购物

普适计算将开创计算领域的第三次浪潮。第一次浪潮是主机计算,人们通过字符终端共享主机计算时代;第二次浪潮是桌面计算时代,即个人电脑网络通信时代;第三次浪潮就是无所不在的计算时代。如图 1.87 所示。

2. 普适计算的特征

(1)user-centeric:以人为中心的计算,使计算机的使用符合人的习惯。

(2)invisibility:不可见的计算,将计算机自然、合理地嵌入到人们日常工作和生活环境(如办公室、家庭)中,使其从人们的视线中消失。人们通过新一代自然交互界面,进行自然、方便的交互。

（3）access anything by anybody via any devices, anywhere anytime：在任何时间和地点，人们通过任何设备，访问任何信息。

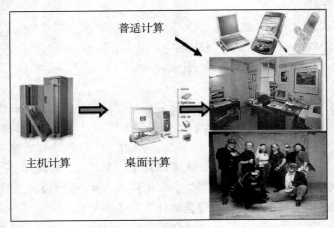

图 1.87　计算机三次浪潮的变化

（4）hundreds of handheld and wearable computers：许多手持式和可穿戴式计算机。

（5）hundreds of wireless computing devices per person per office, of all scales：大量遍布在每个办公室、每个人的，各种规格的无线计算设备。

（6）hundreds of devices to sense and control appliances：许多传感设备和控制设备。

图 1.88 所示为普适计算示意图。

图 1.88　普适计算示意图

1.9.3　中国信息技术未来增长点

2009 年 9 月，中国科学院信息领域战略研究组发布研究成果，用中英文两个版本出版了《中国至 2050 年信息科技战略图》，在这份研究报告中指出了我国未来 40 年信息科技领域重点发展任务，代表了中国信息技术未来增长点。

【摘自中科院《中国至 2050 年信息科技发展战略图》：

21 世纪前期，信息科学与技术正在发生深刻的跃变，从 2010 年至 2050 年，我国信息科技发展路线图的总目标是：抓住信息技术跃变的机遇，提升自主创新和可持续发展能力，使我国全面进入信息社会（U社会）：绝大多数中国人成为信息用户，信息成为中国经济和社会发展最重要的资源，社会信息化总体上接近国外发达国家水平。

根据国家战略需求和信息科学技术发展趋势，至2050年我国发展信息科学技术应该聚焦在以下六大任务和目标：①构建无所不在、称心如意的信息网络；②实现信息器件和系统的变革性升级换代；③发展数据知识化产业；④以信息技术提升传统产业和实现低成本信息化；⑤创建发展新的信息科学和发展以计算为纽带的交叉科学；⑥构建国家与社会信息安全体系。】

这六项重大任务可以凝聚成一个总的任务，即构建"惠及全民、以用户为中心、无所不在的信息网络体系（Universal, User-oriented、Ubiquitous Information Network Systems、U-INS）"。这一体系体现了21世纪前期我国要全面进入信息社会的重大战略需求，也包含了信息领域需要重点发展的科学技术。为了构建这一网络体系，我们必须在具有变革性的器件、升级换代的网络系统、个性化的网络服务和渗透到各个领域的网络应用、网络安全体系、网络科学与新的信息科学等方面开展具有独创性的科学研究与技术开发。

根据这次发布的战略图，中国未来的计算机技术的发展趋势有以下几个方面。

（1）20世纪下半叶是以信息技术发明和技术创新为标志的时代，近半个世纪信息科学并没有根本性的突破。由于信息科学发展的滞后，集成电路、网络等主要信息技术到2020年前后都会难以靠渐进式的改进继续发展。预计今后20～30年是信息科学技术的变革突破期，21世纪上半叶将兴起一场以高性能计算和仿真、网络科学、智能科学、计算思维为特征的信息科学革命，信息科学的突破可能导致21世纪后期一场新的信息技术革命。

（2）今后10～40年发展信息技术的首要任务是要建设让大众非常便捷地获取信息和知识、更有效地协同工作、生活品质更高的信息网络。近10年内网络技术经历宽带化、移动化和三网融合将走向基于IPv6的下一代互联网，2020年以后世界各国将逐步形成共识，共同构建IP后（post-IP）的新网络体系。宽带无线通信是未来网络体系的重要基础。无处不在的传感网将与空间、地面、接入等网络全面融合，实现人与人、机器与机器、人与机器之间任何时间、任何地点的通信联络。

（3）要实现构建普惠泛在的信息网络的宏伟目标，我们必须消除"信息科学技术只是一种高科技工具"的狭义工具论的认知障碍，深刻理解人机物构成三元世界。在发展信息科学技术的过程中，我们必须攻克信息硬件发展受阻、大规模并行和三元世界编程、海量数据利用、信息网络的低成本、信息系统可靠可信、构建自主信息技术基础平台六大难题。

（4）传统的信息器件和设备在复杂性、成本、功耗等方面已遇到巨大障碍，急切期待颠覆性的新技术，但目前尚未研发出一条像近30年CMOS集成电路一样的主导技术路线，量子、自旋、纳米等技术发展呈现出不确定性和多样性，确定新的主流器件技术可能需要15～20年的努力。石墨烯纳米带晶体管可能成为延续摩尔定律的重要推动力，又可能成为超越硅基CMOS的很有希望的研究方向。电子计算技术和光电子、光计算技术的融合最有可能成为未来开发汇集计算、存储、通信和信息处理于一体的新一代芯片技术，可实现片上光互联和片上大规模光计算。

（5）到2050年，超级服务器的发展需要支持各种各样的个性化应用负载，突破低能耗、海量并行、可靠性、低成本等技术障碍，40年内超级计算机的性能将增长108～109倍，达到每秒10^{24}次运算速度。在这个进程中，重大难点和技术突破会发生在从Exaflops（10^{18} flops）过渡到Zettaflops（10^{21} flops）阶段。发展信息技术的一个重要目标是使软件业和服务业也产生类似摩尔定律的走势，即同样功能和性能的软件开发成本平均每两年降低50%，同样质量的服务所需的成本每两年降低50%。

（6）从历史的长周期来衡量，电脑普及的速度和电力技术普及的速度差不多。低成本信息化不是以降低实效、降低价值为代价，价值要与普及成正比。全民普及不仅意味着享受低价值的用户增多，还意味着享受高价值的用户也要按一定比例增加。我们的预测表明：只有增值增长才是高实效的低成本信息化路线，才能推动信息产业良性持续发展。要为中国用户每人提供一个通用计算账号，使得用户在任何时间、任何地点，使用任何设备，都能方便而又高效地使用自己的信息环境。

（7）人机交互是计算机科学/工程研究的核心之一。在未来几十年中多模态人机交互将占据桌面、膝上和掌上系统，三维用户交互、实体交互、可交流情感的个性化交互、人机交互将得到普及。在人机交互研究领域，自然语言理解、图像语义理解是需要长期攻克的科学难题和关键技术。

（8）互联网也好，信息服务产业也好，将来的瓶颈都在计算机对语义的理解。发展语义互联网技术是实现全民应用互联网的重要途径。我们必须挖掘和利用中华文明的特色，研究支持语义、内容和文化的科学技术与普惠信息网络基础平台，使网上中文信息内容超过全世界网上信息总量的 10%，为发展中国特色的数据知识产业提供科技基础。

（9）量子信息为信息科学的发展提供新的原理和方法，有望成为后摩尔时代的新一代信息技术之一。量子计算的实现不存在原理性的困难，当前的研究瓶颈在于量子计算的物理实现，基于固态物理系统和基于量子光学系统最有希望研制成功量子计算机。量子密码技术已到了工程研究和实际应用阶段，预计 2020 年可实现 70 公里内的城域光纤网量子密钥分配，2050 年可实现基于量子密钥分配的全球实用安全通信网络。

（10）在网络环境中，分布、交互及并发成为计算的重要特征，需要新的计算模型和算法设计理论。为并发计算建立严格的数学模型和坚实的理论基础，是今后几十年内计算机科学面临的重大挑战。算法研究的重点将是从单个算法的设计分析转向多个算法的交互与协同。软件系统变得越来越庞大，越来越复杂，导致软件的可靠性与安全性低，可信计算的软件基础已成为未来几十年内必须解决的科学问题。

（11）探索智力的本质，了解人类的大脑和它的认知功能是当代最具挑战性的基础科学命题之一。基于认知机理的智能信息处理在理论与方法上的突破，有可能带动未来信息科学与技术的突破性发展。发展新的智能科学与技术，是今后 50 年的重要目标。脑反向工程和脑机界面是值得重视的研究方向。

（12）从计算的角度为细胞的发展过程建立模型，不仅有助于理解生物系统中的大量的基因和蛋白质如何协调工作控制细胞的新陈代谢及 DNA 修复等基本问题，而且对于通信协议设计、并行计算模型和机制的研究也具有重要意义。通过对生物分子和 DNA 等层次生命活动中信息转化过程的分析，可能产生与基于硅的电子计算机原理完全不同的计算系统。

（13）社会计算已成为继科学计算、生物计算之后新的国际前沿研究和应用方向。以认知科学、智能科学和复杂性科学为基础，开展社会计算研究和应用，已成为确保国家安全、建设和谐社会刻不容缓的任务。

计算机技术正处于一个蓬勃发展的时代，无论是计算机的体系结构、基本器件甚至工作原理，还包括它们的外涵和内延，软件设计模式和用户模式都将发生革命性的变革，我们身处这个时代，我们大有机遇，我们也义不容辞。

小　结

本章介绍了计算机的发展历史和未来发展趋势，主要内容如下。

（1）电子计算机史前史。在介绍第一台电子计算机出现之前，古老的计算工具、机械计算机、模拟计算机、数字计算机的发展历程，包括这段历史长河中有贡献的机器及它们的发明者生平。

（2）介绍了第一台通用电子计算机 ENIAC 的产生，70 年来一共经历了电子管计算机、晶体管计算机、集成电路计算机、超大规模集成电路计算机四代，这段历史中有代表性的机型和有重要贡献的科学家。展望了下一代计算机。

（3）介绍了计算机技术史上，特别是为电子计算机的出现奠定了理论基础的大师级科学家及其他们的思想：布尔及布尔代数、香农及开关电路、图灵及图灵机、图灵测试、维纳及计算机设计五原则、冯·诺依曼及冯·诺依曼结构。

（4）介绍了当前计算机技术的发展趋势。

（5）介绍了中国信息技术未来增长点。

习　题

一、选择题

（一）练习 1～12 将从下列人名中选择正确答案：

    a.　约瑟夫·雅卡尔（Joseph Jacquard）

    b.　布莱斯·帕斯卡（Blaise Pascal）

    c.　赫尔曼·何乐礼（Herman Hollerith）

    d.　李·德·福雷斯特（Lee De Forest）

    e.　特德·霍夫（Ted Hoff）

    f.　威廉·肖克利（William Shockley）

    g.　奥古斯塔·艾达·拜伦（Augusta Ada Byron）

    h.　霍华德·艾肯（Howard Aiken）

    i.　约翰·弗莱明（John Fleming）

    j.　格蕾斯·霍波（Grace Hopper）

    k.　克兰德·楚泽（Konrad Zuse）

    l.　查尔斯·巴贝奇（Charles Babbage）

    m.　戈特弗里德·莱布尼茨（Gottfried Leibnitz）

1. 谁制造并出售了第一台齿轮传动的、能够计算加法和减法的机器？　　　　　（　　）

2. 谁制造了第一台能够加、减、乘、除的机械式机器？　　　　　（　　）

3. 谁是第一位程序员？　　　　　（　　）

4. 谁提出了伟大的分析机设想？　　　　　（　　）

5. 谁是数字计算机之父？　　　　　（　　）

6. 谁是晶体管之父并因此获得诺贝尔物理学奖？　　　　　（　　）

7. 谁第一次提出"臭虫（bug）"的说法，并被人们沿用至今？ （　　　）

8. 谁发明并制造了 Mark 系列计算机？ （　　　）

9. 谁发明了专门用于人口普查的制表机？ （　　　）

10. 谁发明的机器里用到的技术被称为"程序设计的雏形"？ （　　　）

11. 谁发明了真空二极管？ （　　　）

12. 第一块微处理器芯片 4004 是谁发明的？ （　　　）

（二）练习 13～20 将从下列机器中选择正确答案：

    a. EDSAC

    b. ABC

    c. IBM360

    d. EDVAC

    e. IBM PC

    f. TRADIC

    g. ENIAC

    h. 银河 1A 超级计算机

13. 2010 年 11 月在全球最快的计算机排名中，中国制造的高性能计算机（　　　）首次登上榜首。

14. 第一台通用数字电子计算机（　　　）。

15. 第一台晶体管计算机（　　　）。

16. 揭开集成电路时代的计算机（　　　）。

17. 最有代表性的微型机（　　　）。

18. 冯·诺依曼设计制造的计算机（　　　）。

19. 第一台按照"存储程序"方式构造的计算机（　　　）。

20. 阿塔纳索夫-贝瑞计算机（　　　）。

二、填空题

1. 乔治·布尔（George Boole）对计算机理论的贡献是创立了（　　　）新学科。

2. 提出计算机开关电路理论的是信息论之父——（　　　）。

3. 约翰·冯·诺依曼（John von Neumann）是（　　　）籍（　　　）数学家，他被称为现代计算机之父。主要由于他提出了现代计算机的逻辑结构——冯·诺依曼结构，其核心思想是（　　　）的思想。

4. 控制论之父诺伯特·维纳（Norbert Wiener）对计算机理论的贡献是提出了（　　　）。

5. 阿兰·图灵（Alan Turing）对计算机理论贡献巨大，他提出了计算机的一种普适模型（　　　），提出可计算性问题和计算机的停机问题；他还提出了（　　　），成为人工智能的奠基人。

6. 为纪念阿兰·图灵，1966 年起，ACM 决定设立图灵奖，这是计算机届的最高奖，每年评奖一次。2000 年图灵奖被一位华人科学家摘取，他是（　　　）。

7. 第一代计算机的硬件特点是（　　　），软件特点是（　　　），代表性的计算机是（　　　）。

8. 第二代计算机以（　　　）电子元件为基本器件。

9. 第三代计算机是（　　　）计算机，其代表机型是（　　　）。

10. 第四代计算机的标志是微处理器的出现，微处理器是将（　　　）和（　　　）集成在一块芯片上，即 CPU 芯片。

三、简答题

1. 冯·诺依曼思想的关键是什么？

2. 现代电子计算机的发展经历了哪几个阶段、各阶段的特点是什么？是以什么为标志划分的？

3. 为什么巴贝奇的分析机没有制成？请你分析原因。

4. 你认为是哪些技术的出现，才使得电子计算机能够实现？

5. 计算机与计算器的本质区别是什么？

6. 巨型机和微型机之间的区别是什么？它们各有什么优缺点？

7. 你对计算机怎么看？试列出你的积极的观点和消极的观点。

8. 你对普适计算（无所不在的计算）有体会吗？请列举你学习和生活中碰到的"无所不在的计算"。

9. 什么是摩尔定律？你认为摩尔定律会失效吗？为什么？

10. 你认同 ENIAC 是世界上第一台投入使用的通用电子计算机吗？为什么？ENIAC 有什么缺陷？

11. 你认为世界信息技术未来增长点是什么？列举几个并陈述理由。

12. 你觉得 PC（台式计算机）会消失吗？

本章参考文献

[1] 赵欢. 大学计算机基础——计算机科学概论. 北京：人民邮电出版社，2007.

[2] George Beekman. 计算机通论——探索明天的技术. 杨小平，张莉译. 第四版. 北京：机械工业出版社，2004.

[3] Timothy J.O' Leary，Linda I.O' Leary. 计算机科学引论（2005 影印版）. 北京：高等教育出版社，2004.

[4] J. Glenn Brookshear. 计算机科学概论（第 8 版）（英文版）. 北京：人民邮电出版社，2006.

[5] 瞿中，熊安平，杨德刚，薛崎. 计算机科学导论（第 2 版）. 北京：清华大学出版社，2007.

[6] 中国科学院信息领域战略研究组. 中国至 2050 年信息科技发展路线图. 北京：科学出版社，2009.

[7] Peter J. Denning，Robert M. Metcalfe. Beyond Calculation—The Next Fifty Years of Computing. New York: Springer press，1998.

[8] 阎康年. 关于集成电路的发明与发明权争论的历史考察. 自然辩证法通信，1999，21（120）：60-68.

[9] 维基百科. 计算机硬件历史.

http://zh.wikipedia.org/wiki/%E8%A8%88%E7%AE%97%E6%A9%9F%E7%A1%AC%E9%AB%94%E6%AD%B7%E5%8F%B2.

[10] http://www.computerhistory.org.

[11] http://www.top500.org/lists.

[12] 华盛顿大学课程网站. CSE P 590A: History of Computing.

http://courses.cs.washington.edu/courses/csep590/06au/.

[13] 百度百科. 计算机发展史.

http://www.baike.com/wiki/%E8%AE%A1%E7%AE%97%E6%9C%BA%E5%8F%91%E5%B1%95%E5%8F%B2.

[14] 虚拟博物馆"古代史"部分（第 1～3 展厅）. http://www.cst21.com.cn/1/history1-3. htm.

[15] 虚拟博物馆"古代史"部分（第 4～5 展厅）. http://www.cst21.com.cn/1/history4-5. htm.

[16] 虚拟博物馆"古代史"部分（第 6～7 展厅）. http://www.cst21.com.cn/ 1/history6-7. htm.

[17] 虚拟博物馆"古代史"部分（第 13 展厅）. http://www.cst21.com.cn/1/history13. htm.

[18] 虚拟博物馆"近代史"部分（第 14～15 展厅）. http://www.cst21.com.cn/1/history14-15.htm.

[19] 佚名. 微机原理：微处理器(1). http://zdhkjy.ysu.edu.cn/Article_Show.asp? ArticleID=108.

[20] 佚名. 微机原理：微处理器(2). http://zdhkjy.ysu.edu.cn/Article_Show.asp? ArticleID=112 &ArticlePage=1.

[21] jiangzhenyu. 400 年来的计算机编年史. http://udcbbs.it168.com/archiver/ tid-37505.html.

[22] 叶平. 电脑史话（新版）. http://www.cst21.com.cn/1/dn.htm.

[23] 凌瑞骥. 计算机技术的发展趋势. http://www.china50plus.com/html/96/news_5972.shtml.

[24] Wikipedia，the free encyclopedia. John Napier. http://en.wikipedia.org/wiki/ John_Napier.

[25] Wikipedia, the free encyclopedia. John von Neumann. http://en.wikipedia.org/wiki/John_ von_ Neumann.

[26] Wikipedia，the free encyclopedia. Wilhelm Schickard. http://en.wikipedia.org/wiki/ Wilhelm_ Schickard.

[27] Wikipedia, the free encyclopedia. Jacquard loom. http://en.wikipedia.org/wiki/Jacquard_ loom.

[28] Wikipedia，the free encyclopedia. Software bug. http://en.wikipedia.org/wiki/Computer_ bug.

[29] http://www.virtualtravelog.net/entries/2003-08-The First Draft.pdf.

[30] http://www.cc.gatech.edu/fce/ahri.

第2章
计算机组成与工作原理

现代社会计算已经无处不在，计算机不再是传统的主机、显示器、键盘的固定外部形态，任何能存储程序和数据，能自动地、连续地执行存储在其中的程序的电子设备，都叫计算机。

计算机究竟由哪几个部分组成？各部件完成什么功能？它们之间如何协调？怎样实现冯·诺依曼的"存储程序+程序驱动"思想，计算机又如何达到自动执行存在其内部程序的目标？程序和各类数据信息怎样以二进制代码存储在计算机内部？这些就是本章要介绍的内容。

2.1　计算机系统的组成

一个完整的计算机系统包含两大部分：计算机硬件系统和计算机软件系统。硬件是构成计算机系统的设备实体，如 CPU、内存、硬盘、显示器、键盘、鼠标等。软件是各类程序和文件，它包括系统软件和应用软件。计算机系统基本组成如图 2.1 所示。

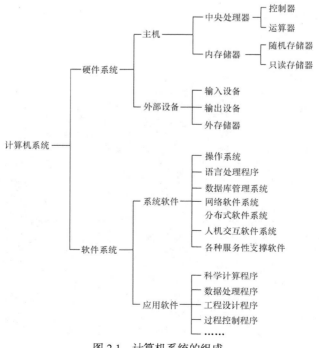

图 2.1　计算机系统的组成

2.1.1　计算机硬件系统

让我们首先从外观上来认识计算机硬件系统。图 2.2 所示为台式机的典型配置，包括主机、显示器、键盘、鼠标等。

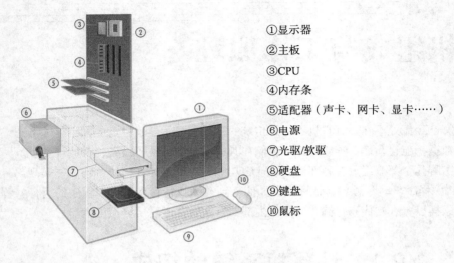

①显示器
②主板
③CPU
④内存条
⑤适配器（声卡、网卡、显卡……）
⑥电源
⑦光驱/软驱
⑧硬盘
⑨键盘
⑩鼠标

图 2.2　台式机的典型配置

1．主机
（1）主板

主板是硬件的主要部分。它是一块大的方形板，上面有复杂的电路连接到计算机的其他部分，包含中央处理器、随机存取存储器，以及其他借由插孔或端口连接的设备。

图 2.3 所示为一块 LGA 1366 主板，包含南桥和北桥，这是最后一代使用双芯片的主板。之后的主板仅有南桥，北桥已集成到 CPU。

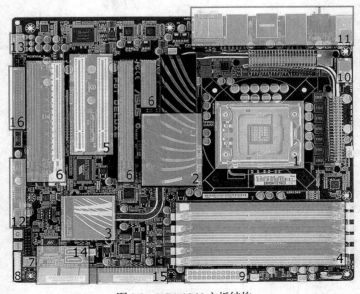

图 2.3　LGA 1366 主板结构

图 2.3 中标记的 1～16 分别代表：

1-CPU 插座（LGA 1366）　　　　　2-北桥（被散热片覆盖）

3-南桥（被散热片覆盖）　　　　　4-内存条插座（三通道）

5-PCI 扩充槽　　　　　　　　　　6-PCI Express 扩充槽

7-跳线　　　　　　　　　　　　　8-控制面板（开关掣、LED 等）

9-20+4pin 主板电源　　　　　　　10-4+4pin 处理器电源

11-背板 I/O　　　　　　　　　　　12-USB 针脚

13-前置面板音效　　　　　　　　　14-SATA 插座

15-ATA 插座　　　　　　　　　　　16-软盘驱动器插座

（2）CPU

CPU 是计算机五大部件中控制器和运算器的统称，计算机的大部分计算都靠它处理，是计算机的大脑。图 2.4 为 Intel Core2 示意图。

图 2.4　Intel Core2 芯片的正面和背面

（3）芯片组

芯片组——顾名思义，是一组共同工作的集成电路芯片，并作为一个产品销售。它负责将 CPU 与其他部分相连接。以往的芯片组由多颗芯片组成，慢慢地简化为两颗芯片。对于 Intel 奔腾级处理器，芯片组一词通常指两个主要的主板芯片组，即南桥和北桥。图 2.5 所示为 CPU 与南桥和北桥的连接示意图。

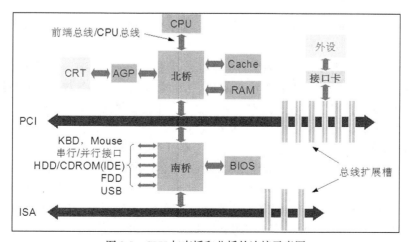

图 2.5　CPU 与南桥和北桥的连接示意图

北桥（Northbridge）：被设计用来处理高速信号，如处理 CPU 与 RAM、AGP 或 PCI Express

端口的通信，还有与南桥之间的通信。现在的单芯片组（如 AMD 的 Athlon64）已内建控制器，取消了北桥部分功能，将余下功能集成至南桥芯片。

南桥（Southbridge）：用来处理低速信号，并通过北桥与 CPU 相连。南桥包含大多数周边设备接口、多媒体控制器和通信接口，例如 PCI、ATA、USB、网卡、音频卡等。

（4）RAM

现在的微型计算机内存不需要由用户或机器厂家去设计构造电路，而是选用第三方厂商生产的标准配置的内存条插接在主板上。

RAM（Random Access Memory）中文翻译为"随机存取存储器"，是与 CPU 直接交换数据的内部存储器，也称为主存。它可以随时读写，而且速度很快，通常作为操作系统或其他正在运行中的程序的临时数据存储媒介。由于 DRAM（Dynamic Random Access Memory）的性价比很高，且扩展性也不错，现今一般计算机主存的最主要部分都由 DRAM 构成。2012 年以后生产计算机所用的主存主要是 DDR3 SDRAM。图 2.6 所示为一块 DDR3 内存条的正反面。

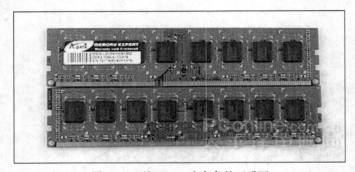

图 2.6　一块 DDR3 内存条的正反面

DDR3 SDRAM（Double-Data-Rate Three Synchronous Dynamic Random Access Memory），即第三代双倍数据率同步动态随机存取存储器。它属于 SDRAM 家族的存储器产品，提供了相较于 DDR2 SDRAM 更高的运行性能与更低的电压，是 DDR2 SDRAM（四倍数据率同步动态随机存取存储器）的后继者（增加至八倍），也是现时流行的存储器产品。

（5）BIOS

BIOS（Basic Input/Output System），即基本输入/输出系统。在 IBM PC 兼容机上，是一种业界标准的固件接口。

BIOS 是个人计算机启动时加载的第一个软件，用于计算机开机时执行系统各部分的自检，并启动引导程序或装载在内存的操作系统。此外，BIOS 还向操作系统提供一些系统参数。系统硬件的变化是由 BIOS 隐藏的，程序使用 BIOS 服务而不是直接访问硬件。不过，现代操作系统可以做到忽略 BIOS 提供的抽象层并直接访问硬件组件。

在早期，BIOS 程序存放于一个断电后内容不会丢失的只读存储器（掩膜 ROM）中，系统过电或被重置（reset）时，处理器第一条指令的地址会被定位到 BIOS 的存储器中，让初始化程序开始运行。

现在主板 BIOS 几乎都采用 Flash ROM（快闪 ROM），其实它就是一种可快速读写的 EEPROM（Electrically Erasable Programmable ROM），可在线实施擦除。图 2.7 所示为为一款 Phoenix BIOS 芯片。当计算机的电源打开，BIOS 会把自己从闪存解压缩到系统的主存，并且从那边开始运行，同时将芯片组和存储器子系统初始化。现代的 BIOS 还可以让用户选择由哪个设备启动电脑（光驱、硬盘、USB 等），有些 BIOS 系统还允许用户选择要加载哪个操作系统。

（6）总线

总线（Bus）是计算机组件间数据传输的公共通道。从另一个角度来看，如果说主板（Mother Board）是一座城市，那么总线就像是城市里的公共汽车（bus），能按照固定行车路线，传输来回不停运作的比特（bit）。

PC 上一般有以下五种总线。

- 数据总线（Data Bus）：在 CPU 与 RAM 之间来回传送需要处理或是需要储存的数据。
- 地址总线（Address Bus）：用来指定在 RAM 之中储存数据的地址。
- 控制总线（Control Bus）：将微处理器控制单元（Control Unit）的信号，传送到周边设备。

【上述三种属于 CPU 总线，也称系统总线。】

- 扩展总线（Expansion Bus）：可连接扩展槽和计算机。
- 局部总线（Local Bus）：取代更高速数据传输的扩展总线。

【以上两种称为外部总线】

常见的微机总线标准包括：ISA 总线、EISA 总线、PCI 总线、PCI Express 总线、IEEE 1394、AGP 和 USB 总线。

图 2.8 所示为 PCI Express 总线插槽图，由上到下分别为 x4、x16、x1 和 x16 插槽，最下边的一条是传统的 32-bit PCI 总线插槽。

图 2.7　Phoenix BIOS 芯片

图 2.8　PCI Express 总线插槽

2．外部设备

（1）输入设备

常见输入设备有键盘、鼠标、手写板、扫描仪等。

① 键盘。键盘是计算机输入数据的主要设备，主要用来输入字符、数字和控制信息。传统键盘通过 5 针 DIN 插头与主机连接，现在一般采用 USB 接口。目前，广泛采用 101/104 键盘。图 2.9 所示为标准 104 键盘的外形，它由标准的英文打字键盘、功能键、控制键和数字小键盘等组成，其布局来自当年的打字机，被称为 QWERT 键盘。

图 2.9　104 标准键盘外形

　　QWERTY 键盘的发明者克里斯托夫·肖尔斯（Christopher Sholes，见图 2.10），生活在 19 世纪美国南北战争时期，是《密尔沃基新闻》编辑，曾研制出页码编号机，并获得发明专利。报社同事格利登建议他在此基础上进一步研制打字机。1868 年 6 月 23 日，美国专利局正式接受肖尔斯、格利登和索尔共同注册的打字机发明专利。至今，计算机键盘一直沿用 QWERTY 键盘布局，如图 2.11 所示。

图 2.10　肖尔斯及其发明的 QWERTY 打字机

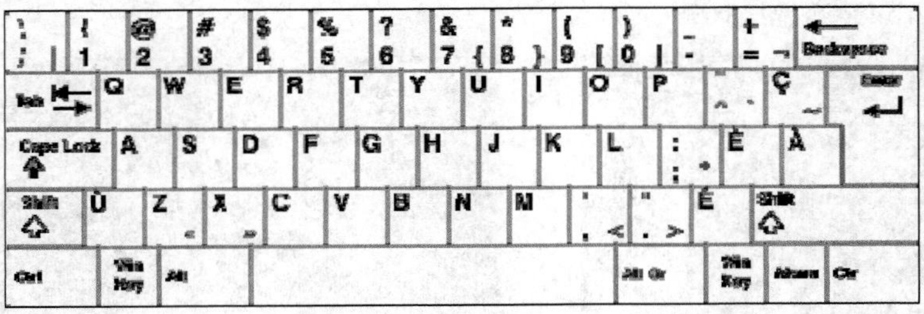

图 2.11　QWERTY 键盘布局

　　【很少有人知道，QWERTY 键盘排列方式是为了降低打字速度而设计的。由于当时的打字机是机械式的，打字速度过快反而卡键，为降低打字员打字速度，肖尔斯冥思苦想发明 QWERTY 键盘布局，没想到被计算机制造者选中并沿用至今。

　　有人做过统计，使用 QWERTY 键盘，左手负担了 57% 的工作，两小指及左无名指是最没力气的指头，却频频要使用它们，排在中列的字母，其使用率仅占整个打字工作的 30% 左右。因此，为了打一个字，时常要上上下下移动指头。

　　1930 年奥格斯特·多冉柯（August Dvorak）发明了一种更优越的 Dvorak 键盘系统，将 9 个最常用的字母放在键盘中列（见图 2.12）。这种设计使打字者手指不离键就能打至少 3 000 多个字，而 QWERTY 只能做到 50 个字。

　　有人说，计算机没有选择更先进的 Dvorak 键盘，是历史的遗憾。】

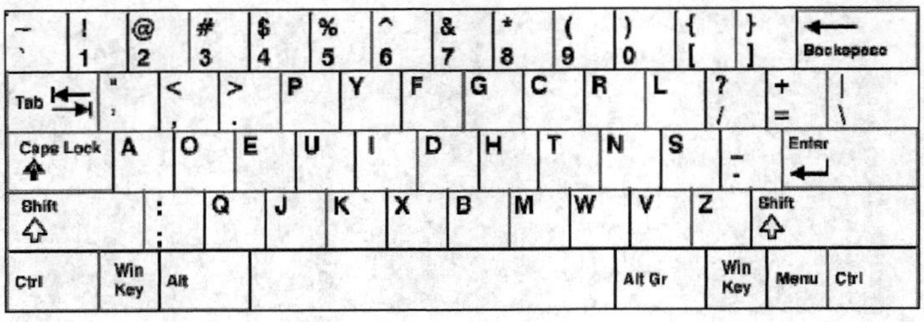

图 2.12　Dvorak 键盘布局

② 鼠标。鼠标是使用最频繁的计算机设备之一，相对于键盘，鼠标的操作简单得多，它的发明和图形式操作系统、可视化程序设计共同大大推进了人机交互的进步。

最早鼠标通过 RS-232C 串行口或 PS/2 口与计算机连接，现在多半用 USB 接口，还有无线鼠标。其工作原理是：当鼠标移动时，它把移动距离及方向的信息变成脉冲信号送入计算机，计算机再将脉冲信号转变成光标的坐标数据，从而达到指示位置的目的。图 2.13 所示为一只现代鼠标，拥有最常见的基本配备：两个按键和滚轮。

图 2.13　鼠标的外形

图 2.14　恩格巴特在 1968 年美国秋季
计算机会议上展示他的新发明——鼠标

【鼠标是美国科学家道格拉斯·恩格尔巴特（Douglas Engelbart，见图 2.14）在 1964 年发明的，IEEE（Institute of Electrical and Electronics Engineers，电气电子工程师协会）将其列为计算机诞生 50 年来最重大的事件之一，恩格尔巴特因此而获得 1997 年图灵奖。

1968 年 12 月 9 日的美国秋季计算机会议上，恩格尔巴特向与会者展示了他的新发明：用一个键盘、一台显示器和一个粗糙的鼠标，远程操作 25km 以外的一台简陋的大型计算机，轰动了当时仍然采用穿孔卡输入的计算机领域。】

③ 手写板（见图 2.15）。手写板的作用与键盘类似，基本上只局限于输入文字或者绘画，也带有一些鼠标的功能，适合不善于使用输入法的用户使用。

④ 扫描仪（见图 2.16）。作为光电、机械一体化的高科技产品，扫描仪自问世以来以其独特的数字化"图像"采集能力，低廉的价格以及优良的性能，得到了迅速的发展和广泛的普及。

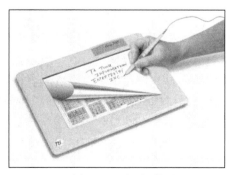

图 2.15　手写板外形

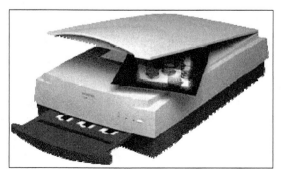

图 2.16　扫描仪外形

（2）输出设备

常见输出设备有显示器、打印机、绘图仪等。

① 显示器。显示器是微型计算机所必需的输出设备，用来显示计算机的输出信息。显示器有不同的类别、不同的显示方式和显示分辨率。

显示器分为阴极射线管（CRT）显示器和液晶显示器（LCD，见图2.17），现在的微机配置中CRT显示器已经淘汰。

按尺寸分类，显示器又有15英寸、17英寸、20英寸、23英寸，也有更大的，这里的尺寸指的是显示器对角线尺寸。通常尺寸大的显示器多用于绘图及工程设计等方面，家用显示器一般用15英寸或17英寸，有的也配置到20英寸以上。

显示卡（见图2.18）是显示器与主机连接的接口，由显示内存（又称显缓）、寄存器组和控制电路3部分构成。其主要功能是控制显示器的显示分辨率、显示速度、颜色或灰度等级、图形显示能力等，显卡插接在主板扩展槽上。

图2.17 液晶显示器

图2.18 显示卡

② 打印机。打印机是计算机的另一种主要输出设备，主要用途是将计算机的输出信息打印在某种载体（如纸）上。用打印机输出的信息主要是文字、数字、图形等。打印机的主要部件有打印机构、走纸机构和控制电路等部分，不同的打印机主要区别在于它们的打印系统不同。有的打印机单独装有字库，可提高打印机的打印速度。目前，微型计算机系统使用的打印机主要有3种：针式打印机、喷墨打印机和激光打印机。

针式打印机是最古老的一种打印机，其打印机构主要由针式打印头和色带组成，由控制信号驱动的打印针撞击色带打印在纸上产生打印效果。打印头有9针、16针和24针3种，打印针分一列或两列整齐地排列在打印头上，撞击打印的针点间距越小，打印出的质量越高。

针式打印机的优点是价格、耗材便宜，比较耐用；缺点是打印质量不高，打印速度慢，打印噪声较大。针式打印机如图2.19所示。目前许多票据打印机仍然采用针式。

喷墨打印机是20世纪80年代中期开发出来的一种非击打式数据输出设备，其打印机构主要由墨盒与喷墨头组成。喷墨打印机的喷墨头上整齐排列着两列细小的喷墨孔，打印时控制信号控制喷墨孔喷出小墨滴在纸上产生打印效果，其打印机理与针式打印机相同。喷墨打印机的打印分辨率普遍高于针式打印机，每英寸打印的点数通常都在300点以上，因此打印质量较高。喷墨打印机有单色和彩色两种，高质量的彩色喷墨打印机能打印出很漂亮的彩色图片。

喷墨打印机一般都比较小巧，使用也很方便，且打印时基本无噪声。喷墨打印机虽然不贵，但耗材（墨盒）消耗较快，使用成本较高。喷墨打印机如图2.20所示。

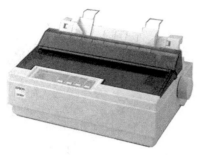

图 2.19　针式打印机

图 2.20　喷墨打印机

激光打印机是 20 世纪 90 年代研制出的新型数据输出设备，是激光扫描技术和电子照排技术结合的产物。与针式和喷墨打印机不同的是，它的打印机构由激光扫描系统、电子照相系统和文字发生器三部分组成。打印时，先将文字和图像的信息进行编码，然后用激光扫描到特殊的转鼓上，通过静电作用再将墨粉复印到纸上，这类似于复印机的原理。

激光打印机的优点是打印分辨率高，打印速度快，打印噪声小，适合于高质量印刷图文的打印输出。激光打印机及其消耗材料的价格较高，不过硒鼓使用寿命较墨盒长。激光打印机如图 2.21 所示。

③ 绘图仪。绘图仪主要用于工程图纸的输出，是计算机上专用的一种输出设备。按其输纸形式，绘图仪有平板绘图仪和滚筒绘图仪两种。传统绘图仪绘图采用的是绘图笔输出形式，出图较慢；现在的新型绘图仪采用喷墨方式绘图，出图速度快，质量高。绘图仪如图 2.22 所示。

图 2.21　激光打印机

图 2.22　绘图仪

（3）外存储器

常见的外存储器有：软盘、硬盘、光盘、U 盘等。

① 磁盘存储器。磁盘存储器是当前各种机型的主要外存设备，它以铝合金或塑料为基体，两面涂有一层磁性胶体材料。通过电子方法可以控制磁盘表面的磁化，以达到记录信息（0 和 1）的目的。磁盘的读写是通过磁盘驱动器完成的。

常见的磁盘有硬盘和软盘两种。不过，随着 U 盘及移动硬盘的普及，软盘（见图 2.23）及软盘驱动器已逐渐不再属于微机标准配置。

硬盘驱动器（包括硬盘片本身）完全密封在一个保护箱体内，如图 2.24 所示。硬盘以其容量大、存取速度快而成为各种机型的主要外存设备。一般的计算机可配置不同数量的硬盘，且都有进一步扩充硬盘的余地。目前单硬盘的容量已从过去的几十兆字节、几百兆字节，发展到目前的几十吉字节、几百吉字节、甚至几太字节。

（a）正面　　　　　　　（b）背面

图 2.23　3.5 英寸软盘的外形　　　　　　　　图 2.24　硬盘及硬盘驱动器

② 光盘存储器。光盘存储器是 20 世纪 70 年代的重大科技发明，是多媒体计算机中不可缺少的外存储设备。光盘保存信息时间长，携带方便。光盘驱动器从读写上分为：只读光驱（Compact Disk-Read Only Memory，CD-ROM）、磁光驱（Magneto Optical，MO）、一次性可写光驱（CD-Recordable，CDR-ROM）、可重写光驱（CD-ReWritable，CDRW-ROM）和 DVD-ROM（Digital Versatile Disk-Read Only Memory，DVD）。

CD-ROM：单碟容量为 650MB，不可重写，光盘成本低廉。

MO-ROM：可擦写磁光盘，3.5 英寸盘容量为 128MB、230MB、540MB 和 640MB，5 英寸盘容量为 1.3GB、2.6GB 和 3.2GB。

CDR-ROM：一次性可写，3.5 英寸盘为 180MB，5 英寸盘为 650MB。

CDRW-ROM　可多次重写，单盘容量：3.5 英寸盘为 180MB，5 英寸盘为 650MB。

DVD：目前大多数计算机上用 DVD 光驱取代 CD-ROM，这样的光驱既可以播放 DVD，又可以播放 VCD，但 CD-ROM 光驱中不能播放 DVD。一张单面单层的 DVD-ROM 盘片的容量可以达到 4.7GB，双面或双层的 DVD-ROM 盘片的容量可以达到 9.4GB。

光盘及光盘驱动器的外形如图 2.25 所示。

图 2.25　光盘及光盘驱动器

③ U 盘。U 盘（也称为优盘）是一种快速、方便的可移动闪存设备，U 盘的价格从推广到现在一路下滑，现在 16GB、32GB 甚至 64GB 的 U 盘随处可见。移动存储设备淘汰了传统的软驱，走入普通人的生活之中。

U 盘产品造型小巧，是通过整合闪存芯片、USB I/O 控制芯片而组成的产品，其产品特性大都比较相似，只是外壳设计和捆绑软件有所差别，其实 U 盘的技术含量并不高。任意品牌的一款

U 盘产品的核心部件主要为：用于存储数据的 Flash 芯片和负责驱动 USB 接口的端口控制芯片两个部分。相对软盘而言，优盘的容量更大、读写更快、寿命更长、体积更小、使用和携带都很方便，因而在问世之时就被人称为"软盘软驱的终结者"。

图 2.26 所示为一只附带读卡器功能的 U 盘。

图 2.26 附带读卡器功能的 U 盘

2.1.2 计算机软件系统

软件（Software）是相对于硬件而言的，是用户与硬件之间的接口界面。要使用计算机，就必须编制程序，必须有软件。按照国际标准化组织（ISO）的定义，软件是计算机程序及运用数据处理系统所必需的手续、规则、文件的总称。因此，一般认为软件由程序与文档两部分组成，主要是指程序。

软件的作用有 3 个：其一是用作计算机用户与硬件之间的接口界面；其二是在计算机系统中起指挥管理作用；其三是作为计算机体系结构设计的重要依据。一台计算机中全部程序的集合，统称为这台计算机的软件系统。软件又分为应用软件和系统软件两大类，如图 2.1 所示。

1. 系统软件

系统软件是计算机厂家为实现计算机系统的管理、调度、监视和服务等功能而提供给用户使用的软件。它居于计算机系统中最靠近硬件的一层，与具体应用领域无关，但其他软件一般均要通过它才能发挥作用。系统软件的目的是方便用户，提高使用效率，扩充系统功能。系统软件一般包含操作系统、语言处理系统、数据库管理系统、分布式软件系统、网络软件系统和人机交互软件系统等。

（1）操作系统

操作系统（Operating System，OS）是管理和控制计算机各种资源、自动调度用户作业程序和处理各种中断的系统软件。它是用户和计算机之间的接口，提供了软件开发环境和运行环境。操作系统是系统软件的核心，由内核程序和用户界面程序组成，内核程序一般包括存储管理、设备管理、信息管理和作业管理等，其性能在很大程度上决定了整个计算机系统工作的优劣。操作系统的规模和功能可大可小，随不同的要求而异。现代个人计算机目前广泛配备的操作系统有 Microsoft 公司的 Windows、苹果公司的 MAC OS 以及 UNIX、Linux 等。新的面向各种应用的操作系统还在不断产生。

（2）语言处理系统

计算机能识别的语言与它直接能执行的语言并不一致。计算机能识别的语言种类较多，如汇编语言、C 语言、C++和 Java 语言等。它们都有相应的基本符号及语法规则，用这些语言编写的程序叫源程序。而计算机能直接执行的只有机器语言，用机器语言构成的程序叫目标程序。用户用程序设计语言编写的源程序必须通过语言处理程序进行转换才能运行。

语言处理系统包括各种类型的语言处理程序，如解释程序、汇编程序、编译程序、编辑程序和装配程序等。例如，解释程序与编译程序，前者对源程序的处理采用边解释、边执行的方法，并不生成目标程序，称为解释执行；后者则需先将源程序转换成目标程序后，才开始执行，称为编译执行。

（3）数据库管理系统

数据库管理系统是用于支持数据管理和存取的软件，它包括数据库及其管理系统。

数据库（Database）是相互关联的、在某种特定数据模式指导下组织而成的各种类型数据的集合。也就是说，数据库是长期储存在计算机内、有组织、可共享的数据集合。数据库中的数据按一定的数据模型组织、描述和储存，具有较小的冗余度、较高的数据独立性和易扩展性，并可为各种用户共享。

数据库管理系统（Database Management System，DBMS）是为数据库的建立、使用和维护而配置的软件，它建立在操作系统的基础上，对数据库进行统一的管理和控制。一般包括模式翻译、应用程序的编译、交互式查询、数据的组织与存取、事务运行管理和数据库的维护等。

（4）分布式软件系统

这是管理和支撑分布式计算机系统的软件，即管理分布式计算机系统资源，控制分布式程序的运行，提供分布式程序设计语言和工具，提供分布式文件系统管理和分布式数据库管理系统等。一般包括分布式操作系统、分布式程序设计语言及其编译程序、分布式 DBMS、分布式算法及软件包以及分布式开发工具包等。

（5）网络软件系统

这是在计算机网络环境中，用于支持数据通信和各种网络活动的软件系统。它包括通信软件、网络协议软件、网络应用系统、网络服务管理系统以及用于特殊网络站点的软件等。

（6）人机交互软件系统

这是提供用户与计算机系统之间按照一定的约定进行信息交互的软件系统，它可为用户提供一个友善的人机界面。一般包括人机接口软件、命令语言及其处理系统、用户接口管理系统、多媒体软件和超文本软件等。

（7）各种服务性支撑软件

支撑软件是用于支撑软件开发与维护的软件。随着计算机科学技术的发展，软件的开发与维护所占比重越来越大。支撑软件的研究与开发，对软件的发展有着重大的意义。软件开发环境（Software Development Environment）是现代支撑软件的代表，它是支持软件产品开发的软件系统，由软件工具和环境集成机制构成，前者用以支持软件开发的相关过程、活动和任务，后者为工具集成和软件开发、维护及管理提供统一的支持。

2. 应用软件

应用软件是用户为解决某个特定应用领域的实际问题而编制的程序。计算机的应用领域极为广泛，几乎没有一个部门可以完全不用计算机。例如，解决科学与工程计算问题的科学计算软件，实现生产过程自动化的控制软件，用于企业管理的管理软件，具有人工智能的专家系统，以及计算机辅助设计、辅助制造和辅助教学的软件，智能产品嵌入式软件，办公自动化软件等。应用软件为计算机的推广应用大显身手，使得传统的产业部门面貌一新，创造了巨大的经济效益和社会效益。

需要指出的是，计算机系统的功能由硬件或软件实现，在逻辑功能上是等价的。这就是说，用硬件实现的功能，在原理上可以用软件实现；同样，用软件实现的功能，在原理上也可由硬件完成。例如，完成乘法运算，既可用硬件乘法器实现，也可用乘法子程序实现。软硬件功能究竟怎样分配，这涉及系统的成本和速度等问题，即用由硬件或软件实现的计算机系统的成本、效率等是不同的。一般在系统设计时应加以权衡。

计算机系统的软件与硬件可互相转化，随着超大规模集成电路技术的发展，软件硬化或固化已经是提高计算机处理能力的最常用手段。例如，将原来由编译器来识别的指令之间的并行性由硬件完成，就构成了现代计算机的指令动态调度功能。在单片机中，将程序（如 BASIC 解释程序）固定在只读存储器 ROM 中，装入机器，就可以随用随取。这种将程序固定在 ROM 中组成的部件称为固件（Firmware）。固件是一种具有软件特性的硬件，既具有硬件的快速性，又具有软件的灵活性。

几十年来，计算机软件的发展异常迅速，软件的种类和内容也极其丰富。随着计算机应用领域的不断拓展，各种新的软件不断推出，如嵌入式应用软件、网络软件和分布式软件、移动终端上的 APP 等。正因为如此，计算机软件的分类变得越来越困难，上述软件分类方法也并非绝对，而有可能是相互有所覆盖、交叉和变动。各类软件既有分工，又有结合。

2.2 计算机的工作原理

2.1 节从外部形态上介绍了计算机的硬件组成，本节从内部结构上介绍计算机硬件组成，并阐述冯·诺依曼计算机的工作原理。

2.2.1 冯·诺依曼结构的硬件组成

第 1 章介绍过冯·诺依曼结构。冯·诺依曼在 1945 的 "101 页报告" 和 1946 年发表的论文 "电子计算机逻辑设计初探" 中，明确指出了计算机应该由五大部件（运算器、控制器、存储器、输入设备和输出设备）组成，并在自己主持研制的 IAS 机和 ENVAC 机上实现，从此，冯·诺依曼结构成为现代计算机标准结构，如图 2.27 所示。

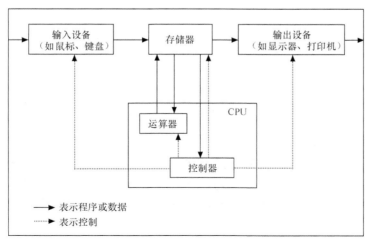

图 2.27　冯·诺依曼结构示意图

运算器：负责各种算术运算和逻辑运算。

控制器：整个计算机的指挥中心，负责往其他部件发送控制命令，其他部件都是在它的指挥下动作。按照冯·诺依曼的"存储程序"思想，控制器产生控制信号都是基于程序指令的。

存储器：计算机的记忆部件。正是由于有了存储器，计算机才能实现"存储程序"，才能自动地执行程序，这也正是计算器与计算机的本质区别。

输入设备：负责将程序和数据输入计算机。

输出设备：负责将程序执行结果输出计算机。

这五个部件各司其职，在控制器的指挥下，实际是在程序的"指挥"下进行每一步动作，最终完成程序指定的所有任务。

图 2.27 中带箭头实线表示程序指令代码或执行程序中需要的数据流，带箭头的虚线表示控制器发向其他部件的控制信号，箭头表示信息流动方向。

现代计算机均遵照冯·诺依曼体系结构，计算机硬件系统由运算器、控制器、存储器、输入设备、输出设备以及将它们连结为有机整体的总线构成。

在微型计算机中，运算器与控制器被封装在一起，称为中央处理单元（Central Processing Unit，CPU），CPU 是计算机硬件系统的核心；存储器又分为内存储器和外存储器；CPU 和内存储器一起称为主机（Main Frame）；外存储器和输入、输出设备一起统称为外部设备或外围设备（Peripheral Device）。

1. 中央处理单元

CPU 内部由 3 部分组成：算术逻辑单元（Arithmetic Logical Unit，ALU）、控制单元（Control Unit，CU）和寄存器（Register）组，如图 2.28 所示。

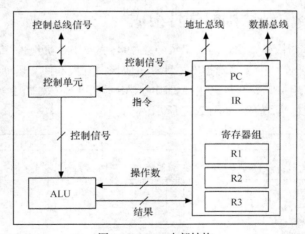

图 2.28　CPU 内部结构

（1）算术逻辑单元（ALU）

ALU 是进行算术运算和逻辑运算的部件。算术运算如加、减、乘、除、加 1、减 1，以及它们的复合运算。逻辑运算如比较、移位、与、或、非和异或等操作。ALU 从 CPU 的寄存器部分取得操作数，然后将运算结果再存回到寄存器部分。由于必须在一个时钟周期内完成操作，因此 ALU 采用组合逻辑电路构造而成。

（2）寄存器（Register）组

寄存器是用于临时存放数据的高速存储设备，CPU 的高速运算离不开多个寄存器。其中的一些寄存器如图 2.28 所示，主要有数据寄存器、程序计数器（Program Counter，PC）和指令寄存器（Instruction Register，IR）。

数据寄存器用于存放参与运算的操作数和运算的结果。现在计算机的 CPU 内部设置大量寄存器来提高运算速度，减少访问存储器次数。为了简便，在图 2.28 中仅给出了 3 个数据寄存器（寄存器 R1、R2 和 R3）。

程序计数器（PC）又叫指令计数器，它给出程序中下一条指令的存储单元地址。它兼有指令地址寄存器和计数器的功能。控制器依据 PC 的内容从存储器取出指令到 IR，当一条指令执行完毕时，PC 将自动加 1，又指示下一条指令的地址。若非顺序执行，只要将 PC 内容做相应改变，就可按新的序列顺序执行指令。

指令寄存器（IR）保存当前正在执行的指令代码。一条指令由操作码和地址码两部分组成，其基本格式可以表示如下：

操作码（OP）	地址码（A）

其中，操作码（Operation Code，OP）指出该指令做什么操作，如取数、加法和减法等，不同的指令有不同的操作码；地址码（Address，A）用来指示参与操作的数据保存在什么地方，例如，放在哪个数据寄存器中，或哪个内存单元，或哪个外设。

（3）控制单元（CU）

控制单元（CU）是计算机的管理机构和指挥中心，它协调计算机的各部件自动地工作。

控制单元的实质就是解释程序，它每次从存储器中读取一条指令，经过分析译码，产生一系列的控制信号，发向各个部件以控制它们的操作。连续不断、有条不紊地继续上述动作，即执行程序。

2. 存储器

存储器（Memory/Storage）的主要功能是存放数据和程序（大量二进制信息）。

最初的计算机只有按地址访问的主存，但随着计算机应用领域的扩大，随着操作系统和应用软件的发展，只有主存的计算机逐渐显现出在访问速度和存储容量上的双重矛盾。

计算机用户对存储器总的要求是容量大、速度快和价格低，而速度快的存储器通常价格高，容量大的存储器通常速度慢。解决问题的方法是采用多级存储器，构成存储层次，目前存储系统常分为三级，如图 2.29 所示。高速缓冲存储器（Cache）的目的是为了提高速度，解决 CPU 与主存之间速度不匹配的矛盾，辅存的目的是弥补主存容量的不足。

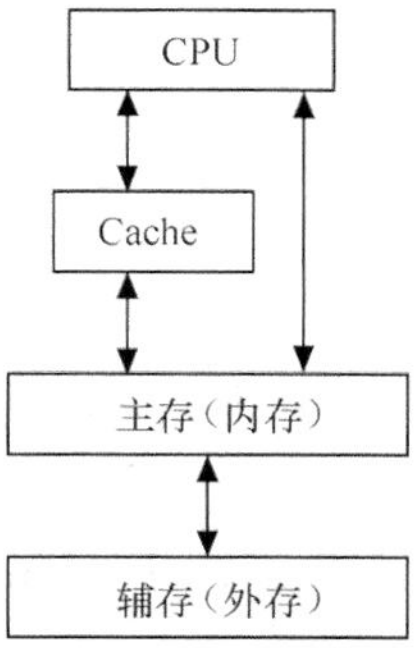

（1）主存

主存最基本构件是存储单元电路，它能存储一位（bit）二进制信息，若干这样的存储单元电路构成存储单元，若干存储单元按一定拓扑结构排列构成主存芯片，几块芯片排列成一块内存条,若干内存条最后配置成一台计算机的主存。由于主存与 CPU 同在主板上，又称为内存储器（简称内存）。

图 2.29　三级存储体系

容量一般以字节（Byte，B）为单位衡量，1 个字（Word，W）等于 2 字节。目前，用来度量主存容量的单位主要有千字节（KiloByte，KB）、兆字节（MegaByte，MB）和吉字节（GigaByte，GB）。它们之间的换算关系如下：

1KB = 2^{10}Byte = 1 024Byte

$1MB = 2^{10}KB = 2^{20}Byte = 1\ 048\ 576Byte$

$1GB = 2^{10}MB = 2^{20}KB = 2^{30}Byte = 1\ 073\ 741\ 824Byte$

注意，在计算机容量单位中，1K≠1 000，而是 1K = 2^{10} = 1 024。

主存逻辑结构如图 2.30 所示，它由存储体和外围电路组成。存储体就像一个庞大的仓库，它由许多个存储单元组成，每个单元存放一个数据或一条指令。为了区分不同的存储单元，通常把全部单元进行统一编号，此编号（二进制）称为存储单元的地址码。就好像每个学生都有自己的学号，每个公民都有专属于自己的身份证号一样，每个单元地址都是唯一的，这样方便 CPU 的访问。

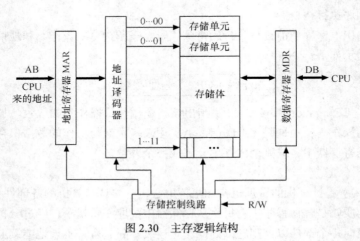

图 2.30　主存逻辑结构

主存主要用于存放正在运行的程序和程序执行中需要用到的数据。

（2）高速缓冲存储器（Cache）

高速缓冲存储器的存取速度比主存快，但比 CPU 内部的寄存器慢。高速缓冲存储器的容量较小，且常被置于 CPU 与主存之间。

高速缓冲存储器在任何时候都只是主存中一部分内容的复制。当 CPU 要存取主存中的某个信息时，CPU 首先检查 Cache，如果 Cache 中有该信息，CPU 就直接访问；如果 Cache 没有该信息，CPU 就从主存中将包含该信息的一个数据块复制到 Cache 中，CPU 再访问 Cache，读写该信息。

这种方式将提高运算速度。由于计算机中的指令大部分是顺序执行的（除转移指令外），很多数据也是顺序存放和处理的（如数组），因此 CPU 下次要访问的信息很有可能就是该信息的后续字，CPU 访问 Cache 即可，提高了处理速度。

（3）辅存

辅存用来存放暂时不执行的程序和数据，起支援主存的作用。它不能与 CPU 直接交换信息，只能与主存成批交换信息。因为它设在主机外部，属于外部设备，所以又称为外存储器（简称外存）。辅存的最大特点是存储容量大、可靠性高、价格低，在脱机的情况下能永久地保存信息，但其存取速度慢。

辅存分为磁表面存储器和光存储器。目前人们使用的磁表面存储器主要有磁盘和磁带，光存储器主要是光盘。在计算机基本配置中，最典型的辅存就是硬盘，它属于磁表面存储器。

由于辅存容量大，属于海量存储器，其容量单位除同上述内存容量单位外，还会用到更高的数量级，如太字节（TeraByte，TB）和皮字节（PetaByte，PB）：

$1TB = 2^{10}GB = 2^{20}MB = 2^{30}KB = 2^{40}Byte = 1\ 099\ 511\ 627\ 776Byte$

$1PB = 2^{10}TB = 2^{20}GB = 2^{30}MB = 2^{40}KB = 2^{50}Byte = 1\ 125\ 899\ 906\ 842\ 624Byte$

3. 输入设备

输入设备（Input Device）的作用是将参加运算的数据和程序送入计算机，并将它们转换成计算机能识别的信息。常见的输入设备有键盘、鼠标、手写笔、数字化仪、扫描仪、摄像机等。它们多是电子和机电混合的装置，与运算器、存储器等纯电子部件相比，速度较慢。因此，一般均通过接口与运算器、存储器相连接。

4. 输出设备

与输入设备正好相反，输出设备（Output Device）是将计算处理的结果转化为人或其他设备所能识别或接收的信息形式的装置。例如，显示器能将信息转化为字符、汉字、图形、图像，打印机能将结果打印成文件的形式，绘图仪可将结果画成图形等。与输入设备一样，输出设备也多为机电装置，也需通过设置接口与运算器和存储器连接，如图 2.31 所示。

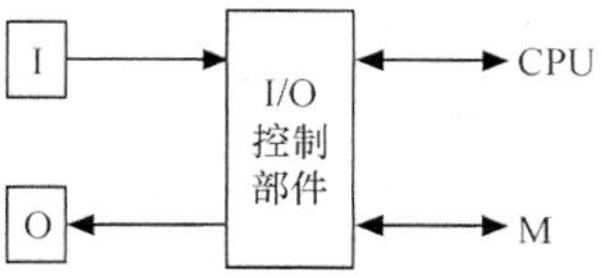

输入设备和输出设备统称为 I/O 设备（Input/Output Device）。与主存一样，每个 I/O 设备都有自己唯一的一个标识地址，称为端口地址。通用计算机一般都是采取存储器和 I/O 设备分开寻址，即主存和 I/O 设备采用两套分开的地址，互不干扰。

图 2.31　I/O 部件逻辑框图

5. 总线

总线（Bus）是连接计算机各部分之间进行信息传送的一组公共传输线，它将上述各大部件连接构成一个有机的整体，如图 2.32 所示。采用总线结构后，系统的连接就显得十分清晰、规整，便于设备的扩充、维护，也能很好地实现冯·诺依曼的"存储程序"工作原理。

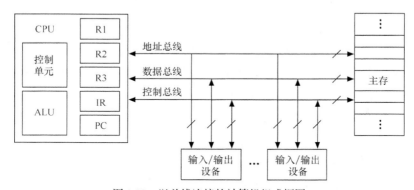

图 2.32　以总线连接的计算机组成框图

计算机系统总线实际上就是 CPU 芯片的引脚（电源、地除外），是 CPU 与外部（包括内存和外设）连接并进行信息交换的通道，按照上面所传送的信息种类，总线分为以下三种。

（1）地址总线（Address Bus）：CPU 芯片的地址引脚

当 CPU 从存储器读/写数据或指令，或者访问 I/O 设备，它必须指明将要访问的存储器单元地址或 I/O 端口地址，CPU 内部产生地址后即送到地址总线上，主存电路和每一 I/O 设备均从总线上读取地址并且判断自己是不是 CPU 正要访问的设备。

与其他总线不同，地址总线是单向的，它总是从 CPU 上接收信息，而 CPU 从不读取地址总线。

（2）数据总线（Data Bus）：CPU 芯片的数据引脚

CPU 最终目的是要访问信息，这个信息可能来自 CPU 内部，但多数时候来自主存单元，或来自某个外设，这就需要通过数据总线传输。

当 CPU 从存储器中取数据时，它首先把存储器地址输出到地址总线上，然后存储器输出数据到数据总线上，这样 CPU 就可以从数据总线上读取数据了；当 CPU 向存储器中写数据时，它首先输出地址到地址总线上，然后输出数据到数据总线上，这样存储器就可以从数据总线上读取数据并将它存储到正确的单元中。对 I/O 设备读写数据的过程也是类似的。

（3）控制总线（Control Bus）：CPU 的控制引脚和状态引脚

控制总线与以上两种总线都不相同，地址总线由 m 根地址线构成，联合传送一个 m 位的地址值；数据总线由 n 根数据线组成，用来传输 n 位数据值。控制总线却由各种不同的控制信号（甚至状态引脚）组成，每个引脚功能都不同。例如，某些信号用来指示数据是要读入还是写出 CPU，其他用来控制 CPU 是要访问存储器还是 I/O 设备，还有一些表明 I/O 设备或存储器已就绪可传送数据（状态信号）等。虽然图 2.32 的控制总线看起来是双向的，但它实际上主要是一组单向信号的集合。

【一个系统可能具有总线层次。例如，它可能使用地址总线、数据总线和控制总线来访问存储器和 I/O 控制器。I/O 控制器可能依此使用第二级总线来访问所有的 I/O 设备，第二级总线通常称为 I/O 总线（I/O Bus）或者局部总线（Local Bus），如 PCI 总线，它是一种通常用于个人计算机的局部总线。】

2.2.2　总线访问

CPU 通过总线访问主存或外设，称为总线访问或总线操作，CPU 内部操作并不需要通过总线。

实际上，CPU 的动作不外乎内部操作和总线操作两种。CPU 内部操作非常快，如图 2.28 所示的 CPU 内部结构，在 CPU 的 ALU、CU 和寄存器组之间都有直接连线，传送可以在 1 个时钟周期完成；而 CPU 往外的总线访问则要复杂得多。下面举例说明 CPU 总线访问的步骤。

例 2.1　CPU 从 100 # 内存单元读取信息。

第 1 步　100 $\xrightarrow{\text{Addreses Bus}}$ 主存、IO

（寻址 100 # 内存单元）

第 2 步　Mread $\xrightarrow{\text{Control Bus}}$ 主存、IO

（通过 CPU 相关控制信号有效，联合发出存储器读命令。经过这两步后，只有地址为 100 的内存单元匹配成功，做好向数据总线发送数据的准备）

第 3 步　[100] $\xrightarrow{\text{Data Bus}}$ CPU

（内存 100 号单元的内容通过数据总线送到 CPU）

例 2.2　CPU 向显示器输出一个字符，设显示器数据端口地址为 1#，输出到显示器的字符的 ASCII 码已经由 CPU 准备好，可直接送数据总线。

第 1 步　1 $\xrightarrow{\text{Addreses Bus}}$ 主存、IO

（寻址 1 # IO 端口，即显示器数据端口）

第 2 步　IOwrite $\xrightarrow{\text{Control Bus}}$ 主存、IO

（通过 CPU 相关控制信号有效，联合发出存储器读命令。经过这两步，只有显示器匹配成功，做好从数据总线接收数据的准备）

第 3 步　CPU $\xrightarrow{\text{Data Bus}}$ 1#端口（显示器数据端口）

（CPU 中的信息，即要显示字符的 ASCII 码，通过数据总线送到显示器数据端口）

这两个示例描述虽然不是十分严谨，但比较形象通俗地描述了 CPU 总线访问步骤。CPU 典型的总线访问有存储器读、存储器写、IO 读、IO 写、中断响应等。

2.2.3　指令执行过程

基于冯·诺依曼的"存储程序"原理，冯·诺依曼结构的计算机都是"指令驱动"的，即计算机的工作过程实质上就是执行程序的过程，而执行程序的过程就是逐条执行指令的过程。因此，了解指令执行过程是了解计算机工作过程的基础。

要执行指令，需先从存储器取出指令，然后才能执行，因而一般把指令执行过程分为 3 个阶段：取指令、译码和执行指令，如图 2.33 所示。

【取指令、译码和执行指令，都可以分解为 CPU 内部操作和 CPU 总线操作。】

（1）取指令

在取指令阶段，CPU 根据程序计数器 PC 的内容，将下一条即将要执行的指令从主存复制到指令寄存器 IR 中。复制完成后，程序计数器 PC 的内容自动加 1，指向下一条指令。

上述取指令操作与取出指令的内容是无关的，取任何指令都需要这些步骤，因此取指令操作是所有指令的公共操作。

【由于整个程序在最开始就已经由操作系统装载到内存了，所以当前要取的指令一定存放在某个内存单元中，即取指令是一次存储器读总线操作。】

（2）译码

对 IR 中的指令代码进行译码分析，确定是何种类型的指令。

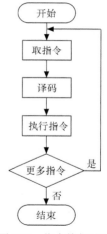

图 2.33　指令执行过程

【不需要总线操作，完全在 CPU 内部进行。首先，CPU 的 IR→CPU 的控制单元 CU；然后，对指令代码进行译码，产生执行该指令需要的控制信号。

CPU 控制单元的实质就是解释程序，因此，CU 电路主要是指令译码电路，该时序电路接受指令代码作为输入，产生的输出即为控制信号。】

（3）执行指令

根据指令译码的结果，控制单元向有关的功能部件发送为执行该指令所需要的一切控制信号，以正确执行该指令。这些信号有些是同一节拍产生的，有些是按序产生的，它们取决于指令的操作性质。不同的指令有不同的控制信号序列。

【执行不同的指令，所花的时间和所需的操作差别很大。例如，执行转移型指令只需要将新的下一条指令的地址送入 PC 即可，它靠调用控制器本身的部件就可以完成（CPU 内部操作）；而执行需要从主存中调入操作数的加法指令时，则需要调用运算器、存储器和控制器，需要总线操作和内部操作共同完成。】

不论执行什么指令，执行完其最后一步操作后都要回到取指令阶段，去取下一条指令。计算机如此周而复始地执行程序中的每条指令，直到整个程序执行完为止。

2.2.4 计算机工作过程

下面通过一台简单指令集的计算机，执行一个简单程序的过程来说明。

例 2.3 设有一台计算机，其基本字长为 32 位，通用寄存器有 16 个（需要 4 位二进制寻址），指令操作码为 8 位，存储单元地址为 20 位，为书写方便采用十六进制代码，其部分指令如表 2.1 所示。

表 2.1　　　　　　　　　　　　　例 2.3 的指令系统表

指令名称	记忆符	OP	第一地址	第二地址	功能说明
取数	LDR	01	R1	D2	R1←M（D2）
存数	STR	02	R1	D2	M（D2）←R1
加法	ADD	03	R1	D2	R1←（R1）＋M（D2）
乘法	MUL	04	R1	D2	R1←（R1）×M（D2）
停机	HLT	FF	/	/	机器停止运行

若要在该机上求解 $y=ax^2+bx+c$，则首先要确定算法，然后编制程序流程图，再用机器的指令系统编写程序，最后在机器上运行。具体过程如下。

（1）程序流程图

$$y = ax^2+bx+c = (a×x+b)×x+c$$

根据变换后的算法，用方框图描绘出计算的步骤如下：

$R_1←a×x$	→	$R_1←R_1+b$	→	$R_1←R_1×x$	→	$R_1←R_1+c$	→	$y←R_1$

（2）存储单元分配

解题中 a，b，c，x 为已知原始数据，编程时要用到它们，因此编程前必须安排它们的存储单元。设原始数据分别存放在主存地址为 00407H～0040AH 单元，计算结果保存在 0040BH 单元。

（3）编制程序

设程序的首地址为 00400H 单元，按流程图和表 2.1 指令系统可编制程序如表 2.2 所示。

（4）运行程序

编制好表 2.2 中的程序后，就可在引导程序的控制下，通过输入设备将其输入到存储器的指定存储区中。

表 2.2　　　　　　　　　　　　　例 2.3 的程序

地址	指令或数据			说明
00400	01	1	00407	取数：$R_1←a$
00401	04	1	0040A	乘法：$R_1←a×x$
00402	03	1	00408	加法：$R_1←ax+b$
00403	04	1	0040A	乘法：$R_1←(ax+b)x$
00404	03	1	00409	加法：$R_1←(ax+b)x+c$
00405	02	1	0040B	存数：0040E←y
00406	FF			停机

续表

地址	指令或数据	说明
00407	a	原始数据 a
00408	b	原始数据 b
00409	c	原始数据 c
0040A	x	原始数据 x
0040B	y	结果 y

程序输入后，引导程序将强迫程序计数器 PC 内容为程序的首指令地址（简单的机器，也可以通过控制台将程序首地址装入 PC，再启动机器运行）。在本例中，PC 被置为 00400H，然后计算机开始了指令执行的工作过程。

首先，从 00400H 单元取指令 01100407H 到指令寄存器 IR，PC 加 1 变为 00401H，IR 的内容经译码识别出是取数指令，在执行指令阶段，将 00407H 单元的数 a 读到 R_1 寄存器。

然后，控制器又进入取指令阶段，从 00401H 单元中取出指令 0410040AH 到 IR，PC 内容加 1 变为 00402H，IR 中的指令经译码识别出是乘法指令，于是在执行指令阶段，从 0040AH 单元取出被乘数 x，它与 R_1 中的乘数 a 都送入 ALU 中进行乘法运算，乘积存入 R_1。

再从 00402H 单元取出新的指令并执行之。

如此逐条执行程序中的每条指令，直到从 00406H 单元中取出指令 FFH，执行停机指令，使控制单元不再循环发出节拍信号，机器也停止了指令执行过程。如果 00406H 单元安排的不是停机指令，一般情况下应是一条无条件转移指令，其转移地址则是另一程序的首指令地址，计算机便开始执行新的程序。

在整个过程中，只需在最开始由操作系统装载程序到内存，并引导至第一条指令处，其后，程序的执行（包括周而复始地取指令、译码、执行直至停机）都是自动执行的，表面上看每一步都在 CPU 控制下进行，实际上是在程序指令的指示下进行的。这就是冯•诺依曼机器的"指令驱动"工作方式。

总之，冯•诺依曼机是按照"存储程序+程序控制"的原理工作的。即，将要做的事情编程程序并存储起来，将来要再做这件事情时只要启动程序（将程序装载如内存，启动程序第一条指令）即可，在程序的运行过程中无须人的干预，即，计算机在自动地连续地执行程序，直到停止。

2.3　计算机常用的数制及机内信息表示

虽然早期计算机是十进制机器，自从维纳在"现代计算机设计五原则"和冯•诺依曼在那篇著名的"101 页报告"中提出计算机采用二进制后，迄今为止所有电子计算机都是二进制的，即机器内的所有信息都是用二进制代码表示的。原因在于计算机中的每个存储位只有高电压和低电压两种信号，用 0 和 1 表示这两种状态很符合逻辑，而且二进制运算规则比十进制运算规则简单很多。

2.3.1　数制及其转换

日常生活中，人们并不习惯采用二进制。因此程序员编写源程序时仍经常采用十进制或其他进制，输入计算机后，由计算机自动转换为二进制进行存储和计算，运算完后的结果再自动转换为十进制或其他进制输出。因此有必要了解二进制与其他常用进制之间的相互转换。

1. 常用计数制

（1）十进制

十进制有 10 个不同的数字符号 0～9，逢十进一，可用式（2.1）表示。

$$N_{10} = \sum_{i=-m}^{n-1} A_i \cdot 10^i \qquad (2.1)$$

其中，A_i 为 10 个符号中的任何一个，10^i 为第 i 位符号所对应的权。当 $i \geq 0$ 时，代表的是整数部分，当 $i < 0$ 时，代表的是小数部分。

例 2.4 $723.54 = 7 \times 10^2 + 2 \times 10^1 + 3 \times 10^0 + 5 \times 10^{-1} + 4 \times 10^{-2}$

（2）二进制

二进制只有 2 个不同的数字符号 0 和 1，逢二进一，用式（2.2）表示。

$$N_2 = \sum_{i=-m}^{n-1} B_i \cdot 2^i \qquad (2.2)$$

其中，B_i 为 2 个符号中的任何一个，2^i 为第 i 位符号所对应的权。

（3）八进制

八进制有 8 个不同的数字符号 0～7，逢八进一，用式（2.3）表示。

$$N_8 = \sum_{i=-m}^{n-1} C_i \cdot 8^i \qquad (2.3)$$

其中，C_i 为 8 个符号中的任何一个，8^i 为第 i 位符号所对应的权。

（4）十六进制

十六进制有 16 个不同的数字符号 0～9，A～F（A～F 分别代表十进制中的 10～15），逢十六进一，用式（2.4）表示。

$$N_{16} = \sum_{i=-m}^{n-1} D_i \cdot 16^i \qquad (2.4)$$

其中，D_i 为 16 个符号中的任何一个，16^i 为第 i 位符号所对应的权。

（5）4 种计数制对照表如表 2.3 所示

表 2.3　　　　　　　　　　　4 种计数制对照表

十进制	二进制	八进制	十六进制
0	0	0	0
1	1	1	1
2	10	2	2
3	11	3	3
4	100	4	4
5	101	5	5
6	110	6	6
7	111	7	7
8	1000	10	8
9	1001	11	9
10	1010	12	A
11	1011	13	B
12	1100	14	C
13	1101	15	D
14	1110	16	E
15	1111	17	F

为清晰起见，常在数字后面加字母 B（Binary）表示二进制数，用 O（Octal）表示八进制数，用 H（Hexadecimal）表示十六进制数，用 D 或不加字母表示十进制（Decimal）数。

2. 各种数制间的转换

（1）二进制数转换为十进制数

例 2.5　$(110111.101)_2 = 1×2^5 + 1×2^4 + 0×2^3 + 1×2^2 + 1×2^1 + 1×2^0 + 1×2^{-1} + 0×2^{-2} + 1×2^{-3}$

$\qquad\qquad\qquad\quad = (55.625)_{10}$

（2）十进制数转换为二进制数

整数部分除 2 取余，余数从后向前排列；

小数部分乘 2 取整，整数从前向后排列。

例 2.6　$(12.6875)_{10} = (1100.1011)_2$

```
2 | 12    ( 0 ↑              0.6875
2 | 6     ( 0                ×    2
  2 | 3   ( 1                1.3750
    2 | 1 ( 1                ×    2
        0                    0.750
                            ×    2
                            1.50
                            ×    2
                            1.0
```

【十进制转换成八进制、十六进制的原理与十进制转换成二进制原理类似，仅需将基数改成 8、16，即整数部分不断除 8、16 取余，小数部分不断乘 8、16 取整。】

（3）二进制数与八进制数之间的转换

二进制数转换为八进制数时，从小数点开始分别向左、向右每 3 位分为一组，不够三位补 0，再将每 3 位二进制数用对应的一位八进制数表示。

例 2.7　$(\underline{0\ 11}\ \underline{101}\ \underline{010}\ \underline{011}.\underline{101}\ \underline{110})_2 = (3523.56)_8$

$\qquad\qquad 3\quad 5\quad 2\quad 3\quad 5\quad 6$

八进制数转换为二进制数时为上述逆运算。

（4）二进制数与十六进制数之间的转换

二进制数转换为十六进制数其方法同二进制数转换为八进制数，只是每次取四位二进制数为一组。

例 2.8　$(\underline{1111}\ \underline{0101}\ \underline{0011}.\underline{1011}\ \underline{1000})_2 = (F53.B8)_{16}$

$\qquad\quad F\quad 5\quad 3\quad B\quad 8$

十六进制数转换为二进制数时为上述逆运算。

2.3.2　计算机内信息的表示

1. 数值数据的表示

数值是计算机最常用的数据类型，与其他数据类型不同的是，不必把数值型数据映射到二进制代码，直接将其值转换成等值的二进制数值即可。

（1）整数的表示

① 无符号整数。机器字长的所有位都表示数值大小，存储无符号整数的过程可以简单地概括为以下两步：

● 先将整数转换为二进制形式；

● 如果二进制位数不足位，则在二进制的左边补 0，直至位数达到机器字长。

例 2.9 将 9 存储在 8 位字长的存储单元中。

解：先将 9 转换成二进制数 1001；然后高位补 4 个 0 使总位数为 8，得到 00001001；最后将该数存储在存储单元中。

② 有符号整数。在计算机中只表示无符号数（即非负数）是不现实的，我们经常需要表示和处理负数（即有符号数）。在计算机中符号也必须数码化，通常采用的方法是在数据的前面增设一位符号位，0 表示"正数"，1 表示"负数"。

例 2.10 将–9 存储在 8 位字长的存储单元中。

解：8 位中，最高位为符号位，余下 7 位是有效数值位。

先将 9 转换成二进制数 1001；然后高位补 3 个 0 使数值位为 7 位，得到 0001001；由于是负数，符号位为 1；最后存储的结果是 10001001。

【实际上，机器中有符号数的表示一般有原码、反码和补码表示法。这三种表示法的符号位规则是一样的，正数的三种表示编码也是一样的，只在表示负数的时候，三种编码方法的有效数值位不一样，此处不详细讲述。例 2.10 用的是原码表示法。】

（2）小数的表示

在计算机中，小数点不用专门的器件表示，而是按约定的方式标出。共有两种方法约定小数点的存在，一种方法约定所有数据的小数点位置固定不变，即定点表示；另一种方法约定小数点的位置是可以浮动的，即浮点表示，比较实用。

计算机中浮点数据表示的基本原理来源于十进制数中使用的科学记数法。浮点数的主要特点是让小数点的位置根据需要而浮动。一个数 N 的科学记数法形式可写成：

$$N=M \times R^E \tag{2.5}$$

式（2.5）中，R 为浮点数阶码的底，与尾数的基数相同，在实际的计算机中取 2。E 和 M 都是带符号的定点数，E 叫做阶码，M 叫做尾数。

浮点数的一般存储格式如图 2.34 所示，浮点数的底是隐含的（取 2），在整个机器数中不出现。阶码的符号位为 E_f，阶码的大小反映了数 N 中小数点的实际位置；尾数的符号位为 M_f，它是整个浮点数的符号位，表示了该浮点数的正负。浮点数的表示范围主要由阶码决定，有效数字的精度主要由尾数决定。

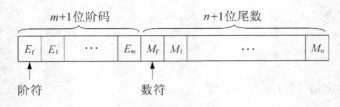

图 2.34　浮点数存储格式

在实际计算机中，根据 IEEE 754 标准，有单精度浮点数格式（用于 32 位机器）或双精度浮点数格式（用于 64 位机器），来规范阶码和尾数位数，以统一格式，便于通信。

（3）BCD 码

目前，大多数通用性较强的计算机都能直接处理十进制形式表示的数据。BCD（Binary Coded Decimal）码是一种方便此种处理的数值编码，称为二—十进制编码。

BCD 码是每四位二进制数为一组，表示一位十进制数。二进制编码 0000，0001，0010，0011，

0100, 0101, 0110, 0111, 1000, 1001, 分别代表十进制数位 0~9, 而 1010~1111 二进制编码是非法的。

例如, (0111 1001 0101 1000.0100 0110 1000) 的 BCD 码等于十进制数 7958.468。

2. 非数值数据的表示

非数值数据, 通常是指字符、字符串、图像、音频、视频和汉字等各种数据, 它们通常不用来表示数值的大小, 一般情况下不对它们进行算术运算。

(1) 字符和字符串的表示

计算机中用得最多的非数值数据是字符和字符串, 它是人和计算机相互作用的桥梁。例如, 在大多数计算机系统中, 操作人员通过键盘上的字符键向计算机输入各种操作命令和原始数据; 计算机则把处理的结果以字符的形式输出到显示终端或打印机上, 供操作者使用。

由于计算机内部只能识别和处理二进制代码, 所以这些字符必须按照一定的规则用一组二进制编码来表示。

① 字符。字符编码方式有很多种, 现在用得最广泛的是美国信息交换标准代码 (American Standard Code for Information Interchange, ASCII)。常见的 ASCII 用 7 位二进制表示一个字符, 它包括 10 个十进制数字 (0~9)、英文大写和小写 52 个字母 (A~Z, a~z)、34 个专用符号和 32 个控制符号, 共计 128 个字符, 如表 2.4 所示。最高位在机内存储时恒为 0。

表 2.4　　　　　　　　　　　　　　　　ASCII 字符编码

$b_3b_2b_1b_0$ \ $b_6b_5b_4$		0	1	2	3	4	5	6	7
		000	001	010	011	100	101	110	111
0	0000	NUL	DLE	SP	0	@	P	`	p
1	0001	SOH	DC1	!	1	A	Q	a	q
2	0010	STX	DC2	"	2	B	R	b	r
3	0011	STX	DC3	#	3	C	S	c	s
4	0100	EOT	DC4	$	4	D	T	d	t
5	0101	ENQ	NAK	%	5	E	U	e	u
6	0110	ACK	SYN	&	6	F	V	f	v
7	0111	BEL	ETB	'	7	G	W	g	w
8	1000	BS	CAN	(	8	H	X	h	x
9	1001	HT	EM	)	9	I	Y	i	y
A	1010	LF	SUB	*	:	J	Z	j	z
B	1011	VT	ESC	+	;	K	[	k	{
C	1100	FF	FS	,	<	L	\	l		
D	1101	CR	GS	-	=	M	]	m	}
E	1110	SO	RS	.	>	N	↑	n	~
F	1111	SI	US	./	?	O	↓	o	DEL

所有 ASCII 字符编码都可以通过查表得到。例如, 数字 0~9 的 ASCII 码用十六进制表示为 30H~39H, 30H 转化成二进制为 0110000, 这就是机器内字符 ('0' 的 ASCII 码表示。又如, 大写英文字母 A~Z 的 ASCII 码用十六进制表示为 41H~5AH, 41H 转化成二进制为 01000001, 这就是机器内字符'A'的 ASCII 码表示。

表内有 33 种控制码, 主要用于打印或显示时的格式控制、对外部设备的操作控制以及数据通信时进行传输控制等用途。其余 95 个字符为可打印或可显示字符。

② 字符串。字符串是指一串连续的字符。通常，它们在存储器中占用一片连续的空间，每个字节存放一个字符代码，字符串的所有元素（字符）在物理上是邻接的，这种字符串的存储方法称为向量法。

例如，字符串"IF X > 0　THEN　READ（C）"，在字长为 32 位的存储器中的存放格式如图 2.35（a）所示，图中每一个主存单元可存放 4 个字符，整个字符串需 5 个主存单元。在每个字节中实际存放的是相应字符的 ASCII 码，如图 2.35（b）所示。

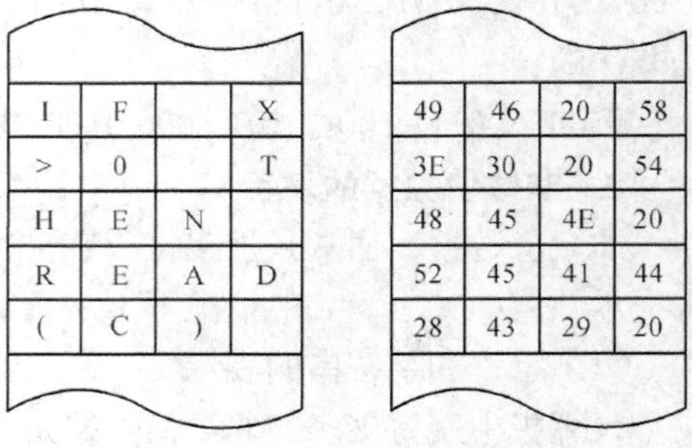

I	F		X
>	0		T
H	E	N	
R	E	A	D
(		C	)

(a)

49	46	20	58
3E	30	20	54
48	45	4E	20
52	45	41	44
28	43	29	20

(b)

图 2.35　字符串的向量存放方式

（2）汉字的表示

汉字处理技术是我国计算机推广应用工作中必须要解决的问题。汉字的字数繁多，字形复杂，读音多变，常用汉字有 7 000 个左右。要在计算机中表示汉字，最方便的方法是为汉字安排一个编码，而且要使这些编码与西文字符和其他字符有明显的区别。

汉字编码包括汉字输入码（输入汉字用）、汉字机内码（机内存储和处理汉字用）、汉字字形码（输出汉字用）。在这里只介绍汉字机内码。

1981 年我国国家标准局公布了 GB2312-1980，即《信息交换用汉字编码字符集——基本集》，简称国标码。该标准共收集常用汉字 6 763 个，其中一级汉字 3 755 个，按拼音排序；二级汉字 3 008 个，按部首排序；另外还有各种图形符号 682 个，共计 7 445 个。

GB2312-1980 规定每个汉字、图形符号都用两个字节表示，每个字节只使用低 7 位编码，因此最多能表示出 128×128=16 384 个汉字。

因为汉字处理系统要保证中西文的兼容，当系统中同时存在 ASCII 和汉字国标码时，将会产生二义性。例如，有两字节的内容为 30H 和 21H，它既可表示汉字"啊"的国标码，又可表示西文"0"和"!"的 ASCII 码。为此，汉字机内码应对国标码加以适当处理和变换。

常用的汉字机内码为两字节长的代码，它是在相应汉字国标码的每个字节最高位上加"1"，即汉字机内码=汉字国标码+8080H。例如，上述"啊"字的国标码是 3021H，其汉字机内码则是 B0A1H，这样，可以与西文 ASCII 码相区别。

（3）图像的表示

图像在计算机中常采用两种表示方法：位图图像或矢量图像。

此处只介绍位图图像，在这种方法中，图像被分为像素矩阵，每个像素是一个小点。像素的大小取决于分辨率，例如，图像可以为 1 000 像素或 10 000 像素，第二种情况有更好的显示效果，但需要更多的内存。

将图像分成像素之后，每个像素被赋予为二进制值，值的字长和大小取决于图像本身。对于黑白图像，1 位二进制就能表示像素，"0"表示黑像素，"1"表示白像素，如图 2.36 所示。

如果一幅图像不是由纯黑和纯白像素组成，那么可以增加二进制位数来表示灰度。例如，可以使用两位二进制来显示 4 重灰度级，00 表示黑色像素，01 表示深灰色像素，10 表示浅灰色像素，11 表示白色像素。如果是彩色图像，则每个像素的颜色用 3 个组成成分记下来——红（R）、绿（G）、蓝（B），这 3 种颜色称为三原色。每一个颜色的成分都用一字节来表示其强度，因此，描述每个像素需 3 字节，分别用来表示红色、绿色和蓝色的强度。例如，图 2.37 所示为 4 种彩色像素的表示方法。

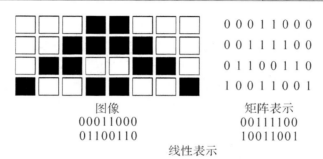

图像　　　　　　　　　矩阵表示
00011000　　　　　　　　00111100
01100110　　　　　　　　10011001
线性表示

图 2.36　黑白图像的位图图像表示

$$
\begin{array}{llll}
 & R & G & B \\
 & \downarrow & \downarrow & \downarrow \\
红（100\%强度）\rightarrow & 11111111 & 00000000 & 00000000 \\
绿（100\%强度）\rightarrow & 00000000 & 11111111 & 00000000 \\
蓝（100\%强度）\rightarrow & 00000000 & 00000000 & 11111111 \\
白（100\%强度）\rightarrow & 11111111 & 11111111 & 11111111
\end{array}
$$

图 2.37　彩色像素的表示方法

（4）音频和视频信息的表示

多媒体计算机不仅要处理数值信息和字符型信息，还要处理音频信息和视频信息。

在一般声像设备中，音频和视频信息通常都表示为模拟量，但计算机的 CPU 却只能处理数字量。因此，无论音频信息或视频信息，在进入 CPU 以前都要先转换为二进制数据（模/数转换），才能交给 CPU 加工处理；反之，从 CPU 输出的声音/图像信息，也要先从二进制数据转换为音频/视频模拟信号（数/模转换），然后交给声像设备播放。

小　结

本章介绍了计算机系统的结构和计算机的工作原理，重点在于理解冯·诺依曼结构及其"存储程序"和"程序控制"计算机工作原理。本章主要内容如下。

（1）计算机系统的组成包括硬件系统和软件系统。本章以丰富的图片展示了当前微型计算机的主流配置及主要外围设备。

（2）回顾冯·诺依曼提出计算机组成的思想，即计算机硬件由运算器、控制器、存储器、输入设备和输出设备五大部分组成。给出了主机、CPU、外设的定义。

（3）CPU 内部结构和工作原理。

（4）存储层次体系结构，主存、Cache、辅存区别及其工作原理。存储容量的基本单位。

（5）输入、输出设备的作用及其与 CPU 连接方式。

（6）总线结构及总线访问过程。

（7）计算机工作过程。以一个实例说明，计算机的工作过程其实就是不断地取指令、译码、执行指令的过程，这个过程是在"程序指令"的驱动下自动连续地进行的。

（8）计算机常用数制及其相互转换。

（9）各种类型的信息在计算机内的存储格式。包括无符号整数、有符号整数、浮点数的表示，字符、字符串的表示；汉字的表示，图像、音视频数据的表示等。

习　题

一、选择题

1. 在微型计算机中，最普遍采用的字符编码是（　　　）。

    A. BCD 码　　　　　B. 16 进制　　　　　C. ASCII 码　　　　　D. 余 3 码

2. BCD 码 0111 1100 0001 可转换成十进制的（　　　）。

    A. 701　　　　　　　B. 839　　　　　　　C. 683　　　　　　　D. 有错误发生

3. 下列（　　　）是计算机能处理的数据。

    A. 字符　　　　　　B. 音频　　　　　　C. 视频　　　　　　D. 以上全是

4. 图像在计算机中通过以下（　　　）方式表示。

    A. 位图图像　　　　B. 矩阵图形　　　　C. 矢量图像　　　　D. A 或 C

5. 存储器是计算机系统中的记忆设备，它主要用来（　　　）。

    A. 存放程序　　　　B. 存放数据　　　　C. 存放微程序　　　　D. 存放程序和数据

6. 用以指定待执行指令所在地址的是（　　　）。

    A. 指令寄存器　　　B. 数据计数器　　　C. 程序计数器　　　D. 累加器

7. 计算机的存储器采用分级存储的方式，是为了（　　　）。

    A. 减小主机箱的体积

    B. 解决容量、价格、存取速度三者之间的矛盾

    C. 保存大量数据方便

    D. 操作方便

8. 下列描述中（　　　）是正确的。

    A. 控制器能理解、解释并执行所有的指令及存储结果

    B. 一台计算机包括输入、输出、控制、存储及算术逻辑运算五个部件

    C. 所有的数据运算都在 CPU 的控制器下完成

    D. 以上答案都正确

9. 完整的计算机系统包括（　　　）。

    A. 主机和外部设备　　　　　　　　　B. 运算器、存储器和控制器

    C. 硬件系统和软件系统　　　　　　　D. 系统程序和应用程序

10. 和外存储器相比，内存的特点是（　　　）。

    A. 容量小，速度快，成本高

    B. 容量小，速度快，成本低

    C. 容量大，速度快，成本高

    D. 容量大，速度快，成本低

11. （　　　）是光存储设备。

    A. CD-ROM　　　　B. CD-R　　　　　C. CD-RW　　　　D. 以上都是

12. 计算机中运行程序的三个步骤是按（　　　）特定顺序执行的。

    A. 取指令、执行、译码　　　　　　　B. 译码、取指令、执行

    C. 取指令、译码、执行　　　　　　　D. 译码、执行、取指令

二、填空题

1. 完整的计算机系统应包括（　　　）和（　　　）。

2. 软件是各种指挥计算机工作的（　　　　）总称，可大致分为（　　　　）和（　　　　）两大类。前者主要作用是控制计算机系统内各种设备及方便用户使用计算机，最典型的如（　　　　）。

3. 计算机操作系统用于（　　　　），它是（　　　　）的接口。

4. 一位十进制数，用 BCD 码表示需（　　　　）位二进制码，用 ASCII 码表示需（　　　　）位二进制码。

5. （35）$_{10}$ 的 BCD 码是（　　　　）。

6. （B0ABH ∨ 00F0H）⊕ F00FH=（　　　　）。

7. （B0ABH ⊕ 00F0H）∧ F00FH=（　　　　）。

8. 总线是计算机系统的各个部件之间（　　　　），通常由（　　　　）、（　　　　）和（　　　　）组成，分别用来传送（　　　　）、（　　　　）和（　　　　）。

9. （123）$_{10}$=（　　　　）$_2$=（　　　　）$_8$=（　　　　）$_{16}$

10. （123A.BF79）$_{16}$=（　　　　）$_8$=（　　　　）$_2$=（　　　　）$_{10}$

三、简答题

1. 按冯·诺依曼的思想计算机由哪几个部件组成？各部件的主要功能是什么？

2. CD-ROM、CD-R 和 CD-RW 的主要区别是什么？

3. CPU 由哪几个部分组成？

4. 将下列各十进制数转换为二进制、八进制和十六进制形式。

（1）113　　　　　　　　　　　　　　（2）83.675

5. 将下列各二进制数转换为十进制形式。

（1）10110.101　　　　　　　　　　　（2）1101110.011

6. 计算机上常用的输入设备有哪些？计算机上常用的输出设备有哪些？计算机中常用的存储设备有哪些？

7. 什么是计算机硬件？什么是计算机软件？计算机软件分为哪几类？

8. ROM 和 RAM 各代表什么含义？

9. 什么是 ASCII 码？"1"和 1 有什么区别？

10. CRT 和 LCD 各代表什么？

11. 微型计算机所遵循的工作原理是什么？

12. 主板在计算机中起什么作用？

13. 打印机是什么设备？可以分为几种？

14. 假设一个硬盘的容量是 40GB，一个汉字占 2 字节，试计算该硬盘能存储多少个汉字？

本章参考文献

[1] 赵欢，骆嘉伟，徐红云，李丽娟. 大学计算机基础——计算机科学概论. 北京：人民邮电出版社，2009.

[2] 冯博琴. 大学计算机基础. 北京：人民邮电出版社，2006.

[3] 维基百科. 硬件. http://zh.wikipedia.org/wiki/%E7%A1%AC%E4%BB%B6.

[4] 维基百科. 主板. http://zh.wikipedia.org/wiki/%E4%B8%BB%E6%9D%BF.

[5] Wikipedia. BIOS. http://en.wikipedia.org/wiki/BIOS.

[6] Wikipedia. Bus (computing). http://en.wikipedia.org/wiki/Bus_(computing).

[7] 怪鸭兽. 道格拉斯·恩格巴特博士与鼠标的发明. http://people.ccidnet.com/art/2947/20051014/350151_1.html.

[8] 佚名. 微机原理：微处理器(1). http://zdhkjy.ysu.edu.cn/Article_Show.asp?ArticleID=108.

[9] 佚名. 微机原理：微处理器(2). http://zdhkjy.ysu.edu.cn/Article_Show.asp?ArticleID=112 & ArticlePage=1.

[10] Wikipedia. John von Neumann. http://en.wikipedia.org/wiki/John_ von_Neumann.

[11] 赵欢. 计算机科学概论. 北京：人民邮电出版社，2004.

第3章
操作系统

人们在使用计算机时，如进行科学计算、文字处理、通信或者娱乐消遣等，操作系统（Operating System，OS）为用户方便地使用计算机提供了一个环境。一个计算机系统往往包含许多特性各异的硬件资源：中央处理单元（CPU）、内存（memory）、硬盘（如磁盘或固态盘）、输入/输出（I/O）设备等，这些资源应该被高效地组织和管理，以便使计算机能很好地为用户服务，操作系统就负责计算机系统中资源的管理。像个人计算机这样的单用户系统，用户可能同时需要运行多个程序；而对于一台可能连接了多个终端或工作站的计算机，不同终端或工作站上的不同用户可能同时请求服务，这些需求都要求协作来高效、公平地分配资源，保证无相互关联的活动不会相互打搅，而相互关联的活动之间的通信高效且可靠，这种协作也是由操作系统完成的。本章主要讨论操作系统的这些基本问题。

3.1　操作系统概述

3.1.1　操作系统概念

我国著名科学家钱学森认为：系统是由相互作用相互依赖的若干组成部分结合而成的，具有特定功能的有机整体，而且这个有机整体又是它从属的更大系统的组成部分。在理解操作系统之前，先来理解一个计算机系统由哪些部件组成。由于计算机是为用户服务的，所以一个计算机系统包含计算机硬件、操作系统、系统程序和应用程序、用户等组件，如图 3.1 所示。

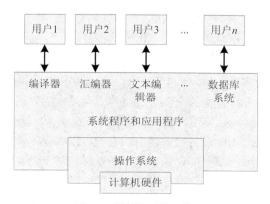

图 3.1　计算机系统组件

由图 3.1 可知，操作系统作为计算机系统的一个重要组成部分，将计算机硬件资源与硬件资源的使用者隔离开来，计算机的硬件由操作系统管理和分配，而在操作系统之上是一系列系统程序和应用程序（其中有些是由操作系统直接提供），用户可以使用系统程序和应用程序，不能直接操控硬件，用户（包括系统程序和应用程序）对硬件的访问必须通过操作系统。这样做的结果是，操作系统可以屏蔽不同的计算机硬件而为用户提供相对统一的服务。因此，对于不同硬件配置（如，不管是 Intel 的 CPU 还是 AMD 的 CPU）的计算机，安装了相同的操作系统后，用户在使用时感觉不到其中硬件的差别的。

操作系统是一个复杂的软件系统，而计算机的软件往往分成两大类：应用程序和系统软件，系统软件又有两个部分：操作系统和系统程序，操作系统包括内核和用户界面两个部分，从某种意义上讲，系统程序扩展了操作系统的能力。软件分类如图 3.2 所示。

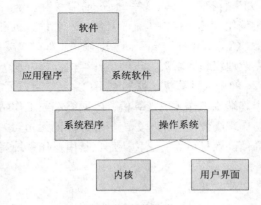

图 3.2　软件分类

操作系统是计算机系统中最核心和最底层的软件，是一个非常复杂的软件系统，难以给予它一个普遍的定义。这里从不同的角度列举一些通用的定义。

操作系统是介于计算机用户和计算机硬件之间的一个中间接口层。

操作系统是服务提供者，提供的服务使得其他程序更加方便有效地执行。

操作系统是一个资源管理器，管理着计算机系统中每个部件的活动，并确保计算机系统中的硬件和软件资源能够更加有效的使用，当出现资源使用冲突时，操作系统应能够及时处理，排除冲突。

操作系统是一个控制程序，控制着用户程序的执行和 I/O 设备的运行。

操作系统是内核（kernel），即系统启动以后一直运行着的程序，而其他程序统称为应用程序。

作为一个有机的整体，操作系统的目标是提供一个环境，在该环境下用户可以方便、高效地使用计算机，为了达到这个目标，操作系统必须高效率、公平地管理和分配计算机资源。

操作系统一般采用中断驱动（Interrupt Driven）的工作模式。操作系统在启动以后，它的各个部门开始独立而又协调的工作，作为一个有机整体，通过中断方式与外界（见图 3.1 中位于操作系统之下和之上的两个部分）打交道。在一个计算机系统中，可能包含多个 I/O 设备，这些 I/O 设备和 CPU 可以并发的执行，I/O 设备启动以后，它们可以独立工作，一旦工作完成，通过中断（Interrupt）通知 CPU，然后由 CPU 进行相应的中断处理，每个设备的中断处理程序的入口由一个中断矢量表示，这是操作系统与硬件打交道的方式；而操作系统上层的软件及用户是通过陷阱（Trap，也称软中断，由操作系统提供）、系统调用、应用程序编程接口、系统程序等与操作系统打交道。

3.1.2　操作系统历史

操作系统经历了一个漫长的发展过程，其发展与计算机硬件的发展以及计算机的应用密不可分。实际上，这些不同时期的操作系统在当代很多还共存着，就像许多不同时期进化而来的物种共同生活于我们当今的世界一样。

1.　批处理系统（Batch Processing OS）

批处理操作系统设计目的是为了控制大型计算机。当时的计算机已经很可靠，但非常庞大而且价格昂贵（仅有少数大公司、主要政府部门和大学才买得起），一般用穿孔卡片输入数据，用行式打印机输出结果，磁带设备作为辅助存储介质。由于计算机非常昂贵，人们开始想办法减少机时的浪费，这就导致了批处理系统的产生。每个执行的程序叫做作业（job），想要执行作业的程序员通过穿孔机将程序和数据制成卡片，将卡片交给操作员，然后等待结果；操作员在收集到一批作业以后，用一台相对廉价的计算机将他们读到磁带上，另外用较昂贵的计算机来完成真正的计算；每个作业完成后，操作系统自动读入下一个作业运行。批处理可以实现系统资源的有效利用，但是没有提供用户与计算机的交互。

2.　分时系统（Time Sharing OS）

为了有效使用计算机资源，引入了多道程序。它的做法是可以将多个作业装入存储器，并且仅当资源可用时分配给需要它的作业。分时的概念是多道程序的逻辑扩展：资源可以被不同的作业共享，每个作业可以分到一段时间来使用资源。因为计算机运行速度远远快于人的反应，所以分时系统对于用户是透明的，每个用户都感觉整个系统在为自己服务。

最终利用分时技术的多道程序极大地改进了计算机系统的使用效率。但是，仍需要更加复杂的操作系统，它必须可以调度：给不同的程序分配资源并决定哪一个程序什么时候使用哪一种资源。

3.　个人系统（Personal Computing OS）

当个人计算机产生后，需要有一类适合这类计算机的操作系统，于是产生了单用户操作系统。这类操作系统主要考虑的是如何为用户提供方便使用计算机的环境，系统的交互式响应速度，提供丰富的应用程序以及娱乐功能等。个人系统吸纳了当时复杂操作系统的技术，如分时、多道程序、存储管理等。

4.　并行系统（Parallel Computing OS）

对更快的速度和更有效的要求导致了并行系统的设计：在同一计算机中安装了多个 CPU，每个 CPU 可以处理一个程序或者程序的一部分。这意味着很多任务可以并行地处理而不再是串行处理。目前使用的大多数并行系统是 SMP（对称多处理机）系统，所有的当代操作系统基本上都提供对 SMP 的支持。

5.　分布式系统（Distributed OS）

网络化和互联网络的发展，扩大了操作系统的内涵，产生了一种新的操作系统。以往必须在一台计算机上运行的作业现在可以有远隔千里的多台计算机共同完成。程序可以在通过网络互联的一台计算机上运行一部分而在另一台计算机上运行另外一部分。此外，资源可以是分布式的，程序需要的文件可能分布在世界的不同地方。这些都需要分布式操作系统来完成网络环境下的分布式资源的管理和分配。

6.　实时系统（Real Time OS）

实时操作系统往往用于一些控制设备中，这些控制设备具有特定的应用，如控制科学实验、医学成像系统、工业控制系统等，其任务具有严格的时间限制。实时系统可分为硬实时系统和软实时系统。

7. 手持系统（Hand Holden OS）

这类系统运行于手持设备上，如 PDA、手机，其设计和实现必须考虑有限的存储空间，相对低速的 CPU，较小的显示屏幕，相对有限的输入方式，功耗也是重点考虑的方面之一。

3.1.3　操作系统结构

操作系统既有不同的版本，又可能有颇不相同的内部结构，典型的操作系统内部结构有以下几种。

1. 单一结构（Simple structure）

单一结构的操作系统是一个单一的程序，这个程序包含许多过程，链接成一个单一的大的可执行程序。系统内的过程可以随意相互调用，没有信息隐藏可言。

2. 分层结构（Layered structure）

分层结构操作系统是将操作系统分成很多层，最底层（0层）是硬件，最外层是用户，如图 3.3 所示。操作系统的每一层实际上就是一个抽象对象的实现，每个对象由一些数据以及操控这些数据的一些操作组成。上一层调用下一层的操作，下一层为上一层提供服务。分层结构的主要优点就是构造和调试简单，难点恰恰在于如何合适地定义不同的层次。

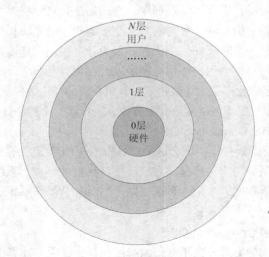

图 3.3　分层结构操作系统

3. 微内核结构（Microkernel structure）

微内核结构的操作系统是把一些不必要的组件从内核中移出来，把它们以系统程序和应用程序的方式实现，结果是得到更小的内核——微内核。当然，到底应该把哪些移出来、保留哪些，没有统一的方式，典型的方式就是：微内核只提供最基本的进程管理、内存管理以及一些通信功能。微内核结构操作系统的基本思想是获得操作系统的高可靠性。微内核结构的一个变种是客户机-服务器模型。

4. 模块化结构（Modules structure）

当前操作系统设计的最好方法也许就是利用面向对象编程技术创建一个模块化的内核。内核由一些核心组件集和一些动态可装载模块组成，这些动态可装载模块要么在系统启动时链接要么在运行时链接。模块化结构操作系统既可以允许内核提供核心的服务，又可以允许特定的功能动态地实现。图 3.4 所示为 Solaris 的模块化结构。

图 3.4 Solaris 的模块

3.2 操作系统的功能模块

操作系统是计算机系统中最复杂的部分之一，也是计算机系统能否成为一个高效易用的系统的关键，一方面它需要管理计算机系统内不同的资源，另一方面还要提供与用户的接口，因此操作系统由管理计算机资源的内核部分和用户界面程序组成。现代操作系统的内核部分至少包括进程管理器、存储管理器、文件管理器和设备管理器，用户界面的任务是与计算机的一个或多个用户进行通信。

3.2.1 用户界面

操作系统的用户界面（User Interface，UI）是用户与操作系统打交道最直接的部分，这一部分主要考虑如何让用户能高效、方便地操控计算机，它用来接受用户的请求并向操作系统的其他部分解释这些请求。操作系统的用户界面有命令行界面（Command Line Interface，CLI）和图形用户界面（Graphical User Interface，GUI）两种。

命令行界面是在图形用户界面得到普及之前使用最为广泛的用户界面，它通常不支持鼠标，用户通过键盘输入指令，在命令行界面中，操作系统提供一个命令提示符，在该命令提示符之后，可以接收用户输入一些字符组合，用户按回车键之后，操作系统将对用户输入的字符进行解释区分合法或非法命令，对于合法的命令，操作系统将执行该命令并给出命令的输出结果；对于非法的命令，操作系统将给出错误提示。命令可以是系统提供的也可以是可执行的用户程序。UNIX和 Linux 的用户界面是典型的命令行界面（流行的 Linux 操作系统发行版本如 RedHat、Ubuntu 提供图形用户界面），图 3.5 所示为 Linux 的命令行界面。

（a）命令行终端　　　　　　（b）输入合法命令　　　　　　（c）输入非法命令

图 3.5 命令行界面

图形用户界面是指采用图形方式显示的计算机操作环境用户接口。与早期计算机使用的命令行界面相比，图形界面对于用户来说更为简便易用，图形用户界面的广泛应用是当今计算机发展的重大成就之一，它极大地方便了非专业用户的使用。人们从此不再需要死记硬背大量的命令，取而代之的是可以用通过窗口、菜单、按键等方式来方便地进行操作。在图形用户界面中，计算机画面上显示窗口、图标、按钮等图形表示不同目的的动作，用户通过鼠标等指点设备进行选择，图形用户界面的组件包括桌面（Desktop）、视窗（Window）、标签（Tab）、菜单（Menu）、即时菜单（上下文菜单，Context Menu）、图标（Icon）、按钮（Button）等。苹果公司的 Macintosh 和微软公司的 Windows 操作系统都是典型的图形用户界面。图 3.6 所示为 Windows XP 的图形用户界面示例，图中"桌面"、"窗口"、"菜单"、"图标"、"上下文菜单"等文字和箭头是添加的注释。

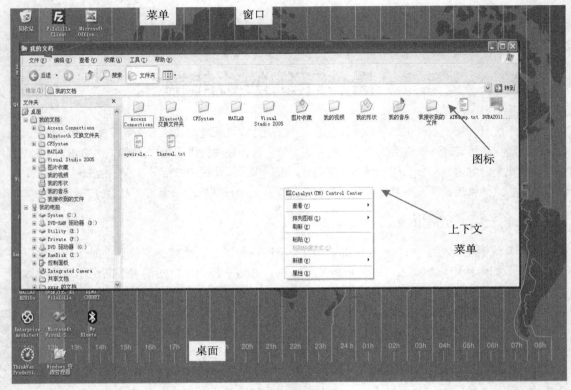

图 3.6　图形用户界面

通常认为，命令行界面没有图形用户界面那么方便用户操作，因为，命令行界面的软件通常需要用户记忆操作的命令，但是，命令行界面要比图形用户界面节约计算机系统的资源，而且在熟记命令的前提下，使用命令行界面往往要比使用图形用户界面的操作速度快。在现在的图形用户界面的操作系统中，通常都保留着可选的命令行界面，而且，许多系统还在加强（不断增强命令行接口的脚本语言和宏语言，例如 Linux 系统的 Bash 或是 Windows 系统的 Windows PowerShell）命令行操作方式的功能，加强的目的之一就是提供丰富的控制与自动化的系统管理能力，这在服务器中非常有用。

3.2.2　进程管理

人们使用计算机时（即使在个人电脑上），往往会"同时运行"多个程序，如一边进行文档编辑，一边播放着音乐，甚至挂着 QQ 聊天等。之所以可以做到这些，是因为操作系统的进程管理模块。现代操作系统可以将多个程序装载进内存而并发执行，这些需要导致了进程概念的提出，进程也就成了当代分时共享系统的工作单位。

1．程序、进程和线程

程序（Program）是由程序员编写的一组稳定的指令，保存在硬盘上。

进程（Process）是运行中的程序，存在于内存（包括虚拟内存）中。

线程（Thread）是利用 CPU 的一个基本单位，也称轻量级进程。

程序是一个静态的被动实体，程序员编写（编译、链接生成可执行代码）完以后就保存在硬盘上，进程是一个动态的主动实体，运行某个程序（操作系统需要把程序调入内存）的时候才会产生进程，进程是与运行密切相关的。在一个系统中，多个进程可能与同一个程序关联，例如某个用户同时运行多个文本编辑器程序时（见图 3.7），在系统中会产生多个进程，而文本编辑器程序只有一个（图中的映像名称 notepad.exe）。同样，可以将一个程序拷贝多份，在多台计算机上去运行，如果这些计算机具有相同操作系统及程序运行环境，则该程序可以顺利运行，否则不能运行，比如，QQ 的 Windows 版本程序，在 Windows 系统下可以运行，而在苹果的 Mac OS 系统中是不能运行。而进程只存在于特定系统中，不可能把某个进程复制到别的系统。

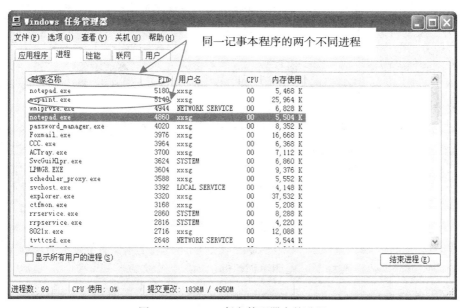

图 3.7　Windows 任务管理器中的进程

关于程序和进程，可以用一个简单的例子来加以理解。假设有一个做某道菜的菜谱，它记录在纸上，记录着做一道菜需要的原料、工具以及制作过程，我们可以把这道菜谱看成一个程序。现在，有一个人或几个人对着这道菜谱做菜，那么某个人依着菜谱做一道菜就可以看成一个进程，显然，多个人依着同一道菜谱做菜，就有菜谱的多个进程。菜谱是同一个菜谱，而每次不同的人（即使是同一个人）依着菜谱做一道菜显然是不相同的（时间不同，原料、工具也不同，做出的菜也不同）。有的菜谱以标准语言书写，会做菜的人都能看懂，有的菜谱书写的语言或记录的方式不同，做菜的人可能会读不懂，这就正如有的程序可在多种操作系统下运行而有的程序只能在特定操作系统中运行。

操作系统如何区分所有的进程呢？进程识别号（PID）是操作系统中区别进程的唯一号码，每个进程具有独一无二的号码，这个号码在操作系统创建进程（运行某个程序之初）的时候分配，而这个号码也伴随着该进程的一生。如图 3.7 所示，系统中运行了两个记事本程序（实际上是同一个记事本程序的两个拷贝），这两个运行的程序具有不同的 PID（一个是 4860，另一个是 5180）。

　　线程是在进程之后引入操作系统中的一个概念，最先是在操作系统之外引入了多线程，所以，线程有用户级线程（user-level thread）和内核级线程（kernel-level thread）之分。典型的用户级线程如 Java thread，POSIX Pthread 等，现代操作系统都提供内核级线程，用户级线程与内核级线程之间存在映射关系。现代操作系统的一个进程可能只包含一个线程（主线程），也可能包含多个线程（主线程和一个或多个子线程），属于同一个进程的所有线程共享该进程的代码段、数据段以及其他操作系统资源，如打开的文件和信号量，而每一个线程具有与 CPU 相关的不同的信息（如寄存器、程序计数器、栈、调度信息等）。在操作系统中，进程是计算机资源的抽象，也就是一个进程包含了运行该进程所需要的所有计算机资源：CPU、内存、I/O 等；而线程是 CPU 的抽象，即一个线程可以看成一个 CPU，对于包含多个线程的进程，线程是并发执行、独立进行调度的。采用多线程的好处是可以节省资源，加快进程的响应速度，在多 CPU 的机器上，还可以实现并行运算、加快进程的执行速度。比如，一个网络浏览器程序的工作流程大致是：根据用户输入的网址到服务器取得网页数据放入某个地址空间，它的网页解析器从该地址空间取得数据进行解析后组装成一个网页放到另一个地址空间，它的网页显示程序从该地址空间取得数据进行显示，在这个过程中还要接收用户的指令。因此，网络浏览器程序这个大任务大致包括几个子任务：用户界面、地址解析与服务器数据的获取、网页解析、网页显示。如果采用单一线程的模式，由于程序的顺序执行，对用户的响应速度慢，程序运行效率也不高；如果采用多线程的模式，每一个子任务采用一个线程，这几个子线程并发执行（每一个线程内的指令还是顺序执行），则可大大提高响应速度和运行效率。

　　具体实现进程和线程的时候，操作系统用一个数据结构"进程控制块"（PCB）来描述一个进程，用"线程控制块"（TCB）来描述一个线程。进程控制块包含了一个进程所需要的系统资源信息和一些辅助信息：进程 ID 号、进程状态、程序计数器、CPU 寄存器、CPU 调度信息、内存管理信息（如占用的内存）、I/O 状态信息（如打开的磁盘文件）、计账信息等。线程控制块包含的信息有：线程 ID 号、运行状态信息（程序计数器、CPU 寄存器、保存寄存器的栈指针）、调度信息（状态、优先级、CPU 时间）等。操作系统用进程表来维护系统中的所有进程，每创建一个进程，在进程表中增加一项，每终止一个进程删除表中对应项，进程表项是有限的，操作系统限制了能创建的最大进程个数以及每个进程能够创建的最大线程个数。

2. 进程的状态

　　由于进程是一个运行中的程序，因此它具有生存期，在生存期内一个进程可能处于多种状态中的一个，进程的状态一般由进程当前的活动而定义，每个进程可能处于以下几种状态之一。

① 新建（New），进程正被创建。

② 运行（Running），进程的指令正被执行（分配了 CPU）。

③ 等待（Waiting），进成正等待某些事件的发生（如 I/O 的完成或一个信号量的接收）。

④ 就绪（Ready），进程正等待备分配给处理器（万事具备只欠 CPU）。

⑤ 终止（Terminated），进程已经完成执行。

　　进程的状态及在各个状态之间的转换如图 3.8 所示，其中圆圈表示状态，箭头表示状态之间的转换，箭头所指方向为状态转换方向，箭头上的文字表示转换条件。一个进程在其生存期内，处于新建状态和终止状态各只有一次，而在其他状态可能会处于多次。当运行一个程序的时候（如在 Windows 系统中，用户双击某一个应用程序图标），操作系统会判断是否可以运行，如果可以则创建一个新进程并将其放入就绪队列；进程管理模块的调度器会依据调度规则在合适的时候将该进程调度到 CPU 去执行；执行完毕进程终止；执行过程中，进程可能会被调度器剥夺其 CPU

而重新放入就绪队列，也有可能需要等待 I/O 或某些事件而被放入等待队列，等到等待的 I/O 或事件到来以后重新被放入就绪队列，如此反复，直到进程终止。

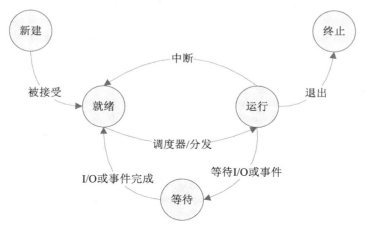

图 3.8　进程状态及转换

在实际的操作系统中，可能还会引入新的状态，如 Linux 中的进程有僵死（Zombie）状态。在 Linux 进程模型中，进程的创建采用树形结构，所有进程由根进程创建，每个进程又可能创建许多进程，这里，创建进程的进程称为父进程，被创建的进程称为子进程。当一个进程完成它的工作终止之后，它的父进程需要调用特定的系统调用（如 wait()或 waitpid()）来取得子进程的终止状态，如果父进程没有这么做，这些终止了的子进程就处于僵死状态成为僵死进程。系统进程表中为僵死进程保留了一些退出状态的信息，如果父进程一直不取得这些退出信息的话，这些进程表项就将一直被占用，如前文所述，进程表项是有限的，如果系统进程表被僵死进程耗尽的话，系统就可能无法创建新的进程。

3.进程调度

日常生活中，我们通常都有排队等候办理业务的经历。比如，到银行办理业务的时候，通常服务的窗口少，而等待办理业务的顾客很多，那么，如何确定柜台窗口为哪位顾客服务呢？银行的做法是让顾客先通过取号机取一个号子，然后等待叫号系统叫号提示到哪个柜台窗口办理业务。为了区分顾客的优先级，银行还有 VIP 窗口。类似地，一个计算机系统中只有一个 CPU，而进程往往有多个（每个程序的指令必须是要由 CPU 执行的），操作系统该何时给哪个进程分配 CPU 呢？操作系统里也有一个类似的"取号、叫号系统"。银行服务调度与进程调度类比如图 3.9 所示。当然，进程的调度比银行的调度复杂，比如，银行是按顾客所取号子的顺序提供服务，一般是服务完一个顾客才为下一个顾客服务；而操作系统依据在就绪队列中的顺序为进程分配 CPU，一般是为某个进程分配一个时间片段（如果进程没有终止则重新排队）。

在一个典型的分时计算机中，通常有多个进程在时间片断中竞争（主要是竞争使用 CPU），这些进程包括运行的应用程序和系统程序以及部分操作系统的程序，操作系统需要协调这些进程，例如确保每一个进程拥有其所需要的资源（CPU、主存储器空间、I/O、数据访问），独立的进程不能相互影响，需要交换数据的进程能正常的通信。这都需要操作系统完成进程的调度。

当进程进入系统后，他们被送入一个作业队列（Job Queue），该队列由系统中的所有进程组成。操作系统还有其他的一些队列，如那些驻留在主内存准备等待执行的进程保存在一个称为就绪队列（Ready Queue）的列表中，而那些等待某一个特定 I/O 设备的进程保存在一个称为设备队列（Device Queue）的列表中。一个新创建的进程最初被放在就绪队列中，它在就绪队列中等待直到被选择执行。一旦一个进程分配了 CPU 而执行，可能发生以下几个事件之一。

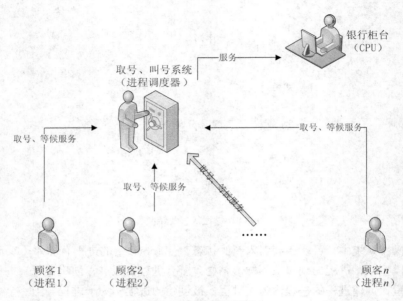

图 3.9　进程调度类比

- 进程可能发出一个 I/O 请求，然后因等待该 I/O 而被放到一个 I/O 等待队列。
- 进程可能创建一个新的子进程，并等待子进程的终止。
- 进程可能会被强制剥夺 CPU，如由中断引起，重新被放回就绪队列。

因此，一个进程在其生存期内会在不同的队列之间转移，操作系统必须以某种模式从这些队列中选择进程，这个选择工作由操作系统的进程调度器（Process Scheduler）执行。在一个批处理系统中，通常同时提交的进程数量比能立即执行的进程多，这些进程被缓存到海量存储设备（一般是磁盘）上等待稍后执行。操作系统的长期调度器或作业调度器从该缓冲池中选择进程并装载进内存准备执行（放入就绪队列），短期调度器或 CPU 调度器从这些准备执行的进程中（从就绪队列中）选择一个给它分配 CPU。有些操作系统，如 UNIX，没有长期调度器。有些操作系统还可能引入另外一个中间级别调度器——中期调度器。

现代操作系统，着重对 CPU 调度器进行设计和优化，CPU 调度器的目标是在考虑执行的任务具有不同优先级的同时，使各个进程尽可能公平、有效地使用 CPU，使用户的响应时间、周转时间尽可能短，使系统的吞吐量尽可能大。简单理解，CPU 调度一方面就是让 CPU 不停地忙（并且希望是做有用功），另一方面就是考虑进程的不同优先级别（任务的轻重缓急）。什么时候 CPU 不忙了，什么时候该考虑进程的不同优先级别了，就该启动 CPU 的调度了。

结合图 3.8，可以发现启动 CPU 调度的四个时机：（1）正在执行的进程退出了（从"运行"态转到"终止"态）；（2）正在执行的进程要等待 I/O 或事件（从"运行"态转到"等待"态）；（3）正在执行的进程被中断了（从"运行"态转到"就绪"态），中断的原因可能是分配给这个进程的时间片用完了或者是有更高优先级别的进程需要被分配 CPU；（4）当就绪队列里有新到达的进程（要么是"新建"了进程，要么是"等待"的 I/O 或事件完成）。在第（1）、（2）中，执行的进程主动让出了 CPU，这时 CPU 不忙了，应该启动 CPU 调度去选择进程分配 CPU。（3）中，正在执行的进程"被剥夺"了 CPU 使用权，这时 CPU 也不忙了，需要启动 CPU 调度。（4）中，主要是考虑优先级别，有可能新到达的进程比正在执行的进程具有更高的优先级别，那么需要启动 CPU 调度，把 CPU 从正在执行的进程剥夺而分配给优先级更高的。

操作系统调度器的实现依据所采用的具体算法不同而不同，常用的 CPU 调度算法有先来先服务、优先级、轮转时间片以及它们的综合和变种等。

4．进程间通信

进程是独立的个体，各自独立地运行完成自己的任务，但有时，为了协作完成任务，进程需要与其他进程通信。关于进程间的通信，简单的说，有三个方面的内容。

① 一个进程如何向另一个进程传送信息。

② 必须保证两个或多个进程在涉及临界活动时不会彼此影响。

③ 涉及存在依赖关系时进行适当的定序：如果进程 A 产生数据，进程 B 打印数据，则 B 在开始打印之前必须等到 A 产生了一些数据为止。

（1）进程之间通信

进程之间传送信息可以采用直接或间接、对称或非对称、显式缓存、通过拷贝发送或通过引用发送、定长或可变长消息等。Linux 操作系统采用的进程间通信的方法主要包括：半双工 Unix 管道、FIFO（命名管道）、SystemV 形式的消息队列、SystemV 形式的信号量集合、SystemV 形式的共享内存段、网络套接字（Berkeley 形式）、全双工管道（STREAMS 管道）、远程过程调用等。

20 世纪 80 年代早期，美国远景规划局（ARPA）资助了加州大学伯克利分校（UCB）的一个研究组，让他们将 TCP/IP 协议集成到 UNIX 系统内核中，相当于在 UNIX 系统中引入了一种新型的 I/O 操作。UNIX 用户进程与网络协议的交互作用比用户进程与传统的 I/O 设备相互作用复杂得多，因为要考虑：进行网络操作的进程在不同计算机上，如何建立它们之间的联系？存在很多网络协议，如何建立一种通用机制以支持多种协议？UCB 的该研究组成功地解决了这些问题，他们设计了一个接口，应用程序进程使用这个接口可以方便地进行通信，该接口就是著名的 Berkeley 套接字（Berkeley Socket），相应的这个 UNIX 系统也被称为 Berkeley UNIX 或 BSD UNIX（TCP/IP 首先出现在 BSD4.1 版本中，即 Release 4.1 of Berkeley Software Distribution）。套接字引入的主要目的是为了解决网络中不同计算机上的进程之间通信问题，当然，也可以利用套接字来实现同一计算机的不同进程之间的通信，现代操作系统都支持套接字。图 3.10 所示为套接字接口示意图。

（2）临界区问题

为保证进程在涉及临界活动时不会彼此影响，需避免竞争条件（Race Condition）。两个或多个进程读写某些共享资源，而最后的结果取决于进程运行的精确时序就称为竞争条件。这里把进程中对共享资源进行访问的程序片断称作临界区或临界段（Critical Section），如果能适当的安排使得两个进程不可能同时处于临界区，则能够避免竞争条件。操作系统中采用互斥（Mutex）的手段来避免竞争。

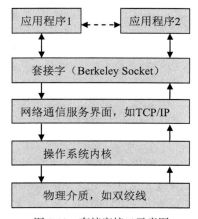

图 3.10　套接字接口示意图

进程的互斥：两个并发的进程 A、B，如果当 A 进行某个操作时，B 不能做这一操作，进程间的这种限制条件称为进程互斥，这是引起资源不可共享的原因。进程之间的互斥是由于共享系统资源而引起的一种间接制约关系：如果没有进程在使用共享资源时，可允许任何一个进程去使用共享资源（即使某个进程刚用过也允许再次使用），这是通过进程互斥的方式来管理共享资源。

实现临界区互斥遵循的准则如下。

① 有空让进，临界区空闲时，允许一个进程进入执行。

② 无空等待，有进程在临界区执行时，要进入的进程必须等待。

③ 有限等待，不应该使进入临界区的进程无限期地等待在临界区之外。

常用的互斥实现方案有：关中断、锁变量、信号量等软/硬件方法。

在现实生活中可以找到大量类似的临界区问题，如十字交叉路口被纵横交错行驶的汽车互斥共享（若把汽车行驶比作进程，十字路口就是共享资源），汽车通过十字交叉路口（这个过程相当于各个进程的临界区）会产生竞争条件，为了确保一段时间内只允许纵向或者横向行驶汽车通过十字交叉路口，我们设置了交通灯（互斥信号量）。

（3）进程同步（Process Synchronization）

进程的同步隐含了系统中并发进程之间存在的两种相互制约关系：竞争（互斥）与协作（同步）。互斥在前一节已经介绍。

同步（Cooperation）：进程间的必须互相合作的协同工作关系称为进程同步。进程之间的同步是并发进程由于要协作完成同一个任务而引起的一种直接制约关系：如果某个进程通过共享资源得到指定消息时，在指定消息未到达之前，即使无进程在共享资源仍不允许该进程去使用共享资源，这是通过采用进程同步的方式来管理共享资源。

只要资源可以被多个进程同时使用，那么就可能出现两种状态：死锁（Deadlock）和饿死（Starvation）。当操作系统没有对进程的资源进行限制时会发生死锁。饿死是一种与死锁相反的情况，它发生在当操作系统对进程分配资源有太多限制的时候。

死锁发生需要四个必要条件：互斥（一个资源只能被一个进程占有）、资源占有（尽管并不使用资源，但进程占有着该资源直到有其他可用的资源）、非剥夺（操作系统不能临时对资源重新分配）、循环等待。

在图 3.11 中，一座窄桥连接两头的道路，道路有两个车道，窄桥只有一个车道，窄桥不能同时允许车辆双向通行，窄桥的每一部分都可以看成一个资源，图中桥上相对行驶的两辆汽车使得交通发生了死锁。

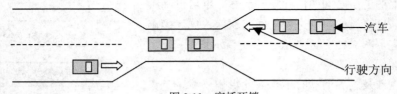

图 3.11　窄桥死锁

只要不让死锁发生的四个条件中的某一个不发生，就可防止或避免死锁。例如各种操作系统中流行的对打印机这个资源采取的假脱机（Spooling）技术就是这样一种方法。假设有多个进程同时请求使用打印机，每次进程请求打印机的时候，操作系统授权这个请求，操作系统将它连接到设备驱动程序来将需要打印的信息存储在磁盘上而不是发送到打印机，每一个进程认为它已经访问到了打印机，以通常的方式执行，然后，当打印机可用的时候，操作系统能够将数据从磁盘传送到打印机。通过这种方法，操作系统使得不可共享的资源（打印机）通过创造一种好像有很多打印机的假象而变得好像可以共享。

　　操作系统中的进程同步问题有些是互斥问题，有些是同步问题，有些是互斥同步混合问题，一些经典进程同步问题包括：生产者-消费者、读者-写者、哲学家就餐等。

3.2.3　存储管理

　　现代计算机的设计都是采用存储程序原理（又称"冯·诺依曼原理"），即将程序像数据一样存储到计算机内部存储器中的一种设计原理：首先，把程序和数据通过输入输出设备送入内存；其次，执行程序，必须从第一条指令开始，一条一条地执行。因此，必须保证每一个进程运行所需要的程序和数据在内存中，保证各个进程具有独立的内存空间，而相互协作的进程又能互相访问一些共享的空间等，现代操作系统的存储管理专门负责这方面的工作。

　　计算机中存储的容量每年都在激增，同样所处理的数据和程序也越来越大。在理想的情况下，希望拥有无穷大、快速并且内容不易失（即掉电后内容不会丢失）的存储器，同时又希望其价格低廉。不幸的是，当前的技术没有能够提供这样的存储器，因此大部分的计算机都有一个存储器层次结构：由少量的快速、昂贵、易失的高速缓存，若干字节的中等速度、中等价格、易失的主存储器，和数百或数千兆字节的低速、廉价、不易失的磁盘组成，如图 3.12 所示，最上层是 CPU 的寄存器，越往层次结构的上层，单位字节的价格越高，访问速度也越快，越往层次结构的底层，存储容量越大，存储的信息越不易失。

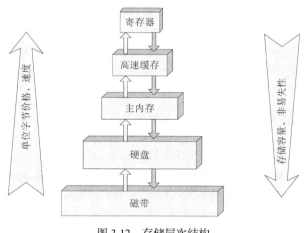

图 3.12　存储层次结构

　　操作系统的工作就是协调这些存储器的使用，跟踪哪些存储器正在被使用，哪些存储器空闲，在进程需要时为它分配存储器，使用完毕后释放存储器，并且在主存无法容纳所有进程时管理主存和磁盘之间的交换。

1．存储管理分类

　　操作系统按照存储管理可以分为两大类：单道程序和多道程序。

　　单道程序是同一时刻只运行一道程序，应用程序和操作系统共享存储器，大多数内存用于应用程序，操作系统只占一小部分，程序整体装入内存，运行结束后由其他程序替代。图 3.13（a）所示为单道程序的内存分配。单道程序工作简单明了，但具有显著的缺点：程序大小必须小于内存大小、CPU 的利用率很低。

　　在分时系统中，允许多个进程同时在存储器中，当某个进程因等待 I/O 而阻塞时，其他进程可以利用 CPU，从而提高 CPU 的利用率，为此，操作系统引入多道程序的内存管理方案。在多道程序中，同一时刻可以装入多个程序并且能够同时执行这些程序，CPU 轮流为他们服务。图 3.13（b）所示为多道程序的内存分配。

（a）单道程序   （b）多道程序

图 3.13　存储管理

2. 多道程序的实现

现代操作系统一般采用多道程序的存储管理方案，实现多道程序的方法主要有固定分区（Contiguous Allocation）、分页（Paging）、分段（Segmentation）和段页式等。实现多道程序最容易的办法是把主存简单的划分为 N 个固定分区（各分区大小可能不相等），当一个作业到达时，可以把它放到能够容纳它的最小的分区的输入队列中，每个作业在排到队列头时被装入一个分区，它停留在主存中直到运行完毕。

图 3.14（a）所示为分页存储，图 3.14（b）所示为分段存储管理，图中 CPU 产生的地址称为逻辑地址（Logical Address），内存中的地址称为物理地址（Physical Address）。逻辑地址和物理地址之间的转换，借助硬件内存管理单元（MMU）完成。在分页存储中，逻辑地址空间被划分成页（Page）的单位，在物理存储器（主存）中对应的单位为页框（Frame）。页和页框总是同样大小，现在的系统中常用的页大小是从 512Byte 到 64KB（Intel Pentium 支持 4MB 的页，其中 $1K=2^{10}$，$1M=2^{20}$），一个逻辑地址由页号和页偏移组成，物理地址由页框号和页偏移组成。在分段存储中，一个逻辑地址由分段号和段偏移组成，物理地址由段起始地址加段偏移而获得。图 3.14（b）中可以看到"定址错误"，这是实现不同进程的内存地址空间的保护。在分页存储中，通过在页表中的每一项添加一个有效/无效位来实现保护。

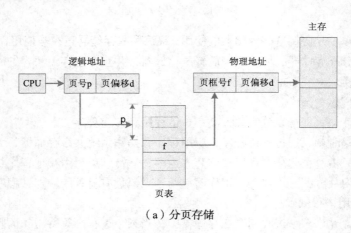

（a）分页存储

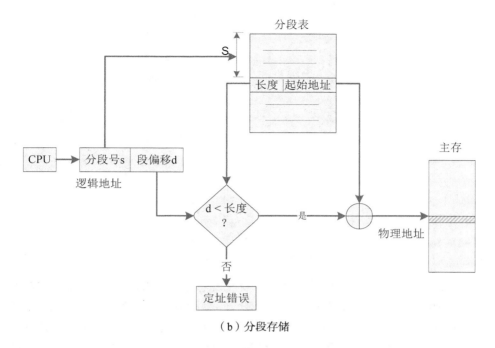

（b）分段存储

图 3.14　存储管理地址转换示意图

图 3.15 所示为 Intel Pentium 硬件支持的段页式存储体系结构，CPU 产生逻辑地址，经过分段单元转换为线性地址（Linear Address），线性地址经分页单元转换为物理地址，由分页单元可见，该体系结构支持两种页大小：4KB 和 4MB，页大小为 4KB 时，采用了两级分页目录，操作系统可以利用不同页大小实现不同的数据传输，如 4MB 大小的页主要用于大容量的文件传输，而 4KB 大小的页用于调入程序。

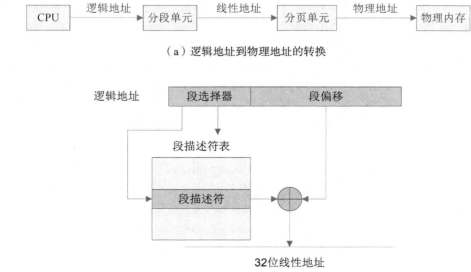

（a）逻辑地址到物理地址的转换

（b）分段单元

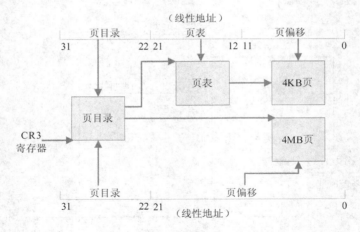

（c）分页单元，支持两级和一级分页

图 3.15　Intel Pentium 的段页式存储体系结构

至此，结合进程管理和存储管理，可以大致了解硬盘上的一个程序是如何被调入内存并执行的了。以分页存储为例，操作系统为要执行的一个程序创建一个进程：把程序调入内存，同时构建一个页表，页表的每一项对应一个页，其中记录着该页被调入内存的页框号（这样，程序具体放在内存的哪些位置就清楚了），设置该进程的其他信息（填写 PCB）；将该进程放入就绪队列。CPU 调度器为该进程分配 CPU，进程开始执行：CPU 产生一个逻辑地址，硬件内存管理单元根据逻辑地址的页号查找该进程的页表，去获得该页具体位于物理内存的哪个页框，根据页框号和页偏移找到具体的物理内存单元，CPU 取出其中的指令或数据进行执行或处理，依此直到进程执行完毕。

3. 交换与虚拟存储

在分时系统和面向图形的个人计算机系统中，有时会没有足够的主存以容纳所有当前活动的进程，多出的进程必须被保存在磁盘上并动态地调入主存运行。现代的操作系统，在硬件的支持下，一般采用了两个通用的内存管理方法。最简单的策略称为交换（Swapping），它把进程完整地调入主存，运行一段时间后再放回到磁盘上。另一种策略称为虚拟存储器（Virtual Memory），它使进程在只有一部分在主存的情况下也能运行。

交换系统的操作如图 3.16 所示，图中阴影部分为未分配的内存区域，最初只有进程 A 在主存 [见图 3.16 中（a）]，随后进程 B 和 C 被创建或从磁盘调入 [见图 3.16 中（b）、（c）]，A 结束了或者被交换到了磁盘 [见图 3.16 中（d）]，然后进程 D 进入 [见图 3.16 中（e）]。

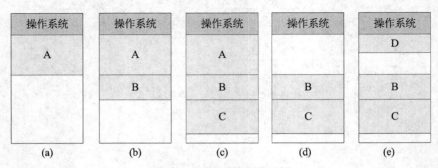

图 3.16　交换系统操作示例

虚拟存储器的基本思想是程序、数据、堆栈的总的大小可以超过可用物理存储器的大小，操作系统把程序当前使用的那些部分保留在主存储器中，而把其他部分保存在磁盘上。大部分虚拟存储器系统使用了一种称为分页的技术。由程序产生的地址称为虚地址（逻辑地址），它们构成虚拟地址空间，虚地址送到内存管理单元，它把虚地址映射为物理地址。内存和磁盘之间的传输总是以页为单位。操作系统负责页面的调入、替换、更新等。

操作系统虚拟存储器的管理采用一种"请求调页"（Demand Paging）机制：进程的页首先都是在外部存储器中（一般是硬盘），每个页在第一次被访问时都会产生"页失效"（Page Fault，页表中的该项页有效/无效位为"i"，即该页缺失，不在内存中，需要从硬盘调进主存），页失效的结果是通过陷阱陷入操作系统，由操作系统在主存中寻找到一个空闲的页框，将缺失页从硬盘调入该页框，并修改页表（将页所在的页框号填入页表项，并将该页表项的有效/无效位置为"v"，表示该页面合法并已经在主存中），最后重启访问该页中的指令。"页失效"的处理流程如图 3.17 所示。

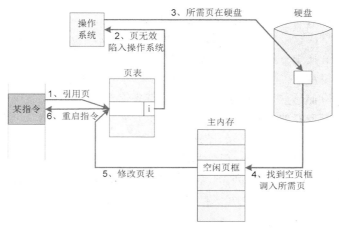

图 3.17　页失效处理流程

页一旦被调入内存中，后续对该页的访问就不会产生页失效，除非该页被替换出去了。页在什么时候可能会被替换出去呢？上述的请求调页机制中，当在主内存中找不到空闲页框时，操作系统将在内存中找一个页（该页称为"牺牲者"）替换出去、暂时放回硬盘，腾出其占领的页框，将新的页调入该页框中。页替换如图 3.18 所示。

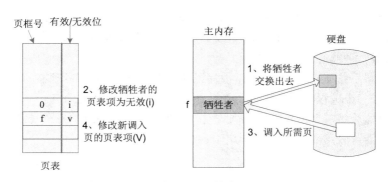

图 3.18　页替换

4. 存储空间保护

在多道程序的系统中，操作系统必须保证每一个进程的存储空间为该进程所独有（除非进程之间有共享的存储区域。关于存储空间共享，操作系统也提供了相应的机制），当进程试图访问不属于它自己的存储空间时，将通过陷阱陷入操作系统，操作系统进行存储访问错误处理。如在固定分区的存储管理中，每一个进程占用的地址空间由基址寄存器（给定了该进程在内存中的起始地址）和限址寄存器（给定了该进程占用连续内存空间的长度），进程只能访问[基址寄存器]到[基址寄存器+限址寄存器]之间的存储空间，超过了就会产生地址访问错误而陷入操作系统。在分页管理中，只能访问页表中有效/无效位为"v"（有效页），如果该位为"i"，则会产生地址访问错误而陷入操作系统（操作系统可以判断到底是访问了不属于该进程的无效页，还是访问了该进程的页只是该页需要等待从硬盘调入内存，见虚拟存储一节）。在分段管理中，CPU 产生的逻辑地址中，如果段偏移超过了分段表项中记录的该段的长度，则会产生地址访问错误而陷入操作系统。

3.2.4　文件管理

所有的计算机应用程序都要存储信息和检索信息，对于这些信息往往希望能实现长期的信息存储和方便的检索。解决这个问题的常用方法是把信息以一种单元，即通常所说的文件的形式存储在磁盘或其他外部介质上，然后，在需要时进程可以读取这些信息或者写入新的信息。存储在文件中的信息不会因进程的创建和终止而受到影响，只有当用户显式地删除它时，文件才会消失，多个进程可以并发的存储信息。文件是通过操作系统来管理的，操作系统中处理文件的这部分就是文件管理器。文件管理器的职能简述如下。

① 文件管理器管理文件的存储：怎样存储、存储在哪里等。

② 文件管理器管理文件的创建、删除和修改。

③ 文件管理器控制对文件的访问。只有那些获得允许的才能够访问，访问的方式也可以不同。例如，进程也许可以读取文件，却不允许写文件。另一个进程也许被允许执行文件，但却不允许查看文件的内容。

④ 文件管理器可以给文件命名。

⑤ 文件管理器负责归档和备份。

3.2.5　I/O 管理

操作系统的主要功能之一是控制所有的输入/输出（I/O）设备：向设备发布命令，捕获中断并进行处理，提供一个设备与系统其余部分之间的简单易用的界面。操作系统中负责 I/O 设备的部分为设备管理器。在计算机系统中 I/O 设备存在数量和速度上的限制，由于这些设备与 CPU 和内存比起来速度要慢很多，所以当进程访问 I/O 设备时，在该段时间内这个设备对其他进程而言是不可用的。设备管理器的职责简述如下。

① 设备管理器不停地监视所有设备，以保证他们能够正常运行。管理器同样也需要知道什么时候设备已经完成一个进程的服务，而且准备为队列中的下一个进程服务。

② 设备管理器为每一个设备维护一个队列，或为类似的设备维护一个或多个队列。

③ 设备管理器可以用不同的方式来访问设备。

3.3　常见操作系统

目前的操作系统种类繁多，很难用单一标准统一分类。

根据应用领域，可分为嵌入式操作系统、桌面操作系统、服务器操作系统、大型机操作系统。

根据所支持的用户数目，可分为单用户、多用户系统。

根据源码开放程度，可分为开源操作系统和不开源操作系统。

根据硬件结构，可分为网络操作系统、分布式系统、多媒体系统。

根据操作系统的使用环境和对作业处理方式，可分为批处理系统、分时系统、实时系统。

根据操作系统的技术复杂程度，可分为简单操作系统、智能操作系统。

这里按操作系统所运行的计算机系统平台的大小从大到小列出一些常见的操作系统。最后，对云计算操作系统做简单介绍。

1. 大型机操作系统

运行于高端大型机上的操作系统，支持上千个硬盘、处理上百万吉比特的数据，一般用作高端 Web 服务器、大规模电子商务网站服务器、B2B 交易服务器等，系统需要同时处理大量作业，需要极其大量的 I/O 操作，典型提供三类服务：批处理、交易处理和分时共享。常见大型机操作系统有 OS/390、Linux 等。

2. 服务器操作系统

运行于大型 PC、工作站、大型机上的操作系统。这类系统中，同时有多个用户通过网络进行访问，需要允许用户共享系统中的软、硬件资源。常用作服务器操作系统有 Solaris、FreeBSD、Linux、Windows Server 200x 等。

3. 多处理器操作系统

运行于多个 CPU 集成到一个系统（依据 CPU 连接和共享的方式不同，这类系统有并行计算机、多计算机系统和多处理器系统等）中的操作系统，这类操作系统通常是服务器操作系统的变种（目前个人桌面 PC 和笔记本的操作系统都至少支持小规模多处理器了），典型代表有 Windows、Linux 等。

4. PC 操作系统

运行于个人电脑的操作系统，为单个用户服务，进行文字处理、表单制作、游戏、娱乐、上网等，这类操作系统是普通用户最先接触到也是最经常使用的操作系统，典型代表有 MS-DOS、OS/2、Windows、Macintosh OS、Linux、FreeBSD 等。

5. 手持终端操作系统

运行于手持终端的操作系统。手持终端是更小（尺寸小、资源少）的计算机，主要提供通信、娱乐功能，以及有限的办公功能，如 PDA、平板电脑、智能手机。目前，这类系统发展迅速，典型的有 iOS、Android、Windows Phone 7、Symbian、Palm、Linux 等。

6. 嵌入式操作系统

运行于嵌入式系统的操作系统。嵌入式系统通常认为是控制设备计算机系统，显著特点是不支持用户安装软件（这也是这类系统与手持终端系统最大的区别），像微波炉、电视机、汽车、DVD 录像机、MP3 播放器、非智能手机等。典型嵌入式操作系统有 VxWorks、QNX、Linux、Windows CE 等。

7. 实时操作系统

实时操作系统是在操作系统中引入了关键的时间参数，实时系统一般有硬实时（像工业过程控制、汽车等）和软实时（像数字多媒体、数字电话等），这些系统中任务的执行都有严格的时间限制。典型实时操作系统有 e-Cos、RT Linux、VRTX、RTOS、RT Windows 等。

现在，手持终端操作系统、嵌入式操作系统、实时操作系统是发展最快的，他们经常会有重叠，手持终端操作系统和嵌入式操作系统可能通过裁减应用于其他计算机系统的操作系统并定制得到，嵌入式操作系统一般会对嵌入式系统要运行的特定任务进行优化，实时操作系统通常在手持终端和嵌入式操作系统中引入时间参数并优化 CPU 调度而获得。

8. 云计算操作系统

又称云计算中心操作系统、云 OS，是云计算后台数据中心的整体管理运营系统，指构架于服务器、存储、网络等基础硬件资源和单机操作系统、中间件、数据库等基础软件，管理海量的基础硬件、软资源之上的云平台综合管理系统。云计算操作系统通常包含以下几个模块：大规模基础软硬件管理、虚拟计算管理、分布式文件系统、业务/资源调度管理、安全管理控制等几大模块组成。

Iaas 级别的云计算操作系统，是指对 IT 基础设施的管理 OS 化，比如屏蔽硬件差异，提供标准 API 接口，提供基础设施管理控制台等，侧重于对基础设施的管理，对应用的部署产生影响，而对应用的开发模式影响较小。典型的例子：3Tera、AWS EC2、AWS S3 等。

PaaS 级别的云计算操作系统，则是分布式应用或者互联网应用开发的 OS 化，提供结构化数据存储、消息处理甚至基本的付费结算等功能。它能直接有助于开发大规模的分布式程序或互联网应用的开发和部署。如果说 Iaas 级别的云计算操作系统提供原始的 ITB 硬件资源和基本的操作系统环境，PaaS 级别的云计算操作系统则是提供了应用所需的各种核心模块。典型的例子：AWS SQS、AWS Simple DB、10Gen、LongJump 等。

浏览器操作系统，偏向于应用的集合，有部分操作系统的特征，它是把一部分桌面操作系统的应用都放到浏览器中，并以类似桌面的形式展示出来，典型的例子：EyeOS、AjaxWindows、DesktopTwo 等。

小　结

本章介绍了操作系统的基本知识，主要内容小结如下。

（1）操作系统是计算机系统的一个子系统，作为一个有机整体是计算机系统资源的通用管理者和协调者，使用户能方便、高效地使用计算机。

（2）操作系统的演化过程包括批处理系统、分时系统、单用户操作系统、并行系统和分布式系统等。

（3）操作系统包括内核和用户界面两大部份，内核负责进程管理、存储管理、设备管理和文件管理等，用户界面提供用户与内核之间的接口。

（4）进程是运行中的程序，它可以处于多个活动状态之中的一个，进程在多个状态之间的转换由调度器实现。一个进程至少有一个线程，可以包含多个线程，多个线程并发执行。进程间的通信注意避免竞争条件。进程的同步隐含了系统中并发进程之间存在的两种相互制约关系：竞争（互斥）与协作（同步）。进程之间的互斥是由于共享系统资源而引起的一种间接制约关系：如果没有进程在使用共享资源时，可允许任何一个进程去使用共享资源（即使某个进程刚用过也允许再次使用）。实现临界区互斥遵循三个准则。进程之间的同步是并发进程由于要协作完成同一个任务而引起的一种直接制约关系：如果某个进程通过共享资源得到指定消息时，在指定消息未到达之前，即使无进程在共享资源仍不允许该进程去使用共享资源。死锁是由于其他进程无限制地使用资源而导致进程无法执行的情况，死锁发生需要四个必要条件：互斥（一个资源只能被一个进程占有）、资源占有（尽管并不使用资源，但进程占有着该资源直到有其他可用的资源）、非剥夺（操作系统不能临时对资源重新分配）、循环等待。

（5）在单道程序中，内存的大多数容量被一个程序独享，而在多道程序中，多个程序可能同时在内存中。在硬件的支持下，现代操作系统可以实现分区、分段、分页和段页结合式等多种存储管理技术，一般采用了两个通用的内存管理方法：交换和虚拟存储器。交换策略把进程完整地调入主存，运行一段时间后再放回到磁盘上；而虚拟存储器使进程在只有一部分在主存的情况下也能运行，虚拟存储器都是采用分页存储管理技术。

（6）文件管理器控制对文件的访问。

（7）设备管理器控制对 I/O 设备的访问。

习　题

1. 计算机软件分为几类？

2. 简述操作系统的定义。

3. 单道程序和多道程序之间有何区别？

4. 一个标准的操作系统由哪些部分组成？

5. 简述程序、进程、线程的概念以及他们之间的关系。

6. 进程可以处于哪几种状态，各个状态之间如何转换？

7. 作业调度器和 CPU 调度器有何区别？

8. 操作系统存储管理中页和页框有何区别？

9. 虚拟内存和物理内存之间有何关系？

10. 现代操作系统中，两种存储管理方式——交换和虚拟内存有何不同？试举例说明它们之间的区别。

11. 如何从不同的角度理解操作系统？试举例说明。

12. 什么叫临界区？是从日常生活中举例说明。

13. 死锁和饿死有何区别？简述操作系统中解决死锁的一种技术方法。

14. 试给出日常生活中存在死锁的例子，并给出可能的解决方法。

15. 某计算机有 32 位虚地址空间，页大小是 1KB。每个页表项长 4Byte。因为每个页表都必须包含在一页中，所以使用多级页表。问一共需要多少级？

16. 在某简单分页系统中，有 2^{24} 字节的物理内存，256 页的逻辑地址空间，页的大小为 2^{10} 字节，问：

（1）逻辑地址有多少位？

（2）一个页框有多少个字节？

（3）物理地址有多少位指定页框号？

（4）页表有多少项（有多长）？

17. 根据下列分段表信息：

段号	段起始地址	段长度
0	219	600
1	2300	14
2	90	100
3	1327	580
4	1952	96

计算下列逻辑地址［逻辑地址以（段号，段偏移）对表示］对应的物理地址分别是多少？

（1）（0，430）

（2）（1，10）

（3）（2，500）

（4）（3，400）

（5）（4，112）

18. 时间片轮转调度算法是操作系统中使用最广泛的 CPU 调度算法之一，其基本思想是维护一张就绪进程列表，每次从表头取出一个进程，为每个进程分配一个时间段（称作它的时间片），即该进程允许运行的时间，如果在时间片结束时进程还在运行，则 CPU 将被剥夺并分配给另一个进程，同时被剥夺 CPU 的进程被移到就绪队列末尾，如果进程在时间片结束前阻塞或结束，则 CPU 当即进行切换。假设有 4 个进程 P1、P2、P3、P4 按序同时到达（0 时刻），他们需要的执行时间分别为 53、17、68、24，如果调度算法的时间片为 20，则用甘特图描述这组进程的执行情况如下：

P1	P2	P3	P4	P1	P3	P4	P1	P3	P3
0	20	37	57	77	97	117	121	134	154	162

其中，数字表示 CPU 切换的时刻。评价调度算法的一个指标是"平均等待时间"，对于一组进程，所有进程在就绪队列里等待的时间的均值。进程的等待时间可以用进程完成时间减去其运行时间在减去其到达时间求得，例如上述进程组中，进程 P1 的等待时间为 134-53-0=81，P2 的等待时间为 37-17-0=20，P3 的等待时间为 162-68-0=94，P4 的等待时间为 121-24-0=97，所以这 4 个进程的平均等待时间为 73。对于上述进程组，（1）如果时间片为 40，试画出上述进程的执行情况甘特图并计算平均等待时间，分析时间片长短对算法性能的影响；（2）如果时间片为 20，进程到达顺序为 P2、P4、P1、P3，试画出上述进程的执行情况甘特图并计算平均等待时间，分析进程到达顺序对算法性能的影响。

19. 查阅资料，分析下列代码片断，其中 if、else if、else 各条件分支中的代码都可能会被执行吗？

```
void main(…)
{
  int pid;
  pid=fork();
  if (pid<0) {/*error occurred*/
    …
  }
  else if (pid==0) {/*child process*/
    execlp ("/bin/ls","ls",NULL);
  }
  else {/*parent process*/
  wait (NULL);
  printf ("child complete");
  exit (0);
  }
}
```

20. 查阅资料，了解常用的几种文件系统 FAT16、FAT32、Windows 的 NTFS、Linux 的 ext3。

21. 内核对象是由系统内核分配管理的一段内存块，系统内核能够直接访问这一段内核对象数据，而应用程序只能通过操作系统提供的一系列函数按规定的方式去操作这些内核对象。内核对象属于系统内核而不是进程，可以被多个进程访问使用，即可在多个进程间共享。在多个进程间共享内核对象有三种方法：句柄继承、命名、句柄复制。Microsoft Windows 提供的内存映像文件是其典型的内核对象。

内存映像文件通常有三个方面的应用：（1）系统使用内存映像文件载入和执行.EXE 和.DLL 文件；（2）使用内存映像文件访问磁盘上的数据文件，绕开对文件实行 I/O 操作和对文件内容的缓冲，交由操作系统内核去完成；（3）使用内存映像文件可以实现在多个进程间彼此共享数据，Windows 提供了在进程间进行数据通信的其他多种方法，但这些方法也是通过内存映像文件来实现的，所以内存映像文件是实现进程间通信最有效率的方法。

要使用内存映像文件，可以按以下步骤：（1）调用 Windows API 函数 CreateFile()创建或是打开一个文件，得到一个标识该文件（内核对象）的句柄，它确定了哪一个磁盘文件将要作为内存映像文件。（2）将（1）中得到的文件对象句柄作为第一个参数调用 Windows API 函数 CreateFileMapping()创建一个文件映像对象。通知系统该文件的大小及对该文件的访问方式，同时也得到一个标识该文件映像对象的句柄。（3）将（2）中得到的文件映像对象句柄作为第一个参数调用 Windows API 函数 MapViewOfFile()通知系统映像文件全部或部分内容到进程的某一段地址空间，并将此段空间首地址通过该函数返回，此后就可以利用此首地址实现对文件内容的读写了。也可以直接从第（2）步开始，但要用 INVALID_HANDLE_VALUE 为参数作为标识文件对象的句柄，这时系统以其分页文件作为内存映像文件而不用指定磁盘上的哪一个磁盘文件。

使用完内存映像文件后，需要做以下几步清除动作：（1）调用 Windows API 函数 UnmapViewOfFile()，通知系统释放文件映像对象在进程地址空间中占用的区域。（2）调用 Windows API 函数 CloseHandle()，分别关闭文件映像对象和文件对象。

请查阅 Windows 中创建是使用内存映像文件的相关函数，编写程序利用内存映像文件实现两个进程间的数据共享，其中一个进程写入数据另一个进程读取其中数据，可以使用句柄继承、命名、句柄复制三种方法之一在两个进程间共享文件映像对象。

本章参考文献

[1] 赵欢. 计算机科学概论. 北京：人民邮电出版社，2004.

[2] 赵欢等. 大学信息技术基础. 北京：人民邮电出版社，2011.

[3] Abraham Silberschatz, Peter Galvin, Greg Gagne. Operating System Concepts（第七版影印版），北京：高等教育出版社，2007.

[4] Tanenbaum. Modern Operating Systems（英文版第 3 版）. 北京：机械工业出版社，2009.

[5] Andrew S. Tanenbaum, Albert S. Woodhull 著，王鹏，尤晋元，朱鹏等译. 操作系统：设计与实现（第二版）. 北京：电子工业出版社，2001.

第4章
计算机网络

计算机（Computer）和通信（Communication）的结合，对计算机系统的组织方式产生了深远的影响。过去那种以单台计算机作为机构中所有的计算机需求服务这一概念，已经被大量分散但又互联的计算机来共同完成的模式所替代，这样的系统被称为计算机网络（Computer Networks）。计算机网络在当今社会经济中起着重要作用，对人类社会进步做出了巨大的贡献。本章主要介绍计算机网络的概念、网络服务模型、网络的体系结构（Network Architecture）和 Internet 技术等知识。

4.1　计算机网络概述

早期的计算机网络是由那些因为传输文件而暂时相互连接的机器组成，用来控制这种机器之间通信的软件以系统程序的形式附加在操作系统上。现在，借助网络的计算机之间的互动已经变得非常普遍而且多样化，许多现代操作系统都被设计成分布式系统，这意味着它们由在同一个网络中不同机器上执行的单元组成，需要支持这种应用的软件已经从简单的软件包成长为可扩充的网络软件系统，这个系统提供了成熟的网际基础结构。

计算机网络和分布式系统这两个概念容易让人混淆，二者的关键区别在于：在分布式系统中，多台自主计算机的存在对用户是透明的，换言之，分布式系统的用户觉察不到多个处理器（或计算机）的存在，用户所面对的是一台虚拟的单处理机，为处理器分配任务、为磁盘分配文件、把文件从存储的地方送到需要的地方及其他所有的系统功能都必须由分布式操作系统自动的完成。而在计算机网络中，用户必须明确地指定在哪一台机器上登录，明确地远程提交任务，管理整个网络等。从效果上讲，分布式系统是建立在网络之上的软件系统，具有高度的整体性和透明性，因此，网络和分布式的区别更多的取决于软件（尤其是操作系统）而不是硬件。

4.1.1　计算机网络起源

计算机网络的发展过程是从简单到复杂、从单机到多机、由终端与计算机之间的通信演变到计算机与计算机之间的直接通信的过程。其发展经历了 4 个阶段：联机系统阶段、网络互连阶段、标准化网络阶段及网络互连与高速网络阶段。

1. 联机系统阶段

20 世纪 50 年代计算机与通信开始结合，科学家研制了收发器，用于将穿孔卡片上的数据从电话线上发送到远地计算机上，数据传输方式为"终端—电话线—计算机"，这是计算机网络的雏形。为了节省通信费用，提高通信效率，人们在终端比较集中的地方设置集线器或多路复用器把终端发来的信息收集起来，存入集线器或多路复用器中，然后用高速线路将数据信息传给前端处理机，最后提交给主机，如图 4.1 所示。当主机把信息发给用户时，信息经前端处理机、集中器分发给用户，从而进一步提高了通信效率。

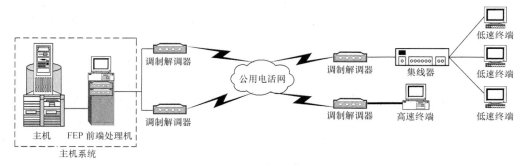

图 4.1　利用集线器实现多路复用

2. 网络互连阶段

这一阶段为计算机网络的形成奠定了基础，在计算机通信网络的基础上，完成网络体系结构与协议的研究，形成了计算机网络。

20 世纪 60 年代中期，英国国家物理实验室的戴维斯提出了分组（Packet）的概念。1969 年美国的分组交换网 ARPANET（Advanced Research Project Agency Network）投入运行，从而使计算机网络通信方式由终端与计算机之间的通信，发展到计算机与计算机之间的直接通信。从此，计算机网络的发展进入了一个崭新时代。

计算机与计算机通信的计算机网络系统，呈现出多个计算机处理中心的特点，各计算机通过通信线路连接，相互交换数据、传送软件，实现了连接的计算机之间的资源共享，计算机网络互连结构如图 4.2 所示。

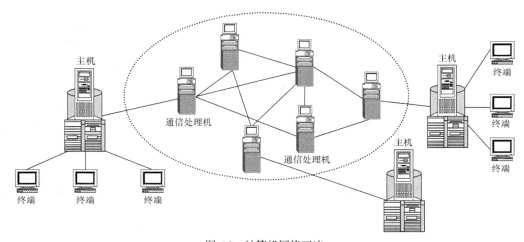

图 4.2　计算机网络互连

这一阶段完成了对计算机网络的定义、分类，提出了资源子网（Resource Subnet）和通信子网（Communication Subnet）的概念，研究了分组交换的数据交换方法，采用了层次结构的网络体系结构模型与协议体系。公用数据网（Public Data Network，PDN）、局域网（Local Area Network，

LAN）和广域网（Wide Area Network，WAN）技术迅速发展。

3．标准化网络阶段

在解决计算机连网与网络互连标准化问题的背景下，提出了开放系统互连/参考模型与协议，促进了符合国际标准的计算机网络技术的发展。

计算机网络系统是十分复杂的系统，计算机之间相互通信涉及许多复杂的技术问题，为实现计算机网络通信，实现网络资源共享，计算机网络采用的是对解决复杂问题十分有效的分层解决问题的方法。1974 年，美国 IBM 公司公布了它研制的系统网络体系结构（System Network Architecture，SNA）。不久，各种不同的分层网络系统体系结构相继出现。

对各种体系结构来说，同一体系结构的网络产品互连是非常容易实现的，而不同系统体系结构的产品却很难实现互连。但社会的发展迫切要求不同体系结构的产品都能够很容易地实现互连，人们迫切希望建立一系列的国际标准。为此，国际标准化组织（International Standard Organization，ISO）于 1977 年成立了专门的机构来研究该问题，在 1984 年正式颁布了"开放系统互连参考模型"（Open System Interconnection Reference Model，OSI/RM）的国际标准，这就产生了第三代计算机网络。

4．网络互连与高速网络

进入 20 世纪 90 年代，计算机网络向互连、高速、智能化方向发展，并获得广泛的应用。计算机网络发展的特点是 Internet 的广泛应用与 ATM 技术的迅速发展。特别是 1993 年美国宣布建立国家信息基础设施（National Information Infrastructure，NII）后，全世界许多国家纷纷制定和建立本国的 NII，从而极大地推动了计算机网络技术的发展，使计算机网络进入了一个崭新的阶段，即计算机网络互连与高速网络阶段。目前，全球以 Internet 为核心的高速计算机互联网络已经形成，Internet 已经成为人类最重要的、最大的知识宝库。网络互连和高速计算机网络即成为第四代计算机网络。

4.1.2　计算机网络定义

在计算机网络发展过程的不同阶段，人们给出了计算机网络的不同定义。这些定义反映着当时网络技术发展的水平，以及人们对网络的认识程度。这些定义可以分为广义的观点、用户透明性的观点和资源共享的观点。

广义的观点定义了计算机通信网络，用户透明性的观点定义了分布式计算机系统，而资源共享的观点的定义能比较准确地描述计算机网络基本特征。

资源共享观点将计算机网络定义为"以能够相互共享资源的方式互连起来的自治计算机系统的集合"。网络建立的主要目的是实现计算机资源的共享，互连的计算机是分布在不同地理位置的多台独立的"自治计算机系统"，连网计算机在通信过程中必须遵循相同的网络协议。

综上所述，计算机网络就是利用通信设备和线路将地理位置分散的、具有独立功能的多个计算机连接起来，按照功能完善的网络软件，即网络通信协议、信息交换方式和网络操作系统（Network Operating System，NOS）等，进行数据通信，以实现网络中资源共享和信息传递的系统。或者，计算机网络是自治计算机的互联集合。自治计算机这一概念排除了网络系统中主从关系的可能性，这些计算机本身都是独立的系统，某台计算机失效并不会影响到计算机网络；而互联既包括物理的连接（可以通过铜线、光纤、微波和通信卫星等）又包括协议（软件，制订连接的规则和动作等）的实现。如果用交通网络来类比，交通网络是把分散的各个地点连接起来供人员、货物的传递，分散的各个地点就类似于计算机网络中分散的自治计算机，交通网络中分散地点之间的水、陆、空的连接类似于计算机网络中计算机之间的物理连接，而车道/航道的划分、交通表示/标志、行驶规则等就类似于计算机网络的协议。

4.1.3 数据传输

1. 数据传输介质

传输介质是网络中连接收发双方的物理通路，也是通信中实际传送信息的载体。传输介质通常分为有线传输介质和无线传输介质。常见的有限传输介质如双绞线、同轴电缆、光缆，常见的无线传输介质如短波、无线地面微波接力通信、卫星通信、甚小口径终端（Very Small Aperture Terminal，VSAT）卫星通信、红外线通信和激光通信。

2. 带宽

带宽（Bandwidth）指信号所占据的频带宽度，在被用来描述信道时，带宽是指能够有效通过该信道的信号的最大频带宽度。对于数字信号而言，带宽是指单位时间内链路能够通过的数据量，数字信道的带宽一般直接用波特率或符号率来描述。计算机网络的带宽是指网络可通过的最高数据率，即每秒多少比特（bit/s，bit per second）。描述带宽时常常把"比特/秒"省略。例如，带宽是 1G，实际上是 1 Gbit/s。显然，高带宽意味着高的数据传输率。可以通过计算机领域的带宽计算公式来理解：带宽=时钟频率×总线位数/8，从该式可以看到，带宽和时钟频率、总线位数是有着非常密切的关系的。例如，对于交通系统中的道路，道路在某一方向的车道数就如总线位宽，道路允许的车辆通行速度（车辆也实际按这个速度行驶）就如时钟频率，那单位时间内可通过的最多车辆数就是该道路的带宽。因此，为了增加道路允许通行的最大车辆数，我们总是希望把路修得更宽、修得更好。

3. 网络协议

网络协议定义了在两个或多个通信实体之间交换的报文格式和次序，以及在报文传输、接收或其他事件上所采取的动作。4.4 节将对典型计算机网络协议进行介绍。

4.2 网 络 分 类

计算机网络分类的方法很多，如可以基于网络内部设计的所有权将计算机网络分为开放网络和封闭网络，开放网络的所有权是在公共领域，而封闭网络（也称私有网络）的所有权在一个单独的实体之内，如某个公司。典型的分类方式是按距离分和按网络交换功能分，具体如下。

4.2.1 按距离分

计算机网络按连接的距离可以分为局域网（LAN）、城域网（MAN）、广域网（WAN），两个或更多网络连接称为互联网（internet，注意不要与 Internet 混淆，Internet 专指国际互联网），如表 4.1 所示。

表 4.1　　　　　　　　　　　　计算机网络按连接距离分类

计算机间的距离	计算机的位置	网络分类
10 米	同一房间	局域网
100 米	同一建筑物	局域网
1 千米	同一园区	局域网

计算机间的距离	计算机的位置	网络分类
10 千米	同一城市	城域网
100 千米	同一国家	广域网
1000 千米	同一洲内	
10000 千米	同一行星上	互联网

1. 局域网

局域网是为计算机资源（硬件、软件和数据）共享而设计的，可以简单地把局域网定义为通过传输介质连接起来的计算机及其外设的组合。局域网常常被用于连接公司办公室或工厂里的个人计算机和工作站，以便共享资源和交换信息。局域网有和其他网络不同的三个特征：范围、传输技术、拓扑结构。局域网通常使用这样的传输技术：用一条电缆连接所有的机器。局域网使用的典型拓扑结构有：总线型、环型和星型，如图 4.3 所示。在总线型网络中，任意时刻只有一台机器是主站并可进行发送，而其他机器则不能发送，当两台或更多机器都想发送信息时，需要一种仲裁机制来解决冲突。当一台机器向另一台机器发送时，所有的计算机都可以收到并检测发送的目的点是不是自己，如果是则接收并处理，否则丢弃。在星型网络中，计算机是通过集线器或交换机连接的，当使用集线器时，逻辑上 LAN 的行为类似总线型；当使用交换机时，交换机检测需发送信息的目的地址后，只将信息发送给目的地址接口（而不会发给所有的机器）。在环型网中，当一台机器向另一台机器发送信息时，它只发送给它的邻居，由它的邻居再生后再将信息发送给下一个邻居，直到信息到达最终的目的地。4.2.3 小节将描述常见的局域网。

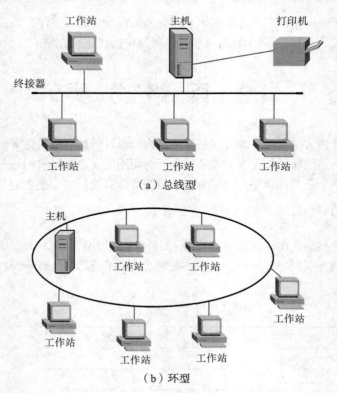

（a）总线型

（b）环型

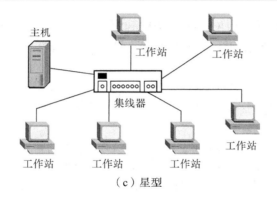

（c）星型

图 4.3　局域网拓扑结构

2. 城域网

城域网基本上是一种大型的 LAN，通常使用与 LAN 相似的技术。MAN 通常使用公用通信公司提供的服务，例如电话公司，并向个人用户或组织提供服务，即个人用户可以将他们的计算机接入 MAN，组织可以将他们的 LAN 接入 MAN。

3. 广域网

广域网是一种跨度越大（国家、洲）的网络，包含想要运行用户程序的机器的集合。如图 4.4 所示，这里按照传统的用法称这些机器为主机（host），有时也称端点系统（end system）。主机通过通信子网（或简称子网）连接。子网由公用通信公司提供和运营，其功能是把消息从一台主机传到另一台主机。当个人使用电话线接入互联网服务供应商（ISP）时实际上使用了广域网。

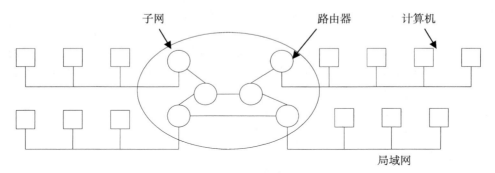

图 4.4　广域网

4.2.2　按网络交换功能分

按网络的交换功能对网络进行分类，常用的类别如下。

1. 电路交换（Circuit Switching）

当用户要发送信息时，由源交换机根据信息要到达的目的地址，把线路接到目的交换机。线路接通后，就形成了一条端对端（用户终端和被叫用户终端之间）的信息通路，在这条通路上双方即可进行通信。通信完毕，由通信双方的任一方，向自己所属的交换机发出拆除线路的要求，交换机收到此信号后就将此线路拆除。这种需要经过建立连接、通信、释放连接步骤的交换方式称为电路交换。电话网中就是采用的电路交换方式，我们可以打一次电话来体验这种交换方式：首先是摘下话机拨号，拨号完毕，交换机（可能有多个交换机）知道要与谁通话并为通话的双方建立连接；等一方挂机后，交换机就把双方的线路断开，为双方各自开始一次新的通话做好准备。因此，可以体会到电路交换的动作，就是在通信时建立电路，通信完毕时拆除电路，至于在通信过程中双方传送信息的内容，与交换系统无关。

电路交换方式的主要优点是信息传输延迟小，就给定的信息通路来说，传输延迟是固定不变的，信息编码方法、信息格式以及传输控制程序等都不受限制，即可向用户提供透明的通路。主要缺点是电路建立时间长、线路利用率低。

2. 报文交换（Message Switching）

为了获得较好的信道利用率，出现了存储转发（Store and Forward）的想法，这种交换方式就是报文交换。它的基本原理是用户之间进行数据传输，主叫用户不需要先建立呼叫，而先进入本地交换机存储器，等到连接该交换机的中继线空闲时，再根据确定的路由转发到目的交换机。由于每份报文的头部都含有被寻址用户的完整地址，所以每条路由不是固定分配给某一个用户，而是由多个用户进行统计复用。可以想象通过邮局邮寄东西来体会报文交换：用户把邮寄的东西放入信封或包裹中，在邮件上写明寄件人和收件人的详细信息，然后将邮件交由本地邮局；邮局会在一定时间后将所有邮件按一定的规则（例如发往同一个城市的打包到一起）运送出去，通过多次中转后把邮件送达收件人。

报文交换中，若报文较长，则需要较大容量的存储器，若将报文放到外存储器中，则会造成响应时间过长，增加了网络延迟时间，另外，报文交换的通信线路使用效率仍不高。

3. 分组交换（Packet Switching）

与报文交换类似，分组交换也是采用存储转发技术，把来自用户的信息暂存于存储装置中，所不同的是分组交换将要发送的信息划分为多个一定长度的分组，每个分组前边都加上固定格式的分组标记，用于指明该分组的发端地址、收端地址及分组序号等，然后根据地址转发分组。因此，报文交换节点只对报文进行存储和转发，分组交换节点会将过大的报文拆分成更小而大小统一的组，分组在各交换节点之间传送比较灵活，交换节点不必等待整个报文的其他分组到齐，而是一个分组一个分组地转发，目的端的交换节点会将收到的分组按序组成原始报文后提交给目的主机。这样，分组交换可以大大压缩节点所需的存储容量，也缩短了网络时延。另外，较短的报文分组比长的报文可大大减少差错的产生，提高了传输的可靠性。但分组交换也有缺点，分组存储转发时，会产生时延，携带控制信息会增加开销，分组交换网还需要专门的管理和控制机制。

4. 混合交换

混合交换是在一个数据网中同时采用电路交换和分组交换。

4.2.3　常见局域网

局域网常见的有以太网（Ethernet）、令牌网（Token Ring）、FDDI网、异步传输模式网（ATM）、无线局域网（Wireless Local Area Network，WLAN）等。

1. 以太网

以太网最早是由Xerox（施乐）公司创建的，在1980年由DEC、Intel和Xerox三家公司联合开发为一个标准。以太网是应用最为广泛的局域网，包括标准以太网（10Mbit/s）、快速以太网（100Mbit/s）、千兆以太网（1000Mbit/s）和10吉比特以太网，它们都符合IEEE 802.3系列标准规范。

（1）标准以太网

最开始以太网只有10Mbit/s的吞吐量，它所使用的媒体访问控制（Media Access Control，

MAC）是 CSMA/CD（带有冲突检测的载波侦听多路访问）的访问控制方法，通常把这种最早期的 10Mbit/s 以太网称之为标准以太网。以太网主要有两种传输介质，双绞线和同轴电缆。

在以太网中，所有的节点共享传输介质，即网络中的任一节点（主机）通过共享的介质可以将数据发送给任何其他节点，而任何节点也可以直接感知到别的节点在发送信息，所以要保证传输介质上在某一时间段内只有一个节点在发送信息，但是，网络上有多个节点，如何保证传输介质有序、高效地为许多节点提供传输服务，就是以太网的介质访问控制协议要解决的问题。CSMA/CD 是一种争用型的介质访问控制协议，它起源于美国夏威夷大学开发的 ALOHA 网所采用的争用型协议，并进行了改进，使之具有比 ALOHA 协议更高的介质利用率。

CSMA/CD 的工作原理是：主机发送数据前，先监听信道是否空闲，若空闲则立即发送数据。在发送数据时，边发送边继续监听。若监听到冲突，则立即停止发送数据，等待一段随机时间后，再重新尝试。

CSMA/CD 控制方法的核心问题是解决在公共通道上以广播方式传送数据中可能出现的问题（主要是数据碰撞问题），控制过程包含四个处理内容：侦听、发送、检测、冲突处理。

● 侦听：通过专门的检测机构，在站点准备发送前先侦听一下总线上是否有数据正在传送（线路是否忙）？若"忙"则进入"退避算法"处理程序，进而进一步反复进行侦听工作。若"闲"，则依据一定算法原则（"X 坚持"算法）决定如何发送。

退避算法，当出现线路冲突时，如果冲突的各站点都采用同样的退避间隔时间，则很容易产生二次、三次的碰撞，因此，要求各个站点的退避间隔时间具有差异性，这要求通过退避算法来实现。典型的退避算法是截断的二进制指数退避算法：确定退避时间基本单位 $2t$（以太网为 51.2μs）；定义重传参数 n，$n=\min\{$重传次数，$10\}$；从离散序列 $\{0, 1, 2, …, 2^n-1\}$ 中随机选取一个值记为 r；则当一个站点发现线路忙时，要等待一个延时时间 T，然后再进行侦听工作，延时时间 $T= 2t * r$。例如，某站点如果第二次发生碰撞，则 $n = \min\{2,10\} = 2$，$r = \{0, 1, 2, 3\}$，所以其选取的延迟时间为 $\{0, 51.2μs, 102.4μs, 153.6μs\}$ 中任取一。以太网规定重传次数最大 16 次，如果超过做特殊处理。

X-坚持算法，当在侦听中发现线路空闲时，不一定马上发送数据，而采用 X-坚持的 CSMA 算法决定如何进行数据发送，典型的三种 X-坚持算法：

- 非坚持算法：线路忙，等待一段时间，再侦听；不忙时，立即发送；减少冲突，信道利用率降低。

- 1 坚持算法：线路忙，继续侦听；不忙时，立即发送；提高信道利用率，增大冲突。

- p 坚持算法：线路忙，继续侦听；不忙时，根据 p 概率进行发送，另外的 $1-p$ 概率为继续侦听（p 是一个指定概率值）；有效平衡，但复杂。

● 发送：当确定要发送后，通过发送机构，向总线发送数据。

● 检测：数据发送后，也可能发生数据碰撞，因此，要对数据边发送，边接收，以判断是否冲突了。冲突检测时间 $>=2α$，$α$ 表示网络中最远两个站点的传输线路延迟时间，表示检测时间必须保证最远站点发出数据产生冲突后被对方感知的最短时间。在 $2α$ 时间里没有感知冲突，则保证发出的数据没有产生冲突（只要保证检测 $2α$ 时间，没有必要整个发送过程都进行检测）。

● 冲突处理：当确认发生冲突后，进入冲突处理程序。有两种冲突情况：① 侦听中发现线路忙，则等待一个延时后再次侦听，若仍然忙，则继续延迟等待，一直到可以发送为止。每次延时的时间不一致，由退避算法确定延时值。② 发送过程中发现数据碰撞，先发送阻塞信息，强化冲突，再进行侦听工作，以待下次重新发送（方法同①）。

所有的以太网都遵循 IEEE 802.3 标准，下面列出的是 IEEE 802.3 的一些以太网络标准，在这些标准中前面的数字表示传输速度，单位是"Mbit/s"，最后的一个数字表示单段网线长度（基准单位是 100m），Base 表示"基带"的意思，Broad 代表"宽带"。

-10Base-5：使用粗同轴电缆，最大网段长度为 500m，基带传输方法。

-10Base-2：使用细同轴电缆，最大网段长度为 185m，基带传输方法。

-10Base-T：使用双绞线电缆，最大网段长度为 100m。

-1Base-5：使用双绞线电缆，最大网段长度为 500m，传输速度为 1Mbit/s。

-10Broad-36：使用同轴电缆（RG-59/U CATV），最大网段长度为 3600m，是一种宽带传输方式。

-10Base-F：使用光纤传输介质，传输速率为 10Mbit/s。

（2）快速以太网（Fast Ethernet）

随着网络的发展，传统标准的以太网技术已难以满足日益增长的网络数据流量速度需求。1993年 10 月，Grand Junction 公司推出了世界上第一台快速以太网集线器 FastSwitch10/100 和网络接口卡 FastNIC100，快速以太网技术正式得以应用。随后 Intel、SynOptics、3COM、BayNetworks 等公司亦相继推出自己的快速以太网装置。与此同时，IEEE 802 工程组亦对 100Mbit/s 以太网的各种标准，如 100BASE-TX、100BASE-T4、MII、中继器、全双工等标准进行了研究。1995 年 3 月 IEEE 宣布了 IEEE 802.3u 100BASE-T 快速以太网标准（Fast Ethernet），就这样开始了快速以太网的时代。

快速以太网技术可以有效的保障用户在布线基础实施上的投资，它支持 3 类、4 类、5 类双绞线以及光纤的连接，能有效的利用现有的设施。

快速以太网的不足其实也是以太网技术的不足，那就是快速以太网仍是基于载波侦听多路访问和冲突检测（CSMA/CD）技术，当网络负载较重时，会造成效率的降低，当然这可以使用交换技术来弥补。

100Mbit/s 快速以太网标准又分为：100BASE-TX、100BASE-FX、100BASE-T4 三个子类。

-100BASE-TX：是一种使用 5 类数据级无屏蔽双绞线或屏蔽双绞线的快速以太网技术。它使用两对双绞线，一对用于发送，一对用于接收数据。在传输中使用 4B/5B 编码方式，信号频率为125MHz。符合 EIA586 的 5 类布线标准和 IBM 的 SPT 1 类布线标准。使用同 10BASE-T 相同的RJ-45 连接器。它的最大网段长度为 100m。它支持全双工的数据传输。

-100BASE-FX：是一种使用光缆的快速以太网技术，可使用单模和多模光纤（62.5um 和125um）多模光纤连接的最大距离为 550 米。单模光纤连接的最大距离为 3000m。在传输中使用4B/5B 编码方式，信号频率为 125MHz。它使用 MIC/FDDI 连接器、ST 连接器或 SC 连接器。它的最大网段长度为 150m、412m、2000m 或更长至 10 千米，这与所使用的光纤类型和工作模式有关，它支持全双工的数据传输。100BASE-FX 特别适合于有电气干扰的环境、较大距离连接、或高保密环境等情况下的适用。

-100BASE-T4：是一种可使用 3 类、4 类、5 类无屏蔽双绞线或屏蔽双绞线的快速以太网技术。它使用 4 对双绞线，3 对用于传送数据，1 对用于检测冲突信号。在传输中使用 8B/6T 编码方式，信号频率为 25MHz，符合 EIA586 结构化布线标准。它使用与 10BASE-T 相同的 RJ-45 连接器，最大网段长度为 100m。

（3）千兆以太网（GB Ethernet）

随着以太网技术的深入应用和发展，企业用户对网络连接速度的要求越来越高，1995 年 11

月，IEEE 802.3 工作组委任了一个高速研究组（HigherSpeedStudy Group），研究将快速以太网速度增至更高。该研究组研究了将快速以太网速度增至 1000Mbit/s 的可行性和方法。1996 年 6 月，IEEE 标准委员会批准了千兆位以太网方案授权申请（Gigabit Ethernet Project Authorization Request）。随后 IEEE 802.3 工作组成立了 802.3z 工作委员会。IEEE 802.3z 委员会的目的是建立千兆位以太网标准：包括在 1000Mbit/s 通信速率的情况下的全双工和半双工操作、802.3 以太网帧格式、载波侦听多路访问和冲突检测（CSMA/CD）技术、在一个冲突域中支持一个中继器（Repeater）、10BASE-T 和 100BASE-T 向下兼容技术千兆位以太网具有以太网的易移植、易管理特性。千兆以太网在处理新应用和新数据类型方面具有灵活性，它是在赢得了巨大成功的 10Mbit/s 和 100Mbit/sIEEE 802.3 以太网标准的基础上的延伸，提供了 1000Mbit/s 的数据带宽。这使得千兆位以太网成为高速、宽带网络应用的战略性选择。

1000Mbit/s 千兆以太网主要有以下三种技术版本：1000BASE-SX，-LX 和-CX 版本。1000BASE-SX 系列采用低成本短波的光盘激光器或者垂直腔体表面发光激光器发送器；而 1000BASE-LX 系列则使用相对昂贵的长波激光器；1000BASE-CX 系列则打算在配线间使用短跳线电缆把高性能服务器和高速外围设备连接起来。

（4）10 吉比特以太网

10Gbit/s 的以太网标准由 IEEE 802.3 工作组于 2000 年正式制定，10 吉比特以太网规范包含在 IEEE 802.3 标准的补充标准 IEEE 802.3ae 中，它扩展了 IEEE 802.3 协议和 MAC 规范，使其支持 10Gb/s 的传输速率。10 吉比特以太网仍使用与以往 10Mbit/s 和 100Mbit/s 以太网相同的形式，它允许直接升级到高速网络。同样使用 IEEE 802.3 标准的帧格式、全双工业务和流量控制方式。在半双工方式下，10 吉比特以太网使用基本的 CSMA/CD 访问方式来解决共享介质的冲突问题。此外，10 吉比特以太网使用由 IEEE 802.3 小组定义了和以太网相同的管理对象。除此之外，通过 WAN 界面子层，10 千兆位以太网也能被调整为较低的传输速率，如 9.584640 Gbit/s（OC-192），这就允许 10 吉比特以太网设备与同步光纤网络（SONET）STS -192c 传输格式相兼容。

-10GBASE-SR 和 10GBASE-SW 主要支持短波（850 nm）多模光纤（MMF），光纤距离为 2m 到 300 m。10GBASE-SR 主要支持"暗光纤"，暗光纤是指没有光传播并且不与任何设备连接的光纤。10GBASE-SW 主要用于连接 SONET 设备，它应用于远程数据通信。

-10GBASE-LR 和 10GBASE-LW 主要支持长波（1310nm）单模光纤（SMF），光纤距离为 2m 到 10km（约 32808 英尺）。10GBASE-LW 主要用来连接 SONET 设备，10GBASE-LR 则用来支持"暗光纤"。

-10GBASE-ER 和 10GBASE-EW 主要支持超长波（1550nm）单模光纤（SMF），光纤距离为 2m 到 40km（约 131233 英尺）。10GBASE-EW 主要用来连接 SONET 设备，10GBASE-ER 则用来支持"暗光纤"。

-10GBASE-LX4 采用波分复用技术，在单对光缆上以四倍光波长发送信号。系统运行在 1310nm 的多模或单模暗光纤方式下。该系统的设计目标是针对于 2m 到 300m 的多模光纤模式或 2m 到 10km 的单模光纤模式。

2. 令牌环网

令牌环网是 IBM 公司于 20 世纪 70 年代发展的。在老式的令牌环网中,数据传输速度为 4Mbit/s 或 16Mbit/s，新型的快速令牌环网速度可达 100Mbit/s。令牌环网的传输方法在物理上采用了星形拓扑结构,但逻辑上仍是环形拓扑结构。结点间采用多站访问部件（Multistation Access Unit, MAU）连接在一起。MAU 是一种专业化集线器,它是用来围绕工作站计算机的环路进行传输。由于数据包看起来像在环中传输，所以在工作站和 MAU 中没有终结器。

在这种网络中，有一种专门的帧称为"令牌"，在环路上持续地传输来确定一个结点何时可以发送包。令牌为 24 位长，有 3 个 8 位的域，分别是首定界符（Start Delimiter, SD）、访问控制（Access Control，AC）和终定界符（End Delimiter，ED）。首定界符是一种与众不同的信号模式，作为一种非数据信号表现出来，用途是防止它被解释成其它东西。这种独特的 8 位组合只能被识别为帧首标识符（SOF）。由于以太网技术发展迅速，令牌网存在固有缺点，令牌在整个计算机局域网已不多见。

3. FDDI 网（Fiber Distributed Data Interface）

FDDI 网（Fiber Distributed Data Interface）中文名为"光纤分布式数据接口"，它是于 20 世纪 80 年代中期发展起来一项局域网技术，它提供的高速数据通信能力要高于当时的以太网（10Mbit/s）和令牌网（4Mbit/s 或 16Mbit/s）的能力。FDDI 标准由 ANSI X3T9.5 标准委员会制订，为繁忙网络上的高容量输入/输出提供了一种访问方法。FDDI 技术同 IBM 的 Tokenring 技术相似，并具有 LAN 和 Tokenring 所缺乏的管理、控制和可靠性措施，FDDI 支持长达 2km 的多模光纤。FDDI 网络的主要缺点是价格同前面所介绍的"快速以太网"相比贵许多，且因为它只支持光缆和 5 类电缆，所以使用环境受到限制、从以太网升级更是面临大量移植问题。

当数据以 100Mbit/s 的速度输入输出时，在当时 FDDI 与 10Mbit/s 的以太网和令牌环网相比性能有相当大的改进。但是随着快速以太网和千兆以太网技术的发展，用 FDDI 的人就越来越少了。因为 FDDI 使用的通信介质是光纤，这一点它比快速以太网及 100Mbit/s 令牌网传输介质要贵许多，然而 FDDI 最常见的应用只是提供对网络服务器的快速访问，所以在 FDDI 技术并没有得到充分的认可和广泛的应用。

FDDI 的访问方法与令牌环网的访问方法类似，在网络通信中均采用"令牌"传递。它与标准的令牌环又有所不同，主要在于 FDDI 使用定时的令牌访问方法。FDDI 令牌沿网络环路从一个结点向另一个结点移动，如果某结点不需要传输数据，FDDI 将获取令牌并将其发送到下一个结点中。如果处理令牌的结点需要传输，那么在指定的称为"目标令牌循环时间"（Target Token Rotation Time，TTRT）的时间内，它可以按照用户的需求来发送尽可能多的帧。因为 FDDI 采用的是定时的令牌方法，所以在给定时间中，来自多个结点的多个帧可能都在网络上，以为用户提供高容量的通信。

FDDI 可以发送两种类型的包：同步的和异步的。同步通信用于要求连续进行且对时间敏感的传输（如音频、视频和多媒体通信）；异步通信用于不要求连续脉冲串的普通的数据传输。在给定的网络中，TTRT 等于某结点同步传输需要的总时间加上最大的帧在网络上沿环路进行传输的时间。FDDI 使用两条环路，所以当其中一条出现故障时，数据可以从另一条环路上到达目的地。连接到 FDDI 的结点主要有两类，即 A 类和 B 类。A 类结点与两个环路都有连接，由网络设备如集线器等组成，并具备重新配置环路结构以在网络崩溃时使用单个环路的能力；B 类结点通过 A 类结点的设备连接在 FDDI 网络上，B 类结点包括服务器或工作站等。

4. ATM 网

ATM（Asynchronous Transfer Mode）中文名为"异步传输模式"，它的开发始于 20 世纪 70 年代后期。ATM 是一种较新型的单元交换技术，同以太网、令牌环网、FDDI 网络等使用可变长度包技术不同，ATM 使用 53 字节固定长度的单元进行交换。它是一种交换技术，没有共享介质或包传递带来的延时，非常适合音频和视频数据的传输。ATM 主要具有以下优点。

① ATM 使用相同的数据单元，可实现广域网和局域网的无缝连接。

② ATM 支持 VLAN（虚拟局域网）功能，可以对网络进行灵活的管理和配置。

③ ATM 具有不同的速率，分别为 25Mbit/s、51Mbit/s、155Mbit/s、622Mbit/s，从而为不同的应用提供不同的速率。

ATM 是采用"信元交换"来替代"包交换"进行实验，发现信元交换的速度是非常快的。信元交换将一个简短的指示器称为虚拟通道标识符，并将其放在 TDM 时间片的开始。这使得设备能够将它的比特流异步地放在一个 ATM 通信通道上，使得通信变得能够预知且持续的，这样就为时间敏感的通信提供了一个预 QoS，这种方式主要用在视频和音频上。通信可以预知的另一个原因是 ATM 采用的是固定的信元尺寸。ATM 通道是虚拟的电路，并且 MAN 传输速度能够达到 10Gbit/s。

5. 无线局域网

无线局域网（WLAN）与传统的局域网主要不同之处就是传输介质不同，传统局域网都是通过有形的传输介质进行连接的，例如同轴电缆、双绞线和光纤等，而无线局域网则是采用空气作为传输介质。正因为它摆脱了有形传输介质的束缚，所以这种局域网的最大特点就是自由，只要在网络的覆盖范围内，可以在任何一个地方与服务器及其他工作站连接，而不需要重新铺设电缆。这一特点非常适合那些移动办公一簇，有时在机场、宾馆、酒店等（通常把这些地方称为"热点"），只要无线网络能够覆盖到，它都可以随时随地连接上无线网络，甚至 Internet。

无线网络中，由于每个节点的无线覆盖范围是有限的，与以太网不同，在无线局域网内的所有节点没有共享传输介质，即网络中的任一节点并不一定可以直接感知到别的节点在发送信息，所以在无线局域网中往往存在"隐藏站点"问题和"暴露站点"问题，如图 4.5 所示。图 4.5（a）中 A、B、C 为移动节点，阴影圆圈为节点 C 的无线覆盖范围，图中 C 的无线覆盖了 C 本身和 B，没有覆盖 A，所以，C 向 B 发送信息的时候，A 是感觉不到的。假设 C 正在向 B 发送信息，而节点 A 想向 B 发送信息，因为 A 感觉不到 C（"隐藏站点"）正在向 B 发送信息，所以它认为信道空闲可以向 B 发送信息，但实际情况是 B 正忙着，A 不能发送。图 4.5（b）中 A、B、C、D 为移动节点，阴影圆圈为节点 A 的无线覆盖范围，图中 A 的无线覆盖了 A 本身和 B、D，所以，A 向 D 发送信息的时候，B 可感觉到。假设 A 正在向 D 发送信息，而节点 B 想向 C 发送信息，因为 B 感觉到 A（"暴露站点"）正在发送信息，所以它认为信道忙不可以向 C 发送信息，但实际情况是 B 可以向 C 发送信息。

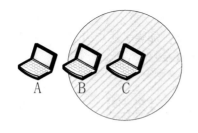

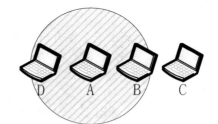

（a）"隐藏站点"问题　　　　（b）"暴露站点"问题

图 4.5 无线局域网中的两类问题

为了解决无线局域网中 MAC 访问控制问题，IEEE 802.11 MAC 综合了两种工作方式：分布控制（Distributed Coordination Function，DCF）和中心控制（Point Coordination Function，PCF）。

① 分布控制方式（DCF），类似 CDMA/CD，利用载波监听机制，适用于分布式网络，传输

具有突发性和随机性的普通分组数据，支持无竞争型实时业务及竞争型非实时业务。DCF 机制是 MAC 协议层中最基本的媒体接入控制机，DCF 机制基于 CSMA/CA（带冲突避免的载波监听多路访问）控制方式，并以 RTS/CTS 消息交换机制作为辅助的介质访问方式。

CSMA/CA 的工作过程：当发射端希望发送数据时，首先检测介质是否空闲，若空闲则送出 RTS（Request To Send 请求发送），RTS 信号包括发射端的地址、接收端的地址、下一笔数据将持续发送的时间等信息；接收端收到 RTS 信号后，将响应短信号 CTS（Clear To Send），CTS 信号上有 RTS 内记录的持续发送的时间；当发射端收到 CTS 包后，随即开始发送数据包；接收端收到数据包后，将以包内的 CRC（Cyclic Redundancy Check，循环冗余校验）的数值来检验包数据是否正确，若检验结果正确，接收端将响应 ACK 包，告知发射端数据已经被成功地接收；当发射端没有收到接收端的 ACK 包时，将认为包在传输过程中丢失，而一直重新发送包。

② 中心控制方式（PCF），建立在 DCF 工作方式之上并且仅支持竞争型非实时业务，适用于具备中央控制器的网络。PCF 机制基于轮询机制，可以用于支持无竞争型实时业务。

PCF 的工作过程：希望发送数据的主机首先向 AP（Acess Point，接入点）发送 Association Request（连接请求）帧，并在帧的功能性能字段的 CF-Pollable（可轮询 CF）子字段中表明希望加入轮询表，在收到 AP 的 ACK 信息以后，主机被列入轮询列表，轮询列表中的主机按连接标识（Association ID，AID）升序排列，AID 是由 AP 主机分配的 16bit 标识符；AP 发出 Beacon 帧表明 CFP 期间的开始，然后 AP 依次向轮询列表中的主机发出 Poll 帧给 AP，或发送 Data 帧给其他非 AP 主机，如果在 PIFS 时间间隔内没有响应，则表明主机无数据要发，AP 继续发出下一个 Poll 帧。轮询中的特殊情况：MAC 协议在一个 CFP 期间，如果轮询列表中的主机没有轮询完，那么在下次 CFP 期间将从未轮询主机开始轮询；如果轮询列表中的主机已经轮询完，还剩有一段时间，AP 将随机选择主机发出轮询帧。轮询结束过程：AP 发出 End 帧，表明 CFP 期间的结束，CP 期间的开始。

无线局域网所采用的 802.11 系列标准主要有 4 个标准，分别为：802.11b（ISM 2.4GHz）、802.11a（5GHz）、802.11g（ISM 2.4GHz）和 802.11z，前三个标准都是针对传输速度进行的改进，最开始推出的是 802.11b，它的传输速度为 11MB/s，因为它的连接速度比较低，随后推出了 802.11a 标准，它的连接速度可达 54MB/s。但由于两者不互相兼容，致使一些早已购买 802.11b 标准的无线网络设备在新的 802.11a 网络中不能用，所以在正式推出了兼容 802.11b 与 802.11a 两种标准的 802.11g，这样原有的 802.11b 和 802.11a 两种标准的设备都可以在同一网络中使用。802.11z 是一种专门为了加强无线局域网安全的标准。因为无线局域网的"无线"特点，致使任何进入此网络覆盖区的用户都可以轻松以临时用户身份进入网络，给网络带来了极大的不安全因素，为此，802.11z 标准专门就无线网络的安全性方面作了明确规定，加强了用户身份认证制度，并对传输的数据进行加密，所使用的方法/算法有：WEP、WPA/WPA2 与 WPA。

4.3　网络服务模型

每一个网络都有一种服务模型，来规定信息和资源的共享方式。最常见的服务模型有终端网络模型、客户机/服务器（Client/Server，C/S）模型、对等（Peer-to-peer，P2P）网络模型。

4.3.1　终端网络模型

在终端网络模型中，处理能力集中在一个大型计算机上，通常称为主机。连接在这台主机上的节点可能是没有或只有一点处理能力的终端，也可能是安装了专业软件，能够充当终端的微型计算机，如图 4.6 所示。

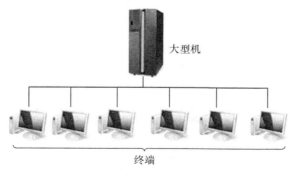

图 4.6　终端网络模型

终端网络系统的优点之一是对技术人员、软件、数据等控制的相对集中。一个不利之处就是对终端用户缺乏控制且灵活性不强。另外，终端网络系统没有充分发挥终端计算机可以提供的运算能力。终端系统一度十分流行，但现在大多数新的应用系统已不再使用它。

4.3.2　C/S 模型

在 C/S 模型中，使用一台计算机（称为服务器）来协调和提供服务给网络中的其他节点（称为客户机），如图 4.7 所示。

C/S 系统广泛运用于 Internet 上。例如，Internet 提供的 WWW 服务、FTP、E-mail 等，都采用了典型的 C/S 模式。

C/S 系统的优点是：可以十分高效地运用于大型网络，有强大的网络管理软件监控网络活动。主要缺点是：安装和维护系统的费用较高。

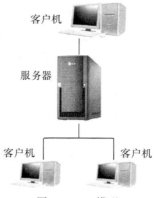

图 4.7　C/S 模型

4.3.3　P2P 网络模型

在对等（Peer-to-Peer，P2P）网络模型中，每个节点既是客户机也是服务器。例如，一台微型计算机能够获取另一台微型计算机上的文件，同时也能为其他微型计算机提供文件，如图 4.8 所示。P2P 使得网络上的沟通变得容易、更直接共享和交互，真正地消除中间商。P2P 中，用户可以直接连接到其他用户的计算机、交换文件，而不是像过去那样连接到服务器去浏览与下载。

P2P另一个重要特点是改变互联网现在的以大网站为中心的状态、重返"非中心化"，并把权力交还给用户。如果从"计算机网络是自治计算机的互联集合，自治计算机这一概念排除了网络系统中主从关系的可能性"这个角度来看，P2P应该是真正符合计算机网络本来特征的，也最符合互联网络设计者的初衷。

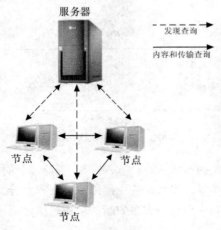

图 4.8　P2P 网络模型

德国互联网调研机构 ipoque 2008 年发布的互联网研究报告称，P2P 已经统治了当今的 Internet，其中 50%～90%的总流量都来自于 P2P 程序。现在，使用 P2P 技术的软件比比皆是，如 BitTorrent、eMule、OPENEXT、APIA、eDonkey、Gnutella、Kazaa、QQ、MSN 等。

4.4　计算机网络体系结构

计算机网络的体系结构是用层次结构设计方法设计出来的，是计算机网络层次结构及其协议的集合，或者是计算机网络及其部件所应完成的各种功能的精确定义。

在网络分层体系结构中，每一个层次在逻辑上都是相对独立的，每一层都有具体的功能，层与层之间的功能有明显的界限，相邻层之间有接口标准，接口定义了低层向高层提供的操作服务，计算机间的通信是建立在同层次的基础上的。

网络协议定义了在两个或多个通信实体之间交换的报文格式和次序，以及在报文传输、接收或其他事件上所采取的动作。计算机网络广泛地使用了协议，不同的协议用于完成不同的通信任务。掌握计算机网络领域知识的过程就是理解网络协议的构成、原理和工作的过程。

4.4.1　ISO/OSI

国际标准化组织（ISO）在 1977 年成立一个分委员会来专门研究网络通信的体系结构问题，并提出了 OSI/RM，它是一个定义异构计算机连接标准的框架结构。OSI 为面向分布式应用的"开放"系统提供了基础。"开放"是指任何两个系统只要遵守参考模型和有关标准，都能实现互连。

OSI 参考模型的系统结构是层次式的，由七层组成，从高层到低层依次是应用层、表示层、会话层、传输层、网络层、数据链路层和物理层，如图 4.9 所示。只要遵循 OSI 标准，一个系统就可以和位于世界上任何地方、也遵循这一标准的其他任何系统进行通信。

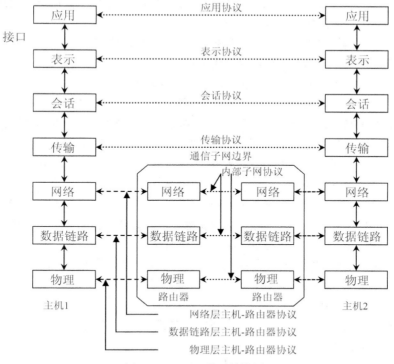

图 4.9　OSI/RM 体系结构图

1. 物理层（Physical Layer）

物理层是 OSI 参考模型分层结构体系最基础的一层，它建立在传输介质上，实现设备之间的物理接口。物理层要解决在连接各种计算机的传输介质上传输非结构的比特流，而不是指连接计算机的具体物理设备或具体的传输介质。物理层为建立、维护和拆除物理链路提供所需的机械的、电气的、功能的和规程的特性，并提供链路故障检测指示。

物理层的功能是实现实体之间的按位传输，保证按位传输的正确性，并向数据链路层提供一个透明的比特流传输。

2. 数据链路层（Data Link Layer）

数据链路层的主要作用是通过一些数据链路层协议和链路控制规程，在不太可靠的物理链路上实现可靠的数据传输。数据链路层的功能是实现系统实体间二进制信息块的正确传输，检测和校正物理链路产生的差错，将不可靠的物理链路变成可靠的数据链路。

在数据链路层中，需要解决的问题包括信息模式、操作模式、差错模式、流量控制、信息交换过程控制规程。

3. 网络层（Network Layer）

网络层也称通信子网层，是高层协议与低层协议之间的界面层，用于控制通信子网的操作，是通信子网与资源子网的接口。

网络层的功能是向传输层提供服务，同时接收来自数据链路层的服务，提供建立、保持和释放通信连接手段，包括交换方式、路径选择、流量控制、阻塞与死锁等，实现整个网络系统内连接，为传输层提供整个网络范围内两个终端用户之间数据传输的通路。

4. 传输层（Transport Layer）

传输层建立在网络层和会话层之间，实质上它是网络体系结构中高低层之间衔接的一个接口层，为系统之间提供面向连接和无连接的数据传输服务。

传输层获得下层提供的服务包括发送和接收顺序正确的数据块分组序列，并用其构成传输层数据，获得网络层地址，包括虚拟信道和逻辑信道。

传输层向上层提供的服务包括无差错的有序的报文收发，提供传输连接，进行流量控制。

传输层的功能是从会话层接收数据，根据需要把数据切成较小的数据片，并把数据传送给网络层，确保数据片正确到达网络层，从而实现两层间数据的透明传送；为面向连接的数据传输服务提供建立、维护和释放连接的操作；提供端到端的差错恢复和流量控制，实现可靠的数据传输；为传输数据选择网络层所提供的最合适的服务。

5. 会话层（Session Layer）

会话层用于建立、管理以及终止两个应用系统之间的会话，会话最重要的特征是数据交换。

会话层的功能包括会话连接到传输连接的映射、会话连接的流量控制、数据传输、会话连接恢复与释放、会话连接管理与差错控制。

会话层提供给表示层的服务包括数据交换、隔离服务、交互管理、会话连接同步和异常报告。

6. 表示层（Presentation Layer）

表示层向上对应用层服务，向下接收来自会话层的服务。

表示层要完成某些特定的功能，主要有不同数据编码格式的转换，提供数据压缩、解压缩，对数据进行加密、解密等。

7. 应用层（Application Layer）

应用层是通信用户之间的窗口，为用户提供网络管理、文件传输、事务处理等服务。

应用层为网络应用提供协议支持和服务，应用层服务和功能因网络应用而异，如事务处理、文件传送、网络安全和网络管理等。

4.4.2　TCP/IP

TCP/IP 参考模型是计算机网络的祖先 ARPANET 和其后继的 Internet 使用的参考模型。TCP/IP 使用的是 4 层结构，而不是 OSI 的 7 层结构。图 4.10 所示为 TCP/IP 模型和 OSI 模型对应层的关系，两者所使用的"层"并不完全相同。

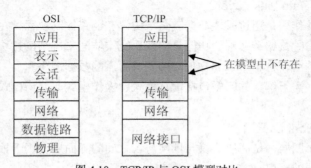

图 4.10　TCP/IP 与 OSI 模型对比

TCP/IP 的体系结构如图 4.11 所示。

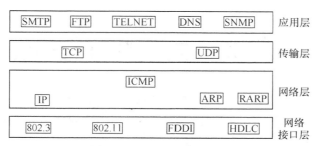

图 4.11　TCP/IP 的体系结构

1. 网络接口层

网络接口层是 TCP/IP 的最底层,用于负责网络层与硬件设备间的联系。这一层的协议非常多,包括逻辑链路和媒体访问控制。

2. 网络层

也称互联网层,主要解决的是计算机到计算机之间的通信问题,其功能包括:处理来自传输层的分组发送请求,收到请求后将分组装入 IP 数据包,填充报头,选择路径,然后将数据发往适当的接口;处理数据包;处理网络控制报文协议,即处理路径、流量控制、阻塞等。

网络层是基于无连接的分组交换,采用尽力传送机制。网络层的功能是使主机可以把分组发往任何网络并使分组独立的传向目标,这些分组到达的顺序和发送的顺序可能不同,属于同一消息或不同消息的分组可能沿不同的路由传输,且可能会丢失。网络层定义了正式的分组格式和协议——互联网络协议,即 IP,还定义了用于 IP 地址和 MAC 地址之间进行解析的 ARP 和 RARP,传递控制信息的 ICMP。

3. 传输层

传输层用于解决计算机程序到计算机程序(端到端)之间的通信问题。这一层定义了两个端到端的协议:传输控制协议(TCP)和用户数据报协议(UDP)。

TCP 是一个面向连接的协议,允许从一台机器发出的消息无差错地发往 Internet 上的其他机器。它把输入的消息分成按序标记的连续的段,若段在发送过程中丢失,则重发该段,接受端将段按序组织。TCP 还要处理流量控制。

UDP 是一个不可靠的、无连接协议,用于不需要 TCP 的排序和流量控制能力而是自己完成这些功能的应用程序。它也被广泛应用于只有一次的、客户-服务器模式的请求-应答查询,以及快速递交并准确递交更重要的应用程序,如传输 Audio 和 Video。

4. 应用层

应用层提供一组常用的应用程序给用户。在应用层,用户调用访问网络的应用程序,应用程序与传输层协议配合,发送或接收数据。

采用 TCP/IP 的通信过程:客户机(Client)应用程序将来自客户机高层的信息代码按一定的标准格式转换,并将其传输到传输控制协议(TCP)。当信息代码传输至客户机的传输控制协议层后,通过 TCP 将应用程序信息分解打包。随后,TCP 将这些包发送给处于其下一级的 Internet 协议层(IP)。在 IP 层,IP 程序将收到的数据包封装成 IP 包,然后通过 IP、IP 地址及 IP 路由将信息发送给与之通信的另一台计算机。对方 IP 程序收到所传输的 IP 包后,剥去 IP 包头,将包中数据上传给 TCP 协议层,TCP 程序剥去 TCP 包头,取出数据,传送给服务器的应用程序。这样,通过 TCP/IP 就实现了双方的通信。同理,服务器发送信息给客户机的过程与上述过程类似。

4.5 网络互连和 Internet

网络可通过连接设备实现互连。典型的网络连接设备有 4 类：中继器、网桥、路由器和网关，其中前两类主要用于同种网络的互连，后两类主要用于不同种网络的互连。

1. 中继器

中继器（Repeater）是物理层的互连设备，又叫转发器，用于连接具有相同物理层协议的局域网，是局域网互连的最简单的设备。由于信号在介质的传输过程中会衰减，而衰减的信号可能会被接收方错误理解，中继器可以将经过它的信号进行再生，然后发送给网络的其余部分。图 4.12 所示为中继器的作用实例。

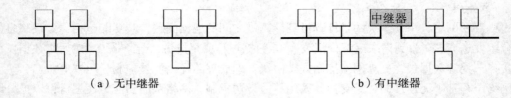

（a）无中继器　　　　　　　　　　　　　　（b）有中继器

图 4.12　中继器的作用实例

2. 网桥

网桥（Bridge）是数据链路层互连设备。当局域网上的用户日益增多，工作站数量日益增加时，局域网上的信息量也将随着增加，可能会引起局域网性能的下降。这是所有局域网共存的一个问题。在这种情况下，必须将网络进行分段，以减少每段网络上的用户量和信息量。将网络进行分段的设备就是网桥。网桥是一个通信控制器，它可以根据信号的目的地址来允许或阻止信号的通过：如果目的地址和发送端位于同一个网段中，则网桥不会让该信号送到别的段，这样可以允许多对机器在同一时间进行通信。对于允许通过的信号，网桥也可以像中继器一样对信号进行再生。

如图 4.13（a）所示，假设某一时刻，主机 1 想发信息给主机 2，主机 3 想发信息给主机 4，会发生冲突，只能 1 发给 2 或 3 发给 4，不能同时进行 1 到 2 和 3 到 4 的信息发送，而在图 4.13（b）中，可以同时实现 1 到 2 和 3 到 4 的信息发送，因为网桥检测到主机 1 和 3 发送的目的地址分别位于各自的网段中，它不会让这些信息跨越网段。

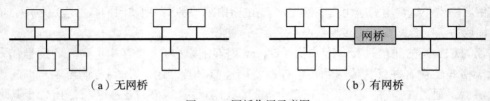

（a）无网桥　　　　　　　　　　　　　　（b）有网桥

图 4.13　网桥作用示意图

交换机（Switch）是一个复杂的有多重接口的网桥，它可以为接入交换机的任意两个网络结点（如主机）提供独享的电信号通路。例如，有 24 个主机的网络，可以分为 4 个网段，各网段通过网桥相连（每个网段内同时只能有一对主机通信）；也可以分为 24 个网段（每个网段有一个主机），用一个 24 口交换机相连，这样每个主机直接与交换机相连，如图 4.14 所示。需要发送的信息都经过交换机，由交换机转发到各个目的点，交换机内部可以同时建立多对主机之间的通信连接，所以要求交换机有更高的性能。

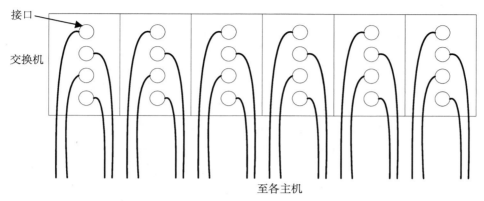

图 4.14　交换机局域网

3. 路由器

路由器（Router）是网络层互连设备，可以连接两个独立的网络：局域网和城域网、局域网和广域网、广域网和广域网等，以形成互连网络。图 4.15 所示为用路由器连接起来的互连网络示意图。

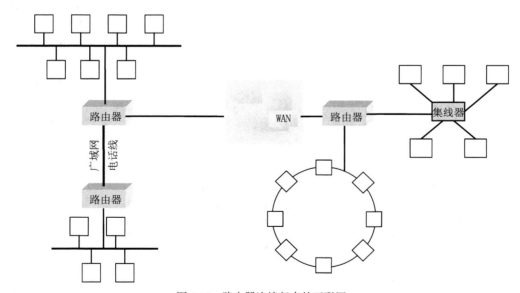

图 4.15　路由器连接起来的互联网

4. 网关

网关（Gateway）或应用网关是实现网络层以上互连的设备的统称，它充当协议转换器的设备，通常是安装了必要软件的计算机，允许两个网络互连并通信，其中每个网络可以使用不同的协议。现在网关和路由器被交替地使用。

互联的网络称为互联网。世界上有许多网络，而且常常使用不同的硬件和软件，在一个网络上的用户经常需要和另一个网络上的用户通信，这就需要将不同的、往往是不兼容的网络进行连接组成互联网。常见的互联网是通过 WAN 连接起来的 LAN 集合。把图 4.4 中的子网换成 WAN 就可以了，在这种情况下子网和 WAN 之间唯一的真正区别是主机是否出现，如果图中的闭合曲线包含的系统仅有路由器，它就是子网；如果包含路由器、主机及用户，它就是 WAN。互联网的一个最好例子就是 Internet。

4.5.1 Internet 概述

Internet，即国际互联网，源于 1973 年启动的由美国国防部的高级研究计划署资助的一个研究项目（ARPANET），该项目的目标是开发一个连接多个网络使得它们具有能够像单一的、连接可靠的网络一样工作的能力。现在，Internet 已经成为包括上百万台机器的广域网和局域网的集合，是以美国国家科学基金会（National Science Foundation，NSF）的主干网 NSFnet 为基础的全球最大的计算机因特网，被广泛地用于连接大学、政府机关、公司和个人用户。

Internet 可以看作是相互连接的自治系统的集合，每个自治系统称为一个域，一个域组成一个网络或者一个相对较小的互联网。这里没有真正的结构，但有几个主要的主干，这些主干由高带宽线路和高速路由器组成，与主干相连的是中等域（区域）网络，与区域网络相连的是很多大学、公司及 Internet 服务提供者（ISP）的 LAN，当然这些 LAN 可以是异种网。

为了建立一个域，希望建立域的机构需向因特网赋名和编号公司（ICANN）注册。一旦域被注册，该域可以通过路由器的方式连入 Internet，该路由器已经将网络上的其他域连接在一起，这个特定的路由器通常被称作网关。

个人用户，若属于某一组织，可以借助于其组织构建的域访问 Internet，如在学校实验室通过校园网上 Internet；也可以通过接入到 ISP 建立的域来访问 Internet，如家庭用户利用电话拨号上网。

4.5.2 IP 地址

1．IP 地址结构

Internet 上计算机或路由器的每个网络接口（一般来说，一台计算机有一个接口，而一台路由器有多个接口）都有一个由授权机构分配的号码，称为 IP 地址。IP 地址能够唯一地确定 Internet 上的每个网络接口。由 32 位二进制数组成的地址称为 IPv4 地址。在实际应用中，将这 32 位二进制数分成 4 段，每段包含 8 位二进制数。为了便于应用，将每段都转换为十进制数，段与段之间用“.”号隔开，称为点分十进制（Dotted Decimal Notation），如 202.197.96.18。IP 地址采用层次结构，由网络号与主机号组成，其结构如图 4.16 所示。其中，网络号用来标识一个逻辑网络，主机号用来标识网络中的一个接口。一台 Internet 主机至少有一个 IP 地址，而且该 IP 地址是全球唯一的。如果一台 Internet 主机有两个或多个 IP 地址，则该主机属于两个或多个逻辑网络。

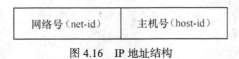

网络号（net-id）	主机号（host-id）

图 4.16　IP 地址结构

2．IP 地址编码方案

根据不同规模网络的需要，为充分利用 IP 地址空间，IP 定义了 5 类地址，即 A 类～E 类。其中，A、B、C 三类由一个全球性的组织在全球范围内统一分配，D、E 类为特殊地址。IP 地址采用高位字节的高位来标识地址类别。IP 地址编码方案如图 4.17 所示。

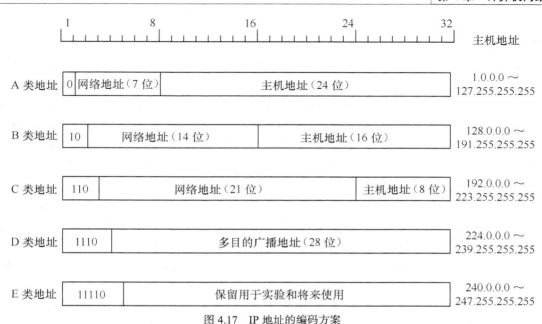

图 4.17　IP 地址的编码方案

A 类地址的第一位为"0"，B 类地址的前两位为"10"，C 类地址的前三位为"110"，D 类地址的前四位为"1110"，E 类地址的前五位为"11110"。其中，A 类、B 类与 C 类地址为基本地址。

对于 A 类 IP 地址，其网络地址空间长度为 7 位，最大的网络数为 126（2^7-2），减 2 的原因是全 0 表示本网络，这个地址可以让机器引用自己的网络而不必知道其网络号；全 1 保留做循环测试，发送到这个地址的分组不输出到线路上，它们被内部处理并当做输入分组，这使发送者可以在不知道网络号的情况下向内部网络发送分组，这一特性也用来为网络软件查错。故应减去这两个网络号。主机地址空间长度为 24 位，每个网络的最大主机数为 16777214（$2^{24}-2$），减 2 的原因是全 0 表示本主机所连接到的单个网络地址，全 1 表示该网络上的所有主机。A 类地址的范围是：1.0.0.0～127.255.255.255。

对于 B 类 IP 地址，其网络地址空间长度为 14 位，最大的网络数为 16384（2^{14}），主机地址空间长度为 16 位，每个网络的最大主机数为 65534（$2^{16}-2$），减 2 的原因是全 0 表示本主机所连接到的单个网络地址，全 1 表示该网络上的所有主机。B 类地址的范围是 128.0.0.0～191.255.255.255。

对于 C 类 IP 地址，其网络地址空间长度为 21 位，最大的网络数为 2097152（2^{21}），主机地址空间长度为 8 位，每个网络的最大主机数为 254（2^8-2），减 2 的原因是全 0 表示本主机所连接到的单个网络地址，全 1 表示该网络上的所有主机。C 类 IP 地址的范围是：192.0.0.0～223.255.255.255。

D 类地址是多播地址，主要是给 Internet 体系结构委员会（Internet Architecture Board，IAB）使用的。D 类地址的范围是：224.0.0.0～239.255.255.255。

E 类 IP 地址保留用于实验和将来使用。E 类 IP 地址的范围是：240.0.0.0～247.255.255.255。

3. 下一代网际协议

IPv4 是 Internet 的核心协议，是 20 世纪 70 年代设计的，从计算机本身发展以及从 Internet 规模和网络传输速率来看，IPv4 已经不能满足时代的要求，最主要的问题就是 32 位的 IP 地址不够用。为了解决这个问题，可以采取几种方案，其中一种称为网络地址转换（NAT）的技术，可以暂时修补 IP 地址可能用完的问题。NAT 背后的基本思想是：给每一个域（如一个公司或组织）

只分配一个或几个唯一的 Internet IP 地址（称之为公有 IP），而域内的每一台机器分配一个唯一的内部 IP 地址（称之为私有 IP），Internet 上的其他用户只看到该域的公有 IP，公有 IP 与私有 IP 之间通过一个 NAT 盒进行翻译，以确保内部的机器能顺利地收发 Internet 上其他机器的信息。

最好的办法就是采用具有更大地址空间的下一代网际协议 IPv6。单从数字上来说，IPv6 所拥有的地址容量是 IPv4 的约 $8×10^{28}$ 倍，达到 2^{128}（算上全零的）个。这不但解决了网络地址资源数量的问题，同时也为除电脑外的设备连入互联网在数量限制上扫清了障碍。如果说 IPv4 实现的只是人机对话，而 IPv6 则扩展到任意事物之间的对话，它不仅可以为人类服务，还将服务于众多硬件设备，如家用电器、传感器、远程照相机、汽车等，它将是无时不在，无处不在的深入社会每个角落的真正的宽带网。

（1）IPv6 的特点

● IPv6 地址长度为 128 位，地址空间增大了 2^{96} 倍。

● 灵活的 IP 报文头部格式。使用一系列固定格式的扩展头部取代了 IPv4 中可变长度的选项字段。IPv6 中选项部分的出现方式也有所变化，使路由器可以简单路过选项而不做任何处理，加快了报文处理速度。

● IPv6 简化了报文头部格式，字段只有 7 个，加快报文转发，提高了吞吐量。

● 提高安全性。身份认证和隐私权是 IPv6 的关键特性。

● 支持更多的服务类型。

● 允许协议继续演变，增加新的功能，使之适应未来技术的发展。

（2）与 IPv4 相比，IPv6 的优势

● IPv6 具有更大的地址空间。IPv4 中规定 IP 地址长度为 32 位，即有 2^{32}-1 个地址，而 IPv6 中 IP 地址的长度为 128 位，即有 2^{128}-1 个地址。

● IPv6 使用更小的路由表。IPv6 的地址分配一开始就遵循聚类（Aggregation）的原则，这使得路由器能在路由表中用一条记录（Entry）表示一片子网，大大减小了路由器中路由表的长度，提高了路由器转发数据包的速度。

● IPv6 增加了增强的组播（Multicast）支持以及对流的支持（Flow Control），这使得网络上的多媒体应用有了长足发展的机会，为服务质量（Quality of Service，QoS）控制提供了良好的网络平台。

● IPv6 加入了对自动配置（Auto Configuration）的支持。这是对 DHCP 的改进和扩展，使得网络（尤其是局域网）的管理更加方便和快捷。

● IPv6 具有更高的安全性。在使用 IPv6 网络中用户可以对网络层的数据进行加密并对 IP 报文进行校验，极大地增强了网络的安全性。

（3）从 IPv4 到 IPv6 的过渡

IPv6 作为下一代互联网协议的标准，其目的是继承、拓展和取代 IPv4。但 IPv4 的发展已有 30 多年的历史，现有的几乎每个网络及其连接设备都支持 IPv4，IPv6 必须能够支持和处理 IPv4 体系的遗留问题，保护用户在 IPv4 上的大量投资，IPv6 的演进应该是平滑渐进的。可以预见，IPv4 向 IPv6 的过渡需要相当长的时间才能完成。因此，在 IPv6 完全取代 IPv4 之前，两种协议不可避免地有个共存期，彼此间必须具有互操作性。IETF 已经成立了专门的工作组，研究 IPv4 到 IPv6 的转换问题，提出了一部分解决方案。

IPv6 演进机制的主要目标如下。

● 逐步演进：已有的 IPv4 网络节点可以随时演进，而不受限于所运行 IP 的版本。

- 逐步部署：新的 IPv6 网络节点可以随时增加到网络中。
- 地址兼容：当 IPv4 网络节点演进到 IPv6 时，IPv4 的地址还可以继续使用。
- 降低费用：在演进过程中，只需要很低的费用和很少的准备工作。

4.5.3　Internet 提供的服务

随着 Internet 技术的飞速发展，Internet 提供的服务越来越多，其中大多数服务是免费的。随着 Internet 商业化的发展趋势，它所能提供的服务将会进一步增多，本小节将介绍几种常见的 Internet 提供的服务。

1. WWW 服务

WWW（World Wide Web）的中文名为万维网，简称为 Web，是 Internet 技术发展中的一个重要里程碑。WWW 是由遍及全球的信息资源组成的系统，这些资源所包含的内容不仅可以是文本，还可以是图像、表格、音频与视频文件，也有人将它称为 3W 或 WWW。

（1）超文本与超媒体

在 WWW 系统中，信息是按超文本方式组织的。用户直接看到的是文本信息本身，在浏览文本信息的同时，随时可以选中其中的链接（Link）。链接往往是上下文关联的单词，通过选择链接可以跳转到其他的文本信息。超媒体进一步扩展了超文本所链接的信息类型，包括图形、图像、文字、声音等。超媒体可以通过这种集成化的方式，将多种媒体的信息联系在一起。

（2）WWW 的工作方式

WWW 是以超文本标注语言（HTML）与超文本传输协议（HTTP）为基础，能够提供面向 Internet 服务的、一致的用户界面的信息浏览系统。

WWW 系统的结构采用了 C/S 模式，信息资源以主页（也称网页）的形式存储在 WWW 服务器中。用户通过 WWW 客户端程序向 WWW 服务器发出请求；WWW 服务器根据客户端请求内容，将保存在 WWW 服务器中的某个页面发送给客户端；浏览器在接收到该页面后对其进行解释，最终将图、文、声并茂的画面呈现给用户。

（3）URL 与信息定位

在 Internet 中有众多的 WWW 服务器，而每台服务器又包含很多的主页，如何找到想看的主页呢？这时，就需要统一资源定位器（Uniform Resource Locator，缩写为 URL）。

标准的 URL 由 3 部分组成：服务器类型、主机名和路径名及文件名。例如，URL 地址 http://www.someschool.edu.cn/somedepartment/picture.gif，其中的 http 表示服务器类型是 Web 服务器，www.someschool.edu.cn 是主机名，/somedepartment/picture.gif 是路径名及文件名。

（4）主页

主页是指个人或机构的基本信息页面，用户通过主页可以访问有关的信息资源。

（5）Web 浏览器

Web 浏览器是查找、浏览网络信息的工具，是用来浏览 Internet 上的主页的客户端软件。Web 浏览器为用户提供了寻找 Internet 上内容丰富、形式多样的信息资源的便捷途径。浏览者通过浏览器访问保存在服务器上的站点。不同类型的浏览器对 HTML 标记的解释是有区别的，结果就导致相同站点的浏览效果并不一致。因此在站点的制作过程中，用户一方面要使用多种浏览器测试站点，另一方面还应该给出部分网页的代替内容，否则浏览者可能会在浏览器窗口中看到一片空白。

目前，主要 Web 浏览器有 Microsoft 的 Internet Explorer、Mozilla 的 Firefox、Apple 的 Safari、

Netscape 的 Navigator、Mosaic、Opera、Google 的 Chrome 和专门的手机浏览器 UCWeb 等。

（6）搜索引擎

搜索引擎是 Internet 上的一个 WWW 服务器。它的主要任务是在 Internet 中主动搜索其他 WWW 服务器中信息并对其自动索引，将索引内容存储在可供查询的大型数据库中。用户可以利用搜索引擎所提供的分类目录和查询功能查找所需要的信息。

2. 域名系统

由于 IP 地址很难记忆，为了使用和记忆方便，Internet 还采用了域名管理系统（Domain Name System，DNS）。域名系统与 IP 地址结构一样，也是采用层次结构。

任何一个连接在 Internet 上的主机或路由器，都有一个唯一的层次结构的名字，即域名。域名的结构由若干个分量组成，顶级域名放在最右面，各分量之间用"."隔开：……三级域名.二级域名.顶级域名。

顶级域名包括国家顶级域名，如.cn 表示中国，.us 表示美国等；通用顶级域名，如.com 表示公司企业，.net 表示网络服务机构，.org 表示非营利性组织，.edu 表示教育机构，.gov 表示政府部门，.mil 表示军事部门（美国专用），.biz 表示公司和企业，.info 表示各种情况等。

中国的第二级域名类型有：.com 表示公司，.gov 表示政府机构，.org 表示非营利性组织，.edu 表示大学、研究所内的学术机构，.bj 表示北京地区，.sh 表示上海地区等。

每一级的域名都由英文字母和数字组成（小于 63 个，不分大小写），完整的域名不超过 255 个字符，域名只是个逻辑概念，并不反映计算机所在的地理位置，如 www.google.com、www.hnu.edu.cn 等都是域名。

域名方便人类记忆，网络世界使用 IP 地址，域名到 IP 地址的转换由域名服务器完成，如图 4.18 所示。

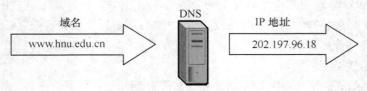

图 4.18　域名到 IP 地址的转换

3. 电子邮件服务

电子邮件服务又称为 E-mail 服务，是目前 Internet 上使用最频繁的服务，它为 Internet 用户之间发送和接收消息提供了一种快捷、廉价的现代化通信手段。

电子邮件系统不但可以传输各种格式的文本信息，还可以传输图像、声音、视频等多种信息。当用户向电子邮件服务机构（ISP）申请 Internet 账户时，ISP 就会在它的邮件服务器上建立该用户的电子邮件账户，它包括用户名（user name）和用户密码（password）。用户的电子邮件地址格式为：用户名@主机名，其中"@"符号表示"at"。例如，在"hnu.edu.cn"主机上，有一个名为 xyz 的用户，那么该用户的 E-mail 地址为：xyz@hnu.edu.cn。

电子邮件服务基于 C/S 结构。首先，发送方将写好的邮件发送给自己的邮件服务器；发送方的邮件服务器接收用户送来的邮件，并根据收件人地址发送到对方的邮件服务器中；接收方的邮件服务器接收到其他服务器发来的邮件，并根据收件人地址分发到相应的电子邮箱中；最后，接收方可以在任何时间或地点从自己的邮件服务器中读取邮件，并对它们进行处理。

电子邮件包括邮件头与邮件体两部分。邮件头是由多项内容构成的，其中一部分是由系统自动生成的，另一部分是由发件人自己输入的。

4．文件传输服务

文件传输服务又称为 FTP 服务，由 FTP 应用程序提供，FTP 应用程序遵循 TCP/IP 协议组中的文件传输协议，所以不论 Internet 上的计算机在地理位置上相距多远，只要它们都支持 FTP，它们之间就可以随意地相互传送文件，并且能保证传输的可靠性。

FTP 服务采用的是典型的 C/S 工作模式。提供 FTP 服务的计算机称为服务器，用户的本地计算机称为客户机。FTP 服务是一种实时的联机服务，用户在访问 FTP 服务器之前必须进行登录，登录时要求用户给出其在 FTP 服务器端上的合法账号和口令。只有成功登录的用户才能访问。一个 FTP 服务器进程可同时为多个客户进程提供服务，FTP 的服务器进程由一个主进程和若干个从属进程组成，主进程负责接受新的请求，从属进程负责处理单个请求。

大多数 FTP 服务都是匿名（anonymous）服务，为了保证 FTP 服务器的安全，几乎所有匿名 FTP 服务器都只允许用户下载文件，而不允许用户上传文件。匿名 FTP 提供的服务是在它的 FTP 服务器上建立一个公开账户，并赋予该账户访问公共目录的权限，以便提供免费服务。如果要访问提供匿名服务的 FTP 服务器，一般不需输入用户名和密码。如果需要，可以使用 "anonymous" 作为用户名，使用 "guest" 作为用户密码。

目前，常用的 FTP 下载工具主要有 CuteFTP、LeapFTP、AceFTP、BulletFTP、WS-FTP 等。

5．远程登录服务

远程登录服务又称为 Telnet 服务，是指用户使用 Telnet 命令，使自己的计算机暂时成为远程计算机的一个仿真终端的过程。

Telnet 允许一个用户通过 Internet 登录到一台计算机上，建立一个 TCP 连接，然后将用户从键盘输入的信息直接传递到远程计算机上，像用户是用连在远程计算机的本地键盘进行操作一样，同时还将远程计算机的输出回送到用户屏幕上。

远程登录服务采用的是典型的 C/S 工作模式。在远程登录过程中，用户终端采用用户终端的格式与本地客户机进程通信，远程主机采用远程系统的格式与远程服务器进程通信。

如果要使用 Telnet 功能，需要具备以下条件：首先，用户的计算机要有 Telnet 应用软件；其次，用户在远程计算机上有自己的用户账户，或者该远程计算机提供公开的用户账户。用户在使用 Telnet 命令进行远程登录时，应先在 Telnet 命令中给出对方计算机的主机名或 IP 地址，然后根据对方系统的询问，正确输入自己的用户名与密码。

小　　结

本章介绍了计算机网络的基本知识，主要内容如下。

（1）计算机网络的发展经历了联机系统阶段、网络互连阶段、标准化网络阶段及网络互连与高速网络阶段。

（2）计算机网络是利用通信设备和线路将地理位置分散的、具有独立功能的多个计算机连接起来，按照功能完善的网络软件进行数据通信，以实现网络中资源共享和信息传递的系统。

（3）计算机网络的分类方法很多。基于网络的内部设计的所有权分为开放网络和封闭网络，根据网络的作用范围可以将网络划分为广域网、城域网、接入网和局域网。按网络的交换功能，将网络划分为电路交换网、报文交换网和分组交换网。局域网络的典型拓扑结构有总线型、树型、星型、环型。局域网常见的有以太网、令牌网、FDDI 网、ATM、WLAN 等。

（4）服务模型用来规定信息和资源的共享方式。最常见的模型有终端网络模型、C/S 模型、P2P 网络模型。

（5）计算机网络的体系结构是计算机网络的层次结构及其协议的集合。层与层之间的功能有明显的界限，相邻层之间有接口标准。协议定义了在两个或多个通信实体之间交换的报文格式和顺序，以及在报文传输、接收或其他事件方面所采取的动作。两个典型的体系结构 ISO/OSI 和 TCP/IP。

（6）网络进行互连所在层次的不同，所用的互连设备也不同。常用的互连设备有中继器、网桥、路由器和网关。Internet 是最大的互联网。

（7）Internet 上的计算机或路由器的每个网络接口都有一个 IP 地址。IPv4 的 IP 地址由 32 位二进制组成，为了方便人类记忆和理解引入了域名。域名与 IP 地址之间的转换由 DNS 实现。

习 题

1. 计算机网络体系结构分层的目的是什么？如何理解层、接口和协议？

2. 计算机网络和分布式系统有什么区别？

3. 什么是 OSI 模型和 TCP/IP 模型，各分几层，每层的含义是什么？哪几层是点到点的通信方式、哪几层是端到端的通信？为什么是 TCP/IP 得到了广泛应用？

4. 计算机网络有哪几种分类方法？

5. LAN 常用的拓扑结构有哪几种？各有什么特点？

6. 常见局域网有哪几类？

7. 网络的连接设备有哪几类？有何区别？

8. TCP/IP 中，简述 IP、TCP、UDP、TELNET、FTP、HTTP、DNS、NAT 的含义及作用。

9. 解释 Email 地址 jt_xyz@hnu.cn 的组成。

10. 给出 IP 地址 202.197.96.18 的 32 位地址形式。

11. 分析这个 URL 的组成及每一部分的意义：

http://www.hnu.edu.cn/xueyuanyuxueke/xueyuanshezhi/2010-09-10/1295.htm

12. 个人用户可以通过哪些方式连接到 Internet？

13. 查阅资料理解 CSMA/CD（Carrier Sense Multiple Access with Collision Detect，即带冲突检测的载波监听多路访问协议）和 CSMA/CA（Carrier Sense Multiple Access with Collision Avoidance，即带冲突避免的载波监听多路访问协议），比较他们的异同和适应环境。

14. 你认为普通电脑（台式机或者笔记本电脑）的 Web 浏览器与智能手机的 Web 浏览器各有什么特点？试对比 Internet Explorer 与 UCWeb。

15. 查阅资料分析：IPv6 相比于 IPv4 到底有哪些优势，目前常用的 IPv6 网站有哪些，采用何种实现技术，重点关注哪些应用？

16. 网络技术和 WWW 服务的不断进步，使得以浏览器作为用户界面进行分布式计算成为可能，这种基于网络浏览器的分布式计算方式通常被称为 Web 计算（Web Computing）。作为一种新兴的网络计算方式，Web 计算是对分布式计算的一种扩展，它的出现最终将分布式计算扩展到 Internet 之上。Web 作为互联网最普遍的应用，成千上万的个人计算机通过它达到互通互访，这促使科学家们寄望 Web 计算来将无数闲散的 CPU 通过 Web 利用起来，以提供高效且廉价的计算。查阅资料了解 Web 计算的特点与优势，计算实现模式以及面临的挑战。

17. 网络安全是指网络系统的硬件、软件及其系统中的数据受到保护，不因偶然的或者恶意的原因而遭受到破坏、更改、泄露，系统连续可靠正常地运行，网络服务不中断。网络安全从其本质上来讲就是网络上的信息安全。从广义来说，凡是涉及到网络上信息的保密性、完整性、可用性、真实性和可控性的相关技术和理论都是网络安全的研究领域。网络安全是一门涉及计算机科学、网络技术、通信技术、密码技术、信息安全技术、应用数学、数论、信息论等多种学科的综合性学科。查阅资料了解网络安全的基本概念知识，并分析一个电子商务网站（如淘宝网）与一个大学的门户网站各自侧重和关注哪些具体的网络安全。

本章参考文献

[1] 赵欢. 计算机科学概论. 北京：人民邮电出版社，2004.

[2] 赵欢等. 大学信息技术基础. 北京：人民邮电出版社，2011.

[3] 赵欢，骆嘉伟，徐红云等. 大学计算机基础——计算机科学概论. 北京：人民邮电出版社，2007.

[4] Andrew S. Tanenbaum 著，潘爱民译. 计算机网络（第 4 版）. 北京：清华大学出版社，2004.

[5] James F. Kurose, Keith W. Ross 著，陈鸣译. 计算机网络——自顶向下方法（第 4 版）. 北京：机械工业出版社，2009.

第5章
算法

算法（Algorithm）是一个既陌生又熟悉的名词。说陌生是因为算法的概念是人们在长期的科学探索中不断总结和提炼出来的，以至于很长一段时间内，在科学上对其没有一个权威、确切的定义。说熟悉是因为我们从小就开始接触算法。例如，算数的四则运算法则是先乘除后加减，有括号的运算要优先，并且优先的顺序是从里往外；竖式的笔算方法、珠算口诀等都可以被称之为算法，也就是说，算法是按照一定的顺序和步骤一步一步的执行，最终能得出一个可验证的结果。

在中国古代的科学发展史上，可以找到不少与算法有关的实例，如计算圆周率的"割圆法"，计算多项式的值的"秦九韶法"，计算高阶等差级数求和问题的"垛积术"等。中国的古代数学实际上是一种算法的数学。

在现代，特别是计算机技术迅猛发展的时期，算法被用到了描述计算机的工作。研究表明，中国古代的数学体系着重在解方程，解决各式各样的问题，把计算的过程、计算的方法、步骤一一表述出来。为了解决各式各样的问题，提出各种计算方法步骤，这些方法和步骤就相当于现在的计算机算法。美国一位计算机数学大师说，计算机数学即是算法的数学。计算机可以解决很多实际问题，但计算机作为一个工具，本身不能解决任何实际问题，必须是由人来给出解决这些问题的算法步骤，将其变成计算机指令，通过计算机的运算来解决这些问题，因此，算法的研究是计算机科学的基础。

本章首先介绍算法的概念，然后讨论算法的表示，实际应用中常用的几种算法，然后将讨论算法的效率即执行的时间复杂度和空间复杂度。

5.1　算法的概念

5.1.1　概述

算法来自于 9 世纪阿拉伯数学家 al-Khwarizmi 的名字（比阿勒·霍瓦里松，见图 5.1），他生于公元 790 年，死于公元 840 年，al-Khwarizmi 于 825 年在数学上提出了算法这个概念。"算法"原为"algorism"，意思是阿拉伯数字的运算法则，在 18 世纪演变为"algorithm"。

算法演绎到现代，有了更多更深的含义，对算法的解释也有一些不同的理解。简单地说，算法就是解决问题的方法和步骤，对算法可以有如下理解。

图 5.1　al-Khwarizmi

（1）广义理解：算法是为完成一项任务所应当遵循的一步一步的、规则的、精确的、无歧义的描述，且它的总步数是有限的。

（2）狭义理解：算法是解决一个问题采取的方法和步骤的描述。

（3）从数学方面来理解：算法是一个由已知推求未知的运算过程。

（4）从计算机方面来理解：算法是指完成一个任务所需要的具体步骤和方法。亦即在给定初始状态或输入数据的情况下，经过计算机程序的有限次运算，能够得出所要求或期望的终止状态或输出数据。

例 5.1　我们来假设这样一种情况，有人要从我国的丹东到拉萨去，希望所花的时间和金钱最少，那么他可以怎样安排他的出行计划呢？也许你可以为他制定如下的步骤。

第 1 步：寻找列车时刻表。

第 2 步：在列车时刻表中寻找有无直接从丹东到拉萨的列车车次，如果有，直接乘坐这趟列车到拉萨，无需转车，任务完成。

第 3 步：如果没有，查找所有经过丹东的列车车次及停靠站点，记录下来。

第 4 步：查找所有到达拉萨的列车车次及停靠站点，记录下来。

第 5 步：比较第 3 步和第 4 步的记录中的停靠站点，看有没有重合的交叉点 T，这个交叉点就是从丹东到拉萨的中转车站（实际中可查到此时只有一个重合的交叉点：北京）。

第 6 步：一个从丹东到拉萨的出行方案出台，即先从丹东乘车到达北京，再从北京出发乘坐列车到达拉萨，如图 5.2 所示。

这种制定出行计划的方法可称之为寻找乘车路径的算法，例 5.1 的这个出行计划是针对列车出行方式来制定的，如果考虑到其他的出行方式，如乘坐飞机、汽车或者多种交通工具的交替使用等，我们还可以制定出更多的出行计划。值得注意的是，在例 5.1 中，假如出发地点不是丹东，而是其他城市，那么，这个算法的第 5

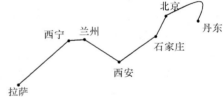

图 5.2　从丹东到拉萨的出行方案示意图

步中得到的重合交叉点 T 有可能不止一个，假定有 n 个，就意味着从出发地到拉萨的中转站就有 n 个，通过这 n 个中转站，可以构成 n 个从出发地到拉萨的出行方案。

通过这个例子，我们可以对算法有一个初步的认识和了解。总体来说，算法要解决的问题就是"做什么"和"怎么做"。

5.1.2　算法的定义

虽然算法的历史悠久，但是在我国 1980 年的《辞海》还没有收入"算法"一词。1988 年出版的《中国大百科全书（数学卷）》才有了莫绍揆先生撰稿的"算法"辞条，其中详细地分析了算法的主要特征如下。

（1）输入/输出的数据必须是由字母组成的有限符号串（如不能输入一条曲线）。

（2）算法的处理过程必须可以明确地分解成有限多个不能再分解的步骤（如不能把画无限多个点的曲线作为算法过程）。

（3）算法的继续进行和结束要有明确的条件加以规定。

（4）算法的变换规则必须是非常简单而机械，不依赖于使用者的聪明才智。

用以上 4 条来分析，算数中所做的四则运算，输入/输出都是字母（阿拉伯数字），计算规则都是按一定次序执行有限步，而且按这一步骤去做一定成功，无须技巧，到了最后一步，结果自然就出来了。显然，"四则运算"的过程符合上述 4 条规则。因此，"四则运算"是一种算法。

随着现代计算机技术的发展，计算机已经深入到各行各业甚至是人们的日常生活当中，如航天飞行技术、导弹发射技术、计算机图像识别技术、网络信息查询技术等，这些技术的发展离不开对其算法的研究，而计算机本身并不具备思维能力，计算机解决问题的过程只是在执行一系列的指令，因此，要使计算机通过执行一系列的指令来正确地完成某个任务，必须要有明确的算法来告诉计算机，让计算机明白怎么去做，于是，算法可以做如下定义。

算法是有限的、有序的、有效的计算机指令集合。计算机按照规定的顺序来执行这些指令，可以解决某个问题。

计算机算法也就是计算机解题的过程，可以通过计算机程序来实现，该程序要在有限步骤内使用一系列明确的规则来求解某一问题。在这个过程中，解题思路是推理实现的算法，编写程序是操作实现这个算法。

算法的思想不仅可用于数字计算，还可以广泛地描述许多操作过程。广义的算法在我们的学习、工作和日常生活中比比皆是，如各种实验的步骤、驾驶机动车的方法、菜肴的制作、旅游出行等，这些都是要按照一定的方法和步骤才能实现的，同时我们也应注意到这一点：完成某种任务的方法和步骤也可以是不一样的。也就是说，解决同样的问题，可以有不同的算法。

算法常常含有重复的步骤和一些比较或逻辑判断。如果一个算法有缺陷或不适合某个问题，执行这个算法将不能解决这个问题。计算机算法的优劣可以用空间复杂度与时间复杂度来衡量。寻求最优算法的标准是在能正确完成任务的同时，时间开销和空间开销都应该是最小，但实际上很难达到时间开销和空间开销都是最小，往往是寻求这两者之间的一个平衡点来获得最优算法，不同的算法可能用不同的时间、空间或效率来完成同样的任务。

在例 5.1 中提到的旅行出行计划中，如果是从内江到拉萨，那么，可供选择的中转站有 3 个：成都、重庆、广州。如果只允许中转一次，可选择的行驶路线有以下 3 种，如图 5.3 所示。

（1）内江—成都—广元—宝鸡—兰州—西宁—格尔木—那曲—拉萨。

（2）内江—重庆—广安—达州—西安—宝鸡—兰州—西宁—格尔木—那曲—拉萨。

（3）内江—广州—长沙—武昌—郑州—西安—兰州—西宁—格尔木—那曲—拉萨。

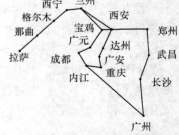

图 5.3　从内江到拉萨的出行方案示意图

那么选择哪个地点来作为中转站是最佳的选择呢？我们面临这个问题的时候，往往会从时间开销、金钱开销、旅途的舒适性等方面综合考虑，选择一个合适的中转站 S 来完成从内江到拉萨的旅行，在图 5.3 所示的线路中，如果我们希望时间开销最短，可选择成都作为中转车站，因此，从内江到成都，再从成都到拉萨，就是我们选择的最佳出行方案。

算法最重要的特性之一就是可行性，如果一个不可能实现的问题，要用算法来描述，注定是行不通的。例如，要求出一个最大的素数，由于不存在最大的素数，所以完成这条指令是不可能的。因此，任何包括这条指令的指令集都不能叫做算法。但如果把问题变成这样：求出不大于 M（M 为任意正整数）的最大素数，那么这个问题就可以通过算法来完成。

计算机中包含许多算法。如用来进行数制转换、检查和更改数据错误的算法，压缩和解压缩数据文件的算法，在多任务环境中控制分时的算法以及计算机网络协议中包含的各种算法等。

5.1.3　算法的基本性质

计算机对算法最基本的要求是算法必须是可以终结的过程。也就是说，算法的执行最终能够结束。如果达不到这个要求，就不能称之为算法。

由于要解决的问题千差万别，因此就有各种各样的算法。根据算法的定义，算法还应具有如下的一些性质。

1. 算法名称

为便于描述和交流需要给算法命名，但并不是所有的算法都有相应的名称。一些比较著名的、通用的算法都会有一个名称，因算法都是针对某一特定的问题提出的，一般情况下，人们就会将这个问题的名称或者算法思想作为算法名称，如寻找旅行路径算法；也有的以最早提出该算法的人名来为其算法命名，如秦九韶法、Prim 算法、Dijkstra 算法等。随着计算机技术和应用的不断深入，新的算法名称会不断地出现。

2. 输入

算法一般都应有一些输入的数据或初始条件，如例 5.1 中，所有经过丹东的列车的车次及沿途停靠站点、所有到达拉萨的列车车次及沿途停靠站点都应该是算法的输入数据，便于寻找他们的交叉点，即中转站。

3. 输出

每个算法都会有一个或多个输出，以反映对输入数据加工后的结果，没有输出的算法是毫无意义的。如例 5.1 中，所得到的出行路线就是算法的输出。

4. 有效性

算法的每一步都是可执行的，正确的算法原则上都能够精确地运行，而且人们用笔和纸做有限次运算后也是可以完成的。

5. 正确性

显然，算法的结果必须是正确的。在例 5.1 中，如果按照算法给出的结果不能到达拉萨，则该算法不具有正确性。

6. 有限性

任何算法必须在执行有限条指令后结束。在例 5.1 中，如果有多个中转站，同时又没有对中转次数做一个限定，那么在实际的算法中，就有可能出现无法终结的情况，也就是说有可能出现这种情况：这个人的旅行总是停留在不停的中转当中，永远到达不了他的目的地。有限性也要求问题的对象也必须是有限的，或者可以转化为有限的。

5.1.4　算法的基本结构

算法是一个有序的指令序列，这意味着算法中的每个步骤必须有定义完好的、顺序执行的结构。但这并不意味着这些步骤必须从第一步开始，然后执行第二步。

由于算法解决问题的复杂性，算法具有多种结构，常用算法结构如下。

1. 顺序结构

算法按照顺序，一步一步地执行，这是顺序结构，也是最常见的结构。

在我们的日常学习和生活中，存在许多顺序结构的算法，顺序结构的特点是：算法在执行过程中必须要按照规定好的先后顺序来执行，如化学实验、物理实验等，都属于顺序结构的算法。

例 5.2　我们来看一个古老的农夫过河的故事。从前，有 1 个农夫带着狼狗、山羊和萝卜去赶集，来到一个河边的渡口，如图 5.4 所示。这时他发现过河的小船除了能装下自己之外，只能再带两样东西过河，这使他有点犯愁。因为如果农夫不在场，狼狗会咬山羊，山羊会吃萝卜，但是狼狗不会吃萝卜。要怎样安排过河问题，才能使农夫、狼狗、山羊和萝卜都能安全的从河岸 A 到达河岸 B？这个问题可以采用顺序结构的算法。

图 5.4　农夫过河

第 1 步：农夫带着狼狗和山羊撑船从河岸 A 到达河岸 B（此时萝卜留在河岸 A）。

第 2 步：农夫带着山羊撑船从河岸 B 返回到河岸 A（此时狼狗留在河岸 B）。

第 3 步：从船上放下山羊，带着萝卜撑船从河岸 A 到达河岸 B（此时山羊留在河岸 A）。

第 4 步：将萝卜放到河岸 B，农夫撑船从河岸 B 返回到河岸 A（此时狼狗和萝卜在河岸 B）。

第 5 步：农夫带着山羊撑船从河岸 A 到达河岸 B。

第 6 步：农夫、狼狗、山羊和萝卜全部安全到达河岸 B，任务完成。

当然，上面列出的这个算法并不是唯一的，大家可以想一想还有哪些不同的算法可以完成这个任务。

2. 分支结构

算法的分支处有一个条件，如果满足条件，执行一组指令，否则，执行另外的指令。

例 5.3　商场购物问题。有些商家为了促销商品，吸引一些顾客成为其会员，在购买商品时，如果是会员，商品的价格会有一个折扣优惠，如果不是会员，商品价格保持原价。商场收银的算法就是一个分支结构。算法描述如下。

第 1 步：查验顾客是否为本商场会员。

第 2 步：如果该顾客是会员，则收取顾客所购商品价格的 90%（即商品打 9 折），如果该顾客不是会员，则该商品需原价买入。

第 3 步：收银结束。

3. 循环结构

有些指令或指令序列在一定的时间内需反复不停地执行，这样的算法结构称为循环结构。这些指令序列称之为循环体。

在循环结构中，循环体中的指令或指令序列在控制下被重复执行。循环结构根据控制方式不同，可分为如下两种。

（1）条件式的循环。这种形式的重复/循环结构只要满足一定的条件情况，就一直执行循环体中的内容，直到条件不满足为止。

例如，当教练员对运动员下达这样的指令：现在开始做俯卧撑，直到你体力不支为止。这时，运动员在执行这个任务就是条件式的循环。一般情况下，每个运动员的体力情况是不一样的，所以，每个运动员完成的俯卧撑的个数也会是不一样的。

（2）计数式的循环。这种循环给定执行的次数，当循环的次数达到给定的值时，循环结束。

例如，当教练员对运动员下达这样的指令：现在开始做俯卧撑，做完 100 个就可以休息。这时，运动员在执行这个任务就是计数式的循环。每个运动员完成的俯卧撑的个数也会是一样的，都必须完成 100 个俯卧撑才能休息。

4. 递归结构

简单地说，递归就是一个函数或过程在内部调用本函数或过程。

递归是计算机中常用的一种算法，在计算机程序设计、算法研究中有很多需要用递归算法来解决的问题，递归算法的优越性表现在算法描述简单明了，编写程序实现也较为方便，但还是有很多人认为递归算法是一种较难理解的结构，这是一种认识上的偏差，递归算法本身并不难理解，难的是我们没有认识它的本质，递归算法的一个很大的特性就是用该算法来描述所要解决的问题时，其数学模型上必须要满足如下两个基本规律。

（1）后一个问题是前一个问题的类似。

（2）后一个问题是前一个问题的简化。

任何问题只要能分解出这样的算法，就可以使用递归结构来描述。递归算法的描述并不复杂，而计算机在执行递归算法的时候有可能耗费的时间开销和空间开销比普通算法要大得多，但由于递归算法的描述简洁易懂，还是被广泛采用以解决各种问题。

需要注意的是，并不是所有的问题都能使用递归的算法来解决，使用递归算法时，必须要有一个明确的递归结束条件，使算法能够结束，而不至于陷入无限循环，造成系统紊乱。

例 5.4 计算 $n!$ 的值。

我们知道，$n!=n*(n-1)!$，如果 $(n-1)!$ 的值已知，则 $n!$ 的值只需一次乘法就够了。对于 $(n-1)!$ 的值，如果知道 $(n-2)!$ 的值，则也只需一次乘法，…，依此类推，计算 $n!$ 的值，就只需知道 $(n-1)!$，$(n-2)!$，…，$1!$ 的值，且有规定：$0!=1$，$1!=1$，如果用 Fac(n) 表示 $n!$，则用递归方法来计算 $n!$ 的算法可以描述如下。

如果 $n=0$ 或 $n=1$，则 Fac(n)=1，

否则 Fac(n)=$n*$Fac($n-1$)

注意，上述算法的最后一句，计算 $n!$ 是在已知 $(n-1)!$ 的值的基础上，而 $(n-1)!$ 的值并不知道，算法此时暂时停下来，转去计算 Fac($n-1$) 的值，如此重复上一个步骤，显然，每往下走一步都是上一步的类似（计算正整数的阶乘）；每往下走一步都是上一步的简化（数值越来越小），这样一步一步地，直到计算 $1!$ 的值为止。以 $n=4$ 为例，计算 $4!$，算法的执行过程如图 5.5 所示。

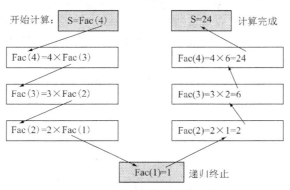

图 5.5 用递归算法计算阶乘

用递归结构解决具有递归性质的问题，使得用计算机解决问题变得更简单和优美。而且，递归使得编程人员和程序阅读者在概念上容易理解。我们来看看例 5.5。

例 5.5 汉诺塔问题。

在中东某地，有一座神庙，里面有三根柱子 A、B、C，在 A 柱上按大小依次放着 64 个中间

有孔的盘子，如图 5.6 所示，现在要将这 64 个盘子移到 C 柱上去，如图 5.7 所示，移动过程中，可以借助中间的 B 柱，规定每次只能移动一个盘子，且在盘子的移动过程中，大盘子只能在小盘子的下面，怎样才能以最少的移动步骤来完成这个任务？

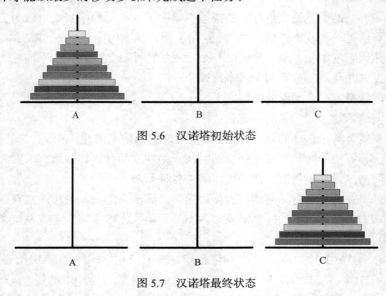

图 5.6　汉诺塔初始状态

图 5.7　汉诺塔最终状态

这个问题也可以用非递归算法来描述，但相对来说会要复杂一些，在本节先作为一个思考题，请大家考虑一下汉诺塔的非递归算法。在 5.2 节介绍算法的表示后，将在例 5.8 中给出该问题的递归算法描述。

5.2　算法的表示

任何算法都应该明确地描述出来，才能知道如何去解决问题，同时，算法描述代表了人们解决问题的思想和方法，因此，算法要有合适的载体予以表达，才能使阅读者清楚地了解其中的逻辑关系，发现和改正错误，提高算法的效率，算法描述也是人们交流解决问题方法的一种介质，有了算法的描述，才能够相互交流和研究。

算法描述可以用自然语言、流程图、伪代码 3 种方法来表示，对具体算法的描述可粗可细，以步骤描述清晰明了为基本原则。

5.2.1　自然语言

自然语言是指人们日常使用的语言，可以是汉语、英语或其他语言，用自然语言可以直接将算法步骤表述出来，使用自然语言表示算法通俗易懂，简单明了。

请看两个采用自然语言来描述的算法。

例 5.6　请写出这个问题的算法描述：给计算机输入两个数 a，b，请按大小顺序打印这两个数的值。

算法描述如下。

第 1 步：输入 a 和 b 的值。

第 2 步：如果 a 大于等于 b，则先打印 a，再打印 b；

否则，先打印 b，再打印 a。

第 3 步：算法结束。

例 5.7　请写出几何级数求和的算法描述：$sum=1+2+3+4+5+\cdots+(n-1)+n$。

算法描述如下。

第 1 步：给定一个正整数 n 的值。

第 2 步：设置一个变量 i，设其初始值为 1。

第 3 步：将 sum 的初始值设置为 0。

第 4 步：如果 i 小于等于 n，则执行第 5 步，否则执行第 8 步。

第 5 步：将 sum 的值加上 i 的值后，重新赋值给 sum。

第 6 步：将 i 的值加 1，重新赋值给 i。

第 7 步：执行第 4 步。

第 8 步：输出 sum 的值，算法结束。

从上面算法描述的求解过程中，我们不难发现，使用自然语言描述算法的方法虽然比较容易掌握，用自然语言来表达算法的这种方式，适合于逻辑结构简单，按顺序先后执行的问题，算法描述直接明了，基本上是按照问题的解决顺序来表述的，使用比较方便。但是存在着很大的缺陷，它要求算法设计人员必须对算法有非常清晰、准确的了解，而且具有较好的语言文字表达能力。否则，用自然语言来描述算法有时候还难于表达，或者容易产生歧义。

例如，当算法中含有多种分支或循环操作时，自然语言就很难表述清楚。语言中的语气和停顿的不同，也容易产生一些歧义，对"武松打死老虎"这句话，我们既可以理解为"武松打死了老虎"，又可以理解为"武松在打一只死老虎"。因为每一个人都有自己的语言风格，相同的算法可能会出现算法描述大不相同；由于语言的复杂性、语义的多义，有可能使得算法描述不够准确；另外，用自然语言表达的算法不便于相互比较、评判、改进、提高，同时也不便于交流。除非问题很简单，一般都不采用自然语言描述算法。

5.2.2　流程图

流程图由一些图形框和带箭头的线条组成，用流程图可以表示算法中描述的各种操作。这种方法简洁明了，表示出来的算法更容易转变成程序来实现算法的计算。

流程图又被称为框图。其中，框用来表示指令动作或指令序列或条件判断，箭头说明算法的走向，美国国家标准化协会 ANSI 规定了一些常用的流程图符号。

1. 开始/结束框图

开始/结束框图用两个半圆加两条平行线构成，一般每个算法只有一个开始/结束框。

如

开始　　　　　　结束

2. 处理框

处理框用长方形表示，表示执行算法的过程中需要处理的内容，里面是指令或指令序列，只有一个入口和一个出口。

如

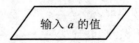

交换变量 *a*, *b* 的值

3. 输入/输出框

输入/输出框用平行四边形表示，代表算法执行过程中从外部获取的信息（数据输入），经过处理后的结果输出。

如

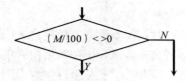

输入 *a* 的值

4. 判断框

判断框用菱形框表示，代表算法中的分支，里面是执行条件，角上箭头线表示条件满足与否后执行的指令或指令序列。

如

$(M/100) <> 0$

N

Y

5. 流程线

流程线用实心箭头表示。用来表明算法的处理流程，指向流程的方向。

如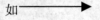

6. 连接点

连接点用中间带数字的小圆圈表示，当流程图在一个页面画不下的时候，常用它来表示相对应的连接处，如 ①。

流程图就是通过上面 6 种元素组合而成，这 6 种元素组成的流程图只包含如下 3 种结构。

（1）顺序结构流程图

由处理框和流程线组成，表示按顺序执行的处理流程，如图 5.8 所示。

（2）选择/分支结构

由判断框和流程线组成，表示要根据不同的条件，接下来进行不同的处理，图 5.9 所示为一种选择/分支的处理流程。

指令 1

指令 2

指令 3

图 5.8　顺序结构流程图

（3）循环结构

前面我们介绍了两种循环结构，一种是条件式的循环，另一种是计数式的循环，两种形式的循环结构流程图如图 5.10 所示。

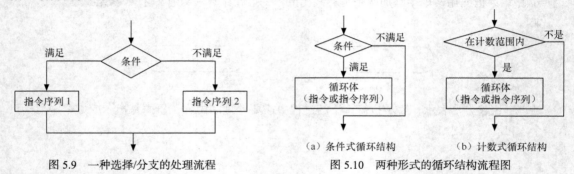

图 5.9　一种选择/分支的处理流程

（a）条件式循环结构　　（b）计数式循环结构

图 5.10　两种形式的循环结构流程图

流程图可以清晰地表示算法的执行过程，简单的流程图单元可以表示比较复杂的算法过程。例 5.1 算法的流程图表示如图 5.11 所示。

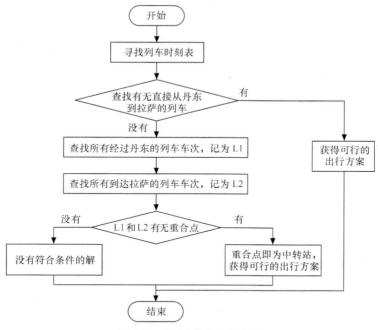

图 5.11　例 5.1 的算法流程图

流程图可以表达一种算法思想，因其直观的处理方案和流程，被广泛地应用于各种算法的描述，但流程图有一个缺点，就是在使用标准中没有规定流程线的用法，因为流程线代表算法中操作步骤的执行次序，能够进行任意的转移。在早期的程序设计中，曾经由于滥用流程线的转移而导致了可怕的"软件危机"，在整个软件业造成了较大的影响，并由此促使了程序设计方法学的发展，形成了一门新的学科——程序设计方法学。

5.2.3　伪码

伪码（又称伪代码）是另外一种算法描述方法，它是一种接近于计算机编程语言的算法描述方法，书写方便，格式紧凑，便于向计算机程序语言过渡。

伪码（Psudocode）类似于原语的英文表示，通过给定一些英文单词构成伪码的符号系统，按照特定的格式表达准确的算法意义。被称为伪码的另一个原因是它比较类似于计算机的程序语言，如类 Pascal。所以，人们可以很方便地将用伪码表示的算法改写成计算机的程序源代码。

通过伪码，算法可以被表述成定义明确的文本结构，且容易将伪码转换为程序设计语言。所以，在后面部分，我们一般用伪码表示算法。

根据算法结构，一些伪码符号如下。

1．算法名称

有两种伪码表示算法，一种是过程（Procedure），另一种是函数（Function），过程和函数的区别是：过程不返回数据，而函数返回数据，即过程一般是执行一系列的操作，并不需要将操作的结果返回，而函数是指执行一系列的操作后，要将操作的结果返回。例如，我们可以将汉诺塔算法设计成如下"过程"。

Procedure Hanoi_Tower (n, First, Second , Third)；

该过程 Hanoi_Tower 表示要将 First 上的 *n* 个盘子借助于 Second 移到 Third 上去，因为我们只需要这个过程去完成移动盘子的任务，并不需要其返回其他数据。而计算 *n*!，通常被设计成为如下"函数"。

Function Fac (n)；

因为我们需要通过这个函数的运算得到其计算结果。

关键字（即所用的英文单词，符号）Procedure 和 Function 后面跟写的是算法名称，如 Hanoi_Tower 算法，Fac 算法，后面可以带上括号（也可以不带），括号中的内容是算法中可能使用的数据，称为参数，关键字 Procedure 或 Function 在算法的最前面。

2．指令序列

指令序列如下所示。

　　Begin
　　　　指令序列
　　End

或者　{
　　　　指令序列
　　/}

用 Begin/End 或{/}括起来的指令序列是一个整体，可以当只有一个指令来看。

3．输出/输出

输入：Input

输出：Output 或 Return

4．分支选择

分支选择有如下两种情形。

（1）If　条件　Then 指令

如果满足条件，就执行后面的指令或用 Begin/End 或{/}括起来的指令序列，执行完再执行后续指令；否则，直接执行后续指令。

（2）If　条件　Then

　　指令 1

　　Else

　　指令 2

如果满足条件，就执行指令 1 所代表的指令或指令序列；否则，就执行指令 2 所代表的指令或指令序列。

5．赋值

赋值用:=或者←表示，表示将赋值号右边的值赋值给左边的变量，例如：

x:=x+1

y←x*x

6．循环

有两种循环方式，即计数式和条件式循环，表示如下。

（1）计数式循环

For 变量:=初值 To 终值

指令

循环将执行（终值-初值+1）次循环体内指令或指令序列。

（2）条件式循环

While (条件) do

指令

在满足条件的情况下执行指令或指令序列，一直到条件不被满足为止。

7．算法结束

关键字 End 后面加上算法名称，表示算法结束，是算法的最后一句。例如：

End Hanoi_Tower

End Fac

例 5.8　写出求解 $p=1\times3\times5\times\cdots\times n$ 的算法，假定 $0<=n<=13$。

该算法可以设计成为函数，用伪代码可这样描述其算法如下。

```
Function Multiple(n)
Begin
    Input n;
    i←1;                  /*为变量 i 赋初值 1*/
    p←1;                  /*为变量 p 赋初值 1*/
    while(i<=n) do        /*当变量 i <=n 时，执行下面的循环体语句*/
    {
      p←p*i;
      i←i+2;
/}
    Return p;
End Multiple
```

显然，这样的算法很容易转化成其他程序语言所写的程序，为算法的实现提供了方便。

8．子算法

子算法也是过程或函数，它是将一些常用的算法先写成过程或函数，再在新算法中调用这些已写好的过程或函数，调用时直接写上子算法的名称就可以实现。

例 5.9　计算用正整数相除表示的两分数之和 $\dfrac{A}{B}+\dfrac{C}{D}$，要求结果是最简分数。

因为中间多次用到求最大公约数，所以将求两个正整数的最大公约数的算法写为子算法。

```
Function GCD(m,n)
Begin
    a←m
    b←n
While (b<>0) do           /*条件 b≠0?*/
    {
        b←a mod b          /*将 a 除 b 的余数赋给 b*/
        a←b
    /}
    Return a;
End GCD
```

有了求两数的最大公约数的子算法，则计算 $\dfrac{A}{B}+\dfrac{C}{D}$ 的算法就可以通过调用该子算法而得以简化，其算法伪代码如下。

```
Function Sum(A,B,C,D)
Begin
    E←GCD(B,D)
    T1←B*D/E
    T2←(A*D+B*C)/E
    E←GCD(T1,T2)
    T1←T1/E
    T2←T2/E
    Return T1,T2
END Sum
```

9. 递归

递归是一种特殊的子算法。在递归子算法中，子算法的一部分自己调用自己（见图 5.12（a）），或者是在被调用的子算法中，调用了当前算法（见图 5.12（b））。每递归调用一次，算法的规模将减少，一直减少到可以直接移动盘子为止。这点对递归算法是很重要的，它确保算法是可以结束的。

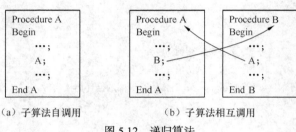

（a）子算法自调用　　　　　（b）子算法相互调用

图 5.12　递归算法

例 5.10　给出对例 5.5 提出的汉诺塔问题的算法描述。

如果我们将这 n 个盘子的上面的（n-1）个盘子看成一个整体，那么，可以通过如图 5.13 所示的方法来移动盘子。

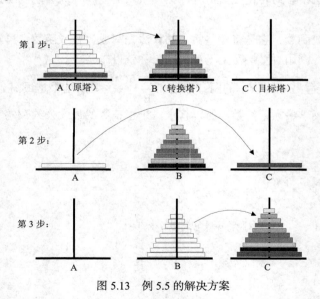

图 5.13　例 5.5 的解决方案

显然，从图 5.13 中不难看出如下问题。

第 1 步中的"将 A 塔上面的（n-1）个盘子借助于 C 塔移到转换塔 B"，可看成是原始问题的简化。

第 2 步可以直接将最大的盘子移动到目标塔 C。

第 3 步的"将 B 塔上的（n-1）个盘子移动到目的塔 C"，可看成是原始问题的类似。

在这里，第 1 步和第 3 步所执行的操作是类似的，算法中两次调用移动了（n-1）个盘子，移动的方法是一样的，每重复一次这样的操作，移动的盘子数就少一个，不断地重复这样的操作，需要移动的盘子数会越来越少，最终就可以实现问题的求解，这非常适合使用递归方法来描述其算法。下面是用伪代码描述的"将 n 个盘子从 A 塔借助于 B 塔移动到 C 塔上"的算法。

```
Procedure Hanoi_Tower(n, A, B, C)
Begin
    IF n=1 Then
        将盘子从 A 移动到 C;
ELSE
        Hanoi_Tower(n-1, A, C, B);
        将盘子从 A 移动到 C;
        Hanoi_Tower(n-1, B, A, C)
End Hanoi_Tower
```

显然，用递归的方法来描述汉诺塔问题，非常简洁，且易于实现，但随着盘子数量的增多，该算法所需的时间和空间的开销会比较大。

5.3 基 本 算 法

5.3.1 求和

求和算法是计算机科学中常用的一个典型算法。求和算法的思想是要用一个变量保存累加的结果，通常称这种变量为累加器，累加器的初值一般赋零值，通过循环将所有值相加。

假定 $A(1)$，$A(2)$，…，$A(n)$ 为需要求和的一组数，选一个变量 sum 作为累加器，求解 $A(1)+A(2)+A(3)+\cdots+A(n)$ 的算法如下。

```
Function Sum()
Begin
    Input A(1),A(2),A(3),…, A(n)
    sum:=0
    For i:=1 to n
        sum:=sum+A(i)
    Return sum
End Sum
```

例 5.11 计算 $\sum_{i-1}^{100} i$，请写出解决该问题的算法。

用 sum 作为累加器，伪代码表示的算法如下。

```
Function Sum()
Begin
    sum:=0
    For i:=1 to 100
        sum:=sum+i
    Return sum
End Sum
```

5.3.2 求积

另一个常用的算法是求一组数的乘积。求乘积算法的思想是要用一个变量保存累乘的结果，通常称这种变量为累乘器，累乘器的初值一般赋值为1，通过循环将所有值相乘。

假定 $A(1), A(2), \cdots, A(n)$ 为需要求积的一组数，选一个变量 product 作为累乘器，求解 $A(1) \times A(2) \times A(3) \times \cdots \times A(n)$ 的算法如下。

```
Function P()
Begin
    Input A(1),A(2),A(3),…,A(n)
    product:=1
    For i:=1 to n
        product:= product*A(i)
    Return product
End P
```

例 5.12 计算 $n!$。请写出求解该问题的算法。

用 product 作为累加器，伪代码表示的算法如下。

```
Function Fac()
Begin
    product:=1
    For i:=1 to n
        product:= product *i
    Return product
End Fac
```

5.3.3 求最大值和最小值

假定有一组数：$A(1)$，$A(2)$，$A(3)$，$\cdots$，$A(n)$，我们以求这组数中的最大值为例，来说明其算法思想。

任取其中的一个数作为最大值，通常是取第一个数作为最大值，通过循环将这个值与组内所有数逐个比较，如果组内有数 $A(i)$（$0 <= i <= n$）比当前最大值还要大，则取该数 $A(i)$ 作为新的最大值，循环结束即可得到这组数中的最大值。

同理，可得出求其中最小值的方法。

假定 $A(1)$，$A(2)$，$\cdots$，$A(n)$ 为一组数，用 max 表示其中的最大值、min 表示其中的最小值，求解算法如下。

```
Function Max_Min()
Begin
    Iuput A(1),…,A(n)
    max:=A(1)
    min:=A(1)
    For i:=2 to n
        {
            If A(i)>max Then max:=A(i)
            If A(i)<min Then min:=A(i)
        /}
    Return max,min
End Max_Min
```

5.3.4　排序

排序算法是计算机科学中一种常用并且非常重要的算法，排序是对一组数列按从小到大（或从大到小）的顺序排列，按从小到大排列称为"升序"，按从大到小排列称为"降序"，在很多应用场合都要用到计算机排序算法，如信息查找问题就要用到排序的方法。常用的排序方法很多，如冒泡排序、插入排序、快速排序、堆集排序、希尔排序、桶式排序、归并排序等，大多数排序算法在计算理论方面的书中都有详细深入的讨论，在此不赘述。

在本节中，我们将重点介绍两种排序算法，即冒泡排序和插入排序法。

1. 冒泡排序

冒泡排序是一种简单的交换排序。假设有一组数列：A(1)，A(1)，…，A(n)；现在需要将该数列按从小到大顺序进行排列，我们可以采用冒泡排序的方法来解决。冒泡排序算法的基本思想是：首先找出数列中的最小值，并将其交换到数列的最前面；然后是次最小值，交换到数列的第二……依此类推，通过循环控制将所有数按顺序交换到合适位置。

冒泡排序算法的伪码如下。

```
Procedure Bubble()
Begin
    Iuput:A(1),A(2),…,A(n)
    For i:=1 to n-1
    For j:=i+1 to n
        If A(i)>A(j) Then
            交换A(i)和A(j)的值
End Bubble
```

2. 插入排序

插入排序也是计算机常用的排序技术之一。对有 n 个元素数列：A(1)，A(1)，…，A(n)；进行排序，算法的基本思想是将排序列表：A(1)，A(1)，…，A(n)分为前后两部分：前部分是已排序的，后部分是未排序的。在每次排序过程中，将未排序子列表中的第一个元素取出，然后在已排序的子列表中寻找合适的位置，并将该数插入到该位置。通常，算法开始的时候，选数列中第一个元素作为前部分，其余的作为后部分，很显然，对于含有 n 个元素的数列，需要 $n-1$ 次排序。

现有一数列：A(1)，A(1)，…，A(n)，要求对其按升序重新进行排列，请写出用伪代码表示的插入排序算法。

```
Procedure Sort
Begin
    Iuput:A(1),A(2),…,A(n)
    For i:=2 to n
      For j:=1 to i-1
        If A(j) > A(i) Then
        {
            将A(i)插入到A(j)之前；
            结束本次循环，进入下一轮循环；
        /}
End Bubble
```

假设有这样的数列：48，39，45，16，40，50，37；用插入排序算法的实现过程，如图 5.14 所示。

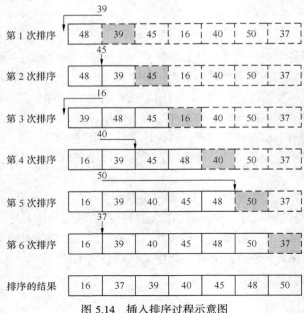

图 5.14　插入排序过程示意图

图 5.14 中已排序序列用实线框标识，未排序序列用虚线框标识，其第一个元素是当前正在插入排序的元素，用斜线底纹标识。该数列有 7 个元素，从图 5.14 可以明显看出经过了 6 次排序后即可得到的排序结果。

5.3.5　查找

查找（又称搜索）是计算机任务中的基本操作。

查找有点类似于查字典，如在字典中查某个字，可以知道这个字的意思和读音等。通过查找，可以取得某个数据在数据表中的位置，并进行处理。根据被查找的数据表的不同，有两种常见的查找方法，即顺序查找和二分查找。

1．顺序查找

顺序查找就是对数据表中的数据逐个进行比较，一直到查到指定数据项为止。这种方法容易实现，但效率低。顺序查找的流程图如图 5.15 所示。

2．二分查找

当数据表中数据记录较多时，顺序查找可能需要非常长的时间。

例如，如果有 1 000 000 条数据记录，而要查找的数据在比较后的位置，查找效率将很低，因为需要比较的数据接近 1 000 000。可以估计一下，最好的情况是比较 1 次就可以找到，最坏的情况需要比较 1 000 000 次，所以平均需要比较 500 000 次，这是非常惊人的数字。

为了提高在大数据量下的查找效率，往往首先将数据表排序，然后用二分查找的方法，这样可以大大提高查找速度。这也是为什么排序是计算机科学中的常见任务的原因之一。

二分查找只能针对有序表。其基本思想是：在要查找的数据段中，取中点数据与待查找数据比较，如果相等，则查找结束；如果待查找的数据比中点数据大，则不可能在前半部分，后面的查找区间只取后半段；反之，只取前半段。

假设要在 n 个数据项：A(1)，A(2)，…，A(n) 中查找是否有数据的值为 S，用二分查找的流程图如图 5.16 所示。

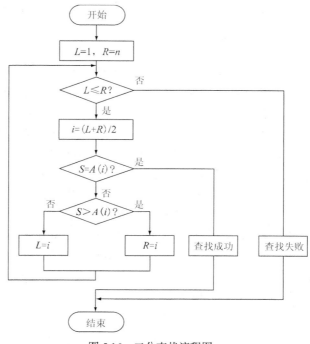

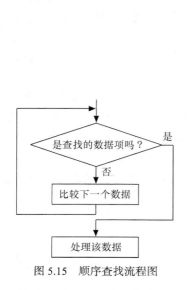

图 5.15　顺序查找流程图　　　　　　图 5.16　二分查找流程图

二分查找每次查找的区间缩短一半，因此，在最坏的情况下，也只需要 $\log_2 n+1$ 次查找。当有 1 000 000 条数据记录时，最多需要 $\log_2 1\,000\,000+1 \approx 21$ 次，时间大大地减少了。

5.4　算 法 效 率

解决同样的问题可以有不同的方法，因此可以得到不同的算法。虽然这些算法都能正确地解决问题，但它们之间是有区别的，如有的算法执行速度快，执行时间少，占用存储空间少，这样的算法我们称之为"好"的算法；反之，称之为"坏"的算法。算法分析是指通过分析得到算法所需时间和空间的估计量。算法的复杂度是指执行算法所需的时间和空间的量。本节介绍如何估计算法执行所需的时间与空间的问题。

5.4.1　算法的规模

算法的规模一般用字母 n 表示，表明算法数据范围的大小，如我们需要在人事档案中将某个人的档案找出来，那么所有档案的总数就是该算法的规模；当然从 10 个人的档案中查找与从 1 000 个人中的档案中查找所需的时间是不同的，进而可能影响查找的方法也不相同，甚至可能影响到使用某些方法不能够找出来。

所以算法分析首先需要确定算法的规模。下面我们通过几个例子来看如何确定算法的规模。

例 5.13　列出所有比 n 小的素数。其中 n 就是该问题的算法规模。

例 5.14　求正整数 m，n 的最大公约数，这里 m，n 中较小的数就是该问题的算法规模。

例 5.15　在全国范围内，求任意两个城市之间的铁路出行的路径，这里所有的车站数就是该问题的算法规模。

例 5.16　对由 n 个数组成的数列进行排序，这里的 n 就是该问题的算法规模。

5.4.2　时间复杂度

时间复杂度并不关心某个算法的具体执行时间，因为精确的时间估计是很困难的，与使用的计算机、操作系统、数据存储介质等都有关系，时间复杂度关心的是最耗费时间的指令的执行次数。示例如下。

例 5.17　求几何级数的和：$sum=1+2+\cdots+100$，这里最耗费时间的指令是加法，加法的次数是 99 次，而算法的规模 $n=100$，所以该问题的时间复杂度 $t(n)=n-1$。

例 5.18　用秦九韶法求多项式 $a_nx^n+a_{n-1}+\cdots+a_0$ 的值，可以将表达式写成为 $((a_nx+a_{n-1})x+a_{n-2})x+\cdots+a_1)x+a_0$，这里算法的规模是 n，执行了 n 次乘法和 n 次加法，一般认为乘法比加法需要更多时间，所以该问题的时间复杂度为 $t(n)=n$。

时间复杂度一般表示为 $t(n)=f(n)$（算法规模的函数）。

实际上，我们对求出时间复杂度的函数形式也不感兴趣，而更关心随算法规模增大时的时间增长率如何，这个时间的增长率，叫做阶，也就是随着规模增大，时间增加的最主要因素。如在例 5.16 中，$t(n)$ 的阶是 n 阶，记为 $t(n)=\Theta(n)$。

例 5.19　打印九九乘法表。

算法规模 $n=9$，因为乘法的可交换性，只需打印 $9+8+7+\cdots+1=45$ 项，时间复杂度 $t(n)=\dfrac{n(n+1)}{2}$，而 $t(n)$ 的阶记为 $t(n)=\Theta(n^2)$。因为随着 n 增加，主要的增长因素是 n^2。请注意，考虑时间复杂度的时候，常常只考虑最主要的增长率，在本例中，虽然 $t(n)=\dfrac{1}{2}n^2+\dfrac{1}{2}n$，因为 $\dfrac{1}{2}n$ 的增长率不如 $\dfrac{1}{2}n^2$，而且只考虑增长率的缘故，n^2 的常系数与 n 无关，可以将 $\dfrac{1}{2}n$ 忽略。所以 $t(n)=\Theta(n^2)$。

例 5.20　简单交换排序的时间复杂度是 $\Theta(n^2)$，插入排序的时间复杂度是 $\Theta(n\log_2 n)$，所以一般情况下插入排序比简单交换排序要快。

表 5.1 列出了一些常用的时间复杂度的阶，按照增长率从低到高排列。

表 5.1　　　　　　　　　　　常用时间复杂度的阶

函数形式	名称
$\Theta(1)$	常数
$\Theta(\lg n)$	对数
$\Theta(n)$	线性
$\Theta(n^2)$	平方
$\Theta(n^3)$	立方
$\Theta(n^m)$	幂（多项式）
$\Theta(m^n)\ \ m\geqslant 2$	指数
$\Theta(n!)$	阶乘

一般来说，若 $t(n)=f(n)\pm g(n)$，则 $t(n)$ 的阶是 $f(n)$ 和 $g(n)$ 中较高的。

顺序结构的时间复杂度是相加的，假设有两段时间复杂度分别为 $f(n)$ 和 $g(n)$ 的程序段，它们被顺序执行一次，程序结构如图 5.17 所示。总的时间复杂度是 $t(n)=f(n)+g(n)$。

若 $t(n) = f(n)*g(n)$ ，则 $t(n)$ 的阶是 $f(n)$ 的阶加上 $g(n)$ 的阶。

嵌套循环的时间复杂度是相乘的，假设有两段时间复杂度分别为 $f(n)$ 和 $g(n)$ 的程序段，它们是循环嵌套的关系，程序结构如图 5.18 所示。总的时间复杂度是 $t(n) = f(n) \times g(n)$ 。

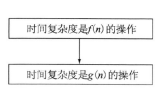

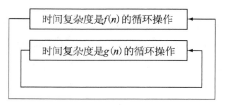

图 5.17　顺序结构时间复杂度示意图　　　　图 5.18　嵌套循环结构时间复杂度示意图

通常，当解决某个问题的算法的时间复杂度是用多项式表示时，那么意味着这个算法是比较好的算法，否则就是较坏的算法。如果某些问题虽然可以解决，但算法的时间复杂度太高，以至于不能用多项式表示。这类问题属于 NP 问题，比较著名的例子有旅行商（Traveling Salesperson）和哈密顿圈（Hamitonian Cycle）问题。

5.4.3　空间复杂度

早期的计算机存储单元（特别是内存）的容量小，而且价格昂贵，因此设计算法时，不仅需要考虑算法的时间复杂度，而且需要考虑其空间复杂度，尽量少使用存储空间，有时甚至牺牲算法的时间来换取空间复杂度的降低。现在，随着存储器的容量增加，价格下降，一般考虑算法的效率时已很少考虑其空间复杂度了。当然，很少考虑并不意味着不考虑，毕竟存储空间是有限的，而且在时间复杂度相同的情况下，少占存储空间的算法也是比较好的。

算法的空间复杂度 $s(n)=f(n)$ 也是一个与算法规模有关的函数，与时间复杂度一样，我们只关心空间复杂度的增长率，即空间复杂度的阶，此处不赘述。

小　　结

（1）算法是计算机科学的重要组成部分。作为计算机科学中非正式的定义，算法是按部就班解决某个问题的方法。具体到计算机科学中，算法是有限的、有序的、有效的计算机指令集合。

（2）算法有输入、输出，步骤有限，每一步都是有效的，一般来说每个算法都有一个算法名称。

（3）算法的结构有顺序结构、分支结构、循环结构和递归结构。

（4）算法可以用 3 种方式表示：原语、流程图和伪码。原语接近自然语言，有定义明确的语言基本块集合；流程图是算法图形化的表示。伪代码是算法的符号和结构化的原语表示。

（5）算法可分解成称为子算法的更小单元。递归算法包括算法本身，可以使得算法变得更简单和优美。

（6）求和、求积、求最大值和最小值、排序以及查找是一些常用算法。

（7）算法分析是指通过分析得到算法所需时间和空间的估计量。算法的复杂度是指执行算法所需的时间和空间的量。

习　　题

一、简答题

1. 算法的正式定义是什么？如何理解算法在计算机科学中的意义？

2. 流程图与算法有何关系？用流程图表示算法有什么优缺点？

3. 伪码与算法有何关系？用伪码表示算法有什么优缺点？

4. 算法有哪些结构？具体如何？

5. 汉诺塔的递归算法的时间复杂度是多少？

6. 用二分查找法查找 363，下列哪个序列不能用二分查找法查找？

（1）2，252，401，398，330，344，397，363

（2）924，220，911，244，898，258，362，363

（3）925，202，911，240，912，245，363

（4）2，219，266，363，382，387，399，911

7. 用简单交换排序和插入排序对上题的序列（2）进行排序，试写出排序的过程。

8. 用伪码表示求多项式的值的秦九韶法。

9. 插入排序中有查找过程（查找合适的插入位置），这里的查找应该采用顺序查找还是二分查找？为什么？

10. 两个算法的时间复杂度分别为 $t_1(n) = \dfrac{1}{1000}n^3 - 100n^2$ 和 $t_2(n) = 1001n^2$，哪个算法的时间复杂度高？

二、多项选择题

1. （　　）结构用于测试条件。

  A. 顺序　　　　B. 判断　　　　C. 循环　　　　D. 逻辑

2. （　　）是算法的图形化表示。

  A. 流程图　　　B. 结构图　　　C. 伪代码　　　D. 算法

3. 子算法又称为（　　）。

  A. 函数　　　　B. 子例程　　　C. 模块　　　　D. 以上都是

本章参考文献

[1] 王晓东. 算法设计与分析. 北京：清华大学出版社，2003.

[2] 百度百科. http://baike.baidu.com.

[3] TIOBE Software. http://www.tiobe.com.

第6章
程序设计语言

　　如果把计算机比作人的话，程序就是血液，没有程序，计算机将无法进行工作。计算机的程序都是通过程序设计语言来实现的。本章将对程序设计语言做一个简明的介绍，使大家对程序设计语言的发展历史、程序语言的分类、不同程序语言的特点、程序设计语言的共性及解决问题的方法有一个初步的了解，最后，介绍程序设计语言的研究热点和发展趋势。

6.1　程序设计语言概述

6.1.1　什么是程序语言

　　程序语言能够实现人与计算机的交流，指挥计算机进行复杂的工作。计算机的发展，离不开程序语言的作用，计算机最终是为人类服务的，如果把计算机比作一种"生命"，那么，人与计算机的对话就类似于一个人与外国人的对话，一个人要能够与外国人进行无障碍的交流，可以通过两条途径，一是学会外语，能够自由与外国人交流；二是利用懂得外语的人作为翻译，通过翻译与外国人进行交流。计算机是一种"机器"，早期人和计算机的交流是通过人向其发布电子信号指令，这种机器指令被称为"机器语言"，计算机接收到相关指令后执行相应的操作，这种方式是从机器的角度出发来考虑问题的，人为了要适应机器，需要学习机器语言，但是这种机器语言的复杂性一般普通人都不能轻易掌握，机器语言的表达方式不适合人类的思维习惯。

　　在20世纪40年代，德国科学家Konrad Zuse（1910～1995年）最早提出了用程序语言来指挥计算机工作的思想，Konrad Zuse在1941年完成的数字计算机Z3被公认为是世界上第一台机电式、程序控制的非存储程序计算机，在1998年8月召开的国际计算机历史大会上确认Konrad Zuse是最值得赞美的计算机先驱。Konrad Zuse如图6.1所示。

　　继Z3之后，Konrad Zuse于1945年完成了Z4计算机，并为其制定了程序语言 Plankalkul，这是第一个非冯·诺依曼式的高级程序语言，亦即第一个非存储式高级程序。

　　在Konrad Zuse进行了开创性的工作之后，计算机及其计算机使用的高级程序语言得到了迅速的发展。

图6.1　Konrad Zuse

6.1.2 程序语言的发展历史

计算机语言的发展是一个不断演化的过程，从第 1 个程序语言诞生直到现在，共有近 300 种程序语言出现，其中有一些程序语言因应用范围的限制，现在几乎不再使用，而有些程序语言因其功能强大，对计算机的影响重大，从它一诞生就一直流传到至今，现在仍然在发挥着巨大的作用，表 6.1 列出了从第 1 个程序语言诞生至今的一些主要程序语言的发展历史。

表 6.1　　　　主要程序语言的发展历史

序号	年代	程序语言名称	创建者	主要功能
1	1945	Plankalkul	Konrad Zuse	专用
2	1954	Logo	S.Papert	过程调用
3	1955	Kompiler	A. Kenton Elsworth, Livermore Laboratory	用于调控
4	1957	Fortran	John Backus, IBM	数值计算
5	1959	COBOL	G.Hopper	面向商业的通用
6	1960	APL	Kenneth Eugene Iverson	交互式程序设计语言
7	1960	Lisp/Scheme	John McCarthy	处理表
8	1962	APL	Kenneth Iverson	解释执行的计算机语言
9	1963	JOSS	J.Cliff Shaw	交互式语言
10	1966	SAS	America SAS constitute	统计分析，矩阵运算和绘图
11	1966	Logo	Seymour Papert，Wally Feurzeig	解释型语言
12	1967	MATLAB	The MathWorks	非过程语言
13	1968	Forth	Charles H. Moore	可扩展的，交互式的语言
14	1970	Pascal	Niklaus Wirth	结构化编程
15	1970	ML	Robin Milner	非纯函数式编程
16	1972	Prolog	Alain Colmerauer，Phillipe Roussel	逻辑编程
17	1972	C	Dennis M.Ritchie	通用
18	1972	Bash	Free Software FoundationFree software	命令语言、命令解释程序
19	1972	Smalltalk	Alan Kay，Xerox	面向对象的程序设计语言
20	1973	LabView	Jeff Kodosky	图形化的编程语言
21	1975	Transact-SQL	IBM	非过程化编程语言
22	1976	SMALLTALK	Alan Kay	面向对象的语言
23	1979	X-CON	aka RI	非过程语言
24	1980	Natural	Grosz Sparck Jones	过程化语言
25	1980	REXX	IBM	一种 OS/2（批次）格式语言
26	1980	C++	Bjarne Stroustrup, Bell Labs	面向对象编程语言
27	1980	FoxPro/xBase	Ashton-Tate company	完全结构化

续表

序号	年代	程序语言名称	创建者	主要功能
28	1980	Objective-C	Brad Cox（Stepstone）	面向对象的动态编程语言
29	1983	CL	Robin Milner	通用的函数式编程语言
30	1985	Postscript	Adobe	页面描述语言
31	1985	Lingo	LINDO	专用
32	1986	PL/SQL	ORACLE company	操作数据库
33	1986	Erlang	Ericssion	结构化，动态类型编程语言
34	1986	Awk	Alfred Aho,Peter Weinberger, Brian Kernighan	编程及数据处理
35	1987	ActionScript	Gary Grossman	面向对象的编程语言
36	1989	Python	Guido van Rossum	通用
37	1990	JavaScript	Netscape	网页增加互动性
38	1990	Haskell	Haskell Brooks Curry	纯函数式编程语言
39	1991	（Visual）Basic	Microsoft	事件驱动编程语言
40	1992	S-lang	John E. Davis	解释语言
41	1993	Ruby	Yukihiro Matsumoto	文本文件处理和进行系统管理任务
42	1993	Lua	Rio de Janeiro	通用脚本语言
43	1995	PHP	Rasmus Lerdorf	服务器脚本语言
44	1995	JAVA	James Gosling, Sun Microsystems	网络编程，电子商务，通信
45	1995	ColdFusion	Jeremy Allire	为 Web 应用程序的开发
46	1996	VBScript	Microsoft	脚本语言
47	1996	OCaml	Xavier Leroy, Jér ocircme Vouillon, Damien Doligez, Didier Rémy	函数式但同时兼有命令式和面向对象编程语音
48	1996	Delphi	formerly code-named Latte	可视化编程环境
49	2000	C#	Anders Hejlsberg	面向对象编程语言
50	2004	D	Walter Bright	通用

6.1.3　程序语言的分类

程序可以是指挥计算机工作的命令，要编写程序，就必须使用程序设计语言，程序设计语言根据预先定义好的规则，写出语句的集合，这些语句的集合就构成了程序。从 20 世纪 40 年代至今，程序设计语言有了很大的发展，从表 6.1 也可以看出程序语言的功能和作用是不尽相同的，按照人与机器的交互程度，程序语言可分为三大类：机器语言、汇编语言和高级语言。目前大部分的应用程序开发使用的都是高级语言。

表 6.2 列出了部分重要的程序设计语言的分类，从最初的面向机器的二进制机器语言到汇编语言（以助记符标识的符号语言），再到今天的类自然英语表示的高级语言，使得人们在设计计算

机程序时，已由原来的以机器为主变为现在的以解决问题为主，极大地推动了计算机在各行各业的应用。

表 6.2   程序设计语言的分类

年代	程序设计语言	范例	功能
1940～1950	机器语言	二进制编码	命令式
1950～1960	符号语言	Asm，Masm	命令式
	高级语言	Lisp,Scheme	表处理式
	高级语言	Fortran，COBOL 等	命令式
1960～1970	高级语言	Basic，C 等	命令式
1970～1980	高级语言	Pascal	命令式
		Prolog	逻辑式
		Smalltalk	面向对象
1980～1990	高级语言	Ada	命令式
		C++	面向对象
		Perl	命令式（服务器脚本语言）
1990～2000	高级语言	Java	面向对象
	高级语言	PHP	命令式（服务器脚本语言）
2000～	高级语言	C#	面向对象

6.1.4   机器语言

机器语言属于第一代计算机语言。是因为计算机的内部电路是由开关和其他电子器件组成，而这些器件只有两种状态，即开或关。一般情况下，"开"状态用 1 表示，"关"状态用 0 表示，计算机所使用的是由"0"和"1"组成的二进制数，二进制是计算机语言的基础。为了能与计算机交流，指挥计算机工作，人们必须学会用计算机语言与计算机进行交流，也就是要写出一串串由"0"和"1"组成的指令序列交由计算机执行，这种语言就是机器语言（又称面向机器的语言或低级语言），是计算机在发展早期唯一的程序设计语言，这种语言仅由"0"和"1"组成的二进制码构成。

机器语言是直接用二进制代码指令表达的计算机语言，指令是用"0"和"1"组成的一串代码，它们有一定的位数，并分成若干段，各段的编码表示不同的含义。例如，某台计算机字长为 16 位，即有 16 个二进制数组成一条指令或其他信息。16 个"0"和"1"可组成各种排列组合，通过线路变成电信号，让计算机执行各种不同的操作。如某种计算机的指令为10110110 00000000，它表示让计算机进行一次加法操作；而指令 10110101 00000000 则表示进行一次减法操作。它们的前八位表示操作码，而后八位表示地址码。从上面两条指令可以看出，它们只是在操作码中从左边第 0 位算起的第 6 位和第 7 位不同。这种机型可包含 256（=28）个不同的指令。

机器语言的特点是计算机可以直接识别，不需要进行任何翻译。每台机器的指令，其格式和代码所代表的含义都是硬性规定的，机器语言是严格的与机器有关，对不同型号的计算机来说机器语言一般是不同的。由于使用的是针对特定型号计算机的语言，因此，机器语言的运算效率是所有语言中最高的。

表 6.3　　　　　　　　　　　　　　　　一个机器语言程序

1	00000000	00000100	00000000	
2	01011110	00001100	11000010	0000000000000010
3		11101111	00010110	0000000000000101
4		11101111	10011110	0000000000001011
5	11111000	10101101	11011111	0000000000010010
6		01100010	10011111	0000000000010101
7	11101111	00000010	11111011	0000000000010111
8	11110100	10101101	11011111	0000000000011110
9	00000011	10100010	11011111	0000000000100001
10	11101111	00000010	11111011	0000000000100100
11	01111110	11110100	10101101	
12	11111000	10101110	11000101	0000000000101011
13	00000110	10100010	11111011	0000000000110001
14	11101111	00000010	11111011	0000000000110100
15	00000100	00000100		0000000000111101
16	00000100	00000100		0000000000111101

尽管机器语言对计算机的工作是快速和直接的，但是能使用机器语言的人是很少的，使用机器语言的人同时也必须要懂得计算机的工作原理,这对于大部分的非专业人员是件不可能的事情，机器语言的缺陷主要表现在以下几个方面。

（1）繁琐。大量繁杂琐碎的细节牵制着程序员，使他们不可能有更多的时间和精力去从事创造性的劳动，执行对他们来说更为重要的任务。如确保程序的正确性、高效性。

（2）可靠性差。编写程序要谨慎，特别是在程序有错误需要修改时，更是如此。程序员既要进行程序设计，又要深入每一个计算机的局部，直到实现的细节，即使智力超群的程序员也常常会顾此失彼，屡出差错，因此，所编出的程序可靠性差，且程序开发周期长。

（3）难以理解。由于用机器语言进行程序设计的思维和表达方式与人们的习惯大相径庭，只有经过较长时间职业训练的程序员才能胜任，使得程序设计曲高和寡。

（4）可读性差。因为它的书面形式全是由"0"和"1"组成的"密码"，可读性差，不便于交流与合作。

（5）可移植性差。由于每台计算机的指令系统往往各不相同，机器语言严重地依赖于具体的计算机，因此，在一台计算机上执行的程序，如果想要在另一台计算机上执行，必须重新编写程序，这势必造成了大量的重复工作。

这些弊端都造成当时的计算机应用未能迅速得到推广。

表 6.3 所示的是一个机器语言的程序，该程序将两个数相乘并输出计算结果。从表 6.3 可以看出，要掌握好机器语言，确实不是一件容易的事情。

6.1.5　汇编语言

汇编语言（Assembly Language）又称为符号语言，也是一种面向机器的程序语言，汇编语言是在 20 世纪 50 年代，由数学家 Grace Hopper 发明，在汇编语言中，使用助记符（Memoni）代替操作码，用地址符号（Symbol）或标号（Label）代替地址码。采用符号来代替机器语言的二进制码，把机器语言变成了汇编语言。汇编语言也是利用计算机所有硬件特性可以直接控制硬件的语言。

因为使用了助记符，用汇编语言编写的程序，机器不能直接识别，要由一种程序将汇编语言翻译成机器语言才能在机器上执行，这种起翻译作用的程序叫汇编（Assembler）程序，汇编程序的任务就是将助记符和地址符通过翻译而汇编出由操作码和操作数组成的机器指令，这种把汇编语言翻译成机器语言的过程称为汇编。

汇编语言相比机器语言易于读写、调试和修改，用汇编语言编写的程序同机器语言一样，具有目标代码简短，占用内存少，执行速度快等优点，可有效地访问、控制计算机的各种硬件设备，如磁盘、存储器、CPU、I/O 端口等。大约 70%以上的系统软件是用汇编语言编写的。但汇编语言仍依赖于具体的处理器体系结构，用汇编语言编写的程序并不能通用，因此，不能直接在不同处理器体系结构之间移植。

有了汇编语言，编写程序又有了很大的进步，不再使用机器语言中所使用的数字编码来代表操作码和操作数，汇编语言为各操作码分配了助记符。例如，助记符"LD"表示从寄存器中读取数据，"ST"表示将数据保存在寄存器。表 6.4 所示的是一个符号语言的程序，该程序将两个数相乘并输出计算结果。

表 6.4	一个符号语言程序

```
1   entry    main,  ^m<r2>
2   subl2    #12,sp
3   jsb      C$MAIN_ARGS
4   movab $CHAR_STRING_CON
5
6   pushal   -8（fp）
7   pushal   （r2）
8   calls    #2,read
9   pushal   -12（fp）
10  pushal   3（r2）
11  calls    #2,read
12  mull3    -8（fp）,-12（fp）,-
13  pusha    6（r2）
14  calls    #2,print
15  clrl               r0
16  ret
```

从表 6.4 可以看出，要掌握好汇编语言也不是一件容易的事，它要求程序员要熟知各种助记符与计算机硬件的关系，也是不容易被大多数人所掌握的。

我们来考虑这样一种情况：在房屋建筑中需要砖块、木材、玻璃、钢筋和水泥等原材料，可以将它比作机器码；在实际建筑中，还需要一个基于这些基本元素的描述（即设计），如房间大小、门窗尺寸等，可以将它比作符号语言；程序设计人员重点关注解决问题的算法而不应该是具体的实现细节。

值得注意的是，尽管汇编语言与机器语言相比，有较好的可读性，但用汇编语言编写的程序仍然依赖于机器，程序员还是要从机器语言的角度去思考问题，这对于解决问题仍然会带来一些局限。

6.1.6 高级语言

高级语言属于第三代程序设计语言。尽管汇编语言增强了程序的可读性，提高了编程效率，但由于汇编语言依赖于硬件体系，程序员仍然需要了解程序所使用的硬件，并且对每条指令都必须单独编码，且助记符量大难记，为了使程序员的注意力转移到以寻找最佳算法来解决问题的方面来，人们又发明了更加易用的程序语言，统称为高级语言。在高级语言下，其语法和结构更类似普通英文，远离对计算机硬件的直接操作，不必关心机器的具体实现，一般人经过学习之后都可以编写程序。

高级语言是一种比符号语言更自然的语义的集合，能适合于不同的机器，使用这些语义来编写程序，可以使程序员将精力集中在寻找解决问题的方法上，而不是计算机本身的复杂结构上，同时又摆脱了符号语言繁琐的细节，与符号语言相同的是：高级语言也必须被转化成机器语言，高级语言程序是通过一个翻译程序（称编译器）将其转化成机器语言的，这个转化过程称为编译。

最早的高级语言于 20 世纪 50 年代问世，如 FOTRAN（Formula Translator）语言，主要应用于科学计算和工程；还有 COBOL（Common Business-Oriented Language），主要应用于商业；接着陆续出现了许多高级语言，如 C 语言、C++、Java、Python 等，以适应更多的领域。表 6.5 和表 6.6 所示的是两个高级语言（Pascal 语言和 C 语言）程序的例子，该程序要求从键盘输入两个数，将两数相乘，其结果在屏幕上输出。

表 6.5　　　　　　　　　　　　　　　　Pascal 语言程序

```
PROGRAM TEMP（INPUT,OUTPUT）
{Reads two integers from keyboard and prints their result of multiple on screen.}
VAR
number1,number2,result：integer;
Begin
READLN（number1,number2）;
result:=number1*number2;
WRITELN（'result=',result）;
End.
```

通过表 6.5 和表 6.6 所示的程序，不难看出，对相同的问题，不同的程序语言有不同的描述，这种语言上的差别并不会影响到人们对问题的分析，相反，对有些问题，用什么程序语言来解决并不是最重要的，程序员可以选择他所熟悉和喜爱的语言来编写程序，或者根据应用程序的要求来选择采用哪种程序语言。

表 6.6　　　　　　　　　　　　　　　　C 语言程序

```
/* Reads two integers from keyboard and prints their result of multiple on screen.*/
#include<stdio.h>
main()
{
  int number1,number2,result;
  scanf（"%d%d",&number1,&number2）;
  result=number1*number2;
  printf（"result=%d\n", result）;
}
```

随着计算机的不断发展变化，高级语言也得到了迅速的发展，各种各样的高级语言层出不穷，通过优胜劣汰和演化，其中的一些优胜者得到广泛的应用和发展，比较著名的有 Fortran、COBOL、Basic、Pascal、Ada、C、C++和 Java 语言，随着网络的发展，一种更适合于网络应用的程序语言应运而生，如 PHP、Perl、JavaScript 等。同时，针对每一种不同的高级语言都有一个与之对应的翻译器。

6.2　高级程序语言的类型

6.2.1　常用高级程序语言

在众多的程序语言当中，有些程序语言因其功能简单、能解决的问题窄小，或因其能适应的计算机范围有限，渐渐地被人们淡忘，但有一些程序语言因其功能强大、能适应大部分的计算机，一直流传至今，有的还在不断的发展，以不断满足计算机发展的需要，目前世界上常用的程序语言有 50 多种，详见表 6.7。

表 6.7　　　　　　　　　　　　目前常用的程序语言

序号	程序语言	序号	程序语言	序号	程序语言	序号	程序语言	序号	程序语言	序号	程序语言
1	C	11	PL/SQL	21	Smalltalk	31	RPG	41	Haskell
2	C++	12	SAS	22	Transact-SQL	32	Bash	42	R
3	Java	13	Delphi	23	Ruby	33	Scheme	43	Haskell
4	Visual Basic	14	Objective-C	24	ActionScript	34	Tcl/Tk	44	Scala
5	PHP	15	COBOL	25	ABAP	35	ML	45	Scratch
6	Perl	16	MATLAB	26	Awk	36	Lua	46	Go
7	C#	17	Ada	27	Prolog	37	Forth	47	OCaml
8	Python	18	FoxPro/xBase	28	D	38	Visual Basic.net	48	Visual FoxPro
9	JavaScript	19	Lisp/Scheme	29	Logo	39	APL	49	Erlang
10	Fortran	20	Pascal	30	ColdFusion	40	VBScript	50	OpenGL

表 6.7 中的序号并不代表这些程序语言的使用排名情况，TIOBE 公司对全世界程序语言的使用每月有一个排名，表 6.8 为程序语言的使用排名在前 20 名的最新统计数据。

表 6.8　　　　　　程序语言的使用排名在前 20 名的统计（2013 年 7 月）

排名	程序语言	使用率	排名	程序语言	使用率
1	C	17.628%	11	Ruby	1.582%
2	Java	15.906%	12	Transact-SQL	1.568%
3	Objective-C	10.248%	13	Visual Basic.net	1.254%
4	C++	8.749%	14	PL/SQL	0.920%
5	PHP	7.186%	15	Lisp	0.868%
6	C#	6.212%	16	Pascal	0.792%
7	Visual Basic	4.336%	17	Delphi/Object Pascal	0.691%
8	Python	4.035%	18	MATLAB	0.680%
9	Perl	2.148%	19	Bash	0.622%
10	JavaScript	1.844%	20	Assembly	0.581%

几点说明：

（1）表 6.8 所示的排名统计方法是基于全球互联网上有经验的工程师、课程和第三方厂商的使用情况，排名使用著名的搜索引擎（例如：Google、Bing、Yahoo!、Wikipedia、Baidu 等）进行计算；

（2）排名并不是评价程序语言的"好"、"坏"程度，只是给出该程序语言的使用情况，反映出某个程序语言的热门程度；

（3）表 6.8 仅仅代表 2013 年 7 月 TIOBE 公司对程序语言的使用情况的一个统计数据，排名统计每月进行 1 次，每次统计的结果不尽相同；

（4）通过程序使用排行榜可以用来考察你的编程技能是否与时俱进，也可以在开发新系统时作为选择程序语言的依据。

（5）由于统计数据来源是有限的，并不能包含所有的程序语言的使用情况。

还有一些程序语言并没有进入该统计数据的前 20 名，但还是被许多用户广为接受并使用，如 Ada、SAS、Lua、R、ABAP、COBOL、Fortran 等。这些程序语言中，有的在计算机应用领域正发挥着较大的作用，通过表 6.7 和表 6.8 中的数据，可以使我们对当今程序语言的活跃状态有个大致的了解。

随着高级语言的出现和发展，计算机开辟了广泛的应用空间，现在程序员只要选择合适的程序设计语言，就可以解决他所想要解决的问题。在众多的高级语言中，每一种高级语言都有自己所擅长的方面，适合于不同的人，可以解决不同的问题。

按照程序的运行方式，还可将程序语言分成如图 6.2 所示的 5 大类。

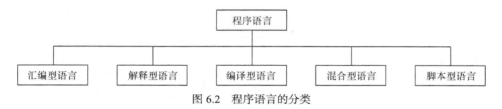

图 6.2　程序语言的分类

除汇编型语言外，其余 4 种程序语言均属于高级语言类型。有一些高级语言既是解释型语言又是编译型语言。

解释型语言的执行方式类似于我们日常生活中的"同声翻译"，应用程序在执行的时候，源代码一边由相应语言的解释器"翻译"成目标代码（机器语言），一边执行，因此效率比较低，而且不能生成可独立执行的可执行文件，应用程序不能脱离其解释器。这种执行方式比较灵活，可以动态地调整、修改应用程序。如 Basic、Perl、Python、Ruby 等，通常采用解释方式来实现，称为解释型语言。

编译型程序语言是指在应用源程序执行之前，就将程序源代码"翻译"成目标代码（机器语言），因此其目标程序可以脱离其语言环境独立执行，使用比较方便、效率较高。但应用程序一旦需要修改，必须先修改源代码，再重新编译生成新的目标文件（＊.OBJ）才能执行，只有目标文件而没有源代码，修改很不方便。现在大多数的编程语言都是编译型的，如 C、C++、Fortran、Pascal、Ada 等通常采用编译方式实现，称为编译型语言。

混合型程序语言是指那些介于解释和编译之间的语言，既可以解释执行又可以编译后执行的程序语言，或者是需要先编译，再解释运行的程序语言，如 Java、C#等属于混合型语言。

脚本语言实际上属于解释型语言，它以文本的方式存在，不需要编译，由解释器负责解释。脚本语言往往对应特定的技术框架，没有技术框架就不需要脚本语言，脚本语言用于组织（调用）技术框架内的各个子功能模块。如 HTML、JavaScript、VBScript、CSS、ASP、PHP、Perl、Xml

等均属于脚本语言。网页大多使用脚本语言。

另外，对高级语言的分类，还可按其基本类型、代系、实现方式、应用范围等分成不同的类。根据程序语言解决问题的方法及功能，可将计算机高级程序语言分为如图6.3所示的5大类。

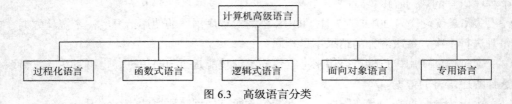

图 6.3　高级语言分类

6.2.2　过程化语言

过程化语言又称为命令式语言或强制性语言，它采用与计算机硬件执行程序相同的方法来执行程序，过程化语言的程序实际上是一套指令，这些指令从头到尾按一定的顺序执行，除非有其他指令强行控制。50多年来，过程化语言有了很大的发展。如Fortran、COBOL、Pascal、Basic、Ada、C等。

过程化语言要求程序员通过寻找解决问题的算法来进行程序设计，即将算法表示成命令的序列。过程化语言中的每条指令只能是如下两种情况中的一种。

（1）操作数据项。

（2）控制下一条要执行的指令。

每一条指令都是一个为完成特定任务而对计算机系统发出的命令。表6.9所示列出了几种常见的过程化语言的特点。

表 6.9　　　　　　　　　　　几种常见的过程化语言的特点

过程化语言	特点	适用领域
Fortran	高精度运算 复杂数据的处理能力 指数运算	科学计算和工程应用
COBOL	能快速访问，更新数据库 能生成大量报表 方便的格式化输出	商业领域
Pascal	结构化编程	学术界，应用软件
Ada	具有并行处理能力	大型计算机和工业领域
C	具有一些低级指令 简洁，高效 已被 ANSI 和 ISO 标准化	操作系统、系统软件、应用软件

需要说明的是，表6.9所示的这些高级语言在几十年的发展过程也形成一些不同的版本，另外，这些语言的适用领域也不完全是严格分开的，有些语言现在已适用于更宽的领域。

6.2.3　函数式语言

用函数式语言设计程序实际上就是将预先定义好的"黑盒"联结在一起，如图6.4所示，每一个"黑盒"都接收一定的输入并产生一定的输出，通过一系列输入到输出的映射，实现所要求的输入和输出的关系，"黑盒"又称为函数，这也是被称为函数式程序设计的原因。

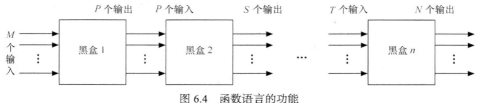

图 6.4　函数语言的功能

函数式语言可以实现如下两个功能。

（1）定义一系列基本函数，可供其他任何需要者调用。

（2）允许通过组合若干个基本函数来创建新的函数。

表 6.10 所示列出了几种常见的函数式语言的特点。

表 6.10　　　　　　　　　　　　　几种常见的函数式语言的特点

函数式语言	特点	适用领域
LISP/Scheme	受 λ 演算影响，语法语义极度精简	早期被用于人工智能处理，现多用于计算机科学教育
F#	基于微软.NET 语言提供运行环境	网络应用程序，数据处理程序
Erlang	能应对大规模并发活动的编程语言和运行环境	编写分布式应用程序
Haskell	纯函数式程序语言，没有函数副作用	多为学术界使用

LISP 和 Scheme 是函数式语言的代表，LISP 语言是 20 世纪 60 年代早期由麻省理工大学设计开发的，它把列表作为处理对象，把所有的一切都看成是列表。该语言没有统一标准，有多种不同的版本。到 20 世纪 70 年代，麻省理工大学开发了 Scheme 作为函数式语言的标准。Scheme 语言定义了一系列的基本函数。将函数和函数的输入列表写在括号内，其结果仍然是一个列表，该列表可作为另一个函数的输入列表。

例如，在 Scheme 语言中，函数 car 的作用是用来从列表中取出第一个元素，函数 cdr 的作用是用来从列表中取出除第一个元素以外的所有元素。如有列表 List：

List=4　9　12　42　35　47　26

则

（car（List））的结果为 4。

（cdr（List））的结果为 9　12　42　35　47　26。

如果要从 List 表中取出第 4 个元素，则可以通过下面的函数组合获得想要的结果。

（car（cdr（cdr（cdr List））））

6.2.4　逻辑式语言

逻辑式语言又称为声明式语言或说明性语言，它依据逻辑推理的原则回答查询，该语言解决问题的基本算法就是反复的进行归结和推理。构成语句的元素成为谓词（Predicate），逻辑式语言的理论基础是数字领域中的形式逻辑理论，因为该语言主要是基于事实的推理，系统要收集大量的事实描述，程序一般是针对特定的领域，所以比较适合用于人工智能这样特定的知识领域。比较著名的就是 Prolog 语言。

Prolog 语言是 20 世纪 70 年代在法国开发出来的，Prolog 系统中的程序全部是由事实和规则组成，程序员的工作就是开发事实和规则的集合，这个集合可以描述所知道的信息。

例如，描述海龟比蜗牛快的 Prolog 语句如下。

Faster（turtle,snail）

而描述兔子比海龟快的 Prolog 语句如下。

faster（rabbit,snail）

如果用户进行下面的询问：

?-faster（rabbit,snail）

则程序已有的事实进行推演，得出肯定的回答（YES）。

基于逻辑式语言的特点，要求程序员必须掌握和学习相关主题领域的知识，同时还应该掌握如何在逻辑上严谨地定义准则，才能使得程序可以进行推导并产生新的事实。

6.2.5 面向对象语言

用面向对象语言设计程序的方式与过程化语言设计程序的方法完全不同，在面向对象的语言中，每一个对象都包含了描述对象怎样反应不同刺激的过程，这个过程又称为操作。

用过程化语言编写程序时，对象与操作是完全分开的，程序中并不为对象定义任何操作，而是定义对象，并将操作应用于对象。

面向对象语言设计程序中的对象和操作是捆绑在一起使用的。程序员要先定义对象和对象允许的操作及对象的属性，然后通过对象调用这些操作去解决问题。这些问题主要表现在以下三个方面。

（1）改变对象自身的状态。

（2）改变其他对象的状态。

（3）改变系统的状态。

例如，考虑一个开发图形用户界面的系统，屏幕上的图标被实现为对象，这个对象包含了描述它怎样反应发生的各种事件的过程的集合，这些事件包括图标（对象）被鼠标单击选中，或者被鼠标在屏幕上拖动等。因此，整个系统就是对象的集合，每个对象都能反应一些特殊的事件。

从 20 世纪 70 年代以来，面向对象的程序设计语言有了很大的发展，比较典型的面向对象语言有 Smalltalk、C++、Java、C#等，它们之间相互各有一些特性。

表 6.11 所示列出了几种常见的面向对象的程序语言特点。

表 6.11　　　　　　　　　几种常见的面向对象程序语言的特点

面向对象语言	特点	适用领域
Smalltalk	较早的面向对象的程序设计语言，Smalltalk 中所有的东西都是对象	现已不再流行，但对于多种程序语言有深远影响，如 Objective-C 等
C++	支持过程化程序设计、数据抽象化、面向对象程序设计等。可编译至机器代码，执行效率高	底层应用程序，对性能较高的应用程序
Java	跨平台；程序编译至字节码在虚拟机中运行；具有自动内存垃圾回收功能	服务器应用程序，网络应用程序，手机应用程序（Android）
C#	基于微软.NET 语言提供运行环境	Windows 应用程序开发
Objective-C	基于 C 语言的面向对象程序设计语言，继承了 Smalltalk 的消息传递机制	iOS 应用程序开发

1．Smalltalk 语言

Smalltalk 语言是 20 世纪 70 年代开发出来的，它是一个纯面向对象的语言，并且是完全基于对象和消息概念的第一个计算机语言，它清晰的支持类、方法、消息和继承的概念。所有 Smalltalk 代码是由发送到对象的消息链组成。大量的预先定义的类使得这个系统有着强大的功能。

2．C++语言

C++语言是 20 世纪 80 年代由贝尔实验室在 C 语言的基础上开发出来的，它使用类作为一种新的自定义数据类型，类作为整体隶属于某个对象，程序员可以通过使用已有的类和定义新的类来建立自己的新系统。

3．Java 语言

Java 语言是 20 世纪 90 年代由 Sun 公司在 C 和 C++的基础上开发的，但它不具备 C++的多重继承，表现更健壮。与 C++语言不同的是，Java 语言是完全面向类的，在 C++中不需要定义类，也能解决问题，而 Java 语言中的每个数据项都属于一个类。Java 程序可以是能完全独立运行的执行文件，也可以是一种嵌入在 HTML 语言中的小程序（applet），这种小程序存储在服务器上，可以通过浏览器运行，也可以从服务器端下载到本地运行。

与 C++程序不一样，Java 程序可以是多线程的，也就是说，在 Java 程序中，允许几行代码同时执行，而 C++程序只允许单线程执行。

4．C#语言

C#语言是 2000 年由 Microsoft 公司开发的，从语言的角度出发，C#与 C++就像是亲兄弟，但是用 C#语言设计程序时，必须在微软开发的.NET 框架上。在 C#中，只允许单继承，没有全局变量，也没有全局函数。C#中所有过程和操作都必须封装在一个类中，C#更适合开发基于 Web 的应用程序。

还有一些既程序语言既支持面向对象程序设计，又支持面向过程的程序设计，如 Python、Ruby 等。

6.2.6　专用语言

近十几年来，随着 Internet 网络的发展，出现了一些更适合网络环境下的程序设计语言，这些语言或者属于上述的某一种类型的语言，或者属于上述多种类型混合的语言，适合于特殊的任务。如 HTML、PHP、Perl 和 SQL 等。

表 6.12 所示列出了几种常见的专用语言特点。

表 6.12　　几种常见的专用语言的特点

面向对象语言	特点	适用领域
HTML	标记式文本，一个文件表示一个网页	静态网页
Perl	主要适合于 UNIX 系统	Shell 编程，文本处理，动态网页
PHP	在服务器端运行，向客户端发送一个 HTML 网页	动态网页
SQL	不需要编写对数据库操作的算法	数据库查询

1．HTML

HTML（Hyper Text Markup Language）是一种超文本链接标记语言，它是由格式标记和超链接组成的伪语言，HTML 文件由文件头文本和标记组成，一个 HTML 文件就代表着一个网页，这个文件被存储在服务器端，可以通过浏览器访问或下载。浏览器会删去 HTML 文件中的标记，并将它们解释成格式指令或是链接到其他文件。表 6.13 所示为 HTML 语言的常用标记。

表 6.13 HTML 语言的常用标记

起始标记	终止标记	意义
<HTML>	</HTML>	定义 HTML 文档
<HRAD>	</HRAD>	定义文档头部分
<BODY>	</BODY>	定义文档主体部分
<TITLE>	</TITLE>	定义文档标题
<Hi>	</Hi>	定义不同的头部分（i 为整数）
<B>	</B>	黑体字
<I>	</I>	斜体字
<U>	</U>	下划线字
_		下标
[	]	上标
<CENTER>	</CENTER>	居中
 	</BR>	换行符
<OL>	</OL>	有序列表
<UL>	</UL>	无序列表
<LI>	</LI>	列表中的一项
<IMG>	</IMG>	定义图片
<A>	</A>	定义地址（超链接）

2．Perl

Perl（Practical Exlraction and Report Language）是一种解释性的语言，是 UNIX 操作系统中一个非常有用的工具。它有很强的字符串处理能力，能使程序方便的从字符串中提取所需的信息，轻松面对复杂的字符串处理。

3．PHP 语言

PHP（Hypertext Preprocessor）语言是一种脚本编程语言，它类似于 C 语言，来源于 C、Perl 和 Java，但不具备 Java 中的面向对象特征。PHP 程序是在服务器上运行，它的运行结果是向客户端输出一个 HTML 文件。PHP 语言的价值在于它是一个应用程序服务器。

4．SQL

SQL（Structured Query Language）是美国国家标准协会（ANSI）和国际标准组织（ISO）用于关系数据库的结构化查询语言，SQL 是一种描述性语言而不是过程化语言，程序员在程序中可直接用 SQL 语言描述对数据的操作，不需要编写对数据库操作的算法。

6.3 程序设计的基本概念

在本书中，我们并不针对某一特定的语言进行介绍，而是试图通过描述过程化程序设计语言和面向对象程序设计语言所具有的一些共性，使大家对程序设计语言的基本特性有一个初步的了解，用一种更广阔的视角去认识程序设计语言的结构。

与自然语言类似，不同的程序设计语言解决相同问题的时候，文字描述会稍有不同，但语法结构是大致相同的。过程化语言程序和面向对象语言程序有一个最基本的共性，那就是构成程序的单元实际上都是简单的过程化语言程序。

一般地，过程化语言的语句分为三大类，即声明语句，命令语句和注释语句。

（1）声明语句（Declarative Statement）

声明语句的作用是定义在程序中使用的需要自定义的内容，这些内容通常有标识符、变量、常量以及函数或过程。

（2）命令语句（Imperative Statement）

命令语句的作用是描述算法的步骤。

（3）注释语句（Comment）

注释语句是以比较自然的语言方式来解释程序中的功能或语句算法的作用，可以提高程序的可读性，注释语句的好坏并不会影响程序的执行。

6.3.1　标识符

大多数的程序语言都具有标识符，标识符主要用来给程序中的数据和其他对象命名，计算机通过标识符与地址的联系来操作数据，程序员只需要通过对标识符的使用来达到对数据的操作。

不同的程序设计语言对标识符的规定会有不同的形式，任何标识符都不应与系统的保留字或关键字相同，以免造成混乱。表 6.14 列出了几种常用程序语言标识符的规定。

表 6.14　　　　　　　　　　常见的标识符规定

语言	标识符规定	正确的标识符	错误的标识符
C	以英文字母开头，后可接字母数字或下划线的任意组合，字符个数不能超过 31 个	stu_No、Number3	_stu_No、stu.no、3number
Fortran	以英文字母开头，后可接字母或数字的组合，字符个数不能超过 6 个	xyz7、ab8c、Total12	7xyz,AB_t、total123、ab.c
Pascal	以英文字母开头，后可接字母或数字的任意组合，字符个数不能超过 63 个	xtable8、Apple	9xtable8、Apple_x
Basic	以英文字母开头，后可接字母、数字或小数点的任意组合，字符个数不能超过 40 个	Exp5、team.3	4game、_abc

6.3.2　变量与数据类型

程序语言中的变量是用来保存数值的，每一个变量都属于一种数据类型，变量和数据类型就好比是物品和容器的关系，不同的容器可以装不同的物品，不同的容器能装物品的多少也是不同的，因此，不同数据类型的变量，其取值范围也是不同的。一般程序语言都会提供几种不同的数据类型，以满足程序设计的要求。

1．变量

在高级语言中，用标识符作为描述性的名字来代替存储地址，不必再使用二进制数，极大地提高了程序的可读性，这样的名字称为变量。在程序的执行过程中，改变了某个变量的值，就意味着改变了某个地址中的值。

2. 数据类型

数据类型决定了数据的编码方式，数据可执行的操作以及数据的取值范围，一般的程序设计语言都包含有表 6.15 所示的基本数据类型。

表 6.15 基本数据类型

数据类型 语言	整型	单精度浮点型	双精度浮点型	字符型
C	int	float	double	char
Fortran	INTEGER	REAL	DOUBLE PRECITION	CHARACTER
Pascal	INTEGER	REAL		CHAR
Basic	<变量名>%	<变量名>!	<变量名>#	<变量名>$

表 6.15 中所示的数据类型在机器中所占用的内存空间的大小取决于机器及对他们的实现方法。例如，一个 32 位的机器，有一种实现是将 C 语言的整型长度定为 16 位，另有一种实现是将 C 语言的整型长度定为 32 位。数据类型的长度限制了程序对数据的操作，因为一种数据类型的长度决定了该类型变量的取值范围和对该变量所允许的操作和运算。

对大部分高级程序语言而言，任何变量在使用前都必须为其指定数据类型，以确定这些变量的取值范围和允许的操作。

对于每一种具体的语言，表 6.15 所示的基本数据类型会有一些更进一步的分类，并且还会有一些其他的数据类型，在此我们不一一介绍。

将变量指定为某种数据类型的语句称为变量声明语句，表 6.16 列出了几种相同变量在不同语言中的声明语句的形式。

表 6.16 变量的声明形式

语言	变量声明语句
C	float length，width; int Tax，Total; char Symbol;
Fortran	REAL Length，width INTEGER Tax，Total CHARACTER Symbol
Pascal	var Length，width: real; Tax，Total: integer; Symbol: char;
Basic	number% price! name$

6.3.3 常量和文字

常量指在程序执行过程中不能更改的数据，有时候程序中要多次使用到一个不变的数值，如 PI（3.14159），常量在程序中常常以文字常量或命名常量的形式出现。

1. 文字常量

文字常量简称文字，它是直接以数字的形式出现在程序中，例如，可以使用如下伪代码来描述圆面积的计算和圆周长的计算。

　　Area←3.14159*Radius*Radius

　　Circle←2*3.14159*Radius

表达式中的值 2 和值 3.14159 就是文字常量。

通常，在程序中使用文字常量不是良好的编程习惯，因为文字常量有可能掩盖了包含文字常量的语言的真实含义，例如，对于如下表达式：

Height←Height+3000

我们也许不知道文字常量 3 000 代表什么，这不利于正确的理解程序，另外，文字常量在程序中的出现会使得程序的修改工作变得复杂，因为也许有些文字常量需要修改，而有些不需要修改。为了解决这样的问题，通常采用命名常量来描述这些数值。

2. 命名常量

命名常量简称为常量（Constant），它是存储在内存中的值，程序语言为这个存储在内存中的值用标识符分配一个描述性的的名字，程序中使用到了这个标识符的地方实际上就使用到了存储在内存中的值。

例如，在 C 语言中，我们可以这样来定义一个常量：

float　const　PI=3.14159;

int　const　up=3000;

这样，语句

Area←PI*Radius*Radius

Height←Height+up

就有着更好的可读性，修改程序也很方便。

6.3.4　表达式和赋值语句

程序语言中的表达式由一系列操作数和运算符组合构成，表达式的结果为一个具体的值。通常操作数是由变量或表达式的结果来表示的，运算符是由程序语言规定的，代表特定的含义。大部分语言都具有以下 4 种运算符。

（1）算术运算符：用于将计算结果的值赋给某个变量。

（2）关系运算符：用于比较两个数据的大小，关系运算符的结果只有两个：真（True）和假（False）。

（3）逻辑运算符：逻辑运算符的结果仍为逻辑值：真（True）或假（False）。

（4）赋值运算符：用于更改变量的值，一般情况下是将表达式的结果替换变量原来的值。表6.17～表 6.20 列出了几种常用语言的运算符。

表 6.17　　　　算术运算符

运算符　　语言	加	减	乘	除（商）	除（整除取余）	自增	自减
C	+	−	*	/（若整数相除，取整）	%	++	− −
Fortran	+	−	*	/	无	无	无
Pascal	+	−	*	/（两数相除）div（整数相除取整）	mod	无	无
Basic	+	−	*	/（两数相除）\（整数相除取整）	MOD	无	无

表 6.18   关系运算符

语言 　　　　　　　逻辑运算符	小于	小于等于	大于	大于等于	等于	不等于
C	<	<=	>	>=	==	!=
Fortran	.LT.	.LE.	.GT.	.GE.	.EQ.	.NE.
Pascal	<	<=	>	>=	=	<>
Basic	<	<=或=<	>	>=或=>	=	<>或><

表 6.19   逻辑运算符

语言 　　　　　　　逻辑运算符	非	与	或
C	!	&&	||
Fortran	.NOT.	.AND.	.OR.
Pascal	NOT	AND	OR
Basic	NOT	AND	OR

表 6.20   赋值运算符

语言 　　　　　　　逻辑运算符	赋值运算符
C	=
Fortran	=
Pascal	： =
Basic	=

关系运算符和逻辑运算符主要用于比较和判断，赋值语句主要用于将变量或表达式的结果赋给另一个变量。以 C 语言为例，下面的语句都是正确的赋值语句。

```
Height=length+length*ALT;
Total=Total+number;
```

6.3.5 控制语句

通常，程序是按照语句的先后顺序执行的，我们把这样的语句组合称为顺序结构。控制语句（Control Statement）是一种可以改变程序中语句执行顺序的语句，对大多数过程化语言和面向对象语言，程序的控制语句主要有分支语句和循环语句，这些语句的表述随着语言的不同会略有不同，但控制语句的算法是一致的，一般地，控制语句可采用结构流程图来描述，这种控制结构流程图并不依赖于具体的语言。流程图在第 4 章已做过介绍，此处不赘述。

1. 分支结构

分支结构主要是对关系表达式或逻辑表达式的值进行判断，依据表达式的不同结果，作出相应的选择。分支结构一般有两种：if～else 分支结构和 switch 分支结构，图 6.5 所示为 if～else 分支结构流程图，图 6.6 所示为 switch 分支结构流程图。

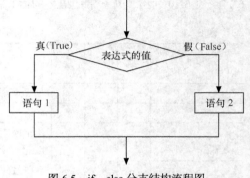

图 6.5   if～else 分支结构流程图

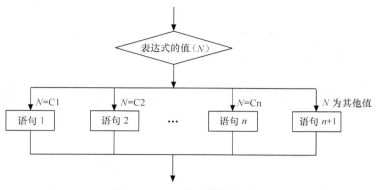

图 6.6　switch 分支结构流程图

　　这两种基本的分支结构在具体的程序语句中都还可以演化出一些其他的表现形式，如结构中的语句也可以是另一个控制语句等，在此不详细叙述，大家可以在今后学习某种程序设计语言的时候再详细的了解。

2．循环结构

　　循环结构就是使程序循环的执行某些语句，直到特定的条件出现而终止循环，与分支结构相同，大多数程序语言都具有循环结构，这些循环结构有不同的表现形式，如 for 循环、while 循环（当型循环）和 do～while 循环（直到型循环），图 6.7～图 6.9 所示为这三种循环结构的流程图。

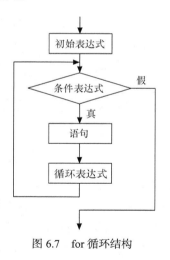

图 6.7　for 循环结构

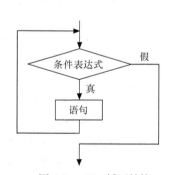

图 6.8　while 循环结构

　　这些循环结构表达的是一种算法思想，在具体的程序语言中，语句的描述会稍有差异，但并不影响结构的描述。例如，在 C 语言中，计算 1+2+3+…100 的值，for 结构的语句可以这样描述：

```
for(i=1;i<=100;i++)
    sum=sum+i;
```

而 Pascal 是这样描述的：

```
for i:=1 to 100 do
begin
    sum=sum+i
    end;
```

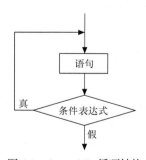

图 6.9　do～while 循环结构

3. 强制转移语句

强制转移语句是一种强命令型语句，所有的程序语言都采用 goto 这样的的语句来实现，它要求程序的指令无条件的转移到 goto 所指的地方，继续往下执行。语句的一般形式如下。

goto （语句标号）

虽然 goto 语句给程序的执行带来方便，但它会降低程序的可读性，如果滥用有可能导致程序发生严重的错误，因此，引起了人们极大的关注并产生很大的争议，请看下面这样的程序：

```
    goto b20
b10  <语句1>
    goto b40
b20  if（count<number）
    goto b30
    goto b10
b30  <语句2>
b40  …
```

相信每一个人都不会愿意阅读这样的程序，它错综复杂的转向，会干扰人们对问题的理解，不利于问题的解决，如果对程序要作一些修改以适应新的需要，就会面临较大的困难，稍有不慎，就有可能发生严重的错误。其实上面这段程序的 C 语言描述仅仅只需如下一个分支语句即可。

```
if（count<number）
  <语句2>;
 else
  <语句1>;
```

人们在阅读这种 if 结构语句的时候，很容易理解它的含义。多年来，程序员已达成一致共识，在高级语言中，谨慎使用 goto 语句，尽量少用或不用 goto 语句，以免发生一些不可预知的错误。需要注意的是，goto 语句也不是绝对不能使用，如要从一个嵌套得很深的结构层次中跳出时，goto 语句能够起到事半功倍的作用。

事实上，计算机程序设计语言只需要通过顺序结构、分支结构和循环结构的适当组合就可以解决所有算法描述的问题。

6.3.6 注释

注释（Comment）是一个程序必不可少的，注释的目的就是解释程序，为阅读程序提供额外的信息，帮助对程序的理解，从机器的角度来看，程序中的注释存在与否都不影响程序的执行。

在不同的程序语言中，注释的符号不尽相同，表 6.21 所示为几种常见语言中的注释符号。

表6.21　　　　　　　　　　几种常见语言中的注释符号

程序语言	注释符号
C	/*<注释信息>*/
Fortran	① *（放在行的第一列）<注释信息> ② C（标号区的第一列）<注释信息> ③ 每一行的注解区（第73～80列）
Pascal	① {　　<注释信息>　　} ② （*　　<注释信息>　　*）
Basic	① '<注释信息> ② rem　<注释信息>

　　注释在程序中的位置可以分散在语句的后面，也可以集中在程序的开头部分，具体放在程序中的什么位置，没有严格的要求。但分散在程序之中的注释有时会影响到人们跟踪程序的流程，使得理解程序比没有注释还要困难。一种良好的注释风格是将注释与某个程序单元相对应，即将注释放在该程序单元的起始位置，注释信息为对该程序单元的功能说明，这样有利于提高程序的可读性，同时也保持了程序的一般性。

6.4　程　序　单　元

　　一个程序往往是由许多具有独立功能的程序单元组成的，这种具有独立功能的程序单元被称为过程或函数，过程和函数是过程化语言实现程序模块化描述的基本技术，在面向对象的语言中，过程是描述对象如何响应外部激励的工具。

　　不同的程序语言对过程和函数会有一些不同的称呼，Fortran 语言统称为过程（可分为子例程子程序和函数子程序两种）；C 语言统称为函数；Pascal 语言分别称为过程和函数。

6.4.1　过程

　　通常，过程就是一些指令的集合，这些指令又是由一些顺序语句、分支语句或循环语句这样的简单结构组成，这些指令作为一个整体程序单元供其他程序单元使用，来完成所要解决的问题。

　　在程序中，当请求一个过程提供服务的时候，程序的控制权就会交给过程，由过程中的程序语句来完成服务。通常将请求过程提供服务的语句称为过程调用（或简称调用），当过程执行完毕之后，程序将控制权交回到过程调用处，继续执行下面的指令。图 6.10 所示为程序中过程调用的控制流。

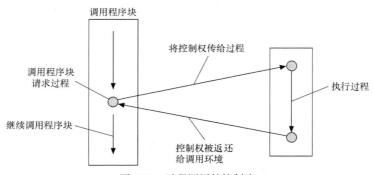

图 6.10　过程调用的控制流

　　总之，过程就是程序的缩影，过程中也可以包含变量声明、过程调用、分支语句和循环语句。在程序语言中，过程的开始是以过程名来定义的，过程名代表了过程的头部。过程的调用也是通过过程名来实现的，过程名的命名规则与标识符是相同的，但建议根据过程的功能来确定过程名，一般采用动词作为过程名，这样可以提高程序的可读性。

6.4.2　参数

　　过程通常是具有某一通用功能的程序单元，因此，在过程中会出现一些通用数据，这些数据只有在过程被调用时才被确定，我们把过程中出现的这些通用项称为参数（Parameter）。调用过程时，为这些参数传递真实的数据。出现在过程中的参数称为形参（Formal Parameter）；调用过程时，传递给形参的数据称为实参（Actual Parameter）。形参实际上是过程的变量，但这些变量只有在过程被执行时才被赋值。

通常，程序语言要求在过程头部的括号中列出所有的形参，过程调用时，实参也是在过程头部的括号中出现，当不止一个参数的时候，实参要严格按照形参的数据类型和前后顺序进行数据传递。下面是用 C 语言描述的一个过程实例程序，该过程的作用是将一个浮点数压入到值栈中。

```
void push(float f)
{
    if(sp<Max)
        val[sp++]=f;
    else
        print("Error! Stack Full\n");
```

在上述过程中，push 称为函数名（也就是过程头部），括号中的 f 为形参，形参的类型为单精度浮点型。如果我们要将一个浮点数压入栈，只需要在程序中用如下语句调用这个过程即可。

```
push(13.8);
```

或

```
push(x);
```

这样就可将实参的数值传递给形参 f。注意，语句中的 x 应为浮点型的变量，并在该语句之前已被赋值。

对于大多数程序语言而言，参数的传递有两种方式，即按值传递和按引用传递。

按值传递时，是将实参的副本作为局部变量传递给形参。这种传递数据的方式能够确保实参变量的值不发生改变，即使形参数据的值在过程（或函数）中发生了改变，也不会改变实参变量的值。这种按值传递的方式有效地保护了数据。

按引用传递（或按地址传递）的方式是将变量的地址传递给形参变量，如果在函数（或过程）中改变了变量的内容，那么实参的内容也随之改变。

不同的程序设计语言提供了不同的传递参数的方式，在任何情况下，要使过程（或函数）能表现出一种通用的形式，形参的选择是一个关键。

6.4.3　函数

函数与过程有许多相似之处，之所以称为函数，是因为要通过这个"过程"向调用它的地方传回一个值，就像数学中的函数一样，有一个计算结果。程序中函数的执行结果就是通过语句计算出一个值，并将这个值送回到函数调用处。与过程名类似，通常采用名词作为函数名。

例如，在求解二次方程 $ax^2+bx+c=0$ 的根时，其中需要求解表达式 $(b^2-4ac)^{1/2}$。对于不同的二次方程，只是 a、b 和 c 的值不相同，但求解的方法是相同的。以 C 语言为例，我们可以为求解表达式 $(b^2-4ac)^{1/2}$ 编写一个函数，程序如下。

```
float myroot(float x,float y,float z)
{   float temp;
    temp= y*y-4*x*z;
    if(temp<0.0)
        return -1;
    else
```

```
    return ( root ( temp ) ) ;
}
```

在程序的其他地方，可以通过如下语句调用这个函数，计算出二次方程的实根。

```
X1= ( -b+myroot ( a,b,c ) ) / ( 2*a ) ;
X2= ( -b-myroot ( a,b,c ) ) / ( 2*a ) ;
```

语句中的 X1 和 X2 都是浮点型的变量，函数将实参变量 a、b、c 的值分别传递给形参变量 x、y、z，通过 return 语句将函数的计算结果返回到调用处，最终得到问题的解。

注意，不同的程序语言有可能采用不同的方式来返回函数的计算结果。

6.4.4　输入与输出

过程和函数为程序的扩展提供了有效的技术手段，如果程序语言没有为某个操作提供原语，程序员就可以为这个操作编写一个函数或过程，当要使用到这个操作时，就可以调用这个函数或过程。

通常，程序设计语言的实现都会根据程序语言的语义规则，提供一些预先写好的开发包（函数或过程），供程序员在编写程序时使用，我们把这样的开发包称为库函数，每一种程序语言的实现都提供了相应的库函数，编写程序时，应尽可能的首选系统提供的库函数来解决问题，提高程序开发的效率。

一般来说，每一个应用程序都少不了要有数据的输入和输出，而输入和输出的实现是由低层控制的，如果这样的功能都要由程序员自己去实现，那势必会增加程序开发的难度。幸运的是，几乎所有的程序语言的实现都在库函数中提供了输入和输出的原语，降低了程序设计的难度，为编程带来了方便。表 6.22 列出了几种常用程序语言数据输入和输出的函数调用形式。

表 6.22　　　　　　　　　　数据输入和输出

语句 ＼ 库函数	输入函数	功能	输出函数	功能
C	scanf ("%d",&a) ;	从键盘接收整型变量 a 的值	printf ("%d\n",a) ;	将变量 a 的值输出到屏幕上
Fortran	READ*,a		PRINT *,a	
Pascal	readln (a)		wirteln (a)	
Basic	INPUT a		PRINT a	

实际上，表 6.22 中所示的输入和输出语句的形式在其具体语言中，有着更多更丰富的变化形式，读者可参考相应的程序设计语言。另外，程序开发包的库函数还提供了许多具有丰富功能的函数和过程，在今后学习具体的程序设计语言的时候，再详细了解。

6.5　程序设计语言的执行

我们在前面所描述的高级程序设计语言中，大多是面向程序开发人员的，是人们所能理解的，实际上计算机本身并不能直接理解这样的语言，必须将程序语言翻译成机器语言，计算机才能理解程序。通常将用程序语言编写的程序称为源程序；对源程序翻译成机器语言的过程称为编译，编译的结果是得到源程序的目标代码；最后还要将目标代码与系统提供的函数和自定义的过程（或函数）链接起来，就可得到机器可执行的程序。机器可执行的程序称为可执行程序或执行文件。

6.5.1　程序翻译

任何一种高级程序语言都有一个与之对应的编译器来完成对源程序的翻译。一个编译器至少要包含三个部分的进程。

（1）词法分析器（Lexical）。

（2）语法分析器（Parser）。

（3）代码生成器（Code Generator）。

源程序的翻译进程如图 6.11 所示。

图 6.11　程序语言的翻译过程

词法分析器主要是对源程序进行词法分析，它是按单个字符的方式阅读源程序，并且识别出哪些符号的组合可以代表单一的单元，并根据它们是否是数字值，单词（标识符）、运算符等，将这些单词分类。也就是识别出源程序中的哪些符号串代表了一个实体的进程。

词法分析器将词法分析结果保存在一个结构单元里，这个结构单元称为记号（Token），并将这个记号交给语法分析器，词法分析会忽略源程序中的所有注释。

语法分析器直接对记号进行分析，实际上是把程序看作是由记号组成的，语法分析器根据一系列的语法规则来识别程序的语法结构所代表的进程，并识别每个成分所扮演的角色。这些语法规则也就是程序设计语言的语法规则。

代码生成器是将经过语法分析器分析后，没有语法错误的程序指令转换成机器语言指令。

实际上，词法分析、语法分析和代码生成这三个阶段的工作并不是严格按顺序来执行的，相反，它们是相互交叉进行的。词法分析器从源程序中读取字符，并且将识别结果保存为记号，再将记号传递给语法分析器。语法分析器收到词法分析器发来的记号，就开始分析它的文法结构，此时，它可能会要求词法分析器继续送来记号，如果它已经识别出了一个完整的语句或者短语，它就会请求代码生成器产生合适的机器指令代码，每一次向代码生成器请求的结果都会生成相应的机器指令，并将其加入到目标程序，最后生成目标程序。每一个部分都在做自己的工作，这个翻译过程如图 6.12 所示。

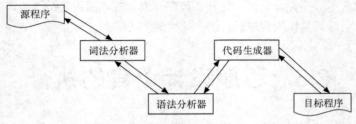

图 6.12　程序翻译过程方法

以 C 语言为例，假定编写了一个名为 mytest 的程序，源程序的全名为 mytest.c，用 Microsoft C 编译器，在命令方式下，可以采用如下方式对 mytest.c 进行编译。

```
cl-c mytest.c
```

如果源程序没有错误，就会生成一个名为 mytest.obj 目标代码程序。其他程序语言也会有类似的命令将源程序翻译成目标代码，具体的命令与每种程序语言的编译器有关。

6.5.2　链接程序

通过翻译产生的目标代码尽管是以机器语言的形式，但却不是机器可以执行的，这是因为为了支持软件的模块化，允许程序语言在不同的时期开发出具有独立功能的软件模块作为一个单元，一个可执行的程序中有可能包含一个或多个这样的程序单元，这样可以降低程序开发的低水平重复所带来的低效率。因此，目标程序只是一些松散的机器语言，要获得可执行的程序，还需将它们链接起来。

程序的链接工作是由链接器（Linker）来完成的。链接器的任务就是将目标程序链接成可执行的程序（或称载入模块），这种可执行的程序是一种可存储在磁盘存储器上的文件。

仍以 C 语言为例，上面已对源程序 mytest.c 进行编译后生成了目标代码程序 mytest.obj,于是，我们可以利用链接器生成可执行代码，在命令方式下，将用这样的方式来链接程序：

```
link /out:mytest.ext mytest.obj
```

如果不发生错误，就会生成一个名为 mytest.exe 的载入模块，也就是可执行的代码程序。最后，可以通过操作系统将这个加载模块载入内存，执行程序的进程。

上面对程序进行编译，链接都只针对了一个源程序文件，实际上，可以将多个源程序文件通过编译，链接成一个可执行文件。

例如，假定有三个源程序 file1.c、file2.c 和 file3.c，每一个源程序都包含不同的函数或过程，在命令方式下可先用编译器对三个源程序进行编译。

```
cl -c file1.c
cl -c file2.c
cl -c file3.c
```

得到三个目标程序 file1.obj、file2.obj 和 file3.obj。接下来可用链接器将三个目标程序进行如下链接。

Link /out:mytest.exe file1.obj file2.obj file3.obj

可得到一个可执行的程序 mytest.exe。

对于程序的编译、链接，需注意以下几点问题。

（1）并不是任何目标程序都可以链接成可执行程序。

（2）被链接成可执行程序的目标程序中，只允许在一个程序中有且仅有一个可被加载的入口点，在上面的范例中这个可被加载的入口点在源程序 file1.c 中。

（3）对于具体的程序语言，翻译、链接程序的方法会有所不同，针对某一种程序语言的编译器，不可以用于对另一种源程序语言的编译。

（4）上面对 C 语言进行编译、链接的方式并不是唯一的，它允许有一些其他的变化，具体可参考各编译器的使用说明。

总之，编写高级语言程序的一个完整过程主要包括翻译、链接和加载三个部分，如图 6.13 所示。

图 6.13　完整的程序生成过程

一旦生成了可执行程序，就可以反复的被加载执行，而不需要重新编译、链接，如果修改了源程序，也不会影响到已生成的可执行程序，除非对修改后的源程序重新编译和链接，重新生成一个新的可执行程序。

6.5.3 集成开发环境

显然，用命令方式来生成可执行的程序并不是很方便，尤其是源程序的编辑，一般情况下，纯文本编辑器都可以输入源程序，如果编译时有错误，就必须回到编辑器修改程序。如此反复，使得程序开发效率不高。而程序员希望能用一种方便、高效的方式生成可执行的程序，免除一些繁琐的操作，于是，软件开发包应运而生。

程序软件开发包实际上就是一个经过整合的软件系统，它将编辑器、翻译器、链接器和其他软件单元集合在一起，形成一个集成软件开发环境（IDE）。在这个环境里，程序员可以很方便的对程序进行编辑、编译、链接以及跟踪程序的执行过程，以便寻找程序中的问题。

一般情况下，软件开发包都是为特定的程序语言定制的，同一种语言的开发包也会有一些不同的产品和版本，以适应不同的操作系统。

许多软件开发包已使用了图形用户界面，使软件的工作变得更为简单、快捷。表 6.23 所示为几种常用语言使用的软件开发包。

表 6.23　　　　　　　　　几种常用程序语言的软件开发包

语言	软件开发包
C	Turbo C、Borland C、gcc、Microsoft C/C++等
C++	Borland C++、Visual C++、C++ Builder、Microsoft C++等
Fortran	f77、Powerstation Fortran 等
Pascal	Turbor Pascal、Dephi 等

表 6.23 所示只是几种最常见的软件开发包，实际上，每一种程序设计语言都会有属于自己的不同的软件开发包作为它们的集成开发环境，用这些不同的语言开发出来的软件可相应的适合于不同的操作系统，如 DOS、Windows 和 UNIX 等。

6.6　高　级　话　题

通过前面的介绍，我们对程序语言所具有的一些共性有了一些基本的了解，实际上，程序设计语言一直没有停止它前进的脚步，软件设计理论的提高也带动了程序语言的发展，20 多年来，面向对象的分析方法和程序设计方法有了长足的进步，一些优秀的基于面向对象方法的程序设计语言相继出现，我们将这种语言称为面向对象程序设计语言，用面向对象语言进行软件开发需要遵循封装，继承和多态三条基本准则。

6.6.1 面向对象程序设计

面向对象程序设计就是用面向对象的方法来设计程序，这与过程化程序设计方法完全不同，使用面向对象语言进行程序设计之前，有必要先了解一些面向对象的概念。

面向对象的系统包含了对象、类和继承三个要素。这三个要素反映了面向对象的传统概念。

一个面向对象的语言应该支持这三种要素。首先要了解对象的概念，对象是状态和操作的封装体，状态是记忆操作结果的。满足这一点的语言被认为是基于对象的语言。其次，应该支持类的概念和特征，类是以接口和实现来定义对象行为的样板，对象是由类来创建的。支持对象和类的语言被认为是基于类的语言。最后，应该支持继承，已存在的类应具有建立子类的能力，进而建立类的层次。支持上述三个方面的语言被认为是面向对象的语言。

1. 对象

什么是对象？这是每一个学习面向对象方法的人遇到的第一个问题。对这个问题的回答看似容易，实际上并不简单。不同的领域对于对象会有不同的解释。从广义的概念讲，一切事物实体都是对象。每个对象都有自己的状态和作用。

在信息系统中，所有资源都是对象，这些资源主要以数据和模块的形式表现，每一个对象把一组数据和一组过程封装在一起。

2. 类

面向对象的方法模拟了人类认识问题的分类过程。那么，类又是什么呢？面向对象的方法指出：类包含所创建对象的状态描述和方法的定义，是创建对象的样板，一个完整的类描述包含外部接口、内部算法和数据结构。

由一个特定的类所创建的对象被称为这个类的实例，因此，类是对象的抽象描述，它是具有共同行为的若干对象的同一描述体。类中要包含生成对象的具体方法。同时，类是抽象数据类型的实现，一个类的所有对象都具有相同的数据结构，并且共享相同的实现操作的代码，而各个对象都有着各自不同的状态，即私有的存储。因此，类是所有对象的共同行为和不同状态的集合体。

3. 封装

封装是一种将数据和对数据可执行的操作隐藏在对象内的思想，正常情况下，对象不能直接访问数据而必须通过接口来访问数据。接口是一种对象可执行操作的集合，也就是说，对象知道要对数据做什么，却不知道怎么做。

4. 继承

继承是指一个对象可以从另一个对象那里继承一些特性，当一个类定义好之后，可以通过继承的方式定义更多的新类，这些新类称为派生类，被继承的类称为基本类。这些新类继承了基本类中的一些属性和操作，同时又增加了一些新的属性和操作，这样程序代码得到了重用，可以更好的利用已有的资源，开发出统一、标准的程序。

5. 多态

多态的本意为"多种形态"，在程序设计中，借用多态这个词来表达程序设计的一种概念，简而言之，就是可以在一个类的继承体系中，不同的类允许有相同名字的操作，但这些操作在各自的类中完成不同的功能。

面向过程的程序设计方法与面向对象的程序设计方法在对待数据和函数关系上是不同的。在面向过程的程序设计中，数据只被看成是一种静态的结构，它只有等待调用函数来对它进行处理。在面向对象的程序设计中，将数据和对该数据进行合法操作的函数封装在一起作为一个类的定义。另外，封装还提供一种对数据访问严格控制的机制。因此，数据将被隐藏在封装体内，该封装体通过操作接口与外界交换信息。

例 6.1　以 C++语言为例，我们来考虑一个几何图形的问题，系统要求能计算出圆形的面积，为此，可以设计如下类。

```
class Circle {
public:
    Circle();
    Circle(double radius);
    double GetArea();
private:
    double m_radius;
};
```

在类 Circle 中，对圆面积的计算和圆半径的数据被封装在一起，类可以作为独立的程序单元，但不能生成载入模块。如果要计算圆的面积，可以在程序中实例化这个类的对象，对象通过对外接口获得所要求的服务，在此是通过类 Circle 中的操作 GetArea() 来获取圆的面积的。获取圆面积的程序如下。

```
void main()
{
    Circle object(2);
    cout << "Area of the circle is " << object.GetArea()<< endl;
}
```

此例中圆面积的计算是通过类的对象 object 调用类中的对外接口 GetArea() 实现的。在此，我们看不到计算圆面积具体的实现过程，实际上圆面积的计算方法是放在另一个程序文件中的，在这里没有给出它的实现代码并不是表示可以不要，只是想通过这种形式，更好的说明类与对象之间的关系。当然，计算圆面积的程序代码也可以直接放在类定义的程序文件中，但这种做法不利于信息的隐藏。

例 6.2　要求系统能增加计算圆柱体积和圆柱体的表面积，我们可以在不修改原有类 Circle 的基础上，通过继承的方式来增加这个功能，因为圆与圆柱有一些共同之处，就是它们在垂直于圆柱轴的平面上的投影是相同的。于是，可以在系统原有的基础上，增加一个如下新类 Cylinder，它是 Circle 的派生类。

```
class Cylinder : public Circle {
public:
    Cylinder();
    Cylinder(double radius,double height);
    double GetVolumn();
private:
    double m_height;
};
```

最后，修改例 6.1 中的主程序代码就可以完成计算圆面积、圆柱表面积、圆柱体体积的计算，下面为修改后的主程序。

```
void main()
{
    Circle object1(2);
    Cylinder object2(1,1);
    cout << "Area of the circle is " << object1.GetArea()<< endl;
    cout << "Volume of the cylinder is " << object2.GetVol()<< endl;
}
```

同样，在这里仍然隐去了派生类中对外接口的具体实现代码。我们看不到计算圆柱体表面积和圆柱体体积的具体实现过程，实际上这些计算方法是放在另一个程序文件中的。通过这种形式的描述主要是说明继承的方法在程序设计中所起的作用。

6.6.2　程序语言的发展趋势

程序设计语言和程序设计方法经过几十年的演化和发展，越来越趋于成熟，特别是近几年来，随着图形用户界面、面向对象程序设计方法及可视化软件开发工具的兴起，软件开发者的编程工作量将大为减少，同时，随着互联网技术的深入发展，对软件提出了越来越高的要求，因此，软件开发的程序设计方法也在不断发展。软件的开发工具在朝着智能化、网络化、标准化的方向发展。

（1）智能化指在软件开发工具的研究与使用中引用人工智能、神经网络等技术，使得软件开发工具对于不确定的信息、模糊信息具有更强的处理能力。

（2）网络化将适应计算机网络技术的发展和未来的应用，这也是计算机应用领域中的一个重要方向。

（3）标准化指软件的构成是由软部件等标准件组合而成的。就像工厂生产的产品，主要可以由标准零部件组成。软件的制作针对得以某个应用领域而不是一个具体的应用。

程序设计语言的发展趋势是越来越向人们所使用的自然语言靠拢，其中汉语程序设计语言就是自然语言中的一种。目前我国在汉语程序设计语言方面已进行了一些有益的研究。

最新的知识管理程序可以利用自然语言处理、推理引擎和案例自动生成工具来解决上述的难题。这些工具都是在知识发现学术领域的热点话题。虽然还在发展期，但重要的是，程序语言对自然语言的理解能力的提高，可以使许多不易体现为"硬性指标"的商业规则也能够由程序所识别和修改。自然语言处理允许用类似于口语或书面语的形式编写程序命令，同时反馈出有意义的可以直接被应用的答案。在最广泛被采用的"模糊查询"功能中就融合了自然语言处理的成果。

小　　结

本章简要介绍程序设计语言的发展演化过程，并介绍了几种常见的程序设计语言的类型，对过程化程序语言、函数式程序语言、面向对象语言以及一些领域的专用程序语言进行简单的介绍。

本章主要针对程序设计语言的特点，阐述了程序语言的几个重要因素。

（1）过程化语言的基本概念

常见的过程化语言有 Fortran、Basic、Cobol、Pascal、Ada 等语言，这些过程化程序语言具有以下一些共同的基本语义。

① 标识符。

② 变量与数据类型。

③ 常量和文字。

④ 表达式（算术表达式、关系表达式、逻辑表达式）。

⑤ 赋值表达式。

⑥ 控制语句（分支控制和循环控制）。

⑦ 注释。

对于某种具体的程序语言，表达上述基本语义的语法规则会各有差异，通过这些元素可以构成独立的可执行程序或程序单元，程序单元的表现形式主要是过程和函数，他们不能被单独加载运行，但可以被其他的程序使用。

在过程化程序语言中，算法是通过程序代码实现的，程序代码操作数据并控制指令的执行；在函数式程序语言中，算法描述的就是数学运算。

（2）语言的翻译

高级程序语言本身并不能被计算机识别，必须通过一个翻译器（或称编译器）将程序翻译成机器代码，才能被机器识别。大多数编译器都被集成到一个软件开发包，即将程序编辑、编译、链接、调试等集合在一起，组成一个集成开发环境。不同的程序语言有不同的集成开发环境，即使是同一种语言，也会有不同公司的产品和不同的版本。

（3）面向对象的高级语言

面向对象程序语言的核心特点是封装和继承，通过一种新的数据类型将数据和对数据的操作封装在一起，这种新的数据类型就是类。用类来实例化类的对象，对象通过类的对外接口实现对数据的操作，这就是面向对象程序语言的基本形式。常用的面向对象程序语言有 Smalltalk、C++、Java 语言等。

本章通过一个 C++范例，展示了面向对象程序设计语言的机制和其易维护、易扩充、代码可重用的优点。

习 题

一、简答题

1. 符号语言与机器语言有哪些区别？

2. 汇编语言是一种什么类型的语言？

3. 高级语言与符号语言和机器语言相比有什么优点？

4. 源程序文件有什么特点，与可执行文件相比有什么不同？

5. 什么是编译器？编译器和链接器各有什么不同？

6. 过程化程序设计和面向对象程序设计有何不同？

7. 函数型语言有什么特点？

8. 专用语言有哪些？请列举三种。

9. 请列出过程化语言的基本语义？

10. 变量是什么？

11. 请列出三种过程化语言的分支控制语句和循环控制语句。

12. 声明语句和命令式语句有什么区别？

13. 为什么提倡在程序中使用常量而不是文字？

14. 请列举过程化语言中一些通用的数据类型。

15. 过程和函数有什么区别？

16. 形参和实参有什么区别？

17. 程序是怎样实现输入与输出的？

18. 一个用程序语言编写的源程序要怎样才能成为一个可执行的程序？

19. 程序的集成开发环境是由什么组成的？

20. 面向对象语言中，对象和类有什么关系，它们之间有何区别？

二、选择题

1. 计算机硬件唯一可以理解的语言是（　　　）。
   　　A. 机器语言　　　　　　B. 符号语言　　　　C. 高级语言　　　　　D. 自然语言
2. （　　　）语言又被称为汇编语言。
   　　A. 机器　　　　　　　　B. 符号　　　　　　C. 高级　　　　　　　D. 自然
3. C、C++和 Java 可归类于（　　　）语言。
   　　A. 机器　　　　　　　　B. 符号　　　　　　C. 高级　　　　　　　D. 自然
4. （　　　）软件可用来编辑程序。
   　　A. 预处理程序　　　　　B. 文本编辑器　　　C. 翻译程序　　　　　D. 源文件
5. 能把不同来源的目标代码组合成一个可执行程序的是（　　　）。
   　　A. 预处理程序　　　　　B. 文本编辑器　　　C. 链接器　　　　　　D. 载入程序
6. 编译器由（　　　）和（　　　）组成。
   　　A. 预处理程序、载入程序　　　　　　　　B. 文本编辑器、载入程序
   　　C. 预处理程序、翻译程序　　　　　　　　D. 链接器、预处理程序
7. 机器语言代码是（　　　）。
   　　A. 翻译单元　　　　　　B. 目标模块　　　　C. 源文件　　　　　　D. 子程序
8. 操作系统通过调用（　　　）来把程序载入内存。
   　　A. 载入程序　　　　　　B. 链接器　　　　　C. 翻译程序　　　　　D. 处理器
9. FORTRAN 是一种（　　　）类型的语言。
   　　A. 过程化　　　　　　　B. 函数型　　　　　C. 说明性　　　　　　D. 面向对象
10. PASCAL 是一种（　　　）类型的语言。
   　　A. 过程化　　　　　　　B. 函数型　　　　　C. 说明性　　　　　　D. 面向对象
11. C++是一种（　　　）类型的语言。
   　　A. 过程化　　　　　　　B. 函数型　　　　　C. 说明性　　　　　　D. 面向对象
12. LISP 是一种（　　　）类型的语言。
   　　A. 过程化　　　　　　　B. 函数型　　　　　C. 说明性　　　　　　D. 面向对象
13. （　　　）程序语言是在商业环境中广泛使用的语言。
   　　A. FORTRAN　　　　B. C++　　　　　　C. C　　　　　　　　D. COBOL
14. （　　　）语言是最早出现的、至今仍广泛使用于科学和工程界的高级语言。
   　　A. FORTRAN　　　　B. C++　　　　　　C. C　　　　　　　　D. COBOL
15. （　　　）程序语言是面向对象语言。
   　　A. FORTRAN　　　　B. COBOL　　　　C. C++　　　　　　D. LISP
16. 在 C++中，（　　　）使数据和操作对用户不可见。
   　　A. 封装　　　　　　　　B. 继承　　　　　　C. 多态　　　　　　　D. 模块化
17. LISP 和 Scheme 是（　　　）类型的语言。
   　　A. 过程化　　　　　　　B. 函数型　　　　　C. 说明性　　　　　　D. 面向对象
18. Prolog 是（　　　）类型的语言。
   　　A. 过程化　　　　　　　B. 函数型　　　　　C. 说明性　　　　　　D. 面向对象
19. HTML、PERL 和 SQL 同属于（　　　）类型的语言。
   　　A. 现代　　　　　　　　B. 专用　　　　　　C. 说明性　　　　　　D. 面向对象
20. （　　　）程序与语言强调用结构化的方法来设计程序。
   　　A. C 语言　　　　　　　B. Java 语言　　　　C. HTML　　　　　　D. Prolog 语言

本章参考文献

[1] Michaell. L. Scott 著. 程序设计语言：实践之路. 裘宗燕译. 北京：电子工业出版社，2005.

[2] 石峰. 程序设计基础. 北京：清华大学出版社，2003.

[3] TIOBE Programming Community Index for June 2007. http://www.tiobe.com.

[4] 百度百科. http://baike.baidu.com.

[5] TIOBE Software. http://www.tiobe.com.

第7章
数据结构

　　数据结构代表有特殊关系的数据的集合,它主要用来研究大量数据在计算机内部的存储方式。将收集到的数据以及各数据之间存在的关系进行系统地分析,以最有效的形态存放在计算机的存储器中,以便计算机能快速便捷地获取、维护、处理和应用数据。

　　用于组织数据的方法很多,本章重点讨论线性表、栈、队列、树和图等基本数据结构。

　　通过学习数据结构,当遇到要使用或需处理某些数据的情况时,我们可以将这些数据及数据间的关系按一定的数据结构进行存储和处理,以便能够更方便、高效地引用或应用数据。

7.1　概　　述

　　当我们写一个计算机程序时,一般而言我们是在实现事先设计求解某个问题的方法。这个方法常常与使用的特定计算机无关,它很可能同样适合于许多计算机和计算机语言。我们必须学习的是如何解决问题的方法,而不是计算机程序本身。算法是用来描述适合于计算机程序实现的求解问题的方法。算法是计算机科学的基础,是许多领域研究的核心。

　　大多数算法关注的是计算中涉及的数据的组织方法。用这种方法建立的对象称为数据结构(Data Structure),它们也是计算机科学研究的核心。这样,算法与数据结构就结合在一起了。简单算法可以导致非常复杂的数据结构,反之,复杂算法可以利用简单的数据结构。

7.1.1　数据结构与算法

　　组织数据用于处理是开发程序的一个基本步骤。对于许多应用,选择合适的数据结构是其实现中涉及的主要决定:一旦做出选择,所需的算法就很简单。对于同样的数据,某些数据结构要比其他数据结构需要更多或更少的空间。对于作用在数据上的相同操作,某些数据结构导致的算法要比其他数据结构产生的算法更高效或更低效。选择算法和数据结构是交织在一起的,因此在计算机领域有一句人尽皆知的名言"算法+数据结构=程序"(Algorithm+Data Structures=Programs)。该句名言由 Niklaus Wirth 提出,他是 PASCAL 之父及结构化程序设计的首创者,获得 1984 年图灵奖。Niklaus Wirth 出生于瑞士温特图尔,1958 年,他从苏黎世工学院取得学士学位后来到加拿大的莱维大学深造,之后进入美国加州大学伯克利分校获得博士学位。从 1963 年到 1967 年,他成为斯坦福大学的计算机科学部助理教授,之后又在苏黎世大学担当相同的职位。1968 年,他成为 ETH 的信息学教授,并在施乐帕洛阿尔托研究中心进修了两年。他是 Algol W、Modula、Pascal、Modula-2、Oberon 编程语言的主设计师,亦是 Euler 语言的发明者之一,他的文章 Program

Development by Stepwise Refinement 视为软件工程中的经典之作。Niklaus Wirth 提出的著名公式："算法+数据结构=程序"（亦是一本书的书名），这个公式对计算机科学的影响程度足以类似物理学中爱因斯坦的"$E=MC^2$"，一个公式展示出了程序的本质。

随着计算学科的发展，计算机的应用已经深入到各个领域。计算机处理的数据已不再局限于整型、实型等数值型数据，还可以是字符、表格、声音、图像等非数值型数据。数值计算的特点是数据类型简单、算法复杂，所以更侧重于程序设计的技巧。而非数值计算的特点是数据之间的关系复杂，数据量十分庞大，要设计出好的非数值计算的程序必须解决下列问题：

图 7.1　Pascal 之父—Niklaus Wirth

（1）明确所处理的数据之间的逻辑关系以及处理要求。非数值计算一般处理的是一批同类数据，如家族管理系统处理的是家族中所有人员的信息，所需的操作有查找某个人的父亲，或查找某个人的孩子和所有的子孙。因此，数据之间的逻辑关系包括两个层次：每个数据元素的组成，以及数据元素之间的关系。例如，家族管理系统中，每个数据元素是家族中某个人的信息。描述一个人必须包含姓名、性别、出生年月等信息。数据元素之间的关系主要就是父子关系，其他关系都可以从父子关系中推导出来。

（2）如何将数据存储在计算机中。保存数据也要保存两个方面的内容：数据元素的保存以及数据元素之间的关系的保存。非数值计算中的数据元素很少是简单类型，一般都由多个部分组成，因此每个数据元素可以用程序设计语言中的记录型变量或对象来表示，而如何保存数据元素之间的关系则是数据结构研究的内容。

（3）如何实现数据的处理。数据元素之间的关系有各种保存方法，对每一种保存方法，数据处理的过程是不同的。每个数据处理的过程就是一个算法。

应用系统可以千变万化，但数据元素之间的逻辑关系的种类是有限的，数据结构抛开了各种具体的应用、具体的数据元素的内容，通过抽象的方法研究被处理的数据元素之间有哪些逻辑关系（称为逻辑结构），对于每种逻辑关系可能有哪些操作。然后研究每种逻辑关系在计算机内部如何表示（称为物理结构），对于每一种物理结构，对应的操作如何实现。每个数据结构处理一类逻辑关系，包括逻辑关系的物理表示以及运算的实现。因此，数据结构的讨论可以分为两个层次：抽象层和实现层。抽象层讨论数据的逻辑结构和所需的运算。实现层讨论数据的存储表示及运算的实现。

掌握了数据结构以后，当要解决一个问题时，首先分析被处理的数据元素之间是什么关系，它需要完成哪些操作；然后选择一个合适的数据结构来处理数据，而不用针对每个应用来设计解决方法。

7.1.2　数据的逻辑结构

数据的逻辑结构由某一数据对象及该对象中所有数据成员之间的关系组成。常见的逻辑结构有集合结构、线性（栈、队列、向量和字符串）结构、树形结构和图形结构，其结构示意图如图 7.2 所示。

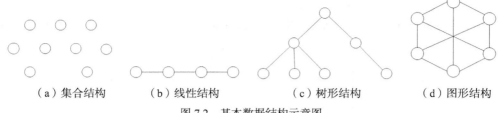

（a）集合结构　　　　（b）线性结构　　　　（c）树形结构　　　　（d）图形结构

图 7.2　基本数据结构示意图

（1）集合结构。元素之间的次序是任意的。元素之间处理"属于同一集合"的联系外没有其他的关系。例如，同学聚会中的所有人员，地铁上的所有乘客，存放在仓库中的产品。由于集合结构的元素间没有固定的关系，因此往往需要借助于其他结构才能在计算机中表示集合结构。

（2）线性结构。所有的数据元素按某种次序排列在一个序列中。对线性结构中的每一个数据元素，除第一个元素外，其他每个元素有且仅有一个直接前驱，第一个数据元素无直接前驱。除最后一个元素外，其他每一个元素有且仅有一个直接后继，最后一个数据元素无直接后继。例如，水泊梁山上的 108 条好汉，他们形成了一个集合，但他们之间有一个次序，宋江排第一，卢俊义排第二……

（3）树形结构，简称树结构。所有的数据元素之间呈现出层次结构，每一个数据元素可以有多于一个的"直接下级"，但它只能有唯一的"直接上级"。树形结构可以类比为家族的家谱层次结构。树形结构中有且仅有一个根结点，该结点没有父结点。例如，Windows 操作系统中的文件目录就是树结构。一个家族谱也表示为树形结构，家族的老祖宗就是树根，老祖宗的儿子们就是老祖宗的后继。每个人可以有多个儿子，因此后继数目不限。但每个人只能有一个父亲，因此只有一个前驱。老祖宗的儿子们又可以有他们的儿子，这样就形成了一棵树。

（4）图形结构，有时称为网络结构。因特网的网页链接关系就是一个非常复杂的图结构。对于图结构中的所有数据元素之间的关系没有任何约束。可以将图形结构看作层次结构的一种扩展且允许数据元素之间具有多个"直接上级"。例如，在一个计算机网络中，各个网络设备之间是由线路连接起来的。如果把连接看成是网络设备之间的关系，那么一个计算机网络的拓扑结构就形成了一个图状结构，因为每台网络设备都可以和多台其他设备相连接，向多台设备发送信息，也可以接受多台设备发来的信息。

7.1.3　数据的存储结构

数据的存储结构是指在计算机中的存储器内如何表示数据元素以及数据元素之间的关系，可以将数据元素顺序邻接地存储在一片连续的单元之中，也可以用指针将这些数据元素链接在一起。数据的存储结构有以下两种最基本的存储方法。

1．顺序方法

顺序方法是借助元素在存储器中的相对位置来表示数据元素间的逻辑关系。该方法把逻辑上相邻的结点存储在物理位置上相邻的存储单元里，结点间的逻辑关系由存储单元的邻接关系来体现。该方法主要应用于线性的数据结构，非线性的数据结构也可通过某种线性化的方法实现顺序存储。顺序方法示意图如图 7.3 所示。

Data

data$_1$	data$_2$	...	data$_n$

图 7.3　顺序方法示意图

2. 链接方法

链接方法是借助指示元素存储地址的指针表示数据元素间的逻辑关系，链接方法示意图如图 7.4 所示。

图 7.4　链接方法示意图

同一逻辑结构采用不同的存储方法，可以得到不同的存储结构。选择何种存储结构来表示相应的逻辑结构，要视具体要求而定，主要考虑运算方便及算法的时空要求。

7.1.4　数据的运算

逻辑结构和存储结构都相同，但运算不同，则数据结构不同。例如，栈与队列。数据结构最常见的运算有以下几种。

- 创建运算：创建一个空的数据结构。
- 清除运算：删除数据结构中的所有数据元素。
- 插入运算：在数据结构指定的位置上插入一个新数据元素。
- 删除运算：将数据结构中的某个数据元素删去。
- 搜索运算：在数据结构中搜索满足特定条件的数据元素。
- 更新运算：修改数据结构中的某个数据元素的值。
- 访问运算：访问数据结构中的某个数据元素。
- 遍历运算：按照某种次序访问数据结构中的每一个数据元素，使每个数据元素恰好被访问一次。

除了上述运算之外，每种数据结构还可以包含一些特定的运算。例如，树形结构中，需要找某个元素的儿子，或找某个元素的父亲操作；线性结构中，需要找某个元素的直接前驱或直接后继的操作。

7.2　线　性　表

线性结构是最简单且经常使用的一种数据结构，其最主要的特点是结构中的元素之间满足线性关系，即按这种关系可以把所有元素排成一个线性序列。线性表、栈和队列都属于线性结构。

注意，线性表是由数据元素组成的一种有限且有序的序列。表中数据元素的值与它的位置之间可以有联系，也可以没有联系。例如，有序线性表的元素按照值的递增（递减）顺序排列，而无序线性表在元素的值与位置之间没有特殊的联系。

7.2.1　基于数组的实现

数组是有固定大小的、相同数据类型的元素的顺序集合，通过每个元素在集合中的位置可以单独访问它。数组常用来实现顺序存储的线性表。

图 7.5 所示为一个基于数组实现的线性表结构。这个表由存放 length 个数据的数组构成。对这个线性表的逻辑操作都是从数组变量 list 的第 0 个位置开始，到第 length-1 个位置结束。

在无序表中，一个数组变量前后的元素都与该元素没有什么语义关系，列表只说明了数据存储的顺序。在有序列表中，安排数组元素的方式则使该元素前后的元素与之具有语义关系。例如，成绩分数列表既可以是数字随机列表，又可以是根据数值排序的列表。图 7.6（a）和图 7.6（b）所示为无序分数列表和有序分数列表。

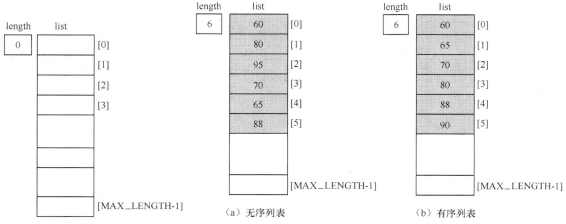

图 7.5　基于数组实现的列表结构

（a）无序列表　　　　　　（b）有序列表

图 7.6　一个成绩分数列表实例

7.2.2　基于链表的实现

链表实现是以结点的概念为基础的，链表中的结点至少包括两个域的记录：一个包含数据，另一个包含链表中该结点的下一个结点的地址。单链表结点的结构如图 7.7 所示。

图 7.7　单链表结点结构

存放数据元素信息的域称为数据域，存放其后继地址的域称为指针域。因此 n 个元素的线性表通过每个结点的指针域拉成了一个"链子"，称为链表。因为每个结点中只有一个指向后继的指针，所以称其为单链表，如图 7.8 所示。

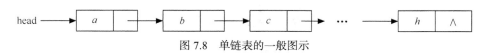

图 7.8　单链表的一般图示

将上面提到的无序成绩和有序成绩用链表实现如图 7.9 和图 7.10 所示。

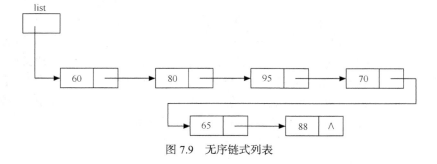

图 7.9　无序链式列表

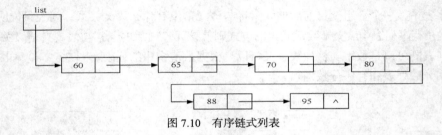

图 7.10　有序链式列表

新增一个成绩元素"67"插入有序链表如图 7.11 所示，删除成绩元素"65"的操作如图 7.12
所示。链表中元素的插入和删除只涉及指针的修改。

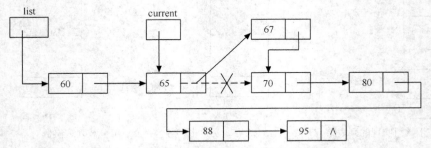

图 7.11　把 data 为 67 的结点存入 current 之后

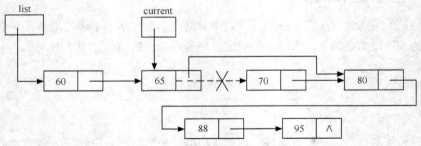

图 7.12　删除 current 的后继结点

7.3　堆　　栈

7.3.1　堆栈的基本概念

堆栈是限定仅在表尾进行插入和删除运算的表，栈在逻辑上是一个下限为常数，上限可变化
的向量。栈可被认为是一种特殊的线性表，我们称其表尾为"栈顶"，表头为"栈底"，表中无
元素时称为空栈（栈空）。这些数据项的处理是依据后进先出的原则。因此，栈又称为后进先出
（Last In First Out，LIFO）的表。自助餐厅的餐具架就具有这种属性，我们只能取顶上的碟子，
当我们取走一个碟子后，下面的碟子就出现在了顶层，以便下一个客人取碟子，货物架上的罐
头也有这样的属性，我们取走的一列中的第一个罐头正是最后一个放入此列中的。堆栈示意图
如图 7.13 所示。

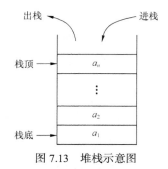

图 7.13　堆栈示意图

7.3.2　栈的实现

栈既可以用数组实现，也可以用链表实现，通常是采用链表，因为在链表中进栈和出栈更容易实现。栈的链式存储结构称为链栈，栈的顺序存储结构简称为顺序栈。因为栈的插入和删除操作都在栈顶进行，所以需一指针指向栈顶，该指针称为栈顶指针。在链栈中的插入和删除操作都在链表的表头进行，所以栈顶指针即为链表的头指针，顺序栈和链栈示意图如图 7.14 所示。

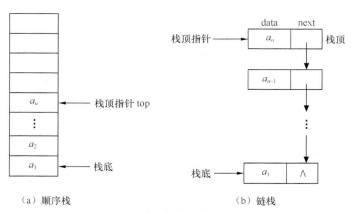

（a）顺序栈　　　　　　　　　　（b）链栈

图 7.14　顺序栈和链栈示意图

7.3.3　栈的基本操作

栈的基本操作有进栈和出栈。

1. 进栈

进栈操作就是把一个元素存入栈中，即在栈顶添加新的元素，如图 7.15 所示。进栈后，新的元素成为栈顶。进栈时一个潜在的问题就是栈内没有空间容纳新元素，这时栈处于溢出状态。

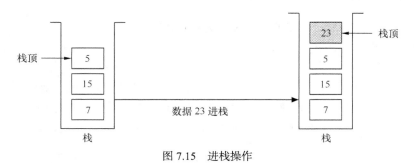

图 7.15　进栈操作

2. 出栈

出栈操作就是从栈中取出一个元素，如图 7.16 所示。当最后一个元素被删除后，栈必须设为空状态。当栈为空时调用出栈操作，栈处于下溢状态。

图 7.16　出栈操作

7.3.4　栈的应用

栈的应用非常广泛，只要问题满足后进先出原则，均可使用栈作为其数据结构。下面介绍其在数制转换和括号匹配中的应用。

1. 数制转换

将一个非负的十进制整数 A 转换为另一个等价的基为 B 的 B 进制数的问题，很容易通过"除 B 取余法"来解决。例如，将十进制数 12 转化为二进制数可采用除 2 取余法，得到的余数依次是 0、0、1 和 1，则 12 转化为二进制数为 1100，方法就是把最先得到的余数置为转化结果的最低位，把最后得到的余数置为转化结果的最高位，符合栈的操作特点，因此，很容易用栈来解决。

2. 括号匹配

在算术表达式中的括号匹配检查是栈的一个应用。对算术表达式进行运算前应该检查语法是否存在错误，检查括号是否匹配，我们可以用堆栈来实现。当括号不匹配时，会发生两种类型的错误：左括号丢失或是右括号丢失。当遇到一个左括号时，它就入栈，当遇到一个右括号时，左括号就出栈，如果栈最后非空，意味着左括号多于右括号，当遇到一个右括号而栈顶却没有左括号时，意味着该右括号无对应的左括号与之匹配，也会出错。

7.4　队　　列

7.4.1　队列的基本概念

前面所讲的栈是一种后进先出的表，而在实际问题中还经常使用一种"先进先出"（First In First Out，FIFO）的表，即插入在表的一端进行，而删除在表的另一端进行，我们将这种表称为队或队列，把允许删除的一端叫队头，把允许插入的一端叫队尾。

和栈类似，队列是线性表的另一种特例，也是用来存放尚未处理而待处理的数据项，它限定在表的一端插入，另一端删除，处理时遵循先进先出原则，该结构和日常生活中排队的形式一致。图 7.17 所示是一个有 5 个元素的队列。入队的顺序依次为 a_1、a_2、a_3、a_4、a_5，出队时的顺序将依然是 a_1、a_2、a_3、a_4、a_5。

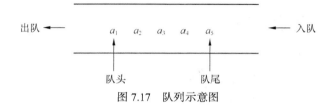

图 7.17　队列示意图

7.4.2　队列的实现

队列既可以用顺序方式实现，也可以用链表实现。由于在队列中的插入操作在队尾进行，而删除操作在队头进行，则需要 2 个指针代表队列的两端，分别指向队头和队尾。本小节将介绍队列的实现方法：顺序队列、循环队列和链式队列。

1. 顺序队列

队列的顺序存储结构称为顺序队列。顺序队列一般用一个向量空间来存放当前队列中的元素。由于队列的队头和队尾的位置是变化的,需设置两个指针 front 和 rear 分别指示队头元素和队尾元素在向量空间中的位置。一般情况下，队头指针始终指向队头元素，尾指针始终指向队尾元素的下一位置。它们的初值在队列初始化时均应置为 0。当头尾指针相等时，队列为空。

2. 循环队列

在顺序队列中，进队在队尾增加元素，尾指针 rear 后移，出队则头指针 front 后移。进行了一定数量的进队和出队后，可能会出现这样的情况，尾指针 rear 已指到向量最后一个元素的下一位置，此时若再执行进队操作，便会出现“溢出”状态。但事实上，由于向量的前面部分可能有空闲空间，所以这种溢出并非是真的没有存储空间，我们称这种现象为“假溢出”。为充分利用向量空间，克服“假溢出”现象，我们可以将向量空间想象为一个首尾相接的圆环，并称这种向量为循环向量。存储在其中的队列称为循环队列，循环队列示意图如图 7.18 所示。

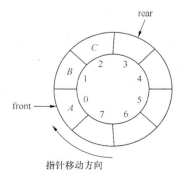

图 7.18　循环队列示意图

3. 链式队列

队列的链式存储结构简称为链式队列。它是限制仅在表头删除和表尾插入的单链表,如图 7.19 所示。

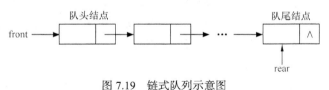

图 7.19　链式队列示意图

7.4.3　队列的基本操作

队列的基本操作有进队和出队两种。

（1）进队。把一个元素存入队中，即在队尾添加新的元素，入队后，新入的元素成为队尾，若队中没有空间容纳新的元素，此时队列处于溢出状态。

（2）出队。从队头取出一个元素，若队为空时，做出队操作，此时队列处于下溢状态。

注意，循环队列的基本操作同样是出队和入队操作。出队时将头指针 front 指向下一个位置，进队时在队尾增加元素。尾指针 rear 指向下一个位置，如图 7.20 所示，在循环队列中执行进队、出队操作时，求其下一位置的方法采用取模运算来完成。

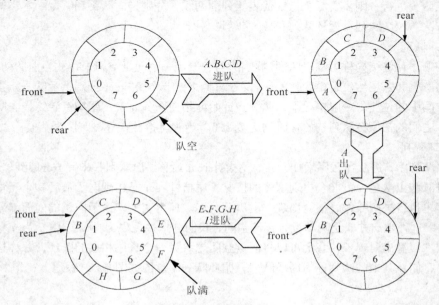

图 7.20　循环队列中进队出队示例

在循环队列中，由于入队时尾指针向前追赶头指针，出队时头指针向前追赶尾指针，造成队空和队满时头尾指针均相等。因此，无法通过条件 front＝rear 来判别队列是"空"还是"满"。一般的办法是少用一个元素的空间，将仅剩下一个空位置的状态作为满状态，即不让 rear 指针赶上 front 指针。

7.4.4　队列的应用

队列也是最常用的数据结构之一，应用领域很广，如层次访问树、处理用户需求、作业和指令。在计算机系统中，需要用队列来完成对作业和对系统的服务，如打印池的处理等。

下面我们具体讨论队列在火车车厢重排问题中的应用。

1．问题叙述

一列列车共有 n 节车厢，每节车厢将停放在不同的车站。假定 n 个车站的编号分别为 $1 \sim n$，列车按照第 n 站至第 1 站的次序经过这些车站。车厢的编号与它们的目的地相同。为了便于从列车上卸掉相应的车厢，必须重新排列车厢，使各车厢从前至后按编号 1 到 n 的次序排列。当所有的车厢都按照这种次序排列时，在每个车站只需卸掉最后一节车厢即可。

2．问题分析

我们可以在一个转轨站里完成车厢的重排工作，在转轨站中有一个入轨、一个出轨和 k 个位于入轨和出轨之间的缓冲轨，由于这些缓冲轨均按 FIFO 的方式运作，我们可以视它们为队列，禁止将车厢从缓冲轨移动到入轨，也禁止从出轨移动到缓冲轨。假定重排 8 节车厢，其初始次序为 3，7，2，4，8，1，6，5，并且利用 3 个缓冲轨来实现，我们分别用 3 个链表队列 $Q1$、$Q2$ 和 $Q3$ 来作为缓冲轨，如图 7.21 所示。

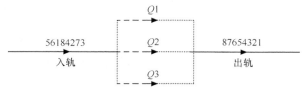

图 7.21　火车车厢重排示意图

从图 7.22 中可以看出，3 号车厢不能直接移到出轨，因为 1 号车厢和 2 号车厢必须排在 3 号车厢之前。因此，应该把 3 号车厢移动到队列 $Q1$，7 号车厢可放在队列 $Q1$ 中的 3 号车厢之后。而接下来的 2 号车厢不可放在 7 号车厢之后，因此，应把 2 号车厢放在队列 $Q2$ 的首部，依次类推，4 号车厢放在 2 号车厢之后，8 号车厢放在队列 $Q1$ 中的 7 号车厢之后。因此，这时候，1 号车厢可直接通过队列 $Q3$ 移动至出轨，然后从队列 $Q2$ 移动 2 号车厢到出轨，从队列 $Q1$ 移动 3 号车厢到出轨，接着从队列 $Q2$ 移动 4 号车厢到出轨，由于这时 5 号车厢仍位于入轨之中，所以应把 6 号车厢移动至放在队列 $Q2$ 中，这样可以把 5 号车厢直接从入轨移动至出轨，然后依次从 $Q2$ 中移出 6 号车厢，从 $Q1$ 中移出 7 号、8 号车厢。

7.5　树

树形结构是一类重要的非线性结构。树形结构是结点之间有分支，并具有层次关系的结构。它非常类似于自然界中的树。

树形结构在客观世界中是大量存在的，例如，家谱、行政组织机构都可用树形象地表示。图 7.22 所示为某学校的机构图。

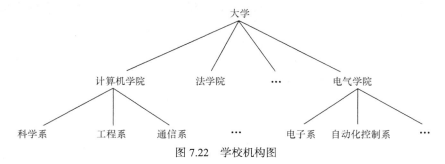

图 7.22　学校机构图

树在计算机领域中也有着广泛的应用，例如，在编译程序中，可用树来表示源程序的语法结构；在数据库系统中，可用树来组织信息；在分析算法的行为时，可用树来描述其执行过程。

7.5.1　二叉树的基本概念

二叉树 t 是有限个元素的集合（可以为空）。当集合为空时，称该二叉树为空二叉树。当二叉树非空时，其中有一个称为根的元素，余下的元素（如果有的话）被组成两个子树，分别称为 t 的左子树和右子树。在二叉树中，一个元素称作一个结点。二叉树是有序的，即若将其左、右子树颠倒，就成为另一棵不同的二叉树。即使树中结点只有一棵子树，也要区分它是左子树还是右子树。因此，二叉树具有 5 种基本形态，如图 7.23 所示。

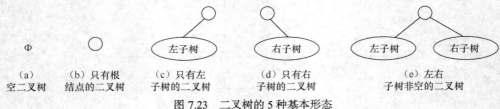

（a）   （b）只有根   （c）只有左   （d）只有右   （e）左右
空二叉树   结点的二叉树   子树的二叉树   子树的二叉树   子树非空的二叉树

图 7.23　二叉树的 5 种基本形态

二叉树中每个结点可以有 0 个、1 个或 2 个子树。如果一个结点无子树，这个结点叫做树叶。在图 7.24 中，存放 A 的结点是根结点，存放 G、H、J、K、F 的结点就是叶结点。

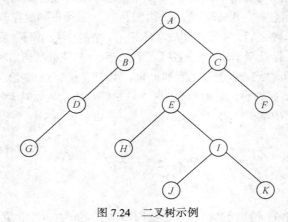

图 7.24　二叉树示例

除了根结点外，每个结点只有一个双亲结点，结点 C 的双亲结点是 A，结点 I 是结点 J 和 K 的双亲结点。

结点的层数是指该结点和根结点之间的距离。若根结点 A 是第 0 层，则结点 B 和 C 就是第 1 层结点，结点 D、E 和 F 是第 2 层结点，结点 G、H 和 I 是第 3 层结点，结点 J 和 K 是第 4 层结点。用 11 个结点可以构造出很多形态不同的二叉树，如图 7.25 所示。

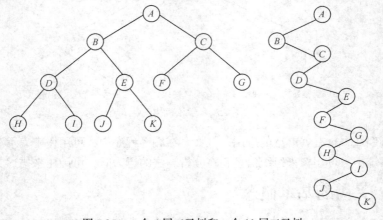

图 7.25　一个 4 层二叉树和一个 11 层二叉树

7.5.2　二叉树的实现

二叉树通常用链式存储。每个结点最多有两个孩子，因此，可以用这样的方式来存储二叉树。每个结点除了存储结点本身的数据外，再设置两个指针字段 lchild 和 rchild，分别指向该结点的左孩子和右孩子，当结点的某个孩子为空时，则相应的指针为空指针。二叉树结点结构如图 7.26 所示。

图 7.26　二叉树结点结构

图 7.27（a）所示为一棵二叉树，图 7.28（b）所示为该二叉树的链式存储示意图。

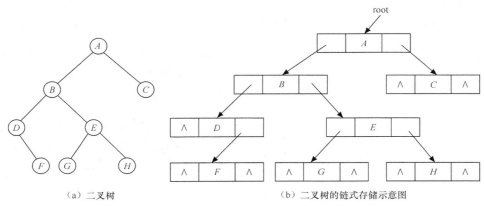

（a）二叉树　　　　　　　　　　　（b）二叉树的链式存储示意图

图 7.27　二叉树及链式存储方式

7.5.3　二叉树的遍历

二叉树最常见的操作是遍历操作。遍历是指沿着某条搜索路线，依次对树中每个结点做一次且仅做一次访问。

二叉树的遍历是指按照某种顺序访问二叉树中的每个结点，使每个结点被访问一次且仅被访问一次。通过一次完整的遍历，可使二叉树中的结点信息由非线性排列变为某种意义上的线性序列。

一棵二叉树由根结点、根结点的左子树和根结点的右子树三部分组成。因此，只要依次遍历这三部分，就可以遍历整个二叉树。若以 D、L、R 分别表示访问根结点、遍历根结点的左子树、遍历根结点的右子树，则二叉树的遍历方式有 6 种：DLR、LDR、LRD、DRL、RDL 和 RLD。如果限定先左后右，则只有前 3 种方式，即 DLR（称为先序遍历）、LDR（称为中序遍历）和 LRD（称为后序遍历）。

1. 先序遍历

先序遍历的操作定义为：若二叉树为空，遍历结束；否则，执行以下操作。

（1）访问根结点。

（2）先序遍历根结点的左子树。

（3）先序遍历根结点的右子树。

图 7.28（a）所示为一棵二叉树，采用先序遍历的访问序列为 ABDCEF，如图 7.28（b）所示。

2. 中序遍历

中序遍历的操作定义为：若二叉树为空，遍历结束；否则，执行以下操作。

（1）中序遍历根结点的左子树。

（2）访问根结点。

（3）中序遍历根结点的右子树。

对如图 7.28（a）所示的二叉树，采用中序遍历的访问序列为 DBAECF，如图 7.28（c）所示。

3．后序遍历

后序遍历的操作定义为：若二叉树为空，遍历结束；否则，执行以下操作。

（1）后序遍历根结点的左子树。

（2）后序遍历根结点的右子树。

（3）访问根结点。

对如图 7.28（a）所示的二叉树，采用后序遍历的访问序列为 DBEFCA，如图 7.28（d）所示。

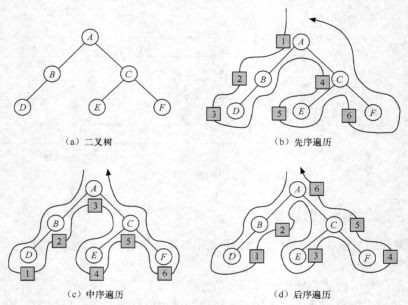

（a）二叉树　　　　　　　　　　（b）先序遍历

（c）中序遍历　　　　　　　　　　（d）后序遍历

图 7.28　二叉树的 3 种遍历方法

7.5.4　二叉检索树

如果一棵二叉树的每个结点对应于一个关键码，整个二叉树各结点对应的关键码组成了一个关键码集合，并且该二叉树满足以下属性：任何结点的值都要大于它的左子树中的所有结点的值，并且小于它的右子树中的所有结点的值，则称此二叉树为二叉检索树，如图 7.29 所示。

对二叉检索树进行中序遍历可得到关键码值的递增序列。

对二叉检索树进行检索是从根结点开始，若根结点的关键码等于查找的关键码，则查找成功。否则，若小于根结点的关键码，查其左子树；若大于根结点的关键码，查其右子树。在左右子树上的操作类似。

在图 7.29 所示二叉检索树中查找关键码值为 X=105 的步骤

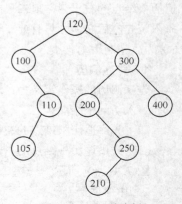

图 7.29　二叉检索树

如图 7.30 所示。

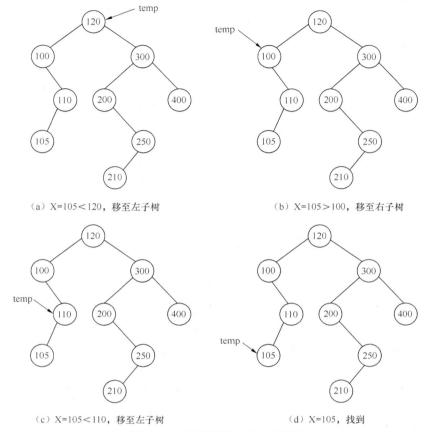

（a）X=105＜120，移至左子树　　　　　　（b）X=105＞100，移至右子树

（c）X=105＜110，移至左子树　　　　　　（d）X=105，找到

图 7.30　二叉检索树中的查找示例

　　二叉检索树的查找效率在于只需要检索两棵子树之一。以图 7.30 为例，在图中所给出的二叉检索树中搜索给定的关键码值 105。它先与根结点中的关键码 120 比较，因为小于 120，移向根结点的左子树；再与左子树根结点中的关键码 100 比较，因为比 100 大，移向 100 的右子树；与右子树根结点中的关键码 110 比较，因为比 110 小，移向 110 的左子树，与左子树根结点中的关键码 105 比较，找到关键码为 105 的结点。一共比较了 4 次。

7.6　图

　　图形结构是一种比树形结构更复杂的非线性结构。在树形结构中，结点间具有分支层次关系，每一层上的结点只能和上一层中的至多一个结点相关，但可能和下一层的多个结点相关。而在图形结构中，任意两个结点之间都可能相关，即结点之间的邻接关系可以是任意的。因此，图形结构被用于描述各种复杂的数据对象，在自然科学、社会科学和人文科学等许多领域有着非常广泛的应用。

7.6.1　图的定义和术语

　　图由两个集合构成：顶点的集合和边的集合。图可能是有向的或无向的。在无向图中，边是没有方向的，边采用（顶点 1，顶点 2）表示。在有向图中，每一条边都有方向。有向图中的边称为弧，弧采用<起点，终点>的形式表示。图 7.31 给出了一个无向图 $G1$ 的示例，在该图中，顶点和边的集合表示如下。

顶点的集合 $V = \{V_0，V_1，V_2，V_3，V_4，V_5\}$；

边的集合 $E = \{（V_0，V_1）,（V_0，V_3）,（V_1，V_2）,（V_1，V_4）,（V_2，V_3）,（V_2，V_4）,（V_3，V_5）,（V_4，V_5）\}$。

图 7.32 给出了一个有向图 $G2$ 的示例，在该图中，顶点和边的集合表示如下。

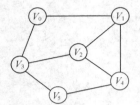

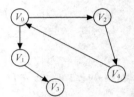

图 7.31　无向图 $G1$　　　　　　　图 7.32　有向图 $G2$

顶点的集合 $V = \{V_0，V_1，V_2，V_3，V_4\}$；

边的集合 $E = \{<V_0，V_1>，<V_0，V_2>，<V_1，V_3>，<V_2，V_4>，<V_4，V_0>\}$。

在一个无向图中，如果任意两顶点都有一条直接边相连接，则称该图为无向完全图。在一个有向图中，如果任意两顶点之间都有方向互为相反的两条弧相连接，则称该图为有向完全图。若一个图接近完全图，则称为稠密图；称边数很少的图为稀疏图。当且仅当 $(V_i，V_j)$ 是图中的边时，顶点 V_i 和 V_j 是邻接的，且仅当 $<V_i，V_j>$ 是图中的弧时，称顶点 V_i 邻接至顶点 V_j，顶点 V_j 邻接于顶点 V_i。顶点的度是指依附于某顶点的边数，在有向图中，要区别顶点的入度与出度的概念，顶点的入度是指以该顶点为终点的弧的数目；顶点的出度是指以该顶点为始点的弧的数目。

若存在一个顶点序列 V_p，V_{i1}，V_{i2}，$\cdots$，V_{im}，V_q，使得 $(V_p，V_{i1})$，$(V_{i1}，V_{i2})$，$\cdots$，$(V_{im}，V_q)$ 均属于图中的边，则称顶点 V_p 到 V_q 存在一条路径（Path），这是无向图的路径。在有向图 G 中，路径也是有向的，它由图中的弧 $<V_p，V_{i1}>$，$<V_{i1}，V_{i2}>$，$\cdots$，$<V_{im}，V_q>$ 组成，这是有向图的路径。路径上边的数目称为路径长度。第一个顶点和最后一个顶点相同的路径称为回路或环。序列中顶点不重复出现的路径称为简单路径。在图 7.31 中，从顶点 V_0 到顶点 V_5 的两条路径：$V_0 \to V_1 \to V_4 \to V_5$，$V_0 \to V_3 \to V_5$ 都为简单路径。除第一个顶点与最后一个顶点之外，其他顶点不重复出现的回路称为简单回路或者简单环，如图 7.32 中的 $V_0 \to V_2 \to V_4 \to V_0$。

在无向图中，如果图中任意两顶点都是连通的，则称该图是连通图。无向图的极大连通子图称为连通分量。图 7.33 所示为一个无向图及其两个连通分量。

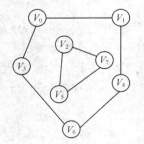 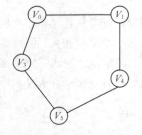 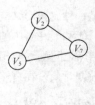

图 7.33　无向图及其两个连通分量

在有向图中，如果每一个顶点都有通往其他顶点的路径，那么该有向图是强连通的。有向图中的极大强连通子图称为有向图的强连通分量，图 7.34 所示为某有向图及其两个连通分量。

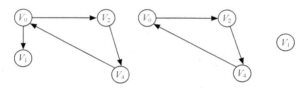

图 7.34　有向图及其两个强连通分量

7.6.2　图的实现

表示一个图一般采用两组数据，第一组数据表示图的顶点，第二组数据表示图的边或弧。常用邻接矩阵和邻接表存储这两种结构。

1．图的邻接矩阵表示法

图的邻接矩阵表示法步骤如下：

（1）用邻接矩阵表示顶点间的相邻关系。

（2）用一个顺序表来存储顶点信息。

例如，某无向图 G 如图 7.35（a）所示，表示其顶点之间相邻关系的邻接矩阵，如图 7.35（b）所示。

2．图的邻接表表示法

图的邻接表表示法类似于树的孩子链表表示法。对于图 G 中的每个顶点 V_i，该方法把所有邻接于 V_i 的顶点 V_j 链成一个带头结点的单链表，这个单链表就称为顶点 V_i 的邻接表（Adjacency List）。在邻接表表示中有两种结点结构，如图 7.36 所示。

（a）无向图 G　　（b）邻接矩阵　　　　（a）顶点表　　　　（b）边表

图 7.35　一个无向图的邻接矩阵表示　　　图 7.36　邻接表表示的结点结构

图 7.37 给出图 7.35（a）中无向图 G 对应的邻接表表示。

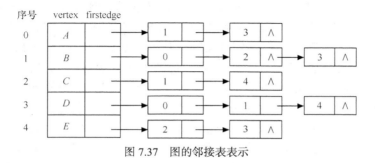

图 7.37　图的邻接表表示

7.6.3　图的遍历

和树的遍历类似，图的遍历也是从某个顶点出发，沿着某条搜索路径对图中每个顶点各做一次且仅做一次访问。深度优先遍历和广度优先遍历是最为重要的两种遍历图的方法。它们对无向图和有向图均适用。

1. 深度优先遍历

假设初始状态是图中所有顶点未曾被访问，则深度优先搜索可从图中某个顶点 V 出发，访问此顶点，然后依次从 V 的未被访问的邻接点出发深度优先遍历图，直至图中所有和 V 有路径相通的顶点都被访问到；若此时图中尚有顶点未被访问，则另选图中一个未曾被访问的顶点作为起始点，重复上述过程，直至图中所有顶点都被访问到为止。

对图 7.38 进行图的深度优先遍历，得到从顶点 V_0 出发的深度优先遍历访问序列为 $V_0 \rightarrow V_1 \rightarrow V_3 \rightarrow V_7 \rightarrow V_4 \rightarrow V_2 \rightarrow V_5 \rightarrow V_8 \rightarrow V_6$。

2. 广度优先遍历

假设从图中某顶点 V 出发，在访问了 V 之后依次访问 V 的各个未曾访问过的邻接点，然后分别从这些邻接点出发依次访问它们未被访问的邻接点，并使"先被访问的顶点的邻接点"先于"后被访问的顶点的邻接点"被访问，直至图中所有已被访问的顶点的邻接点都被访问到。若此时图中尚有顶点未被访问，则另选图中一个未曾被访问的顶点作为起始点，重复上述过程，直至图中所有顶点都被访问到为止。图 7.38 得到从顶点 V_0 出发的广度优先遍历访问序列为 $V_0 \rightarrow V_1 \rightarrow V_2 \rightarrow V_3 \rightarrow V_4 \rightarrow V_5 \rightarrow V_6 \rightarrow V_7 \rightarrow V_8$。

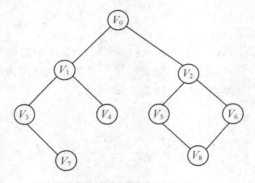

图 7.38　图的遍历

深度优先搜索算法的提出者 John Hopcroft 和 Robert Tarjan 获得 1986 年图灵奖。John Hopcroft 是康奈尔大学计算机科学系教授，他于 1961 年在西雅图大学获得电气工程学士学位，之后进入斯坦福大学研究生院深造，师从研究自适应信号处理和神经元网络的鼻祖——著名学者威德罗（Bernard Widrow）。John 在 1962 年获得硕士学位，1964 年获得博士学位。他曾先后在普林斯顿大学、康乃尔大学、斯坦福大学等著名高等学府工作，也曾任职于一些科学研究机构如 NSF（美国科学基金会）和 NRC（美国国家研究院），从事对科学研究的规划和行政管理工作。Robert Tarjan 于 1969 年获得了加州理工学院数学学士学位，1971 年获得了斯坦福大学计算机科学硕士学位，1972 年获得斯坦福大学博士学位。Robert Tarjan 曾先后在康奈尔大学、加州大学伯克利分校、斯坦福大学、纽约大学、普林斯顿大学等著名高等学府工作，他也曾在 AT&T 贝尔实验室、浩信科技、康柏和惠普工作，拥有丰富的商业工作经验。John Hopcroft 和 Robert Tarjan 都是富有创造性的人，他们一起提出了"深度优先搜索算法"(depth-first search algorithm)，利用这种算法对图进行搜索时，结点扩展的次序是向某一个分支纵深推进，到底后再回溯，这样就能保证所有的边在搜索过程中都经过一次，但也只经过一次，从而大大提高了效率。

图 7.39　深度优先搜索算法提出者—John Hopcroft 和 Robert Tarjan

7.6.4　图的最短路径问题

最短路径问题是图论中的重要问题，有很重要的应用价值。最短路径问题在有向图和无向图中都存在。

交通网络可以看成一个带权的图。每座城市是一个结点，如果两个城市之间有一条公路，则反映在图中为两个结点之间有一条边，公路的长度或路况即为边的权值。如果交通网络中存在着单行道，则该网络必须被抽象成一个加权有向图，否则抽象为一个加权无向图。在交通网络中，并不是所有的城市对之间都有直达的公路。如果希望从某一座城市出发，到另外一个城市去，可能需要经过一些其他的城市。通常我们希望汽车行驶的里程最少，这就需要解决从出发城市到目的城市的最短路径的求解问题。这里，出发城市称为源点，目的城市称为终点。

计算机网络也可以抽象为一个加权图。图中的每个结点是一台网络设备，如主机、交换机和路由器。边是连接这些设备的光缆、电缆或无线信道，边的权值可以是电缆的长度或信号在这条电缆上的延迟时间。一台计算机想发送信息给另一台计算机，同样也希望对方能尽快地收到，这也需要在网络中寻找一条从发送机器到接收机器之间的最短路径。

解决单源最短路径问题的一般方法叫做 Dijkstra 算法（Dijkstra's algorithm），这个有 40 年历史的解法是贪婪算法（greedy algorithm）最好的例子。Dijkstra 算法是典型的最短路径算法，用于计算一个节点到其他所有节点的最短路径。

Dijkstra 算法的基本思想是：设 $G=(V, E)$是一个带权图，将图中顶点集合 V 分成两组，第一组为已求出最短路径的顶点集合（用 S 表示，初始时 S 中只有一个源点，以后每求得一条最短路径，就将加入到集合 S 中，直到全部顶点都加入到 S 中，算法结束），第二组为其余未确定最短路径的顶点集合（用 U 表示），按最短路径长度的递增次序依次把第二组的顶点加入 S 中。在加入的过程中，总保持从源点 v 到 S 中各顶点的最短路径长度不大于从源点 v 到 U 中任何顶点的最短路径长度。

在如图 7.40（a）所示的有向图中，假定以顶点 A 为源点，则它到其余各顶点的最短路径按路径递增序排列如图 7.40（b）所示。

Dijkstra 最短路径算法提出者 Edsger Wybe Dijkstra，如图 7-41 所示，获得 1972 年图灵奖。

Edsger Wybe Dijkstra 是荷兰人，毕业就职于荷兰 Leiden 大学，早年钻研物理及数学，而后转为计算学。他曾经提出"goto 有害论"信号量和 PV 原语，解决了有趣的"哲学家聚餐"问题，他是最短路径算法和银行家算法的创造者，第一个 Algol 60 编译器的设计者和实现者，THE 操作系统的设计者和开发者。Dijkstra 被西方学术界称为"结构程序设计之父"，他一生致力于把程序设计发展成一门科学。Edsger Wybe Dijkstra 与 D. E. Knuth 并称为我们这个时代最伟大的计算机科学家。

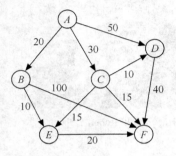

（a）有向图

源点	中间结点	终点	路径长度
A		B	20
A		C	30
A	C	D	40
A	B	E	30
A	C	F	45

（b）图（a）中从源点 A 到其余各点的最短路径

图 7.40 有向图及各顶点的最短路径

图 7.41 Dijkstra 最短路径算法提出者—Edsger Wybe Dijkstra

7.7 基 本 算 法

7.7.1 查找

从大量存储好的数据中检索特定的一段信息或几段信息是一项基本操作，这项操作称为搜索（search，有时也称"查找"），它是大量计算任务的固有性操作。我们把处理的数据划分成记录或数据项（item），每个数据项都有一个用于搜索的关键字（key）。搜索的目标是找出关键字与一个给定的搜索关键字相匹配的数据项。搜索的目的是要访问那个数据项（不仅是关键字）内的信息，以备处理。

搜索的应用范围广泛，涉及大量不同的操作。例如，银行系统需要记录其所有客户的账户信息，并搜索这些记录以检查账户结余和进行交易；航空系统需要记录所有航班的预定信息，搜索空闲座位的信息，取消或修改预定的信息；搜索引擎则需在网络中查找包含给定关键字的所有文档。这些应用的需求在某种方式上是类似的（银行系统和航班系统都需要精确和可靠），而系统之间又相互不同，所有系统都需要好的搜索算法。

查找是数据结构中最基本的操作。通常将用于查找的集合称为查找表。在查找表中，每个数据元素有一个关键字的字段。查找就是要找出集合中具有指定关键字值的数据元素。通常，每个数据元素的关键字值是不同的，但某些场合下也可能有少量的数据元素有相同的关键字值。有重复关键字值的集合又称为多重集。

如果查找表中的数据元素个数和每个数据元素的值是不变的，这样的查找表通常称为静态查找表。例如，一本电子辞典就是一个静态查找表。如果对查找表不但要进行查找操作，还要进行插入、删除操作，那么查找表将是动态变化的，其数据元素的个数并不是一个稳定的常数，这样的查找表通常称为动态查找表。例如，存放在手机或机器中的一本通信录就是一个动态查找表。静态查找表的处理比较简单，要求也比较单一，仅要求查找速度快即可。但对于动态查找表而言，不但要求查找迅速，而且要求插入、删除操作也必须速度快、效率高。

由于静态查找表中的数据元素个数是不变的，因此静态查找表通常用静态存储实现，即将所有的数据元素保存在一个数组中。动态查找表有两种保存方法。一种是借助于树形结构，即各类查找树。另一种是散列表，是专用于处理集合类的一种数据结构。

在 5.3.5 小节中曾介绍过顺序查找和二分查找的算法流程图。下面结合实例再详细介绍一下这两种经典算法。

1．顺序查找

例如，图 7.42 给出了查找 $x=70$ 的结点所在的数组元素的下标地址的顺序查找示意。

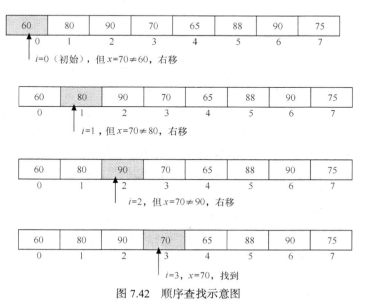

图 7.42　顺序查找示意图

2．二分查找

二分查找法假设要查找的线性表是有序的，其中每次比较操作可以找到要找的数据项或把线性表减少一半。该算法不是从线性表头开始顺序后移，而是从表中间开始的。如果要查找的数据小于线性表的中间项，那么可以知道这个数据一定不会出现在表的后半部分，因此，只需要查找表的前半部分即可，然后再检测这个部分表的中间项（即整个表 1/4 处的数据）。如果要查找的数据大于中间项，查找将在表的后半部分继续。如果中间项等于正在查找的数据，查找将终止。每次比较操作，都会将查找范围缩小一半。当要找的数据找到了，或可能出现这个数据的表为空了，整个过程将终止。

查找 $x=70$ 的结点所在的数组元素的下标地址的二分查找示意如图 7.43 所示。

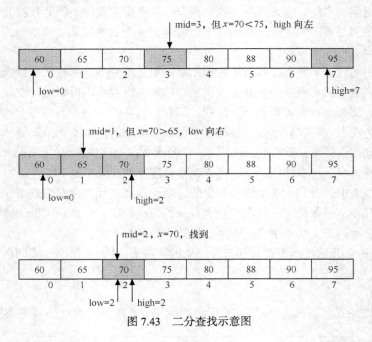

图 7.43 二分查找示意图

7.7.2 排序

排序是计算机的基本应用。计算机中有许多工作需要排序。在本书 5.3.4 节中已对排序算法做了简单介绍。本节再介绍一种经典排序算法——快速排序。

正如其名字所暗示的，快速排序（quick sort）是在实践中最快的已知排序算法，它的平均运行时间是 O(NlogN)。该算法之所以特别快，主要是由于非常精炼和高度优化的内部循环。它的最坏情形的性能为 $O(N^2)$，但稍加努力就可以避免这种情形。虽然快速排序算法曾被认为是理论上高度优化而在实践中不可能正确编程的一种算法，但是该算法简单易懂而且不难证明。快速排序也是一种分而治之的递归算法。

快速排序的基本思想是：在待排序的序列中选取一个数据元素，以该元素为标准，将所有的数据元素分为两组，使得第一组的数据元素均小于或等于标准元素，第二组的数据元素均大于标准元素。将第一组数据元素放在数组的前面部分，第二组数据元素放在数组的后面部分，标准元素放在中间。这个位置就是标准元素的最终位置。这称为一趟划分。然后对分成的两组数据重复上述过程，直到所有的元素都在适当的位置为止。

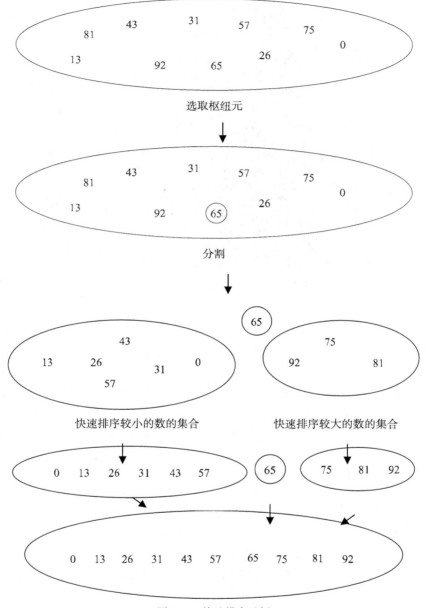

图 7.44 快速排序示例

快速排序算法提出者 Charles Antony Richard Hoare（见图 7.45），获得 1980 年图灵奖。Charles Antony Richard Hoare 生于斯里兰卡可伦坡，1956 年在牛津大学墨顿学院取得西洋古典学学士学位，他留校一年进行研究，1956 年～1958 年，在英国皇家海军服役。他为了学习俄语，至苏联莫斯科国立大学留学，跟随安德雷•柯尔莫哥洛夫，并研究机器翻译。1960 年，Charles Antony Richard Hoare 在莫斯科国立大学取得博士学位后，任职于伦敦艾略特兄弟公司（Elliott Brothers Ltd），开发出第一个商用的 ALGOL 60 编译器，很快就成为公司的首席工程师。他于 1968 年成为贝尔法斯特女王大学的教授。1977 年回到牛津大学担任教授，并在剑桥微软研究院担任研究员。他设计出了快速排序算法、霍尔逻辑、交谈循序程序。

图 7.45　快速排序算法之父——Charles Antony Richard Hoare

小　结

（1）数据结构（Data Structure）是指构成数据的元素集及元素间存在的一种或多种特定关系。其中数据是信息的载体，它能够被计算机识别、存储和加工处理，是计算机程序加工的"原料"，数据元素是它的基本单位。在不同的条件下，数据元素又可称为元素、结点、顶点和记录等。

（2）数据结构包括逻辑结构、存储结构和数据运算三方面的内容，其中数据的逻辑结构由某一数据对象及该对象中所有数据成员之间的关系组成，常见的逻辑关系有线性、树和图。存储结构是指在计算机中的存储器内如何表示数据元素及数据元素之间的关系。

（3）线性表是由数据元素组成的一种有限且有序的序列。常采用数组和链表实现，在无序表上的检索采用顺序检索，在有序表上的检索采用二分检索法。

（4）堆栈是限定仅在表尾进行插入和删除运算的一种特殊的线性表，又称为后进先出表，它的基本操作包括进栈和出栈。

（5）队列是一种先进先出的表，即插入操作在表的一端进行，而删除操作在表的另一端进行，它的基本操作有进队和出队。

（6）树是一个具有层次性的、非空的有限元素的集合，二叉树是一种树形结构，通过二叉树的遍历可使二叉树中的结点信息由非线性排列变为某种意义上的线性序列，二叉树中最基本的遍历方式为先序遍历、中序遍历和后序遍历。

（7）图是一种比树更复杂的非线性结构，图中任意两个结点之间都可能相关，即结点之间的邻接关系可以是任意的，一般采用邻接矩阵和邻接表来存储图，并采用深度优先和广度优先两种方法来遍历图。

（8）查找和排序是计算机程序设计中的两种重要操作，查找是在一个含有众多的数据元素（或记录）的查找表中找出某个"特定的"数据元素（或记号），排序是将一个数据元素（或记录）的任意序列，重新排列成一个按关键字有序的序列。

习   题

1. 简述下列概念：数据、数据元素、数据类型、数据结构、逻辑结构和存储结构。

2. 基本的存储表示方法有哪几种？

3. 简述链表的定义和特点。

4. 什么是单链表？其结点结构是什么？

5. 在线性表中采用顺序检索，要找到下列值是否在列表中，需要比较次数是多少？

（1）4　　　　（2）40　　　　（3）99　　　　（4）60

80	4	3	10	40	55	60	6	8	20	99

6. 在有序表上利用二分检索，要找到下列值是否在列表中，需要比较次数是多少？

（1）4　　　　（2）40　　　　（3）99　　　　（4）60

3	4	6	8	10	20	40	55	60	80	99

7. 将元素加到数组中或加到链表中，哪一种操作比较简单？说明理由。

8. 循环队列的优点是什么？如何判别它的空和满？

9. 什么是堆栈？它是如何实现的？

10. 堆栈有哪些操作？举例说明堆栈的用途。

11. 什么是队列？它和堆栈有什么区别？

12. 队列有哪些操作？举例说明队列的用途。

13. 什么是树？二叉树有什么特点？特殊的二叉树有哪些？各有什么特点？

14. 什么是图？图的基本操作有哪些，各有什么特点？

15. 试画出具有 3 个结点的二叉树的所有不同形态。

16. 根据图 7.46 回答下列问题。

（1）列出根结点。

（2）列出所有的叶结点。

（3）列出结点 8、3、7 的双亲。

（4）列出所有只有右子树的结点。

（5）列出结点 8、3、7 的孩子。

（6）列出所有只有左子树的结点。

（7）列出结点 5 和结点 3 的层次。

17. 请写出图 7.47 所示的各二叉树的先序遍历、中序遍历和后序遍历序列。

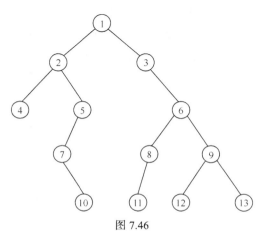

图 7.46

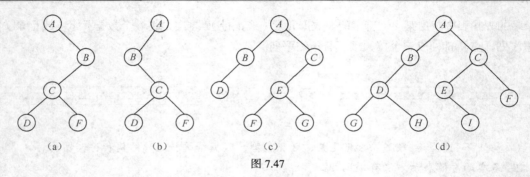

图 7.47

18. 在图 7.48 所示的各无向图中，回答下列问题。

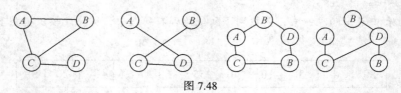

图 7.48

（1）找出所有的简单环。

（2）哪些图是连通图？对非连通图给出其连通分量。

19. 在图 7.49 所示的有向图中，回答下列问题。

（1）给出该图所表示的邻接矩阵。

（2）给出该图所表示的邻接表。

20. 在图 7.50 所示的无向图中，回答下列问题。

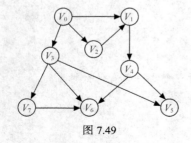

图 7.49

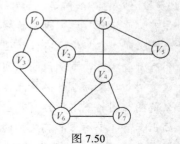

图 7.50

（1）给出以顶点 V_0 为起始点的深度优先遍历。

（2）给出以顶点 V_0 为起始点的广度优先遍历。

20. 求图 7.51 中顶点 A 到各个顶点之间的最短路径。

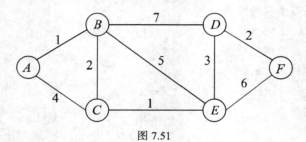

图 7.51

本章参考文献

[1] Thomas H Cormen，Charles E Leiserson，Ronald L Rivest，著．潘金贵，顾铁成，李成法，等译．算法导论．第三版．北京：机械工业出版社，2013.

[2] Robert Sedgewick 著．霍红卫，译．算法：C 语言实现．北京：机械工业出版社，2009.

[3] 翁惠玉，俞勇．数据结构：思想与实现．北京：高等教育出版社，2009.

[4] Mark Allen Weiss．冯舜玺，译．数据结构与算法分析（Java 版）．北京：机械工业出版社，2009.

[5] 石峰．程序设计基础．北京：清华大学出版社，2003.

[6] 王晓东．算法设计与分析．北京：清华大学出版社，2003.

[7] 许卓群，杨冬青，唐世渭，张铭．数据结构与算法．北京：高等教育出版社，2004.

[8] Clifford A.Shaffer 著．张铭，刘晓丹，等译．数据结构与算法分析（C++版）．北京：电子工业出版社，2007.

第8章
文件系统

计算机的文件系统提供了一种存储和组织计算机数据的方法，它使得对计算机数据的访问和查找变得容易。文件系统使用文件和树形目录的抽象逻辑概念代替了硬盘和光盘等物理设备使用数据块的概念。用户使用文件系统保存数据时不必关心数据实际保存在硬盘（或者光盘）的地址为多少的数据块上，只需要记住这个文件的所属目录和文件名。在写入新数据之前，用户不必关心硬盘上的哪个块地址没有使用，硬盘上的存储空间管理（分配和释放）功能由文件系统自动完成，用户只需要记住数据被写入到了哪个文件中。

8.1　文件系统的基本概念

所有的计算机应用程序都需要存储和检索信息。这些信息一般要求保存几个星期、几个月，甚至永久保留。随着应用程序运行完毕，这些信息不应消失。进一步说，不管是系统崩溃还是应用程序执行完毕，信息都应该保存。通常的解决办法是把信息以某一种单元，也就是用文件的形式，将信息存储在磁盘或其他外部介质上。当应用程序需要时，可以从文件读取这些信息或者写入新的信息到文件中。这样，信息不会因为程序运行或系统崩溃而受到影响，只有在用户显式地删除文件时，文件才会消失。

文件是一种抽象的机制，是具有某个特定符号名的相关数据的集合。它提供了一种在外存储器上保留信息而且方便以后读取的方法，这种方法可以使用户不用了解存储信息的方法、位置和实际外存储器的工作方式等有关细节，从而简化了用户访问文件的操作过程。

文件系统通常用目录组织文件。对于用户而言，文件系统则意味着怎样给文件命名、文件内容由什么组成以及在文件中如何有效地存储大规模的数据信息以提高数据的访问效率等。

8.1.1　文件命名

文件是一种抽象的机制。为了区分每个不同文件以便用户访问，需要对被管理的对象进行命名。文件的具体命名规则在各个系统中是不同的，不过所有的计算机系统都允许用1~8个字母组成的字符串作为合法文件名。诸如 andrea、bruce 和 cathy 等都是合法的文件名。通常文件名中有数字和一些特殊字符也是允许的，所以像 2urgent! 和 Fig2-14 等也是合法的文件名。

很多文件系统支持用句点隔开为两部分的文件名，如 prog.C。句点后的部分称为文件扩展名（File Extension），通常文件扩展名说明了文件的类型。

例如，文件名 Myson.jpg 中的扩展名 jpg 说明该文件是一个 JPEG 图像文件。常见的一些文件扩展名及其含义如表 8.1 所示。

表 8.1　　　　　　　　　　　　　　常见文件扩展名

扩展名	含义
.bak	备份文件
.bas	Basic 源程序
.c	C 源程序
.dat	数据文件
.obj	目标文件（编译输出但未链接）
.mpg	用 MPEG 标准编码的影像文件
.txt	一般文本文件
.html	WWW 超文本标记语言
.hlp	帮助文件

根据文件类型，操作系统会按照对文件有效的方式操作文件，从而简化用户的操作。在有图形用户界面的操作系统中，每种文件类型有一个特定的图标，用户在文件目录中看到的不仅有文件名，还有说明文件类型的图标。当双击该图标后，操作系统会启动与这种文件类型相关的程序以载入该文件。

文件扩展名在某些情况下只是一种约定，不一定需要，但对于可以处理若干种不同文件的某个程序，这类约定特别有用。如，C 语言编译器可以编译、链接多种文件，其中有 C 源程序文件、目标文件以及可执行的程序等。因此，扩展名这时很有必要，编译器可利用文件扩展名来区分哪些是 C 源程序文件，哪些是目标文件，哪些是其他文件。

8.1.2　文件访问

访问文件中信息的方式主要有两种——顺序访问法和随机访问法。

最常见也最容易实现的访问方法是顺序访问法，应用程序按照从头至尾的顺序读取文件信息，不允许跳过某些内容读取。读写操作将根据读写的数据量移动当前文件指针，如图 8.1 所示。

图 8.1　顺序文件访问法

随机存取访问方法是将文件概念地址划分为带编号的逻辑记录，读写操作将文件指针设置到用户指定的记录编号，因此，用户可以按照任何顺序读写记录，如图 8.2 所示。

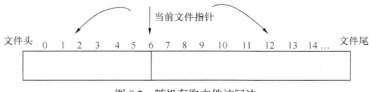

图 8.2　随机存取文件访问法

　　随机存取对很多应用程序而言是必不可少的，如数据库系统。如果乘客打电话预订某航班机票，订票程序必须能直接存取该航班记录，而不必先读出其他航班的成千上万的记录。

8.2 文件结构

8.2.1 顺序文件

　　顺序文件是只能按照从头到尾的顺序以一定的数据单元对其进行存取操作的文件。在对文件的访问过程中，只能从头到尾按顺序进行（见图 8.3，从 1 开始进行顺序访问），或在访问过程中直接定位到第一个记录所在位置重新开始访问（如从 4 重新定位到 1），不允许随意进行访问（如从 4 跳到 6、2 等），也不允许逆向访问（如当前位置为 4，不允许访问 3）。

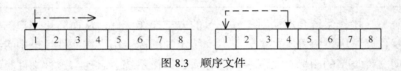

图 8.3　顺序文件

　　源程序文件、用户通过文本编辑程序所创建的文本文件、音频文件和视频文件都是顺序文件。实际上，大多数由用户创建的文件都是顺序文件。

　　在对记录文件的维护过程中，对于用户来说，可以知道记录的某些关键数据，如雇员的姓名、雇员编号等，但不可能记住这条记录在文件中的确切位置。因此，文件中的逻辑记录通常是通过记录中的一个单独的字段来进行鉴别并与其他记录进行区分。例如，在一个雇员文件中，这个字段可能是雇员的社会保险号或者身份证号码等，这个字段被称为关键字段。一般情况下，关键字能够唯一地将该条记录与其他记录进行区分。如雇员信息中可能包括雇员姓名、雇员性别、年龄和身份证号码等基本信息。在这些信息中，具有相同姓名的多个雇员可能会出现在同一家公司中，因此，根据姓名来查找这个雇员的信息可能难以确定，但任何一个雇员都具有唯一的身份证号码，或者说，不存在具有相同身份证号码的雇员信息，因此，可以利用身份证号码作为区分不同记录之间的关键字。利用关键字段来组织顺序文件可以大大减少信息处理的时间。

　　例如，处理银行的客户账户必须要求根据存取款信息更新每个账号的记录。如果包含存取款信息的文件和包含客户账户记录的文件都根据同一关键字段，按照同样的次序存放，那么更新处理就能够顺序地访问两个文件来进行——用从一个文件读取的存取款记录更新另一个文件中相应的记录。如果文件不按照相应次序排列，就需反复搜寻。图 8.4 给出了银行账户文件修改过程。

　　顺序文件对随机存取来说效率并不高。例如，如果一个银行的所有客户记录只能被顺序存取，则对于从自动取款机中取款的客户就要等待系统从头开始查找直到找到这名客户的信息。如果这个银行有 100 万个客户，系统在查找到客户记录之前平均要检索 50 万个记录，效率是非常低的，因此，需要有更有效的方法来解决这一问题。

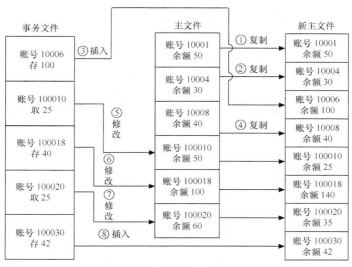

图 8.4　银行账户文件修改过程

8.2.2　索引文件

索引包括一系列被称作关键字的值，每个值代表相关存储结构中的一个信息单元，索引中的每一个关键字都有一个与之相对应的表项，保存指向对应的信息单元存储位置的指针。因此，为了寻找特定的信息单元，只需要在索引中找到特定的关键字，然后按照关键字所指向的位置检索信息单元就可以了。

索引文件由数据文件和索引组成，数据文件一般是无序、可以随机存取的文件。索引本身比较小，每条记录只包含两个域：记录的关键字和该关键字记录在文件中的位置。访问数据文件中的记录需要按以下步骤进行。

（1）整个索引文件都载入主存中；

（2）按照给定的关键字搜索在内存中的索引文件，快速查找到包含给定关键字的目标索引记录；

（3）从索引记录中获取目标记录所在数据文件中的位置；

（4）按照给定的地址，检索记录并返回给用户。

在特殊情况下，可能会出现这样一些情况，由于庞大数量的数据记录，使得索引文件也非常大，如对于一个比较大的城市而言，城市居民的数量上百万，对于居民基本信息的管理采用索引文件的方法，使得索引文件的记录数量也超过百万，这样会导致索引文件所占用的内存非常大，因此，可以采用一个基于层级的索引表（或多级索引文件），整个索引采用层次或者树形结构。最典型的例子就是绝大多数操作系统为了管理文件而采用的层次目录系统。在这个例子中，目录或者文件夹充当着索引的角色，每一个目录都包含有到达其子索引的链接。因此，整个文件系统就是一个巨大的索引文件。

8.2.3　散列文件

尽管索引文件能够以相对较快的速度处理数据存储结构，但它却需要额外保留一个索引。散列文件（或称为哈希文件）提供了与索引相似的访问方式，但不需要像索引那样的额外负担。它通过一个哈希函数直接将关键字的值映射成为对应记录所在数据文件中的位置，从而直接定位每一个记录，而不是在索引中查找关键字。由于散列直接根据关键字的值确定各个记录的位置，因此这种文件结构不需要索引以及伴随它的所有开销。

一个散列系统可以归纳如下：数据存储空间被分为若干个小区域，每个区域称为槽，每个槽存放数个记录。根据散列函数将记录存放到对应的存储槽中。检索时，先将散列函数用于该记录的关键字，以确定相应的存储槽，然后读取槽中的数据，从读取的数据中检索需查找的记录。

按散列存储方式构造的存储结构称为散列表，散列技术的核心是散列函数。

现在将散列技术用于银行个人账户数据，每个记录中包含该客户的信息。设散列表的容量为101，即有 101 个槽，槽号取 0～100。

账号作为识别每个客户记录的关键字，采用的散列函数是取账户关键字的低 4 位数值数据除以 101，取余数。这样余数是 0～100 中的一个整数，可对应 101 个槽中的一个。图 8.5 给出了散列存储槽的一个示例。

采用这样的方法，对每个记录使用散列函数将其账号关键字的后 4 位数值除以 101 取余数，得到一个槽号，将该记录存放于这个槽中。图 8.6 给出了散列存储示例。

图 8.5　散列存储槽的一个示例　　　图 8.6　散列存储示例

当检索一个记录时，用相对应的散列函数计算槽号，到相应的槽中去取要找的数据即可。

但是若有另一个账号为 4563771700110034，根据以上给出的散列函数，其获得的槽号也为 34，出现的这一现象称作冲突。这样就要求精心设计散列函数，使产生冲突的概率尽可能小。但在实际的应用中，很少存在不产生冲突的散列函数。因此，一个散列函数必须给出冲突的解决方法。一种简单的散列冲突解决方法是通过扩大槽的容量，每个槽可以容纳多个记录。根据一定的运算法则将各个数据记录关键字的值转换为相应的槽号，并将数据存放在对应的槽中。另一种简单的散列冲突解决方法是开放寻址解决法，当冲突发生时，系统将查找开放的或者是空闲的槽来存放新的数据，简单的办法是将新记录存放到冲突地址的下一个地址中。

8.3　Windows 文件系统

Windows 操作系统是一款由美国微软公司开发的窗口化操作系统。Windows 采用了 GUI 图形化操作模式，比起从前的指令操作系统如 DOS 更为人性化。Windows 操作系统是目前世界上使用最广泛的操作系统。随着电脑硬件和软件系统的不断升级，微软的 Windows 操作系统也在不断升级，从 16 位、32 位到 64 位操作系统。从最初的 Windows 1.0 和 Windows 3.2 到大家熟知的

Windows 95、Windows 97、Windows 98、Windows 2000、Windows Me、Windows XP、Windows Server、Windows Vista、Windows 7、Windows 8 等各种版本的持续更新,微软一直在尽力于 Windows 操作系统的开发和完善。微软公司的创始人是 Bill Gates 和 Paul Allen(见图 8.7)。

图 8.7　微软创始人——Bill Gates 和 Paul Allen

8.3.1　Windows 文件系统概述

Microsoft Windows 系列操作系统同时提供几种可供用户选用的文件系统格式,以适应不同用户的需求和计算机日新月异的硬件配置的变化。微软在 Windows 系列操作系统中使用了 6 种不同的文件系统,它们分别是:FAT12、FAT16、FAT32、NTFS、NTFS5.0 和 WINFS。其中 FAT12、FAT16、FAT32 均是 FAT(File Allocation Table)文件系统。

8.3.2　FAT32 文件系统

FAT32 文件系统主要应用于 Windows 9X 系统。这种格式采用 32 位的文件分配表,磁盘的管理能力大大增强。FAT32 文件系统可支持的磁盘分区的大小最大为 32GB,最小为 512MB 的分区;支持的最大单个文件的大小为 2GB。它采用大小为 4KB 的簇,磁盘利用效率高,可更有效地保存信息。它的启动记录被包含在一个含有关键数据的结构中,减少了计算机文件系统崩溃的可能性。

目前,支持这种格式的操作系统有 Windows 95、Windows 98、OSR2、Windows 98 SE、Windows Me、Windows 2000 和 Windows XP、Linux Redhat 部分版本也对 FAT32 提供有限支持。

8.3.3　NTFS 文件系统

NTFS 文件系统是一个基于安全性的文件系统,是 Windows NT 所采用的独特的文件系统结构,它是建立在保护文件和目录数据基础上,同时照顾节省存储资源、减少磁盘占用量的一种先进的文件系统。NTFS 可以支持的分区最大可以达到 2TB。它是一个可恢复的文件系统,通过使用标准的事务处理日志和恢复技术来保证分区的一致性。发生系统失败事件时,NTFS 使用日志文件和检查点信息自动恢复文件系统的一致性。它支持对分区、文件夹和文件的压缩。任何基于 Windows 的应用程序对 NTFS 分区上的压缩文件进行读写时,压缩文件不需要事先由其他程序进行解压缩,当对文件进行读取时,文件将自动进行解压缩;文件关闭或保存时会自动对文件进行压缩。NTFS 采用了更小的簇，可以更有效率地管理磁盘空间。基于 Windows 2000 的 NTFS 文件系统可以进行磁盘配额管理。NTFS 文件系统的优点有如下几点。

（1）具备错误预警的文件系统

在 NTFS 分区中，最开始的 16 个扇区是分区引导扇区，其中保存着分区引导代码，接着就是主文件表（Master File Table，MFT），但如果它所在的磁盘扇区恰好出现损坏，NTFS 文件系统会比较智能地将 MFT 换到硬盘的其他扇区，保证了文件系统的正常使用。

（2）文件读取速度更高效

NTFS 文件系统中如果文件或文件夹小于 1500 字节（电脑中有相当多这样大小的文件或文件夹），那么它们的所有属性，包括内容都会常驻在 MFT 中，而 MFT 是 Windows 一启动就会载入到内存中的，这样当你查看这些文件或文件夹时，其实它们的内容早已在缓存中了，自然大大提高了文件和文件夹的访问速度。

（3）磁盘自我修复功能

NTFS 利用一种"自我疗伤"的系统，可以对硬盘上的逻辑错误和物理错误进行自动侦测和修复。在 FAT16 和 FAT32 时代，我们需要借助 Scandisk 这个程序来标记磁盘上的坏扇区，但当发现错误时，数据往往已经被写在了坏的扇区上了，损失已经造成。在 NTFS 文件系统中有"防灾赈灾"的事件日志功能，任何操作都可以被看成是一个"事件"。事件日志的作用不在于它能挽回损失，而在于它监督所有事件，从而让系统永远知道完成了哪些任务，哪些任务还没有完成，保证系统不会因为断电等突发事件发生紊乱，最大程度降低了破坏性。

（4）NTFS 动态磁盘功能

动态磁盘提供了基本磁盘不具备的一些特性，例如，创建可跨越多个磁盘的卷和创建具有容错能力的卷能力，动态磁盘上的所有卷都是动态卷。

8.4　Linux 文件系统

Linux 是一套免费使用和自由传播的类 Unix 操作系统，这个系统是由全世界各地的成千上万的程序员设计和实现的。其目的是建立不受任何商品化软件版权制约且全世界都能自由使用的 Unix 兼容产品，Linux 以它的高效性和灵活性著称，它能够在 PC 上实现全部的 Unix 特性，具有多任务、多用户的能力。目前已成为世界上使用最多的一种类 UNIX 操作系统。

Linux 文件系统中的文件也是数据的集合，文件系统不仅包含文件中的数据而且还有文件系统的结构。文件系统负责在外存上管理文件，并把对文件的存取、共享和保护等手段提供给操作系统和用户。它不仅方便了用户使用，保证了文件的安全性，还可以大大地提高系统资源的利用率。所有 Linux 用户和程序看到的文件、目录、软连接及文件保护信息等都存储在其中。

Linux 的创始人 Linus Benedict Torvalds（见图 8.8）出生于芬兰赫尔辛基市。毕业于赫尔辛基大学计算机科学系，被誉为"Linux 之父"，当他还是大学生时，编写了一个小型操作系统 Linux，后来开放源代码，供全世界的程序员和爱好者共同改进了这个系统。1997 年～2003 年他在美国加州硅谷任职于全美达公司（Transmeta Corporation），参与该公司芯片的 code morph 技术研发。后受聘于开源码发展实验室（Open Source Development Labs，OSDL），全力开发 Linux 内核，现任职于 Linux 基金会。如今 Linux 已经成为较为知名的操作系统，Linus 依旧参与系统内核的编写和更新工作。

图 8.8　Linux 之父——Linus Torvalds

8.4.1　Linux 文件系统概述

Linux 最早的文件系统是 Minix，但是专门为 Linux 设计的文件系统——扩展文件系统第二版 EXT2 被设计出来并添加到 Linux 中，这对 Linux 产生了重大影响。EXT2 文件系统功能强大、易扩充、性能上进行了全面优化，也是所有 Linux 发布和安装的标准文件系统类型。

Linux 的文件系统的功能非常强大，能支持 Minix、Ext2、VFAT 等多达 15 种文件系统，并且能够实现这些文件系统之间的互访。Linux 的文件系统和 Windows 的不一样，没有驱动器的概念，而是表示成单一的树状结构。如果想增加一个文件系统，必须通过装载命令将其以一个目录的形式挂接到文件系统层次树中。该目录称为安装点或者安装目录。若要删除某个文件系统，使用卸载命令来实现。

当磁盘初始化时，磁盘中将添加一个描述物理磁盘逻辑构成的分区结构。每个分区可以拥有一个独立文件系统，如 Ext2。文件系统将文件组织成包含目录、软连接等存在于物理块设备中的逻辑层次结构。包含文件系统的设备叫块设备。Linux 文件系统认为线性块集合的工作由块设备驱动来完成，由它将对某个特定块的请求映射到正确的设备上去，此数据块所在硬盘的对应磁道、扇区及柱面数都被保存起来。不管哪个设备持有这个块，文件系统都必须使用相同的方式来寻访并操纵此块。Linux 文件系统不管系统中有哪些不同的控制器，控制着哪些不同的物理介质且这些物理介质上有几个不同文件系统。每个实际文件系统和操作系统之间通过虚拟文件系统 VFS 来通信，Linux 的文件系统结构如图 8.9 所示。

在各种文件系统与 I/O 设备之间，通过缓冲来实现快速高效的文件访问服务，并独立于底层介质和设备驱动。当 Linux 安装一个文件系统并使用时，VFS 为其缓存相关信息。此缓冲中数据在创建、写入和删除文件与目录时如果被修改，则必须谨慎地更新文件系统中对应内容。这些缓存中最重要的是 Buffer Cache，它被集成到独立文件系统访问底层块设备的例程中。当进行块存取时，数据块首先被放入 Buffer Cache，并根据其状态保存在各个队列中。此 Buffer Cache 不仅缓存数据，而且帮助管理块设备驱动中的异步接口。

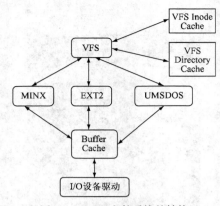

图 8.9　Linux 文件系统的结构

8.4.2　虚拟文件系统 VFS

Linux 系统最大的特点之一就是能支持多种不同的文件系统，每一种文件系统都有自己的组织结构和文件操作函数，相互之间差别很大。Linux 对上述文件系统的支持是通过虚拟文件系统 VFS 的引入而实现的。VFS 是物理文件系统与服务例程之间的一个接口层，它对 Linux 的每个文件系统的所有细节进行抽象，使得不同的文件系统在 Linux 核心以及系统中运行的进程看来都是相同的。

1．VFS 的功能

（1）记录可用的文件系统的类型。

（2）将设备同对应的文件系统联系起来。

（3）处理一些面向文件的通用操作。

（4）涉及针对文件系统的操作时，VFS 把它们映射到与控制文件、目录以及 inode 相关的物理文件系统。

2．VFS 的数据结构

VFS 的数据结构与 Unix 文件系统的模型一致，使用了超级块和 inode 来描述文件系统。在超级块中描述了系统中已安装文件系统的相关信息，VFS inode 说明了系统中的文件和目录以及 VFS 中的内容和拓扑结构。

3．文件系统功能的实现

系统启动和操作系统初始化时，物理文件系统将其自身注册到 VFS 中。物理文件系统除了可以构造到核心中之外，也可以设计成可加载模块的形式，通过 mount 命令在 VFS 中加载一个新的文件系统。当 mount 一个基于块设备且包含根目录的文件系统时，VFS 必须读取其超级块。每个文件系统类型的超级块读取例程必须了解文件系统的拓扑结构，并将这些信息映射到 VFS 的超级块中。VFS 在系统中保存着一组已安装文件系统的链表及其 VFS 超级块。每个 VFS 超级块包含一些信息以及一个执行特定功能的函数指针。

当某个进程发布了一个面向文件或目录的系统调用时，首先使用系统调用遍历系统的 VFS inode。为了在虚拟文件系统中找到某个文件的 VFS inode，VFS 必须依次解析此文件名字中的中间目录直到找到此 VFS inode。然后内核将调用 VFS 中相应的函数，这个函数处理一些与物理结构无关的操作，并且把它重定向为真实文件系统中相应的函数调用，而这些函数调用则用来处理那些与物理结构有关的操作。

VFS 界面由一组标准的、抽象的操作构成，以系统调用的形式提供给用户程序，例如 read()、

write()等。不同的文件系统通过不同的程序来实现各种功能，但是具体的文件系统与 VFS 之间的界面是有明确的定义，这个界面的主体就是 fs_operations 数据结构。每种文件系统都有自己的 file_operations 数据结构，结构中的成分几乎全是函数指针，如 read 就指向具体文件系统用来实现读文件操作的入口函数。在访问文件时，每个进程通过 open()与具体的文件建立连接。

8.4.3　EXT2 文件系统

在 Linux 中，普通文件和目录文件保存在称为"块物理设备"的磁盘或者磁带等存储介质上。一套 Linux 系统支持若干个物理盘，每个物理盘可以定义一个或者多个文件系统。每个文件系统均由逻辑块的序列组成。一般来说，一个逻辑盘可以划分为几个用途各不相同的部分：引导块、超级块、inode 区以及数据区。

Linux 使用一种叫虚拟文件系统的技术，从而可以支持多达几十种的不同文件系统，而 EXT2 是 Linux 自己的文件系统。它有几个重要的数据结构：超级块、inode（索引结点）、组描述符、块位图、inode 位图等。其中最重要的一个是超级块，用来描述目录和文件在磁盘上的物理位置、文件大小和结构等信息；另一个是 inode。文件系统中的每个目录和文件均由一个 inode 描述。它包含文件模式（类型和存取权限）、数据块位置等信息。

一个文件系统除了重要的数据结构之外，还必须为用户提供有效的接口操作。比如 EXT2 提供的 OPEN/CLOSE 接口操作。

8.5　Google 文件系统

Google 是一个 Google 公司于 1998 年 9 月 7 日创立的搜索引擎。Google 目前被公认为是全球规模最大的搜索引擎，它提供了简单易用的免费服务，主要的搜索服务有网页、图片、音乐、视频、地图、新闻、问答。目前公司的主要产品有：Google 搜索、Google Web API、Google Book Search、Google Maps、Google 翻译、Google 学术等。

Google 公司的创始人是 Larry Page 和 Sergey Brin。Larry Page 出生在美国密歇根州东兰辛市的一个犹太家庭，为美国密歇根大学安娜堡分校的毕业生，拥有理工科学士学位，因其出色的领导才能获得过多项荣誉，Google 就是由 Page 在斯坦福大学发起的研究项目转变而来的。Sergey Brin 是马里兰大学校本部的荣誉毕业生，拥有数学专业和计算机专业的理学学士学位，他还是美国国家科学基金会的奖学金得主。

图 8.10　Google 创始人——Larry Page 和 Sergey Brin

8.5.1 Google 文件系统概述

Google 文件系统（Google File System，GFS）是一个大型的分布式文件系统。它为 Google 云计算提供海量存储，并且与 Chubby、MapReduce 以及 Bigtable 等技术结合十分紧密，处于所有核心技术的底层。

GFS 专门为 Google 的核心数据即页面搜索的存储进行了优化。数据使用大到若干 G 字节的大文件持续存储，而这些文件极少被删除、覆盖或者减小，通常只是进行添加或读取操作。它也是针对 Google 的计算机集群进行的设计和优化，这些节点是由廉价的"常用"计算机组成，这就意味着必须防止单个节点的高损害率和随之带来的数据丢失。

GFS 的创新之处并不在于它采用了多么令人惊讶的技术，而在于它采用廉价的商用机器构建分布式文件系统，同时将 GFS 的设计与 Google 应用的特点紧密结合并简化其实现，使之可行并最终达到创意新颖、有用、可行的完美组合。GFS 使用廉价的商用机器构建分布式文件系统，将容错的任务交由文件系统来完成，利用软件的方法解决系统可靠性问题，这样可以使得存储的成本成倍下降。由于 GFS 中服务器数目众多，在 GFS 中服务器死机是经常发生的事情，甚至都不应当将其视为异常现象。那么如何在频繁的故障中确保数据存储的安全、保证提供不间断的数据存储服务是 GFS 最核心的问题。GFS 的精彩在于它采用了多种方法，从多个角度，使用不同的容错措施来确保整个系统的可靠性。

8.5.2 Google 文件系统的结构

GFS（见图 8.11）将整个系统的结点分为 3 类角色：Client（客户端）、Master（主服务器）和 Chunk Server（数据块服务器）。Client 是 GFS 提供给应用程序的访问接口，它是一组专用接口，不遵守 POSIX 规范，以库文件的形式提供。应用程序直接调用这些库函数，并与该库链接在一起。Master 是 GFS 的管理节点，在逻辑上只有一个，它保存系统的元数据，负责整个文件系统的管理，是 GFS 文件系统中的"大脑"。Chunk Server 负责具体的存储工作。数据以文件的形式存储在 Chunk Server 上，Chunk Server 的个数可以有多个，它的数目直接决定了 GFS 的规模。GFS 将文件按照固定大小进行分块，默认是 64MB，每一块称为一个 Chunk（数据块），每个 Chunk 都有一个对应的索引号（Index）。

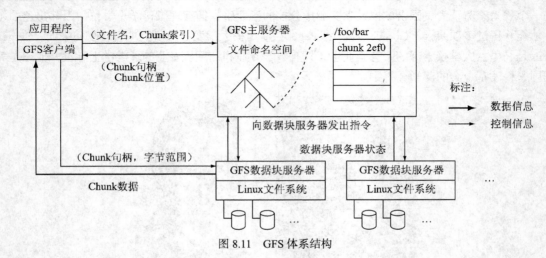

图 8.11 GFS 体系结构

客户端在访问 GFS 时，首先访问 Master 结点，获取将要与之进行交互的 Chunk Server 信息，然后直接访问这些 Chunk Server 完成数据存取。GFS 的这种设计方法实现了控制流和数据流的分离。Client 与 Master 之间只有控制流，而无数据流，这样就极大地降低了 Master 的负载，使之不成为系统性能的一个瓶颈。Client 与 Chunk Server 之间直接传输数据流，同时由于文件被分成多个 Chunk 进行分布式存储，Client 可以同时访问多个 Chunk Server，从而使得整个系统的 I/O 高度并行，系统整体性能得到提高。

相对于传统的分布式文件系统，GFS 针对 Google 应用的特点从多个方面进行了简化，从而在一定规模下达到成本、可靠性和性能的最佳平衡。

8.5.3　主服务器 Master 的操作

Master 执行所有的名字空间操作。此外，它还管理整个系统的 Chunk 备份：决定如何放置、创建新的 Chunk 和相应的副本，协调整个系统的活动以保证 Chunk 都是完整备份的，在 Chunkserver 间进行负载平衡，回收没有使用的存储空间。以下列出 Master 节点的任务。

1. 名字空间管理和锁

很多 Master 操作都需要花费很长时间，比如，一个快照操作要撤销该快照所包含的 Chunk 的所有租约。我们并不想耽误其他运行中的 Master 操作，因此我们允许多个操作同时是活动的，通过在名字空间区域使用锁来保证正确的串行化。

GFS 的目录不像传统的文件系统，并没有一种数据结构用来列出该目录下所有文件，而且也不支持文件或者目录别名。GFS 在逻辑上通过一个路径全称到原数据映射的查找表来表示它的名字空间。通过采用前缀压缩，这个表可以有效地在内存中表示。名字空间树中的每个节点具有一个相关联的读写锁。

2. 备份放置

GFS 在多个层次上都具有高度的分布式。它拥有数百个散步在多个机柜中的 Chunkserver。这些 Chunkserver 又可以被来自不同或者相同机柜上的 Client 访问。处在不同机柜的机器间的通信可能需要穿过一个或者更多的网络交换机。此外，进出一个机柜的带宽可能会小于机柜内所有机器的带宽总和。多级的分布式带来了数据分布式时的扩展性、可靠性和可用性方面的挑战。

Chunk 的备份放置策略服务于两个目的：最大化数据可靠性和可用性、最小化网络带宽的使用。为了达到这两个目的，仅仅将备份放在不同的机器是不够的，这只能应对机器或者硬盘失败，以及最大化利用每台机器的带宽。在机柜间存放备份能够保证当一个机柜整个损坏或者离线时，该 Chunk 的存放在其他机柜的某些副本仍然是可用的。这也意味着对于一个 Chunk 的流量，尤其是读取操作可以充分利用多个机柜的带宽。另一方面，写操作需要在多个机柜间进行。

3. Chunk 副本的创建

当 Chunk 的可用备份数低于用户设定的目标值时，Master 会进行重复制。有多个可能的原因导致它的发生：Chunkserver 不可用，Chunkserver 报告它的某个备份已被污染，一块硬盘由于错误而不可用或者用户设定的目标值变大了。

Master 选择最高优先级的 Chunk，通过给某个 Chunkserver 发送指令告诉它直接从一个现有合法部分中拷贝数据来进行克隆。新备份的放置与创建具有类似的目标：平均磁盘使用，限制在单个 Chunkserver 上进行的 clone 操作数，使副本存放在不同机柜间。

Master 会周期性地对副本进行重平衡。它检查当前的副本分布，然后为了更好的磁盘空间使用和负载瓶颈，将副本进行移动。通过这种方式来填充一个新的服务器，而不是把其他的内容统统放置到它上面带来大量的写数据。

4. 垃圾回收

文件删除后，GFS 并不立即释放可用的物理存储。它会将这项工作推迟到文件和 Chunk 级别的垃圾回收时做。采用垃圾回收方法收回存储空间与直接删除相比，提供了以下几个优势。第一，在经常出现组件失败的大规模分布式系统中，它是简单而且可靠的。Chunk 创建可能在某些 Chunkserver 上成功，在另外一些失败，这样就留下一些 Master 所不知道的副本。副本删除消息可能丢失，Master 必须记得在出现失败时进行重发。垃圾回收提供了一种同一的可信赖的清除无用副本的方式。第二，它将存储空间回收与 Master 常规的后台活动结合在一起，比如名字空间扫描，与 Chunkserver 的握手。因为它们是绑在一块执行的，这样开销会被平摊。而且只有当 Master 相对空闲时才会执行。Master 就可以为那些具有时间敏感性的客户端请求提供更好的响应。第三，空间回收的延迟为意外的不可逆转的删除提供了一道保护网。

5. 过期副本检测

如果 Chunkserver 失败或者在它停机期间丢失了某些更新，Chunk 副本就可能变为过期的。对于每个 Chunk，Master 维护一个版本号来区分最新和过期的副本。

Master 通过周期性的垃圾回收删除过期副本。在此之前，对于客户端对该 Chunk 的请求，Master 会直接将过期副本当作根本不存在进行处理。作为另外一种保护措施，当 Master 通知客户端哪个 Chunkserver 包含某 Chunk 的租约或者当它在 clone 操作中让 Chunkserver 从另一个 Chunkserver 中读取 Chunk 时，会将 Chunk 的版本号包含在内。当 clinet 和 Chunkserver 执行操作时，总是会验证版本号，这样就使得它们总是访问最新的数据。

小　结

（1）文件是一种抽象的机制，是具有某个特定符号名的相关数据的集合。不同的系统具有不同的命名规则，具有不同的文件属性。

（2）文件中的数据可以顺序存取，也可以随机存取。在顺序存取中，每个记录必须按顺序从头到尾依次进行访问，其数据的更新比较复杂。在随机存取中，记录的存取无需检索它前面的数据，只需知道其地址。顺序存取适应于顺序文件，而随机存取可以使用索引文件以及散列文件。

（3）索引文件包含一个数据文件和一个索引。利用索引可以快速查找关键字的值，并从记录中获取具有该关键字的值的地址来检索数据文件中的记录。散列文件是随机存取文件，它通过散列函数将关键字的值直接映射成为地址，从而减少索引文件的额外开销。

（4）在常用的散列算法中，直接法将关键字的值作为地址直接查找数据文件，但由于在数据文件中真正使用的空间不大，因此，空间利用率比较低，这类算法实现简单，效率比较高，但容易发生冲突。

（5）文件系统是操作系统用于明确磁盘或分区上文件的方法和数据结构。操作系统中负责管理和存储文件信息的软件机构称为文件管理系统，简称文件系统。Windows 系列操作系统主要采用 FAT、NTFS 和 WINFS 等文件系统。

（6）Linux 文件系统中的文件是数据的集合，所有 Linux 用户和程序看到的文件、目录、软连接及文件保护信息等都存储在其中。Linux 的文件系统的功能非常强大，能支持 Minix、Ext2、VFAT 等多达 15 种文件系统，并且能够实现这些文件系统之间的互访。

（7）Google 文件系统是 Google 公司为了满足其需求而开发的基于 Linux 的专有分布式文件系统。GFS 采用廉价的商用机器构建分布式文件系统，同时将 GFS 的设计与 Google 应用的特点紧密结合并简化其实现，使之可行并最终达到创意新颖、有用、可行的完美组合。

习　　题

1. 什么是文件？什么是文件系统？

2. 列举一些常用的文件扩展名。

3. 在你熟悉的操作系统中列举一些常见的文件属性。

4. 假设一个顺序文件包含 2 000 个记录，如果在一个很长的时期内，有不同的记录从文件中检索出来，那么试估计每一次检索时平均得到的记录数目是多少？并解释答案。

5. 在 Unix 文件系统中，文件分成哪几种？

6. 通常文件有哪几种存取方式？

7. 典型的文件结构有哪几种？

8. 索引文件可否使用顺序存取来实现访问，试说明理由。

9. 在索引文件中，数据文件和索引是怎样关联的？

10. 被索引的文件相对散列文件有什么优势？

11. 什么是冲突？试给出 3 种解决冲突的方法？

12. 举一个随机存取文件的例子。

13. 举一个顺序存取文件的例子。

14. 假设一个散列文件包含美国一个当地社区的居民信息，如果这个文件的关键字段包含 7 位电话号码，为什么用它的前 3 位数字作为散列算法的基础并不是一个好的想法呢？

15. 为什么一个公司职员的证件号码比他的名字更适合作为关键字？

16. 在下面的例子中，描述一下你推荐的文件结构，并给出你的看法。

（1）一个演讲的大致草稿；

（2）一个牙医的病例；

（3）一个邮件列表；

（4）一个含有 50 000 个词的参考书目和它们的解说。

17. 如果一个散列文件的文件列表长度为 10，则 3 个任意记录中至少有两个记录散列到同一个位置的可能性有多大？文件中必须存放多少条记录才会使得发生冲突的可能性大于不发生冲突的可能性。

18. 如果文件列表长度为 23，系统采用求模法以及开放寻址方法解决冲突，则对于关键字为 124、152、239、354 和 862 的记录，将被存到哪一个位置？

19. Windows 操作系统中总共使用了哪些文件系统？

20. 简述虚拟文件系统 VFS 的功能。

21. Google 文件系统的结构包含哪几类结点？

本章参考文献

[1] 高晓蓉. 浅析 Linux 文件系统. 南京广播电视大学学报，2008，5(1)：23-30.

[2] 王春丽，曹培发. Google 文件系统的负载控制研究. 科学技术与工程，2006，6(11)：1671-1815.

第9章
数据库系统

数据库技术是信息技术的核心组成，是社会信息化的重要支撑技术之一。它是沟通现实世界和数字世界的技术途径，它系统地提供了数据建模、存储、操作、管理和应用等技术，而数据库管理系统正是上述技术在计算机上的软件实现。当前，成功的数据库厂商都有着自己的拳头产品，这些产品不仅有强大的数据处理和数据管理的功能，而且都具有良好的性能，并在使用中得到用户的验证和认可。

数据库技术在不到半个世纪的时间里，形成了坚实的理论基础、成熟的商业产品和广泛的应用领域，吸引越来越多的研究者加入。数据库的诞生和发展给计算机信息管理带来了一场巨大的革命。随着应用的扩展与深入，数据库的数量和规模越来越大，数据库的研究领域也已经大大地拓广和深化了。

9.1　数据库系统的基本概念

数据库技术是计算机科学与技术中发展最快的分支。20 世纪 70 年代以来，数据库系统从网状和层次数据库系统发展为关系数据库系统。目前数据库系统正向着面向对象数据库系统发展，并与网络技术、分布式计算、面向对象程序设计技术相结合。

数据库系统（DataBase System，DBS）是指采用数据库技术的计算机应用系统，一般由以下4 个部分组成。

（1）数据库：指长期存储在计算机内的有组织、可共享的数据的集合。数据库中的数据按一定的数学模型组织、描述和存储，具有较小的冗余、较高的数据独立性和易扩展性，并可为各种用户共享。

（2）硬件：构成计算机系统的各种物理设备，包括存储所需的外部设备。硬件的配置应满足整个数据库系统的需要。

（3）软件：包括操作系统、数据库管理系统及应用程序。数据库管理系统（DataBase Management System，DBMS）是数据库系统的核心软件，是在操作系统的支持下工作，解决如何科学地组织和存储数据，如何高效获取和维护数据的系统软件。其主要功能包括数据定义功能、数据操纵功能、数据库的运行管理和数据库的建立与维护。

（4）人员：主要有 4 类。第一类为系统分析员和数据库设计人员，系统分析员负责应用系统的需求分析和规范说明，他们和用户及数据库管理员一起确定系统的硬件配置，并参与数据库系统的概要设计；数据库设计人员负责数据库中数据的确定、数据库各级模式的设计。第二类为应用程序员，负责编写使用数据库的应用程序。这些应用程序可对数据进行检索、建立、删除或修改。第三类为最终用户，他们利用系统的接口或查询语言访问数据库。第四类用户是数据库管理员（Data Base

Administrator，DBA），负责数据库的总体信息控制。DBA 的具体职责包括：具体数据库中的信息内容和结构，决定数据库的存储结构和存取策略，定义数据库的安全性要求和完整性约束条件，监控数据库的使用和运行，负责数据库的性能改进、数据库的重组和重构，提高系统的性能。

9.1.1　数据库管理系统概述

数据库可以简单定义为存储在一台或多台计算机上信息的集合。数据库管理系统是一个软件系统，用来创建和维护用户数据库，并为其提供控制性访问。数据库管理系统提供了在数据库中创建、更新、存储及检索数据的一个系统的方法。它可以使终端用户和应用程序员共享数据，数据还可以被多个应用程序所共享，而不是为每个新应用程序重新生成并存储到新文件。数据库管理系统也为控制数据访问、增强数据完整性、管理并发控制和恢复数据提供了便利。例如，大学可以用数据库管理系统保存学生的记录，提供学生成绩查询服务；大部分大型图书馆利用数据库系统保存藏书清单和借/还书记录，提供主题、作者和题目等多种类型的索引；所有航空公司都利用数据库系统管理航班和提供订票服务。

9.1.2　数据库模式

数据库管理系统是一些互相关联的文件以及一组使得用户可以访问和修改这些文件的程序集合。数据库系统可以给用户提供数据的抽象视图，也就是说，系统隐藏了关于数据存储和维护的某些细节。

一个可用的系统必须能有效地检索数据。为了达到这样的要求，人们设计了复杂的数据结构，用来在数据库中表示数据。由于许多数据库系统的用户并未受过计算机专业训练，系统开发人员通过如下几个层次的抽象来为用户降低复杂程度，以简化系统的用户界面。

（1）物理层：最低层次的抽象。用于描述数据实际上是怎样存储的。物理层详细地描述了复杂的低层数据结构。

（2）逻辑层：比物理层层次稍高的抽象。用于描述数据库中存储什么数据以及这些数据间存在什么关系，因而整个数据库可以通过少量相对简单的结构来描述。虽然简单的逻辑层结构的实现涉及复杂的物理层结构，但逻辑层的用户不必知道这种复杂性，逻辑层抽象是由数据库管理员所使用的，管理员必须确定数据库中应该保存哪些信息。

（3）视图层：最高层次的抽象，但只描述整个数据库的某个部分。尽管在逻辑层使用了比较简单的结构，但由于数据库的规模巨大，所以仍存在一定程度的复杂性。数据库系统的多数用户并不需要关心所有的信息，而只需要访问数据库的一部分。视图抽象层的定义正是为了使用户与系统的交互更简单。系统可以为同一数据库提供多个视图。

这三层抽象的相互关系如图 9.1 所示。

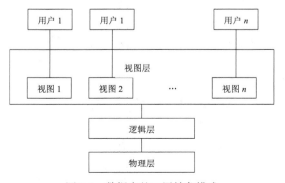

图 9.1　数据库的三层抽象模式

9.1.3　数据模型

目前，数据库中最常用的数据模型是：层次模型、网状模型、关系模型和面向对象模型。其中，层次模型和网状模型统称为非关系模型。非关系模型的数据库系统在20世纪70年代非常流行，在数据库系统产品中占据了主导地位，但现在已被关系模型的数据库系统所取代。20世纪80年代以来，面向对象的方法和技术在计算机各个领域，包括程序设计语言、软件工程、信息系统设计等各方面都产生了深远的影响，也促进了数据库中面向对象数据模型的研究和发展。

1. 层次模型

层次模型是数据库系统中最早出现的数据模型。层次数据库系统采用层次模型作为数据的组织方式。层次数据库系统的典型代表是IBM公司的IMS数据库管理系统。这是1968年IBM公司推出的第一个大型的商用数据库管理系统，曾经得到广泛的使用。

层次模型的表示方法是：树的结点表示实体集（记录的型），结点之间的连线表示相连两实体集之间的关系，这种关系只能是"1-M"的。通常把表示1的实体集放在上方，称为父结点，表示M的实体集放在下方，称为子结点。层次模型的结构特点如下。

（1）有且仅有一个根结点。

（2）根结点以外的其他结点有且仅有一个父结点。

在层次模型中，数据被组织成一棵倒置的树。图9.2给出了层次模型的逻辑视图。

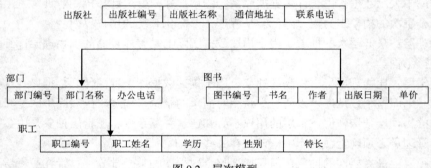

图9.2　层次模型

2. 网状模型

层次模型不能直接表示非树形结构，网状模型可以克服这一缺陷。在数据库中，我们把满足以下两个条件的基本层次联系集合称为网状模型。

（1）允许一个以上的结点无双亲。

（2）一个结点可以有多于一个的双亲。

从定义可以看出，层次模型中子女结点与双亲结点的联系是唯一的，而在网状模型中这种联系可以不唯一。因此，要为每个联系命名，并指出与该联系有关的双亲记录和子女记录。网状数据库系统采用网状模型作为数据的组织方式。

在网状数据库模型中，通过图来组织数据，可以通过多条路径来访问数据，没有层次的关系。图9.3描述了网状模型的逻辑视图。

网状数据模型的数据库是处理以记录类型为结点的网状数据模型的数据库，处理方法是将网状结构分解成若干棵二级树结构，称为系。系类型是对两个或两个以上的记录类型之间联系的一种描述。在一个系类型中，有一个记录类型处于主导地位，称为系主记录类型，其他称为成员记录类型。系主记录类型和成员记录类型之间的联系是一对多的联系。网状数据库的代表是 DBTG 系统。1969 年美国的 CODASYL 组织提出了一份 "DBTG 报告"，以后，根据 DBTG 报告实现的系统一般称为 DBTG 系统。现有的网状数据库系统大都是采用 DBTG 方案。DBTG 系统是典型的三级结构体系：子模式、模式、存储模式。相应的数据定义语言分别称为子模式定义语言 SSDDL、模式定义语言 SDDL、设备介质控制语言 DMCL，另外还有数据操纵语言 DML。

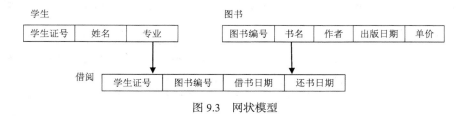

图 9.3　网状模型

网状数据库之父 Charles W.Bachman（见图 9.4）获得 1973 年图灵奖。Bachman1924 年生于堪萨斯州的曼哈顿。1950 年，他在宾夕法尼亚大学取得硕士学位。同年，他在沃顿商学院完成了 3 个季度的学习，取得 MBA 学位。1961 年，Charles W.Bachman 在通用电气公司成功地开发出世界上第一个网状 DBMS，也是第一个数据库管理系统——集成数据存储（Integrated DataStore，IDS），奠定了网状数据库的基础，并在当时得到了广泛的发行和应用。他积极推动与促成了数据库标准的制定，在美国数据系统语言委员会CODASYL下属的数据库任务组DBTG提出了网状数据库模型以及数据定义（DDL）和数据操纵语言（DML）规范说明，于 1971 年推出了第一个正式报告——DBTG 报告，成为数据库历史上具有里程碑意义的文献。

图 9.4　网状数据库之父——
Charles W. Bachman

3. 关系模型

关系模型是目前最重要的一种数据模型。关系数据库系统采用关系模型作为数据的组织方式，目前最流行的数据库，如 Oracle、SQL Server 都采用这种模型。

1970 年，美国 IBM 公司的研究员 E.F.Codd 首次提出了数据库系统的关系模型，为数据库技术奠定了理论基础。20 世纪 80 年代以来，计算机厂商新推出的数据库管理系统几乎都支持关系模型，数据库领域当前的研究工作也都是以关系方法为基础。

20 世纪 70 年代末，关系方法的理论研究成果和软件系统的研制均取得了很大成果。IBM 公司的 San Jose 实验室在 IBM370 系列机上研制的关系数据库实验系统 System R 获得成功。1981 年 IBM 公司又宣布了具有 System R 全部特征的新的数据库软件产品 SQL/DS 问世。同期，美国加州大学伯克利分校也研制了 INGRES 关系数据库实验系统，并由 INGRES 公司发展成为 INGRES 数据库产品。

关系模型中，数据组织采用二维表，表是记录的集合，记录是域的集合，数据库表的每个域都包括一个数值，表中的每个记录都包含相同的域。

图 9.5 简单表示了关系模型的逻辑视图。

关系数据库之父 E.F.Codd（见图 9.6）获得 1981 年图灵奖。E.F.Codd 生于英格兰多塞特郡的波特兰。1948 年，他来到纽约加入了 IBM 公司，成为一名数学程序员。1963 年，他于密歇根大学取得了计算机科学博士学位。他在 IBM 工作期间，首创了关系模型理论。1970 年，他在刊物

Communication of the ACM 上发表了一篇名为 "A Relational Modelof Data for Large Shared Data Banks" 的论文，提出了关系模型的概念，奠定了关系模型的理论基础。这篇论文被普遍认为是数据库系统历史上具有划时代意义的里程碑。后来 Codd 又陆续发表多篇文章，论述了范式理论和衡量关系系统的 12 条标准，用数学理论奠定了关系数据库的基础。关系模型有严格的数学基础，抽象级别比较高，而且简单清晰，便于理解和使用。E.F.Codd 一生中为计算机科学做出了很多有价值的贡献，而关系模型作为一个在数据库管理方面非常具有影响力的基础理论，仍然被认为是他最引人瞩目的成就。

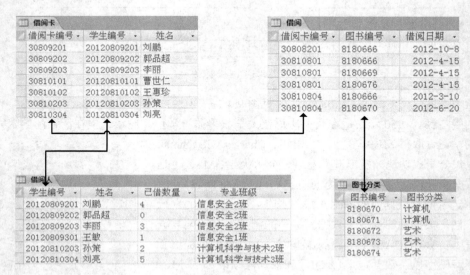

图 9.5　关系模型

4.　面向对象数据模型

面向对象数据库的本质构件是面向对象数据模型。按照面向对象程序设计方法进行数据建模并做出语义解释，就可得到面向对象数据模型。面向对象数据模型吸收了面向对象程序设计方法中的核心概念和基本方法，其要点是采用面向对象观点来描述现实世界中的实体（对象）逻辑结构和对象之间的联系与限制。

（1）数据实体

面向对象数据模型的基本数据实体是对象和类。

图 9.6　关系数据库之父——
Edgar F. Codd

① 对象：是面向对象数据模型中基本结构，对应于 E-R 模型中的一个实体。事实上，一切概念上的实体都可以看作对象。一般而言，对象可以描述为 3 个集合的封装体：变量集合、方法集合和消息集合。在面向对象数据模型中，对象由一个变量集合和一组方法进行描述，而对外的界面是一组消息。

② 类：是对具有共同属性和方法的对象全体的抽象和概括的描述，类中对象类的对象称为实例。

数据库中可能有许多相似对象，它们具有相同名称和特征变量，这些变量可以响应相同的消息和调用相同的方法。按照相似性，将它们形成不同类别以形成类的概念。此时，类与对象的联系类似于关系数据库中关系模式和元组的联系。关系数据库是各种关系的集合，每个关系由元组组成，而面向对象数据库是各种类的集合，每个类由若干对象组成。

（2）数据结构

数据结构实际上就是数据相互之间的逻辑关系。面向对象数据结构主要表现在类之间的继承关系和复合关系。继承联系和组合联系的基本作用是通过已知类定义新的类。

① 继承关系：类之间的继承联系是一种"A is B"联系。此时，A 称为子类，B 称为超类。超类和子类之间具有共享特征，子类可以共享超类中的数据和程序代码。另外，子类和超类间也存在着数据和功能上的差异，即子类中可以定义新的特征和方法，也可屏蔽超类中的某些方法。一个类可以有其子类，子类还可有其子类，由此形成了一个层次结构。

② 复合关系：类之间的复合联系是一种"A has B"或"A is a part of B"联系。此时，一个类由其他多个类组成，例如，计算机类由主机类、键盘类、鼠标类、显示器类等组成。这里，类有一组属性变量，而属性变量的值是另一个类中的对象。

由类（对象）概念以及类的继承和复合联系可得面向对象数据的概念模型，这种概念模型也称为类层次结构模型。类似于 E-R 模型可以用 E-R 图描述，对象和类的概念模型可以用类层次结构图（UML）刻画。需要指出的是，与传统关系数据模型不同，在面向对象数据模型中，概念数据模型与逻辑模型通常合二为一。

（3）数据操作和类型

① 数据操作

在面向对象的数据模型中，有方法和消息两类数据操作。其中，方法是指封装在类中的数据操作，而消息是指类之间相互沟通的操作。

面向对象数据模型中一般使用消息或方法表示完整性约束条件，它们称为完整性约束方法与完整性约束消息，并在其之前标有特殊标识。面向对象数据模型的直观描述就是面向对象方法中的类层次结构图。面向对象数据模型中的对象由一组变量、一组方法和一组消息组成，其中描述对象自身特性的"属性"和描述对象间相互关联的"联系"也常常统称为"状态"，方法就是施加到对象的操作。一个对象的属性可以是另一个对象，另一个对象的属性还可以用其他对象描述，以此模拟现实世界中的复杂实体。在面向对象数据模型中，对象的操作可以通过调用其自身包含的方法实现。

② 数据类型

面向对象数据模型是面向对象数据库的核心概念，面向对象数据类型是面向对象数据库的操作基础。面向对象数据类型主要由基本类型、复杂类型和引用类型组成。其中，基本类型包括整型、字符型、日期型等，复杂类型包括数组、链表等，而引用类型是指对其他对象或类型的引用。

面向对象数据类型由于引入了面向对象的概念，不仅能够扩充传统关系数据库的数据类型，还支持用户自定义数据类型，这能极大地提高数据模型反应现实世界的能力。

在复杂类型方面，以派出所的户籍管理为例，在"户籍表"中有"户籍编号"、"户主"、"住址"、"子女 1"、"子女 2"。由于每个家庭的子女数目不相同，所以子女列设置过多浪费空间，而子女列太少又不能满足要求。在关系数据库中一般是考虑创建"子女表"来存放子女信息，但是会带来不必要的多表连接，而且会破坏"户籍表"的整体性，而在面向对象的数据库管理系统中，将"子女"列定义为可变数组（复杂类型）并作为"户籍"类的一个属性，就能较好地解决这个问题。

在引用类型方面，对于一个典型的工厂业务管理系统，在"发货单"中包含"货单号"、"货主"、"发往地"、"货物"、"发货日期"等列，其中每张发货单可以包含多种货物，而每笔货物包含"货物名称"、"价格"、"数量"，所以"发货单表"中的"货物"列，应该是一个"嵌套表"，在传统的关系数据库中，一般是通过建立"货单细目"表（货单号、货单条目编号、货物名称、价格、数量）来实现，但是会带来多表连接，严重影响系统效率。而在面向对象的数据库管理系统中，只需要将"发货单"中的"货物"定义为一个引用类型即可。

9.2 关系数据库系统

关系数据库运用数学方法来处理数据库中的数据。最早将这类方法用于数据库处理的是 1962 年 CODASYL 发表的"信息代数"，之后有 1968 年 David Chile 在 7090 机上实现的集合论数据结构，但系统地、严格地提出关系模型的是美国 IBM 公司的 E.F.Codd。

关系数据库结构简单、设计灵活，数据存放在一张张的表中，每个表有唯一的名字。表中的一行代表一系列值之间的联系，表就是这种联系的集合。这和数学上的"关系"概念十分类似，这也是关系数据库名称的来由。在关系数据库的表中，每一行也称为一个元组或记录，代表了一个实体；每一列称为一个属性或字段，表示这些实体某一方面的性质。图 9.7 所示为一张图书数据表。

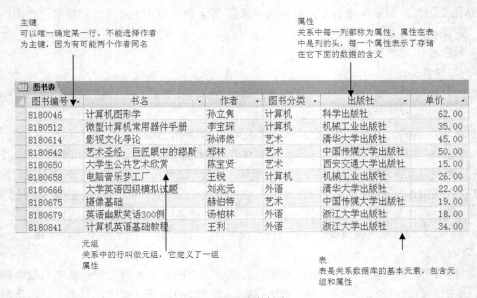

图 9.7 图书数据表

由图 9.7 可以看到，关系数据库系统中的关系有下列特征。

（1）名称：在关系数据库中，每一种关系具有唯一的名称。

（2）属性：关系中的每一列都称为属性。表中的每一列在关系范围内有唯一的名称。

（3）元组：关系中的行叫做元组。元组定义了一组属性值。

数据库技术诞生以来，关系数据库系统的研究取得了辉煌的成就。关系方法从实验室走向了社会，涌现了许多性能良好的商品化关系数据库管理系统（简称 RDBMS）。如著名的 SQL Server、DB2、Oracle、Ingress、Sybase、Informix 等关系数据库管理系统。

其中 SQL Server 的研发者 James Nicholas Gray（见图 9.8）使关系模型的技术实用化，他为 RDBMS 成熟并顺利进入市场起到了关键性的作用。他在事务处理方面取得了突出的贡献，使他成为该技术领域公认的权威，获得 1998 年图灵奖，他也成为图灵奖诞生以来第三位在数据库技术的发展中作出重大贡献而获此殊荣的学者。他的研究成果反映在他发表的一系列论文和研究报告之中，最后结晶为一部厚厚的专著 TransactionProcessing: Concepts andTechniques。

图 9.8　SQL Server 的研发者——James Nicholas Gray

9.2.1　关系数据库的设计

常用的设计数据库的方法是实体关系（E-R）建模法。E-R 建模的主要工具是 E-R 图。E-R 图用图形化的形式给出了记录型、属性和关系。数据库管理员可以根据 E-R 图定义必要的模式，创建适合的表来支持由图指定的数据库。

图 9.9 展示了图书借阅系统的 E-R 图。在 E-R 图中，矩形表示记录型，椭圆表示属性，菱形表示关系。

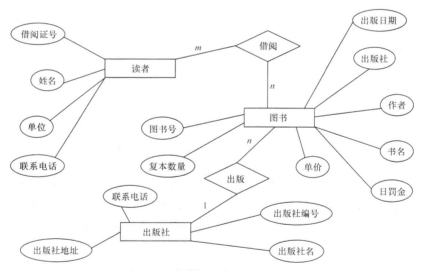

图 9.9　图书借阅系统的一个 E-R 图

注意，关系连接线上的标签 1、n、m，这些标签说明实体之间的联系。

一般的实体间的联系有 3 种，即一对一、一对多和多对多。

出版社和图书之间的关系是一对多的关系，也就是说，一个出版社可以出版多部图书，但一部图书却只能由一个出版社出版。实体间的联系描述有助于数据库设计者表达关系的细节。

构建关系模型下的数据库，其核心是设计组成数据库的关系。虽然这个工作看起来很简单，但其中仍有许多微妙的地方会导致设计者出错，如图 9.10 所示。

（1）插入异常：假如没有书是旧书，则 0.2 的日罚金数额信息就难以插入。

图书表

图书编号	书名	日罚金	新书
8180046	计算机图形学	0.3	否
8180512	微型计算机常用器件手册	0.3	否
8180614	影视文化导论	0.3	是
8180642	艺术圣经：巨匠眼中的缪斯	0.3	否
8180650	大学生公共艺术欣赏	0.2	是
8180658	电脑音乐梦工厂	0.2	是
8180666	大学英语四级模拟试题	0.2	是
8180675	摄像基础	0.2	否
8180679	英语幽默笑话300例	0.2	是
8180841	计算机英语基础教程	0.2	是

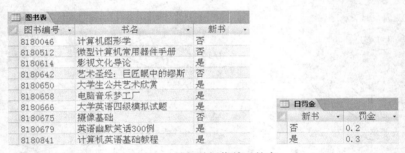

图 9.10　存在问题的图书表

（2）删除异常：假如仅有《摄影基础》是新书，若将它删除，则有关新书的日罚金数额信息也随之删除了。

（3）数据冗余：图书很多，却只有新书与否两种类型，每一种的日罚金数额反复存储多次。

（4）更新异常：如果将新书《摄影基础》的日罚金数额调为 0.4，则需要找到每本新图书，逐一修改，否则这个数据就会不一致。

上面 4 种异常是关系数据库中广泛存在的问题，其原因就是数据间存在着广泛的数据依赖现象，恰当的数据依赖是必要的，但不必要的数据依赖会对关系模式产生不好的影响。

进行数据库设计时要深入分析数据间的依赖，避免不必要的数据依赖。上述图书表存在的问题可以通过分解来消解，如图 9.11 所示。

图书表

图书编号	书名	新书
8180046	计算机图形学	否
8180512	微型计算机常用器件手册	否
8180614	影视文化导论	是
8180642	艺术圣经：巨匠眼中的缪斯	否
8180650	大学生公共艺术欣赏	是
8180658	电脑音乐梦工厂	是
8180666	大学英语四级模拟试题	是
8180675	摄像基础	否
8180679	英语幽默笑话300例	是
8180841	计算机英语基础教程	是

日罚金

新书	罚金
否	0.2
是	0.3

图 9.11　消解数据依赖后的表

设计数据库时，首先设计一组临时的表，接下来适用规范化原则校验设计中的不规范之处。对于关系的规范化校验研究目前仍然是计算机科学的重要课题之一。目前已经研究出关系的等级，就是第一范式、第二范式、第三范式、BC 范式、第四范式和第五范式等。其中，每一级中的关系都比它以前级别中的关系具有更多优良的性质，大多数设计者要完成前 3 种基本的校验。

5 种范式的简单定义与标准如表 9.1 所示。

表 9.1　5 种范式的简单定义与标准

范式	简要定义
第一范式（1NF）	属性全为原子属性，不可再分解，且无重复属性组
第二范式（2NF）	对含有组合主关键字的关系，所有非关键字属性完全依赖于主关键字，无部分依赖
第三范式（3NF）	非关键字属性之间不存在函数依赖
第四范式（4NF）	不存在多值依赖
第五范式（5NF）	不存在非正常无损分解

9.2.2　关系的操作

数据库表中的数据会根据需要被修改、插入和删除，还需提供对表的查询、连接及投影操作。

1. 选择

选择操作是一种一元操作，它应用于一个关系，所产生的新关系的元组（行）是原关系中元组的一个子集。选择操作根据操作要求从原关系中选择部分元组，组成一个新的关系，其属性保持不变。图 9.12 给出了一个选择操作的例子，从所有借阅人中选择已借书数量为 5 的学生。

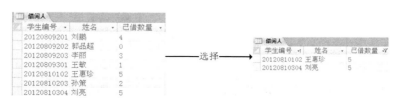

图 9.12　选择操作

2. 投影

投影操作也是一种一元操作，它用于一个关系并产生另外一个关系。新关系中的属性（列）是原关系中属性的子集。投影操作所得到的新关系中的元组属性减少。在这个操作中元组（行）的数量保持不变。图 9.13 给出了一个投影操作的例子，即产生仅两列的新关系。

图 9.13　投影操作

3. 连接

连接操作是一种二元操作，它基于共有的属性把两个关系组合起来。连接操作十分复杂并有很多变化。图 9.14 给出了关系"借阅卡"和关系"借阅人"的连接，生成了一个信息更加全面的关系。这里，共有的属性是学生编号，显然这是一个一对一关联关系的合成，一对多关联的关系合成也可采用类似的连接操作完成。

图 9.14　连接操作

4. 插入

插入操作是一种一元操作，其操作的主要作用是在表中插入一个新的元组。图 9.15 给出了一个插入操作的例子，即在"借阅人"关系中插入一个新的学生信息。

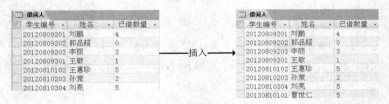

图 9.15　插入操作

5. 删除

删除操作也是一元操作，它根据要求删去表中相应的元组。图 9.16 给出了一个删除操作的例子，即学生"曹世仁"的信息被删除。

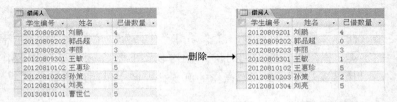

图 9.16　删除操作

6. 更新

更新操作也是一种一元操作，它应用于一个关系，用来更新元组中的部分属性值。图 9.17 给出了一个更新操作的例子，"刘鹏"还书 2 本，则"已借数量"由 4 更新为 2。

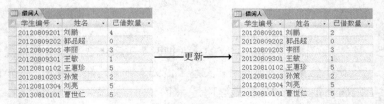

图 9.17　更新操作

9.2.3　结构化查询语言

结构化查询语言（SQL）是美国国家标准协会（ANSI）和国际标准组织（ISO）用于关系数据库的标准化语言。这是一种描述性的语言，使用者只需声明它，而不需要编写详细的程序，SQL 于 1979 年首次被 Oracle 公司实现，之后有了更多的新版本 SQL。SQL 语言结构简洁，功能强大，简单易学，得到了广泛的应用。如今像 Oracle、Sybase、Informix、SQL Server 这些大型的数据库管理系统和 Visual FoxPro，PowerBuilder 这些微机上常用的数据库开发系统等都支持 SQL 语言作为查询语言。

SQL 包含数据查询语言（DQL）、数据操纵语言（DML）、数据定义语言（DDL）、数据控制语言（DCL）4 个部分。

在此通过一个图书馆馆藏图书信息数据库来简单地介绍一下 SQL。表 9.2 列出了一些数据库记录。

表 9.2　　　　　　　　　　　某图书馆藏书的数据库记录

书号	书名	作者	出版社	出版日期	定价	存量	存放位置
7-302-05104	Windows 7 简明教程	刘芳	清华大学	2010/1	37	5	8 架
7-302-05104	Windows 8 简明教程	李良	清华大学	2010/4	37	10	8 架
7-115-07463	Windows 7 入门指导	马丽	人民邮电	2011/12	27	3	7 架
7-302-03517	Windows 8 教程	张一宾	清华大学	2011/8	28	15	8 架
7-115-09437-3	SQL Server 2008 数据仓库	刘芳	人民邮电	2011/7	34	8	5 架
7-115-09283-4	SQL Server 2008 数据库	李良	人民邮电	2011/6	65	7	4 架
7-115-09657-0	轻松掌握 Excel 2010	吴一华	人民邮电	2009/9	30	4	9 架
7-115-09649-X	轻松掌握 Word 2010	吴一华	人民邮电	2011/9	32	4	9 架
7-5605-0750-0	Office 2007 快学通	罗列成	西安大学	2010/9	40	9	9 架
7-5605-0538-4	Office 2010 快学通	罗列成	西安大学	2009/10	39	12	9 架

典型的 SQL 语句是选择语句，选择那些满足条件的记录。例如，如果想知道人民邮电大学出版社出版的图书名称及出版日期，可使用以下 SQL 语句。

```
select book.name,book._date
from books
where publishing_company="人民邮电"
```

这条 SQL 语句的功能是列出表 9.2 所示数据库中人民邮电出版社的出版图书名称及出版日期。数据库中有 3 条满足条件的句子，结果如表 9.3 所示。

表 9.3　　　　　　　　　　针对表 9.2 的 SQL 搜索结果

书名	出版日期
Windows 7 简明教程	2010/1
Windows 8 简明教程	2010/4
Windows 8 教程	2011/8

我们将给出一些与上一节所讲的操作有关的 SQL 中的常用语句。这里介绍的语句仅仅是 SQL 的简单入门，想获得更多的知识，可以参考详细讲解 SQL 的书籍。

1. 选择

选择操作使用如下的格式，*表示选择所有的属性。

```
select   *
from   RELATION-NAME
where   criteria
```

例如，图 9.12 所示的选择操作可用如下的 SQL 语句实现。

```
select   *
from   Reader
where  borrowed =5
```

2. 投影

投影操作使用如下的格式，新关系的列名被显式地列出。

```
select      attribute-list
from      RELATION-NAME
```

例如，图 9.13 所示的投影操作可用如下的 SQL 语句实现。

```
select  ReaderID,borrowed
from   Reader
```

3. 连接

连接操作使用如下的格式，属性列表是原来两个输入关系的属性的组合。where 子句明确定义了用于连接的共有属性。

```
select      attribute-list
from      RELATION1,RELATION2
where      criteria
```

例如，图 9.14 所示的连接操作可用如下的 SQL 语句实现。

```
select   No,ReaderID,Name,borrowed
from     Reader,Card
where    Reader.No= Card.No
```

4. 插入

插入操作使用如下的格式，values 子句定义了与插入的元组相对应的属性值。

```
insert into   RELATION-NAME
values      (…, …, …, …)
```

例如，图 9.15 所示的插入操作可用如下的 SQL 语句实现。

```
insert  into   Reader
values    ("20130810101", "曹世仁",5)
```

注意，字符串值用双引号括起来，而数值则不需要。

5. 删除

删除操作的一般格式如下，删除需要满足的条件定义在 where 子句中。

```
delete from  RELATION-NAME
where   criteria
```

例如，图 9.16 所示的删除操作可用如下的 SQL 语句实现。

```
delete  from   Reader
where    ReaderID="20130810101"
```

6. 更新

更新操作使用如下的格式，需要更新的属性在 set 子句中定义。在 where 子句中则定义要更新的元组所需满足的条件。

```
update       RELATION-NAME
set    newvalue
where        criteria
```

例如，图 9.17 所示的更新操作可用如下的 SQL 语句实现。

```
update   Reader
set   borrowed=2
where   ReaderID="20120809201"
```

7. 语句的组合

SQL 还允许用户组合使用上述语句以便从数据库中获得更复杂的信息。例如，可以把连接、选择和投影操作组合实现查询功能：通过借阅卡编号属性连接"借阅人"与"借阅卡"关系，选择已借数量为 5 的学生，投影其借阅卡编号、姓名与已借数量属性。SQL 语句实现如下。

```
select  No,Name,borrowed
from  Reader,Card
where  Reader.No= Card .No  and  Reader.borrowed=5
```

9.3　面向对象数据库

数据库发展经历了 3 个阶段。第一阶段是层次和网状数据库，过程化程度较高，一般用户使用困难；第二阶段是关系数据库，它以关系演算和关系代数为其数学基础，以二维表为其数据结构，利用非过程化数据操纵语言进行数据库管理，成为 20 世纪 70 年代到 80 年代中期的主流数据库。上述层次、网状和关系数据库尽管设计和控制方式不同，但都用于一般事务处理，统称为传统数据库。近年来，随着网络技术、多媒体技术、空间信息科学、信息管理、人工智能、软件工程技术和数据挖掘技术等领域的发展及新的社会需求的出现，信息无论从数量上还是结构上都远远超出了传统数据库能承受的范围。第三阶段是为了适应海量信息和复杂数据处理要求，新一代数据库应运而生，它们结合特定应用领域，分为多媒体数据库（结合多媒体技术）、空间数据库（结合空间信息学和 FSP）、演绎数据库（结合人工智能）、工程数据库（ 结合软件工程）等。与传统数据库相比，它们既具有多样性（学科交叉的必然结果），又有统一性，建立它们的主要目的是为了处理海量信息和复杂数据结构。因此面向对象技术就必不可少。

面向对象数据库的研究始于 20 世纪 80 年代，当时主要是针对关系数据库的一些弱项，例如有限的数据类型，没有基于系统的全局标识，不支持用户或系统可扩充的函数及运算，难以处理复杂数据对象等。虽然人们在面向对象数据库技术的概念和原理上都还没有取得完全一致的理解，但大部分人都认为下述基本概念是面向对象数据库所应该具有：对象、类、继承和封装等。进入 20 世纪 90 年代，从事研制面向对象数据库管理系统的厂商组成了 ODMG 集团（object database management group，ODMG），开始制定面向对象数据系统标准。

9.3.1　面向对象数据库简介

1. 面向对象的概念

面向对象的方法就是以接近人类思维方式的思想，将客观世界的一切实体模型化为对象。在面向对象的方法中，对象、类、方法和消息是基本的概念。面向对象方法具有抽象性、封装性、多态性等特性。面向对象方法可以将对象抽象成对象类，实现抽象的数据类型，允许用户定义数据类型。封装是指将方法与数据放于某一对象中，以使对数据的操作只可通过该对象本身的方法来进行。对象是一个封装好的独立模块。多态是指同一消息被不同对象接收时，可解释为不同的含义。把实现的细节都留给接收消息的对象，相同的操作可作用于多种类型的对象，并能获得不同的结果。

2. 面向对象数据库系统的概念

Francois Bancilho 把面向对象数据库（Object Oriented Data Base，OODB）定义为："一个面向对象的数据库系统应该满足两条准则：它应该是一个数据库管理系统，而且还是一个面向对象的系统。第一条准则是说它应该具备 6 个特征：永久性、外存管理、数据共享（并发）、数据可靠性（事务管理和恢复）、即席查询工具和模式修改。第二条准则是说它应具备 8 个特征：类/类型、封装性/数据抽象、继承性、多态性/滞后联编、计算完备性、对象标识、复杂对象和可扩充性。"

面向对象数据库系统（Object Oriented Data Base System，OODBS）是数据库技术与面向对象程序设计方法相结合的产物，是为了满足新的数据库应用需要而产生的新一代数据库系统。首先，它是数据库系统，其次，它也是面向对象系统。因此面向对象数据库简写为：面向对象系统+ 数据库能力。

9.3.2　面向对象数据库语言

当前人们使用的面向对象数据库语言是 OSL/OQL，这是由 ODMG 于 1997 年指定的对象描述语言（object specification language，OSL）和对象查询语言（object query language，OQL）的简称。OSL/OQL 以面向对象程序设计语言 OOP 为基础，通过实现持久性扩充而形成的面向对象数据库语言。OSL/OQL 在形式上类似于 SQL，同时具有面向对象特征，与 OOP 共同构成面向对象统一环境。其特点在于由过程性语言 OOP 处理临时性对象，而由非过程性语言 OQL 处理持久性对象。

1．OSL

OSL 又可分为对象定义语言（object definition language，ODL）和对象交互格式（object interchange format，OIF）两个组成部分。 作为对象建模语言，ODL 中的基本元素是对象，基本数据单元是类型。而类型由属性与操作组成，并且通过继承与联系实现类型间的相互关联。类型中的属性取值可以是基本类型，也可以是复合类型，此外，类型也可以定义方法。类型是 ODMG 系统中实现可移植性的重要概念，因为在多个数据库平台上，如果使用相同 ODL 定义各自数据对象，就可以实现不同系统之间数据的相互移植，而且 ODL 语法结构和一般面向对象语言中相应定义基本相似，从而为语言绑定提供了方便和可能。作为对象描述语言，OIF 基本功能是为 ODL 创建的对象类型快速创建相应的对象实例，同时还可以对实例赋予初值。这种赋予初值语法可以看做是对 C++中相关方法的借用。通过 OIF，在不同的 DBMS 中，用户可以利用文件形式无需修改和重新输入当前系统中定义的对象类型而直接将其导入另一系统，这也是 ODMG 中可移植技术的具体实现途径。

2．OQL

OQL 实际上是 ODMG 和 SQL 标准共同协商的结果，它与 SQL 语法基本相同，具有较明显的 SQL 风格，同时增加了对象基本内容，输出的查询结果都是对象的属性和方法。OQL 可以独立使用，也可以嵌入 C++等高级语言中使用。作为数据库系统与用户之间的主要接口，OQL 没有 SQL 中的数据更新语句。由于数据更新可以看作方法，在 OODB 中，这些功能都由 ODMG 语言绑定实现，从而实现了 ODMG 对象查询语言的简洁性和完整性。

3．对象语言绑定

语言绑定思想在 SQL 中已经出现，但在 ODMG 予以极大增强并且不可或缺，其意义在于实现面向对象语言中缺少的包括数据更新在内的数据操作语言 OML。多语言绑定是 ODMG 的一项关键性技术，它可以方便地加入面向对象功能，使得用户能够灵活定义和实现对象的数据操作，又可以扩大数据库系统在已经掌握面向对象程序设计语言用户中的使用范围。当然，语言绑定对于一般数据库用户还是具有一定的困难。当前，ODMG3.0 支持对 C++、Smalltalk 和 Java 的语言绑定。

9.3.3　面向对象数据库基本技术

1．数据库转换技术

异构数据库系统中各数据库模式和操作之间转换是一个关键研究课题。由于关系数据系统主宰当今数据库应用领域，而面向对象数据库能满足更高一级数据库要求，所以有必要在这两种数据库模型中建立一种映射关系，实现模式和操作相互转换。转换一般有两种途径：从关系 DB（RDB）到面向对象 DB（OODB）和从面向对象 DB 到关系 DB。转换包括数据模式转换和数据操作转换。

数据模式转换指从 OODB 到 RDB 数据描述语言的转换，基本思路是把父类属性扩展到所有子类中，每个类映射为一个关系；类的每个属性映射为它对应的关系属性。类中不同类型属性做不同处理。方法转换是数据模式转换的重要转换，方法有定义和调用。数据操作转换是指从 OODB 到 RDB 数据操纵语言的转换。

2. 模式演进技术

模式演进必须保持模式一致性（模式自身内部不能出现矛盾）。模式演进历来是面向对象数据库研究的重点与难点。其解决途径一般有以下两种：（1）模式改变考虑现有应用程序，使两者相互集成和适应；（2）开发新的高级数据库编程语言。常用演化方法有 TSE（透明模式演化）、等价模式演化和基于数据字典的模式演化等。

3. 索引技术

面向对象数据库数据庞大而复杂，若无好的索引处理，则数据处理效率十分低下。索引化过程就是对数据进行主体和特征分析，赋予标志的过程。数据索引技术分为 3 种：继承索引、集聚索引和集成索引。

4. 视图类实现技术

传统数据库视图从某个特定角度反映数据库，不存储数据，也不占用空间，但可当作实表操作，也称为虚表。OODBS 中的视图具备传统数据库中的功能，每个视图是一个"虚类"，由一个或多个类产生，虽不能产生对象实例，但可当作对象实例操作。面向对象数据库中所有视图构成一个有向无环图，其基本元素是对象视图类。对象视图类从模式中源类的某个查询推导产生，它由属性和方法构成，存在继承和合成关系。

面向对象数据库中很多操作都能自由访问数据库数据，利用这些操作实现 OODBS 视图操作，能降低复杂度并提高效率，但容易破坏对象封装性。为了不破坏对象封装性，在对象中设计一组接口，系统通过这组接口完成视图操作，这样会增加对象复杂性和 OODBS 设计难度。为了克服这个缺点，对这些接口实行标准化，把它们与数据库中其他对象的服务结合。视图定义好后，把它们集成在一起构成有向无环图，其基本元素是对象视图类。

5. 版本管理技术

工程类应用中设计工作随时间逐渐演进，本身就是一个不断反复、试探、选择和完善的过程，其间会产生同一被设计对象的多个版本，它们必须妥善管理。为了降低设计复杂性，常常采用分层逐步细化的方法。这样，一个被设计对象由多个子对象构成，每一个子对象同样产生多个版本。子对象某些版本合起来就构成了上层对象某个特定版本，并且如果某个子对象创建一个新版本，上层对象可能派生一个对应的新版本。此外，在模式演化过程中，常用版本管理控制对象演化过程。版本管理有两个方面：（1）集合管理。对所有版本管理，版本集合管理常用版本图进行管理；（2）引用管理。多版本系统中的对象只是逻辑上虚拟的概念，实际存在的是该对象的各个版本，所以，使用对象就是引用它的某一版本。

6. 安全建模技术

随着 Internet 技术不断发展，安全性已成为不可忽视的问题，利用安全模型能精确地描述系统安全策略。安全模型和数据库系统的结合就是数据库安全建模技术。OODB 通常结合 RDB 安全技术描述 OODB 安全技术。常用 OODB 安全模型有支持单级和多级对象的两种模型。相比之下，多级对象模型能更好地描述现实世界实体，是实现 OODB 安全性的主流。

安全建模本质是利用面向对象建模技术，对现实世界各种安全性引入若干种安全性约束分类，进行安全性分等，将现实系统中的安全性语义表达成数据库系统支持的安全性模型。在此过程中可能会产生冲突，引起数据库安全性语义的不一致性，因此，进行一致性检测和解决冲突是必要的。安全建模主要有两个任务：安全性分等和一致性检查与冲突解决。其中的一致性检查与冲突解决任务由机器完成。安全性分等是由 OODB 提供方法，由应用系统设计者（建模者）完成。

9.3.4 面向对象数据库软件

目前主流的面向对象数据库产品有：Objectivity、Versant、ObjectStore、GemStone。下面简单介绍 Objectivity（见图 9.18）。

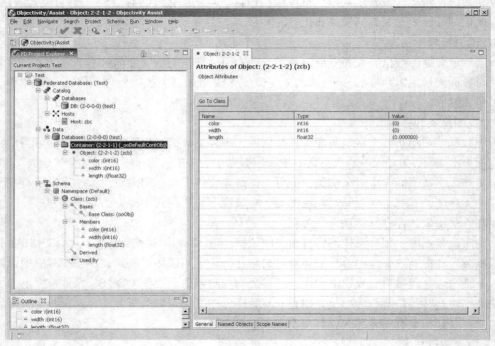

图 9.18　Objectivity 界面

Objectivity/DB 是一个面向对象的数据库系统，由美国 Objectivity 公司研制，是一个商品化的系统，它是最早进入市场的面向对象数据库系统之一，多个数据库可以通过异构网络相连，它的数据模型采用 C++ 的数据模型，支持多继承、复杂对象、关联和可变长数组。在事务处理方面短事务采用两段锁协议；支持多粒度锁，自动检测死锁，通过夭折特定事务来解决死锁；利用检入/检出（Checkin/CheckOut）机制对长事务支持；支持软硬件故障的自动恢复。Objectivity/DB 系统支持版本管理和配置管理。另外，该系统还支持聚簇机制、图形化的超文本视图、浏览器以及调试器。

9.3.5 面向对象数据库系统的优势

1. 缩小了语义差距

传统数据库设计往往是在问题空间采用某种语义模型，而在求解空间采用关系模型，于是就必须在这两个空间的表示之间做一个转换，这样往往会丢失语义。OODB 的优势在于在这两个空间中采用了相同/近似的模型，从而使它们之间的语义差距缩小了。

2. 减轻了"阻抗失配"问题

传统数据库应用往往表现为把数据库语句嵌入某种具有计算完备性的程序设计语言中，由于数据库语言和程序设计语言的类型系统和计算模型往往不同，所以这种结合是不自然的，这个现象被称为"阻抗失配"。在 OODB 中，把需要程序设计语言编写的操作都封装在对象的内部，从本质上讲，OODB 的问题求解过程只需要表现为一个消息表达式的集合。

3. 适应非传统应用的需要

众所周知，OODB 研究的目的就是为了适应诸如 CAD、CAM、CASE、GIS 等非传统领域的需要。OODB 中，这种适应性主要表现在能够定义和操纵复杂对象，具备引用共享和并发共享机制以及灵活的事务模型（例如长事务模型、嵌套事务模型、切分事务模型），支持大量对象的存储和获取等。

9.4　非关系型数据库 NoSQL

NoSQL 是非关系型数据存储的广义定义，全称是 Not only SQL。它打破了长久以来关系型数据库与 ACID 理论大一统的局面。NoSQL 数据存储不需要固定的表结构，通常也不存在连接操作。在大数据存取上具备关系型数据库无法比拟的性能优势。该术语在 2009 年初得到了广泛认同。

9.4.1　NoSQL 介绍

以 MySQL、Oracle、SybaSe 为代表的传统关系数据库（SQL）在过去的 20 多年里得到了广泛应用，但面对新兴的云计算应用却表现出诸多不足。云计算应用和服务在数据访问操作中要面向准结构化数据和非结构化数据，其需求与传统数据库所管理的结构化数据有显著区别，这些新兴的应用并不需要传统数据库所支持的 ACID 语义，但在系统的可扩展性与并发访问能力上有更高的要求。面向这类应用设计的数据库一般称为 NoSQL 非关系型数据库，随着云计算应用的普及与数据量的爆炸性增长，支持云计算的 NoSQL 非关系型数据库已成为目前产业界和学术界研究的热点。

与传统的关系型数据库相比，NoSQL 非关系型数据库在海量数据的高并发实时环境下有着一定的优势。

1. NoSQL 的起源与发展

NoSQL 的发展最早可以追溯到 1991 年 Berkeley DB 第一版的发布。Berkelev DB 是一个 Key-ValRe（键，值）类型的 Hush 数据库。这种类型的数据库适用于数据类型相对简单，但需要极高的插入和读取速度的嵌入式场合。NoSQL 得到真正的快速发展开始于 2007 年，从 2007 年到现在，先后出现了十多种比较流行的 NoSQL 产品，从 2009 年开始，国内的 NoSQL 领域也开始活跃起来，豆瓣的 BeansDB，人人网的 Nuclear 开源 NoSQL 产品以及盛大创新院的 TCDatabase 纷纷发布。

NoSQL 能够得到快速的发展，其主要原因在于 Web2.0 技术在网络中的广泛应用。在 Web2.0 环境下，用户对于数据库高并发读写的需求、对海量数据的高效率存储和访问的需求、对数据库的高可扩展性和高可用性的需求等，都对传统关系型数据库带来很大的困难。典型的例子是北京奥运会的订票方案。由于最早实施的是网站、电话申请，先到先得的原则，在开始订票的当天，数以百万计的用户同时涌入奥运会官方票务网站，大量的并发请求使得该网站在短短几分钟内死机，一直到当天晚上才恢复工作。而北京奥组委不得不紧急调整了预售方式，改为在规定时间内申请，之后进行摇号的方式发售，这才解决了这一问题。

2. NoSQL 的概念

NoSQL 数据库指那些非关系性的、定义不是很明确的数据存储仓库。NoSQL 数据库不再使用关系模型的概念，放弃了 SQL 数据库操作语句。NoSQL 数据库克服了 RDBMS 的缺点，可部署在廉价的硬件之上，支持分布式存储，能透明地扩展节点。典型的 NoSQL 数据库以 Key-Values 的形式存储数据，具有模式自由的特点。

（1）Key-Values

Key-Values 是指一个键名对应一个键值，可以通过键名访问键值。例如一条员工的记录信息有 Name、Age、Profession 等键名，各个键名对应着一个键值。

（2）模式自由

模式自由是指使用数据库前不再预先定义数据模型。在传统的 RDBMS 中，如果想要存储某一员工的信息，必须先定义一张员工表，表里有各项与员工相关的字段。如果日后需求有变更，要增加员工的信息就必须去修改原先定义的数据模型。模式自由的数据库没有预先定义要存储的数据的数据模型。仍以员工信息为例，并不是所有员工的记录信息里都有 name、age、profession、Email 这些 key，有可能另一个员工的信息就没有 Email。

9.4.2 NoSQL 数据库的产品

1. Membase

Membase（见图 9.19）是 NoSQL 家族的一个新的重量级的成员。Membase 是开源项目，源代码采用了 Apache2.0 的使用许可。该项目托管在 GitHub.Source tarballs 上，可以下载 beta 版本的 Linux 二进制包。该产品主要是由 North Scale 的 memcached 核心团队成员开发完成，其中还包括 Zynga 和 NHN 这两个为主要贡献者的工程师，这两个组织都是很大的在线游戏和社区网络空间的供应商。

图 9.19 Membase 界面

Membase 容易安装、操作，可以从单节点方便地扩展到集群，而且为 memcached（有线协议的兼容性）实现了即插即用功能，在应用方面为开发者和经营者提供了一个比较低的门槛。做为缓存解决方案，Memcached 已经在不同类型的领域（特别是大容量的 Web 应用）有了广泛的使用，其中 Memcached 的部分基础代码被直接应用到了 Membase 服务器的前端。

通过兼容多种编程语言和框架，Membase 具备了很好的复用性。在安装和配置方面，Membase 提供了有效的图形化界面和编程接口，包括可配置的告警信息。

Membase 的目标是提供对外的线性扩展能力，包括为了增加集群容量，可以针对统一的节点进行复制。另外，对存储的数据进行再分配仍然是必要的。

2.　CouchDB

CouchDB（创造者达米安·卡茨见图 9.20）是分布式的数据库，它可以把存储系统分布到 n 台物理的节点上面，并且很好地协调和同步节点之间的数据读写一致性。这当然也得靠 Erlang 无与伦比的并发特性才能做到。对于基于 Web 的大规模应用文档应用，分布式可以让它不必像传统的关系数据库那样分库拆表，在应用代码层进行大量的改动。

图 9.20　CouchDB 数据库的创造者达米安·卡茨

它同时也是面向文档的数据库，存储半结构化的数据，比较类似 lucene 的 index 结构，特别适合存储文档，因此很适合 CMS、电话本、地址本等应用，在这些应用场合，文档数据库要比关系数据库更加方便、性能更好。它支持 REST API，可以让用户使用 JavaScript 来操作 CouchDB 数据库，也可以用 JavaScript 编写查询语句。

9.4.3　NoSQL 数据库的特点

1.　易扩展

NoSQL 数据库种类繁多，但是一个共同的特点是去掉关系数据库的关系型特性。数据之间无关系，这样就非常容易扩展。也无形之间，在架构的层面上带来了可扩展的能力。

2.　大数据量和高性能

NoSQL 数据库都具有非常高的读写性能，尤其在大数据量下，同样表现优秀。这得益于它的无关系性，数据库的结构简单。一般 MySQL 使用 Query Cache，每次表更新时 Cache 就失效，是一种大粒度的 Cache。针对 Web2.0 的交互频繁的应用时，Cache 的性能不高。而 NoSQL 的 Cache 是记录级的，是一种细粒度的 Cache，所以 NoSQL 在这个层面上来说就要性能高很多。

3.　灵活的数据模型

NoSQL 无需事先为要存储的数据建立字段，随时可以存储自定义的数据格式。而在关系数据库里，增删字段是一件非常麻烦的事情。如果是非常大数据量的表，增加字段简直就是一个噩梦。这点在大数据量的 Web2.0 时代尤其明显。

4. 高可用

NoSQL 在不太影响性能的情况，就可以方便地实现高可用的架构。比如 Cassandra、HBase 模型，通过复制模型也能实现高可用。

小　　结

（1）数据库就是存储在一台或多台计算机上信息的集合。数据库技术是数据结构与文件结构知识的综合与发展，它作为信息系统的核心技术与基础平台，是计算机科学的重要分支之一。

（2）数据库设计者一般使用如实体关系表、数据结构表等来表示数据模型。两个实体之间存在的对应关系有 3 种可能的联系：一对一、一对多和多对多。有 3 种主要的数据模型分别采用不同的方式来表示实体之间的关系，即层次模型、网状模型、关系模型。目前公司和个人在微机上使用的数据库大多是关系数据库模型。

（3）构建关系模型下的数据库，其核心是设计组成数据库的关系。包含冗余数据的关系表在使用中有许多问题，其根源是在一个关系中包含了多个概念实体模型。解决的方法是将其恰当分解为多个关系。对于设计关系数据库来说，在决定了每个实体的初始属性后，下一步是选择每个表的主关键字、索引和外部关键字等。设计好新的关系数据库后，接下来应该使用规范化原则校验设计中的不规范之处，包括第一范式、第二范式、第三范式、BC 范式、第四范式和第五范式等。大多数数据库的设计要完成前 3 种基本的校验。在关系数据库中，我们可以定义一些操作来通知已知的关系创建新的关系。结构化查询语言（SQL）是美国国家标准协会（ANSI）和国际标准组织（ISO）用于关系数据库的标准化语言。这是一种描述性（不是过程化）的语言，SQL 中常用语句是选择语句。

（4）面向对象数据库系统是数据库技术与面向对象程序设计方法相结合的产物，是为了满足新的数据库应用需要而产生的新一代数据库系统。首先，它是数据库系统，其次，它也是面向对象系统。目前数据库系统发展的趋势是，面向对象数据库和关系数据库将不断融合，成为当今数据库发展的主流。

（5）NoSQL 是非关系型数据存储的广义定义。它打破了长久以来关系型数据库与 ACID 理论大一统的局面。NoSQL 数据存储不需要固定的表结构，通常也不存在连接操作。在大数据存取上具备关系型数据库无法比拟的性能优势。

习　　题

1. 简述数据库的特点。
2. 文件管理系统和数据库管理系统的区别是什么？有哪些相同点？
3. 有哪几种数据模型？哪种是目前流行的模型？
4. 关系数据库管理系统中的关系是什么？在一个关系中，什么称为元组？什么称为属性？
5. 插入和删除操作有何区别？更新和选择操作有何区别？投影操作有何作用？

6. 什么叫结构化查询语言（SQL）？

7. 有如图 9.21 所示的关系 A、B、C。写出下列 SQL 语句的结果。

```
select * from A  where A2=16
```

8. 有如图 9.21 所示的关系 A、B、C。写出下列 SQL 语句的结果。

```
select Al, A2 from A where A2=16
```

9. 有如图 9.21 所示的关系 A、B、C。写出下列 SQL 语句的结果。

```
select A3 from A
```

10. 有如图 9.21 所示的关系 A、B、C。写出下列 SQL 语句的结果。

```
select Bl from B where B2=216
```

11. 有如图 9.21 所示的关系 A、B、C。写出下列 SQL 语句的结果。

```
update C Set C1=37 where C1=31
```

12. 有如图 9.21 所示的关系 A、B、C。利用 SQL 生成仅包含属性 A1、A3 的关系。

13. 有如图 9.21 所示的关系 A、B、C。利用 SQL 生成仅包含属性 A2、A3，且 A1 大于 A2 的关系。

A		
A1	A2	A3
1	12	100
2	16	102
3	16	103
4	19	104

B	
B1	B2
22	214
24	216
27	284
29	216

C		
C1	C2	C3
31	401	1006
32	401	1025
33	405	1065

图 9.21　数据库中的关系 A、B、C

14. 如何设计数据库来减少数据的录入错误？

15. 为实际的房地产公司设计一个关系数据库。

16. 设计一个关系型数据库，其中要包含汽车零件和它们的子副件。系统必须服从原则是一个部件可以包含更小的零件，同时也可以是更大部件的零件。

17. 面向对象数据库的基本技术有哪些？

18. 简要介绍面向对象数据库语言。

19. 列举 NoSQL 与关系数据库的区别。

20. 名词解释 Key-Values 和模式自由。

本章参考文献

[1] 萨师煊，王珊. 数据库系统概论. 第四版. 北京：高等教育出版社，2010.

[2] 罗运模，王珊. SQL Server 数据库系统基础. 北京：高等教育出版社，2004.

[3] Jeffrey A.Hoffer, Mary B.Prescott, Fred R.McFadden, 著. 袁方，罗文，李宁，等译. 现代数据库管理. 第七版. 北京：电子工业出版社，2006.

[4] Patrick O' Neil, Elizabeth O' Neil, 著. 周傲英，俞荣华，季文赞，钱卫宁，译. 数据库原理、编程与性能. 第二版. 北京：机械工业出版社，2004.

[5] 吴鹤龄，崔林. ACM 图灵奖（1966-2001）（增订版）：计算机发展史的缩影. 北京：高等教育出版社，2002.

[6] Robert L.Ashenhurst，Susan Graham，著. 苏运霖，等译. ACM 图灵奖演讲集. 北京：电子工业出版社，2005.

[7] 卢东海，何先波. 浅析 NoSQL 数据库. 南京广播电视大学学报，2011，10(2)：1671-6396.

[8] 王功明，关永. 面向对象数据库发展和研究. 计算机应用研究，2006，23(3)：1001-3695.

第二部分
高级专题

第10章
嵌入式计算专题

通常情况下，我们平时所认识的计算机是连同一些常规的外设（如键盘、鼠标、显示器等）作为独立的系统而存在，并非针对某一特定的应用。例如一台 PC 就是一个计算机系统，整个系统存在的目的就是为人们提供一台可编程、会计算、能处理数据的机器。我们既可以用它作为科学计算的工具，也可以将它用于企业管理。人们把这样的计算机系统称为"通用"计算机系统。但是有些系统却不是这样，例如，银行 POS 机、飞机的黑匣子、汽车的导航仪、微波治疗仪、胃镜，还包括手机、平板电脑等，如图 10.1 所示。它们也各成一个系统，里面也有计算机，但是这种计算机是作为某个专用系统中的一个部件而存在的。像这样"嵌入"到更大的、专用的系统中的计算机系统，称之为"嵌入式计算机"、"嵌入式计算机系统"或"嵌入式系统"。

图 10.1　嵌入式在各个领域中的应用

　　嵌入式计算是嵌入式系统的核心，而嵌入式系统则是实现嵌入式计算的载体。那么，究竟什么是嵌入式系统？嵌入式系统由哪些部件构成？嵌入式计算有哪些特点？嵌入式系统又存在哪些问题和新的挑战？这些都将是本专题将要介绍的内容。

10.1　嵌入式系统的概念

　　虽然嵌入式系统在工业、服务业、消费电子等领域的应用范围不断扩大，且已渗透到人们日常生活的方方面面，但是我们依然很难给它下一个明确的定义。嵌入式系统本身是一个外延很广的名词，凡是与产品结合在一起的、具有嵌入式特点的控制系统都可以叫做嵌入式系统。国际电工与电子工程师协会（IEEE）曾经把嵌入式系统定义为"控制、监视或者辅助设备、机器和车间运行的装置"。显然该定义具有突出的应用色彩，不过现在看来，似乎并未充分体现嵌入式系统现今的学术内涵。目前国内普遍认同的嵌入式系统的定义是"嵌入式系统是将计算机嵌入某个应用系统内的一种计算机体系结构形式"。简单来说，嵌入式系统是以应用为中心，以计算机技术为基础，软硬件能灵活变化以适应所嵌入的应用系统，对功能、可靠性、成本、体积、功耗等有严格要求的专用计算机系统。

　　如果读者觉得上述嵌入式系统的概念仍然太过抽象，我们不妨从计算机发展历史中几个经典的嵌入式应用来看看到底什么是嵌入式系统。

　　从计算机发展的早期开始，嵌入式计算机就被用来替代机械控制器或者人工控制器，比如，在 20 世纪 40 年代末，就有人设计使用计算机控制化学反应过程。一个代表性的例子就是 Whirlwind（见图 10.2），它是 MIT 在 20 世纪 40 年代～50 年代研制出的一台计算机。第二次世界大战中，为训练轰炸机飞行员，美国海军曾向麻省理工大学探询，是否能够开发出一款可以控制飞行模拟器的计算机。军方希望系统能尽可能真实地根据空气动力学模型进行模拟，以使其能适用于各种不同类型的飞机，并能通过该系统将飞行员模拟操作产生的数据实时反映到仪盘上，于是 Whirlwind 应运而生。Whirlwind 是当时第一台支持实时操作的计算机，它虽然在物理尺寸上要远大于今天的计算机，但无论从组成部分还是从系统设计方面来说都完全是为了实时控制一台飞行仿真设备而设计的。

图 10.2　Whirlwind

　　到了 20 世纪 70 年代，随着超大规模集成电路（Very Large Scale Integration）技术的发展，我们可以将整个中央计算单元集成到一块芯片上，这样的芯片也被称作微处理器。而世界上第一台商用微处理器 Intel 4004 最初就是为嵌入式应用而设计的，它由 Intel 公司专门为日本一家名为

Busicom 的公司设计制造，用于该公司的计算器产品。该计算器仅提供基本的算术运算功能，并不是一个通用计算机。后来，Intel 公司的 Ted Hoff 意识到既然一台通用计算机可以通过编程使它实现所需要的功能，那么微处理器也可以通过编程运行到别的产品上。自此，微处理器被广泛"嵌入"到各类产品中，并通过嵌入式软件来实现某些特定的功能。为"嵌入式"应用而设计的微处理器也被称为嵌入式微处理器。

一个嵌入式微处理器被广泛应用的领域是汽车制造业。嵌入式微处理器最初在汽车中被用于控制发动机，以提升燃料的使用效率。20 世纪 70 年代，石油危机使消费者不得不在燃油上付出比以前高得多的费用，而为了控制环境污染，各个国家都推出了更加严格的汽车尾气排放标准。要在不降低发动机工作效率的前提下，同时达到低油耗和低废气排放是一件十分困难的事情，为此，汽车制造商开始采用嵌入式微处理器来控制发动机，因为只有在此基础上才能执行精密的控制算法，以决定什么时候打开火花塞、控制燃料和空气成分的比例等。如今，一辆汽车上可能有上百块嵌入式微处理器，这些微处理器有些负责十分简单的工作，比如检测安全带是否系上，而有些则负责诸如点火或者刹车之类等十分关键的功能。汽车上的嵌入式系统如图 10.3 所示。

图 10.3　汽车上的嵌入式系统

当然，除了使用微处理器以外，我们还可以用许多其他的方法来设计一个面向专一应用的嵌入式系统，如专用集成电路（ASIC）、高性能数字信号处理器（DSP）、现场可编程门阵列（FPGA）等。但是到目前为止，使用嵌入式微处理器作为计算核心仍然是大部分嵌入式系统的首选方案，这主要有如下两个原因。

（1）微处理器的可编程能力使得系统可以通过编写不同的程序来实现不同的功能，并且能够较容易地扩展新特性以满足飞速变化的市场需求，从而大大降低生产成本。

（2）微处理器可以十分高效地执行程序。现代精简指令集架构（RISC）的微处理器在大多数情况下可以每个时钟周期执行一条指令，而高性能的微处理器可以在每个时钟周期执行多条指令，这保证了基于微处理器的嵌入式系统能够胜任既定的计算任务。

随着集成电路设计与制造工艺的进步，嵌入式微处理器的体系结构呈现多样化的趋势。其中最经典的是以 ARM 公司为代表的高级精简指令集微处理器和以摩托罗拉公司为代表的 PowerPC 微处理器。而如今，基于 ARM 架构的微处理器凭借其出色的性能、价格、功耗优势占据了嵌入式系统处理器领域的大半壁江山，被广泛应用于消费电子、移动通信、工业控制等领域。

【微处理器之 ARM：ARM 是微处理器行业的一家知名企业，设计出了大量高性能、廉价、耗能低的精简指令集（Reduced Instruction Set Computer）处理器、相关技术及软件。ARM 的经营模式在于出售其半导体知识产权核（IP core），授权厂家依照其设计制作出建构于此核的单片机和中央处理器。ARM 架构即高级精简指令集机器（Advanced RISC Machine），是一个精简指令集的处理器架构，由于具有性能高、成本低和功耗低的特点，广泛地使用在许多嵌入式系统设计中，特别是非常适用于移动通信领域。自 2005 年以来，每年超过一个亿的手机销售中约 98% 的产品至少使用了一个 ARM 处理器。截至 2009 年，约 90% 的嵌入式 32 位 RISC 处理器和 ARM 处理器被广泛使用在消费性电子产品，包括个人数字助理（PDA）、平板电脑、移动电话、数字媒体和音乐播放器、手持式游戏机、计算器和计算机外围设备（如硬盘驱动器和路由器）。2011 年，ARM 的客户报告了 79 亿 ARM 处理器出货量，占有 95% 的智能手机、90% 的硬盘驱动器、40% 的数字电视和机顶盒和 20% 的移动电脑市场份额。】

目前，嵌入式系统在数量和计算量上已经远远超过了通用计算机，嵌入式系统也早已不知不觉融入人们的日常生活之中，并且随着社会的信息化，人们对嵌入式系统的依赖程度和需求日益增强，各种各样的新型嵌入式应用也层出不穷。例如下面的这个例子——Adidas 智能跑鞋。

【嵌入式应用之 Adidas 智能跑鞋：2005 年 4 月，Adidas 向市场推出了一款智能跑鞋（见图 10.4），术语智能跑鞋听起来可能很新颖花哨，但是，这款智能跑鞋提供了舒适好用的自适应减震功能。其背后的设计工程给人们留下了深刻的印象。对于不同的跑步者，这款鞋都可以根据其跑步方式、速度、体重以及地面情况，不断进行自我调整从而获得优良的减震级别。该鞋鞋底使用磁感应系统来测量减震级别，并通过微处理器进行调整，进而控制由引擎驱动的减震系统。

图 10.4　Adidas 智能跑鞋

霍尔效应传感器位于减震原件的顶端，磁铁则位于减震原件的底部。当减震原件受到各种因素影响不断压缩的时候，传感器将会实时测量鞋底中心顶部到底部的距离（精确到 0.1mm）。其数据采集速率为每秒 1000 次，实时传输给跑鞋的微处理器。微处理器位于鞋弓的下方。该处理器从传感器获取压缩信息，与预先置入的减震级别正确取值范围进行比较，根据算法运行结果，判断鞋是太硬还是太软。然后，微处理器向位于足底中部的微型引擎发送命令。该引擎可以通过导螺杆进行调节，从而伸长或缩短塑胶减震元件内部的纤维。当纤维缩短的时候，减震元件被拉紧，鞋底会变硬。如果纤维伸长，那么脚感更加柔软。鞋底使用了可更换的 3V 电池，为引擎提供能量，可以支持长达 100 小时的跑步时间。

这款鞋由美国俄勒冈州波特兰市 Adidas 公司的创新小组开发，组长是 Christian DiBenedetto，工作小组成员还包括电机工程师 Mark Oleson、一位鞋产品开发人员以及两名工业设计人员。Oleson 解释说，磁感应传感器不仅能够测量压缩量，而且可以测量达到完成压缩量所需的时间，因此小组选择了磁感应器。Oleson 表示，如果不构建可供比较的跑步信息库，那么传感器数据采集是没有太大意义的。因此，微处理器上的算法开发首要步骤之一就是构建数据库。跑步者穿上测试鞋，在跑步过程中收集各种关于压缩级别的信息。然后，对跑步者进行采访，进一步了解跑步者对于不同减震级别的感受和想法。Oleson 说："当两方面信息匹配吻合的时候，就有助于验证我们设计的传感器的功能"。

减震元件的自适应功能考虑了跑步平面的变化、跑步者的速度，并逐渐在跑步过程中自适应平衡。其目标是使跑步者感受不到任何突然变化。因此，自适应调整是在鞋处于振荡期间（也就是脚落地期间）完成的，而不是在行进的姿态阶段（也就是当脚离地的时候）完成的。如果鞋的主人希望脚感更加柔软，那么可以按下 "+" 按键进行调整；如果希望脚感更加坚硬，那么可以按下 "-" 按键进行调整——这样可以手动激活跑鞋的智能功能。

启用上述电子系统之后，跑鞋上的 LED 指示灯就会点亮。如果 LED 灯没有点亮，就表明其工作在以前的手动调节模式。如果用户禁用该功能或者是步行超过 10 分钟，那么 LED 指示灯将熄灭。】

10.2　嵌入式系统的构成

在嵌入式系统中，除了负责计算的核心部件，即我们常说的嵌入式计算，系统中还包含许多其他的外部设备，这些外部设备通常是嵌入式计算需要控制和管理的对象，例如洗衣机中的嵌入式计算需要对连接滚筒的电机进行控制、微波炉中的嵌入式计算需要对产生微波的磁控管进行控制等。在具体的应用系统中，嵌入式系统的组成结构千变万化。但是，嵌入式计算是嵌入式系统的核心，相当于系统的"大脑"，是任何一个嵌入式系统都不可或缺的一个模块。因此，我们重点关注嵌入式计算模块的构成。

10.2.1　嵌入式硬件

嵌入式系统的硬件是以嵌入式处理器为中心，由存储器、I/O 设备、总线接口、外设等必要的辅助设备组成。从整体上看，一个典型的嵌入式系统硬件组成结构如图 10.5 所示。在实际应用中，嵌入式系统硬件配置非常精简，除了微处理器和基本的外围电路以外，其余的电路可以根据需要和成本进行裁剪、定制。

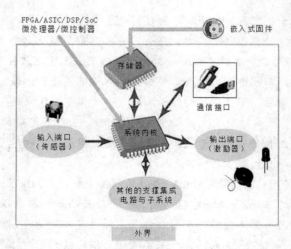

图 10.5　嵌入式计算的硬件构成

下面分别对嵌入式硬件的主要组件进行介绍。

1. 嵌入式处理器

嵌入式微处理器是嵌入式系统的核心组成部分，其作用相当于系统的大脑。目前常用的嵌入式微处理器包括通用微处理器/微控制器（MPU/MCU）、数字信号处理器（DSP）、专用集成电路（ASIC）和可编程逻辑门阵列（FPGA）等。

与全球 PC 市场不同，嵌入式系统市场没有被一种微处理器或微处理器公司主导。仅以 32 位的嵌入式微处理器而言，就有 100 种以上的处理器架构。由于嵌入式系统设计的差异性极大，因此选择是多样化的。针对各种嵌入式设备的需求，各个半导体芯片厂商都投入了很大的力量研发和生产适用于这些设备的微处理器及协处理单元。当前市场上主流嵌入式微处理器的特点主要包括：①MPU 多采用 32 位的精简指令集结构（RISC），取其特有的高速度、低功耗、小尺寸、价位低的特点；②为 MPU 配备专用或高性能的协处理器以辅助计算，DSP 常用来协助解决网络与多媒体所需实时处理的高速运算问题，FPGA 常用来满足特定应用的动态可编程特性等。常见的处理器架构包括 MPU-DSP 双核片上系统、MPU-FPGA 可编程片上系统以及 MPU-DSP-FPGA 三核结构的可编程片上系统。

由于嵌入式设备的处理器必须高度紧凑、低功耗、低成本，针对每一类应用来说，开发者对处理器选择都是多种多样的。设计者在选择处理器时要考虑的主要因素如下。

（1）调查市场上已有的 CPU 供应商。有些公司如 Motorola、Intel、AMD 很有名气，而有一些小的公司，如 QED 虽然名气很小，但也生产很优秀的微处理器。另外，有一些公司，如 ARM、MIPS 等，只设计但并不生产 CPU，他们把生产权授予世界各地的半导体制造商。

（2）处理器的处理速度。一个处理器的性能取决于多个方面的因素：时钟频率、内部寄存器的大小、指令是否对等处理所有的寄存器等。对于许多需用处理器的嵌入式系统设计来说，目标不是在于挑选速度最快的处理器，而是在于选取能够完成作业的处理器和输入输出子系统。如果你的设计是面向高性能的应用，那么建议你考虑某些新的处理器，其价格极为低廉，如 IBM 和 Motorola 的 Power PC。以前 Intel 的 i960 是销售极好的 RISC 高性能芯片，但是最近几年却遇到强劲的对手，让位于 MIPS、SH 以及后起之星 ARM。

（3）处理器的功耗。嵌入式微处理器最大并且增长最快的市场是手持设备、电子记事本、PDA、手机、GPS 导航器、智能家电等消费类电子产品，这些产品中选购的微处理器典型的特点是要求高性能、低功耗。

（4）技术指标。当前，许多嵌入式处理器都集成了外围设备的功能，从而减少了芯片的数量，进而降低了整个系统的开发费用。开发人员首先考虑的是，系统所要求的一些硬件能否无需过多的胶合逻辑（Glue Logic）就可以连接到处理器上。其次是考虑该处理器的一些支持芯片，如 DMA 控制器、内存管理器、中断控制器、串行设备、时钟等。

（5）处理器的支持工具。仅有一个处理器，没有较好的软件开发工具的支持也是不行的，因此选择合适的软件开发工具对系统的实现会起到很好的作用。另外，还要看处理器是否内置调试工具。处理器如果内置调试工具可以大大地缩小调试周期，降低调试的难度。

（6）处理器供应商是否提供评估板。许多处理器供应商可以提供评估板来验证你的理论是否正确，验证你的决策是否得当。

【嵌入式计算平台之机顶盒：数字视频变换盒（Set Top Box, STB），简称机顶盒，是一个连接电视机与外部信号源的设备。它可以将压缩的数字信号转成电视内容，并在电视机上显示出来。信号可以来自有线电缆、卫星天线、宽带网络以及地面广播。机顶盒接收的内容除了模拟电视可以提供的图像、声音之外，更在于能够接收数字内容，包括电子节目指南、因特网网页、字幕等。使用户能在现有电视机上观看数字电视节目，并可通过网络进行交互式数字化娱乐、教育和商业化活动。从结构上看，机顶盒一般由主芯片、内存、调谐解调器、回传通道、CA（Conditional Access）接口、外部存储控制器以及视音频输出等几大部分构成，如图 10.6 所示。】

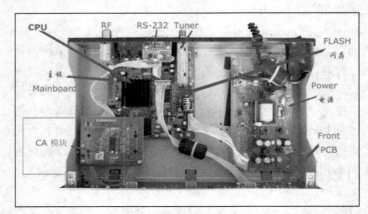

图 10.6　数字电视机顶盒硬件结构

2. 存储器

存储器是构成嵌入式系统硬件的重要组成部分，它主要用于存储程序指令、数据以及其他重要的系统配置细节，是嵌入式计算机系统中的记忆设备。在嵌入式系统中使用的存储器可以是内部存储器，如随机存储单元 RAM、只读存储单元 ROM 等，也可以是外部存储器，如闪存 Flash Memory、硬盘等。

（1）ROM

ROM 中的信息一次写入后只能被读出，而不能被操作者修改或删除，一般由芯片制造商进行掩膜写入信息，价格便宜，适合于大量的应用。一般用于存放固定的程序，如监控程序、汇编程序等，以及存放各种表格。由于 ROM 制造和升级的不便，后来人们发明了 PROM（Programmable ROM，可编程 ROM）。最初从工厂中制作完成的 PROM 内部并没有资料，用户可以用专用的编程器将自己的资料写入，但是这种机会只有一次，一旦写入后也无法修改，若是出了错误，已写入的芯片只能报废。PROM 的特性和 ROM 相同，但是其成本比 ROM 高，而且写入资料的速度比 ROM 的量产速度要慢，一般只适用于少量需求的场合或是 ROM 量产前的验证。EPROM（Erasable Programmable ROM，可擦除可编程 ROM）的发明解决了 PROM 芯片只能写入一次的弊端，可以重复擦除和写入。EPROM 内资料的写入要用专用的编程器，并且往芯片中写内容时必须要加一定的编程电压。由于 EPROM 操作的不便，后来出的主板上 BIOS ROM 芯片大部分都采用 EEPROM（Electrically Erasable Programmable ROM，电可擦除可编程 ROM）。EEPROM 的擦除不需要借助于其他设备，它是以电子信号来修改其内容的，而且是以 Byte 为最小修改单位，不必将资料全部洗掉才能写入，彻底摆脱了 EPROM Eraser 和编程器的束缚。EEPROM 在写入数据时，仍要利用一定的编程电压，此时，只需用厂商提供的专用刷新程序就可以轻而易举地改写内容，所以，它属于双电压芯片。借助于 EEPROM 芯片的双电压特性，可以使 BIOS 具有良好的防毒功能，在升级时，把跳线开关打至 "OFF" 的位置，即给芯片加上相应的编程电压，就可以方便地升级；平时使用时，则把跳线开关打至 "ON" 的位置，防止 CIH 类的病毒对 BIOS 芯片的非法修改。所以，至今仍有不少主板采用 EEPROM 作为 BIOS 芯片并作为自己主板的一大特色。

（2）RAM

RAM 就是我们平常所说的内存，主要用来存放各种现场的输入、输出数据，中间计算结果以及与外部存储器交换信息和作堆栈用。它的存储单元根据具体需要可以读出，也可以写入或改写。RAM 只能用于暂时存放程序和数据，一旦关闭电源或发生断电，其中的数据就会丢失。现在的 RAM 多为 MOS 型半导体电路，它分为静态和动态两种。静态 RAM 是靠双稳态触发器来记忆信息的；动态 RAM 是靠 MOS 电路中的栅极电容来记忆信息的。由于电容上的电荷会泄漏，需要定时给予补充，所以动态 RAM 需要设置刷新电路。但动态 RAM 比静态 RAM 集成度高、功耗低，从而成本也低，适于作大容量存储器。所以主内存通常采用动态 RAM，而高速缓冲存储器（Cache）则使用静态 RAM。

（3）闪存

闪存（Flash Memory）是一种非易失性存储器，其特点是在不加电的情况下能长期保存信息，同时又能在线进行快速擦除与重写。从软件的观点来看，Flash 和前面提到的 EEPROM 的技术十分类似。但是它们之间实际上是有区别的：首先，EEPROM 擦写和编程时要加高电压，而 Flash 使用标准电压擦写和编程，允许芯片在标准系统内部编程，这就允许 Flash 在重新编程的同时存储新的内容；其次，EEPROM 必须被整体擦写，而 Flash 可以一块一块甚至一个字节一个字节地擦写。而且大部分 Flash 允许某些块被保护，这一点对存储空间有限的嵌入式系统非常有用，即可以将引导代码（Boot Loader）放进保护块内而允许设备上其他存储块的更新。

闪存可分为 NOR Flash 和 NAND Flash 两类。NOR Flash 是在 EEPROM 的基础上发展起来的，它的存储单元由 N 型 MOS 晶体管（Metal-Oxide-Semi Conductor）构成，而连接 N-MOS 单元的线是独立的。NOR Flash 的特点是可以随机读取任意单元的内容，适用于程序代码的并行读写存储，常用于制作计算机的 BIOS 存储器和微控制器的内部存储器等。NANDFlash 是将几个 N-MOS 单元用同一根线连接起来，可以按顺序读取存储单元的内容，因此通常只能以块为单位读写，适用于大数据或文件的存储。

3. 输入/输出设备

一个实用的嵌入式系统通常配有一定的外部设备，这些外部设备包括输入设备，如键盘、触摸屏、各种传感器（如前面介绍的磁感应计、压力、温度传感器等）；输出设备，如显示器、发光二极管、喇叭等。这些输入输出设备常用于系统与外界交互，一个嵌入式应用系统要实现它的功能，必须与外界对象进行沟通，当外界环境或者变量发生变化时，连接到嵌入式系统的传感器就能够感知检测这种变化，然后根据相应计算策略修改或控制变量并执行预定的操作。比如一台自动售卖机中的系统，它从输入端口获得外界对象的输入信息，该端口收集投入的钱币和用户选择，系统对输入信息进行计算和响应，最后向输出端口提供用户选择的商品和找零。再比如移动电话中的系统，用户通过按键直接或者间接（通过从存储器中重新调用号码）输入移动电话号码，键盘通过输入端口与系统连接，系统则根据输入进行相应的通话操作。

10.2.2　嵌入式软件

嵌入式系统软件部分包括系统软件和应用软件两部分。系统软件主要是指嵌入式操作系统，而应用软件是指用于实现嵌入式系统所需特定功能的程序。理论上，嵌入式操作系统对于一个嵌入式系统来说不是必须的，我们完全可以不用操作系统而直接运行应用软件。但是，当系统需要完成的任务较多，计算复杂度较高时，使用嵌入式操作系统可以更合理地利用系统的有限资源，实现对系统中多任务的有效调度。当前，随着嵌入式系统的复杂度越来越高，嵌入式操作系统已经成为嵌入式系统中最重要的组成部分，应用软件也都建立在嵌入式操作系统之上。

1. 嵌入式操作系统

目前在嵌入式系统中常用以下两类操作系统。

（1）实时系统

实时操作系统是嵌入式系统目前最重要的组成部分。实时，是指物理进程的真实时间。实时操作系统把实时性作为第一要求，调度一切可利用的资源以完成实时控制任务，其次才是提高整个嵌入式系统的使用效率。实时系统要求程序的执行有严格的确定性，即系统能对运行时的最好和最坏等情况做出精确的估计。实时系统又有硬实时系统和软实时系统之分，硬实时系统是指在指定的时间内未能实现一个确定的任务就会崩溃的系统，它往往需要添加专门用于时间和优先级管理的控制芯片；软实时系统虽然对时间要求同样重要，但出现超时情况时不会导致致命错误，它主要是通过软件编程实现对时限的管理。

（2）分时系统

分时系统追求系统资源总体利用率最高，其特点在于多任务的管理。现在 PC 的操作系统绝大部分采用的是分时系统，而很少采用实时系统。但实时系统不是嵌入式系统的专利，只不过大部分嵌入式系统均采用实时系统作为自己的操作系统。

下面介绍嵌入式系统中常用的几种操作系统。

① VxWorks。

VxWorks 操作系统是美国 WindRiver 公司于 1983 年设计开发的一种实时操作系统。VxWorks 拥有良好的持续发展能力、高性能的内核以及友好的用户开发环境，在实时操作系统领域内占据了一席之地。它以良好的可靠性和卓越的实时性被广泛地应用在通信、军事、航空、航天等高精尖技术及实时性要求极高的领域中，如卫星通信、军事演习、导弹制导、飞机导航等。在美国的F-16、FA-18 战斗机，B-2 隐形轰炸机和爱国者导弹上，甚至连 1997 年 4 月在火星表面登陆的火星探测器上也使用了 VxWorks。它是目前嵌入式系统领域中使用最广泛、市场占有率最高的系统。它支持多种处理器，如 x86、i960、Sun Sparc、Motorola MC68000、MIPS RX000、Power PC、StrongARM、XScale 等。大多数的 VxWorks API 是专用的。

② pSOS。

pSOS 是 ISI 公司研发的产品。该公司成立于 1980 年，其产品在成立后不久即被推出，是世界上最早的实时系统之一，也是最早进入中国市场的实时操作系统。该公司于 2000 年 2 月 16 日与 WindRiver 公司合并。

pSOS 是一个模块化、高性能、完全可扩展的实时操作系统，专为嵌入式微处理器设计，提供了一个完全多任务环境，在定制的或是商业的硬件上可以提供高性能和高可靠性。它包含单处理器支持模块（pSOS+）、多处理器支持模块（pSOS+m）、文件管理器模块（pHILE）、TCP/IP 通信包（pNA）、流式通信模块（OpEN）、图形界面、Java 和 HTTP 等。开发者可以利用它来实现从简单的单个独立设备到复杂的、网络化的多处理器系统。

③ Palm OS。

3COM 公司的 Palm OS 在掌上电脑和 PDA 市场上占有很大的市场份额。它有开放的操作系统应用程序接口，开发商可以根据需要自行开发所需的应用程序。目前共有 3500 多个应用程序可以运行在 Palm Pilot 上，其中大部分应用程序均为其他厂商和个人所开发，使 Palm Pilot 的功能不断增多。在开发环境方面，可以在 Windows 和 Macintosh 下安装 Palm Pilot Desktop。Palm Pilot 可以与流行的 PC 平台上的应用程序进行数据交换。

④ Windows CE。

Microsoft Windows CE 是从整体上为有限资源的平台设计的多线程、完整优先权、多任务的操作系统。它的模块化设计允许它对从掌上电脑到专用的工业控制器的用户电子设备进行定制。操作系统的基本内核至少需要 200KB 的 ROM。

⑤ 嵌入式 Linux。

随着 Linux 的迅速发展，嵌入式 Linux 现在已经有许多的版本，包括强实时的嵌入式 Linux（如新墨西哥工学院的 RT-Linux 和堪萨斯大学的 KURT-Linux 等）和一般的嵌入式 Linux 版本（如 uClinux 和 PocketLinux 等）。其中，RT-Linux 通过把通常的 Linux 任务优先级设为最低，让所有的实时任务的优先级都高于它，以达到既兼容通常的 Linux 任务又保证强实时性能的目的。另一种常用的嵌入式 Linux 是 uClinux，它是针对没有 MMU 的处理器而设计的。它不能使用处理器的虚拟内存管理技术，因此对内存的访问是直接的，所有程序中访问的地址都是实际的物理地址。它专为嵌入式系统做许多小型化的工作。

2. 嵌入式软件开发

由于嵌入式系统紧凑的系统资源，故在一般的简单的嵌入式系统中常采用汇编语言来编程；随着嵌入式系统复杂性的增加，单用汇编语言编程已很难胜任。况且，高级语言与汇编语言相比，具有通用性强、编程方便、易于移植及可维护等优点，所以在嵌入系统中广泛采用高级语言。常用的高级语言有 C/C++、Ada 等。

嵌入式系统的软件开发过程如图 10.7 所示。通常，嵌入式程序员根据实际的应用场合结合硬件平台用高级语言实现一个嵌入式应用程序，用于控制硬件设备的某个执行动作。为了让机器能够识别由程序给出的指令操作，需要将程序指令清单转化为内存中的可执行映像，这就需要首先对程序进行编译，编译是一个结合翻译和优化的过程，它能对高级语言代码进行语义分析和优化生成汇编代码。然后进一步通过汇编器将汇编语句翻译成为目标代码。由于程序可能由很多文件生成，因此最终决定指令和数据的地址的步骤将由链接器执行，产生可执行二进制文件，最后，装载器负责将可执行的二进制文件载入嵌入式计算平台的内存中并执行。

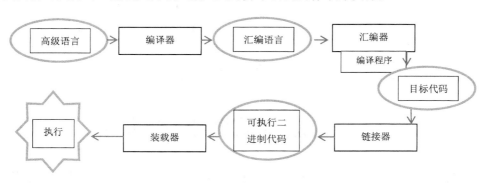

图 10.7　嵌入式系统的软件开发流程

与传统 PC 上的应用程序开发流程不同的是：上述的编译器、汇编器和链接器并非运行在最终执行程序的嵌入式系统上，而是都运行在主机（如 PC）上，这就是我们常说的交叉编译模式。以嵌入式系统常用的 GNU 开发工具为例，它需配备不同的交叉编译器以生成用于相应被开发的目标机（嵌入式系统）的代码。如果我们要开发基于 Intel XScale 处理器的嵌入式系统，就需要在 PC 上安装 GNU 工具，配备基于 Intel XScale 处理器的交叉编译器 gcc。

交叉编译或交叉汇编输出的目标文件，其结构通常是按照标准格式定义的，如"通用对象文件格式（COFF）"和"扩展的链接器格式（ELF）"。大多数目标文件以一个描述后续段的头部开始，每一段包含一块或几块源于源文件的代码或数据。这些代码被编译后重新组合至相关的段中，如所有的代码块被收集至 text 段中，已初始化的全局数据被收集至 data 段中，而未初始化的全局变量则收集至 bass 段中。此外，目标文件中还有一个符号表，记录了源文件引用的所有变量和函数名及位置。

GNU 的链接器（ld）是把交叉编译或交叉汇编产生的目标文件以一种特殊的方式组合起来，输出同样格式的一个目标文件。这样，所有输入目标文件的机器（目标机）代码将出现在新的目标文件的 text 段，所有初始化变量和未初始化变量分别在 data 和 bass 段中，在合并了所有代码和数据段并解决了所有符号引用之后，链接器产生可重定位程序。链接器中通常还包括一个定址器，它负责把可重定位程序转换到可执行的二进制映像文件。

在 PC 主机上生成的可执行二进制映像文件需下载至目标机才能运行。目标机的调试，则需要 PC 通过在线仿真器 ICE 或常驻在目标上的调试监控器来实现。对于基于 ARM 处理器已嵌入了 ICE 功能，可以通过 JTAG 接口直接进行调试，省去了昂贵的在线仿真机（ICE），也可以下载 Boot Loader 程序来实现对目标机的调试。

【嵌入式系统编程框架之"Hello World"：一个基于 Intel XScale 处理器嵌入式系统上实现如下功能：在 LCD 液晶上定时闪烁"Hello World"，并通过串口向主机发送。该系统在嵌入式操作系统支持下的编程框架如图 10.8 所示。嵌入式操作系统主要负责设备驱动的集成以及多任务的管理与调度。一些通用的设备驱动程序在操作系统安装时已生成，如串口、定时器等，而有的则需根据某些设备的特性来编写，如 LCD。安装好嵌入式操作系统之后，应用程序开发人员即可根据应用的要求编写相应的任务，例如这里的闪烁 LCD 显示任务和"Hello World"字符发送任务。】

图 10.8　嵌入式系统的编程框架

10.3　嵌入式计算的特点

作为计算机系统，嵌入式计算系统有与通用计算机类似的地方，例如它同样由处理器、存储器、输入/输出设备三大部分构成，以及包含将这三个部分连接起来的"总线"。这是所有计算机系统的共性。但是，与通用计算相比，嵌入式计算也有其特殊性，它在许多方面需要满足更多的要求和约束。嵌入式计算的主要特点概括如下。

1. 面向特定应用对象和任务设计，具有很强的专用性，对成本、体积、功耗有一定的限制

嵌入式计算的主要目的通常是实现对特定对象的控制，嵌入式应用所需要的功能和进行处理的过程通常都是预知的、相对固定的，而不像通用计算机那样有很大的随意性。因此，嵌入式系统对计算能力的要求并不像通用计算机那么高。而且出于对成本、体积和功耗的考虑，嵌入式系统的功能通常被设计得非常固定且刚好够用。其微处理器、内存、输入输出资源都非常有限，例如 ARM 微控器通常不支持浮点运算，可使用的内存通常以字节计算，这对嵌入式系统上的软件设计提出了很大的挑战。

2. 大多有实时要求，需要有对外部事件迅速做出反应的能力

许多嵌入式系统不得不在实时方式下工作。如果数据在某段时限内不能到达，系统将中断。在一些情况下，超过时限会引发危险甚至对生命造成伤害；在另外的情况下，超过时限虽然不会造成伤害，但是也会引发一些不愉快的结果，比如如果打印机的数据等待时间过长，就会使打印页发生混乱。另外，许多嵌入式应用不仅要求操作在时限内完成，还要求能同时运行多个实时动作，而这些动作可能有些速度慢，有些速度快。多媒体应用程序就是一个典型例子，多媒体数据流的音频和视频部分以不同的速率播放，但是它们必须保持同步。只要音频数据或视频数据不能在期限内准备好，就会影响整体的播放效果。

3. 大多需要长期连续运行，对计算的可靠性和稳定性有很高要求

不同于通用计算机，嵌入式系统要求在较少甚至没有人工干预的情况下长时间稳定地运行，例如电话交换机。在这些系统长期的运行过程中，如果某个部件损坏，是不允许将系统关闭断电后加以替换的，而必须在系统仍旧加电、继续运行的条件下加以替换。这就是所谓"热替换（Hot Swapping）"或"热插拔"。还有一种类似但稍为简单一些的要求是在系统还在运行的条件下增加一个模块，称为"热插入"。无论是热替换还是热插入，都要求硬件和软件两方面的配合。

还有一些要求高可靠的嵌入式系统需要采用"容错"技术，即系统在损坏时能自动切换到它的备份或者对系统进行重构。最常见也是最简单的容错技术是电源的自动切换。一些嵌入式系统往往带有备份电源，一旦检测到电源故障就自动切换到备份电源并发出警报。还有一种很常见的容错技术是一些数据通信设备中对链路的"自动保护切换（APS）"。在电信系统中，最可能发生故障的"部件"就是物理的链路（例如两个城市之间的电缆），所以实践中常常以一定的比例为这些电缆配上备份，例如每 3 条平行的链路就配上一条作为备份。而在两端的设备中，则各有相应的设施，使得监测到某条链路发生故障时，就很快切换到备份链路继续运行。

4. 许多嵌入式系统的人机交互界面也有其特殊性

许多嵌入式系统都不提供图形化的人机交互界面,而只提供一个基于字符信息的控制台接口。往往还带有如小型的 LCD 显示屏、发光二极管（LED）等辅助的显示设备，甚至报警装置。

下面的一个数码相机的例子可以帮助我们更形象地了解嵌入式计算的特点。

【嵌入式计算特点之数码相机：数码相机（Digital Camera）又名数字式相机，是一个典型的具有数据采集、数据存储与数据显示功能的嵌入式设备，如图 10.9 所示。它利用电子传感器（光感应式的电荷耦合器件（CCD）或互补金属氧化物半导体（CMOS））进行光学成像，并将影像信息转化为数字信号，数字信号再经过相机中的影像运算芯片进行复杂的计算处理，然后储存在存储设备中。

图 10.9　数码相机

由于数码相机的应用需求，系统要求具有体积小、功耗低、电池耐用的特性。而数码相机需要进行实时拍摄，因此要求系统具有快速处理数字信号的能力。此外，用户需要与相机进行简单的交互，如参数设置、图片浏览等，这通常是由相机上的一些按键和 LCD 显示屏来实现的。】

10.4 嵌入式计算发展趋势与新挑战

10.4.1 嵌入式计算发展趋势

嵌入式系统具有非常广阔的应用领域，是现代计算机技术改造传统产业、提升许多领域技术水平的有力工具。目前大量的 8、16、32 位嵌入式微处理器应用在工业过程控制、数控机床、电网安全、电网设备检测、石油化工和消费电子等领域，显著提高了这些技术领域的自动化和智能化程度。对于航空航天、交通管理、家庭智能管理系统、POS 网络及电子商务、环境检测等领域技术进步与智能化水平的提高，嵌入式系统功不可没。如今，嵌入式产业已经得到了长足的发展，很多技术正逐步走向成熟。

但是，随着后 PC 时代的来临，以云计算、物联网、移动互联网、车联网为代表的新技术成为战略性新兴技术，带动嵌入式应用领域逐步向网络化、便捷化、智能化方向发展。另外，由于我们的生活每天、每时、每刻都在产生着大量的数据，一个属于“大数据”的时代局面已经打开。大数据时代下的嵌入式计算也已经面临着新的挑战。我们急需新的解决方案来解决新的问题。

首先，嵌入式系统技术水平的提升要求嵌入式系统厂商不仅要提供技术水平更高的嵌入式硬件，还要提供功能更加强大的硬件开发工具和软件包。

其次，对网络化、信息化的需求随着国际互联网技术的日益成熟、带宽的增加而日益迫切，这就要求嵌入式系统芯片提供强大的网络支持功能。为适应网络发展的要求，新一代的嵌入式系统芯片已经开始内嵌网络接口，且不仅支持 TCP/IP 协议，还支持 IEEE1394、USB、CAN、蓝牙或 IrDA 通信接口中的一种或几种，同时还提供相应的通信网络协议软件和物理层驱动软件。

最后，功耗和成本的进一步降低是嵌入式系统今后的发展趋势之一，这就要求其操作系统在可以支撑应用需求的条件下能进一步精简系统的内核。而为了便于开发，还应提供更加友好的多媒体人机界面等。

10.4.2 嵌入式计算所面临的挑战

1. 性能与内核速度之间的矛盾

更高的性能意味着更高的处理速度，但是，微处理器与存储器之间的速度存在一条鸿沟：系统性能受限于慢速系统组件，连线长度限制了能以内核速度访问片上内存的大小。存储器性能是目前嵌入式开发中真正的拦路虎，特别是随着大数据时代的来临。尽管可以通过提高时钟频率，使得处理器技术支持高速操作，但是，当前的存储器技术还无法跟上处理器提供的速度，因此，存储器技术革新是非常必要的，至少期望能够达到趋近于处理器速度的存储器访问性能。

2. 嵌入式操作系统

嵌入式系统通常都有实时性约束，要求程序的执行有严格的确定性，即系统能对运行时的最好和最坏等情况做出精确的估计。当前，系统满足实时性约束的方法主要是通过部署嵌入式操作系统来实现的，可见，嵌入式操作系统对于嵌入式系统的重要性非同一般。而不同于传统 PC 上的操作系统，嵌入式实时操作系统应具有如下特点。

（1）编码体积小：适合在嵌入式系统的有限存储空间中运行。

（2）面向应用，可裁剪和移植：可进一步缩小编码体积并有效地运行，故此类 OS 也可称为特定应用操作系统 ASOS。

（3）实时性强：这也是嵌入式系统的特征之一，因此，嵌入式操作系统有时也称为实时多任务操作系统。

（4）可靠性高：嵌入式系统可无须人工干预而独立运行，并能处理各类事件和故障。

（5）功耗低：不但要求操作系统本身运行时的功耗较低，而且要求操作系统在进行任务调度时要以系统的功耗作为约束条件，通过调度实现系统功耗的最优化。

当前，如何设计满足上述特点的嵌入式操作系统是嵌入式领域的一大研究热点。

3. 复杂的系统带来的系统设计问题

未来嵌入式系统的应用领域将会不断扩展，例如，面向互联网的应用已是如今嵌入式系统发展的一个必然趋势。随着应用需求的不断提升，嵌入式系统的软硬件的复杂度将越来越高，系统所集成的部件将越来越多，对嵌入式操作系统和应用软件的可靠性和稳定性以及系统开销也会有更高的要求。此外，虽然系统的集成度和复杂度将越来越高，但是对系统功耗的要求却越来越低，这些无疑都对嵌入式系统的设计方法学提出了更高的挑战。

传统的嵌入式系统设计流程大致是：一开始系统就被划分为软件和硬件两大部分，软件和硬件进行独立开发，常采用"硬件优先"原则。这种设计方法容易造成一系列问题，例如，软硬件交互受到很大限制，软硬件之间的相互性能影响无法评估，系统集成相对滞后等。随着设计复杂程度的提高，传统设计方法可能会使得设计出的嵌入式系统质量差、难以修改，同时设计成本高且设计周期也难以得到有效保障。

如何解决传统设计流程中的一系列问题是嵌入式系统亟待解决的一个问题。软硬件协同设计方法是一个可能的解决方案。软硬件协同设计方法提出在设计初始阶段就能够进行软硬件交互设计与调整，它强调统一的软硬件描述方式，软硬件支持统一的设计和分析工具；允许在一个集成环境中进行仿真系统软硬件设计；支持系统任务在软件和硬件设计之间的相互移植。交互式的软硬件设计技术允许多个不同的软硬件划分设计进行仿真和比较，从而实现系统软硬件功能划分以及执行性能的最优化。目前，嵌入式系统的软硬件协同设计方法还存在一些缺陷，没有得到广泛使用，例如它缺少相应的标准表示方法、缺少评估和验证方法。但是，可以预见软硬件协同设计方法是嵌入式系统设计方法学的一个必然发展趋势。

习　　题

1. 什么是嵌入式系统？嵌入式系统有哪些特点？列举几个嵌入式系统应用实例。
2. 简述嵌入式系统的硬件构成？
3. 嵌入式系统中经常使用的存储器主要有哪些？
4. 简述 Flash 存储器的主要特点和分类。
5. 目前常用的嵌入式微处理器有哪些？简述各自的特点以及在选用时应考虑的因素。
6. 列举目前常用的嵌入式操作系统，并简述它们的主要特点。
7. 什么是硬实时系统和软实时系统？简述它们的特点和区别。
8. 什么是"热插拔"和"热插入"？
9. 简述传统嵌入式系统设计流程以及存在的主要问题。
10. 为什么说软硬件协同设计方法是嵌入式系统设计方法的一种发展趋势？

本章参考文献

[1] Wayne Wolf. 高性能嵌入式计算. 北京：机械工业出版社，2010.

[2] 沃尔夫. 嵌入式计算系统设计原理. 北京：机械工业出版社，2009.

[3] 施部·克·威. 嵌入式系统原理、设计及开发. 北京：清华大学出版社，2012.

[4] 卡莫尔. 嵌入式系统——体系结构、编程与设计. 北京：清华大学出版社，2010.

[5] 赵国安, 薛琳强, 黄衍玺. 基于 Linux 嵌入式原理与应用开发. 北京：清华大学出版社，2008.

[6] 嵌入式系统定义和发展历史. http://www.eefocus.com/fpga/222406/r0.

[7] 刘欣，王娇娇，徐强. 浅谈嵌入式系统的发展现状和趋势. http://articles.e-works.net.cn/pc_server /article82413.htm.

[8] 维基百科. 旋风计算机.
http://zh.wikipedia.org/wiki/%E6%97%8B%E9%A2%A8%E8%A8%88%E7%AE%97%E6%A9%9F.

[9] 维基百科. HP-35. http://zh.wikipedia.org/wiki/HP-35.

[10] 维基百科. ARM 架构. http://zh.wikipedia.org/wiki/ARM%E6%9E%B6%E6%A7%8B.

第11章
信息安全与网络安全专题

随着计算机技术与通信技术的飞速发展，信息网络已经成为当代社会发展的重要保证。信息网络中存储、传输和处理大量的重要信息，涉及政府、军事、文教等诸多领域。在这些信息中，很多是敏感信息或国家机密，极易遭受各种人为攻击（例如信息泄漏、信息窃取、数据篡改、数据增删、计算机病毒等）。计算机犯罪率的迅速增加，使各国的计算机系统特别是网络系统面临着很大的威胁，并成为严重的社会问题之一。

针对可能面临的安全威胁，相应的信息安全与网络安全技术应运而生。本专题将主要介绍信息安全与网络安全的基本概念及基本技术，主要包括密码技术、信息隐藏技术、防火墙技术、防病毒技术和入侵检测技术。

11.1 信息安全与网络安全简介

11.1.1 信息安全与网络安全的基本概念

1. 信息安全的基本概念

信息泛指人类社会传播的一切内容，是信息系统传输和处理的对象。人通过获得、识别自然界和社会的不同信息来区别不同事物，从而得以认识和改造世界。在一切信息系统中，信息是一种普遍联系的形式。1948 年，数学家香农在题为"通讯的数学理论"的论文中指出："信息是用来消除随机不定性的东西"。

信息安全是指信息在产生、传输、处理和存储过程中不被泄露或破坏，确保信息的可用性、保密性、完整性和不可否认性，并保证信息系统的可靠性和可控性。通常来说，信息安全包含 3 个方面的含义：一是系统安全（实体安全），即系统运行的安全；二是系统中的信息安全，即通过对用户权限的控制、数据加密等确保信息不被非授权者获取和篡改；三是管理安全，即用综合手段对信息资源和系统安全运行进行有效的管理。

2. 网络安全的基本概念

网络是指将地理位置不同的具有独立功能的多台计算机及其外部设备，通过通信线路连接起来，在网络操作系统、网络管理软件及网络通信协议的管理和协调下，实现资源共享和信息传递的计算机系统。

网络安全是指网络系统的硬件、软件及其系统中的数据受到保护，不因偶然的或者恶意的原因遭到破坏、更改、泄露，系统连续可靠正常地运行，网络服务不中断。从广义上来说，凡是涉及网络上信息的保密性、完整性、可用性、真实性和可控性的相关技术和理论都是网络安全所要研究的领域。

网络的安全实际上包括两方面的内容：一是网络的系统安全，二是网络的信息安全。由于计算机网络最重要的资源是它向用户提供的服务及其所拥有的信息，因而网络安全可以定义为：保障网络服务的可用性和网络信息的完整性。前者要求网络向所有用户有选择地随时提供各自应得到的网络服务，后者则要求网络保证信息资源的保密性、完整性、可用性和准确性。可见建立安全的网络系统要解决的根本问题是如何在保证网络的连通性、可用性的同时对网络服务的种类、范围等进行适当程度的控制从而保障系统的可用性和信息的完整性不受影响。

11.1.2　信息安全与网络安全的基本特征

假定 Alice 和 Bob 希望进行"安全地"通信，即 Alice 希望即使他们在一个不安全的媒体上进行通信，也只有 Bob 能够明白她所发送的报文，入侵者能够在该媒体上截获 Alice 传输到 Bob 的报文。Bob 想确认从 Alice 接收到的报文确实是由 Alice 所发送的，Alice 同样要确认和她通信的人的确就是 Bob。Alice 和 Bob 还要确保他们报文的内容在传输过程中没有被篡改。针对以上问题，一般认为信息安全与网络安全应具有下列特性。

1. 机密性（confidentiality）

仅有发送方和预定的接收方能够理解传输的报文内容。因为入侵者可以截取到报文，这必须要求报文在一定程度上进行加密（encrypted），即进行数据伪装，从而使得入侵者不能解密（decrypted）截获到的报文。机密通信通常依赖于密码技术。例如，Alice 发给 Bob 的信息，应该只有 Bob 能读懂信息的内容，其他人即使截获到该信息，也不可读。

2. 身份验证（authentication）

发送方和接收方都应该能够证实通信过程所涉及的另一方，确信通信的另一方确实具有他们所声称的身份。人类面对面的通信可以通过视觉轻松地解决这个问题。当通信实体在不能看到对方的媒体上交换信息时，身份验证就不是那么简单了。例如，Bob 收到一封 E-mail，其中所包含的文本信息称这封 E-mail 来自他的朋友 Alice，Bob 如何验证这封 E-mail 确实是 Alice 所发？在这种情况下，可以采用身份验证技术来验证通信双方的身份。

3. 完整性（integrity）

完整性是指信息在传输、交换、存储和处理过程中保持非修改、非破坏和非丢失的特性。例如，Alice 发给 Bob 的信息内容是"Bob, I love you. Alice"，而 Bob 收到的信息却是"Bob, I don't love you. Alice"，显然，这样的通信没有保证信息的完整性。

4. 不可抵赖性（non-repudiation）

不可抵赖性就是通信双方对于自己通信的行为都不可抵赖。例如，Alice 发给了 Bob 一封信，Bob 也收到了 Alice 的信，此时，Alice 应不能抵赖说她没发这封信，Bob 也不能抵赖说他没收到这封信。

5. 可用性（Availability）

可用性是指合法用户在需要的时候，可以正确使用所需的信息而不遭服务拒绝。系统为了控制非法访问可以采取许多安全措施，但系统不应该阻止合法用户对系统的使用。

6. 可控性（controllability）

可控性是指对流通在网络系统中的信息传播及具体内容能够实现有效控制的特性，即网络系统中的任何信息要在一定传输范围和存放空间内可控。

11.1.3　信息安全与网络安全保护技术

信息安全强调的是通过技术和管理手段，实现和保护消息在公用网络信息系统中传输、交换和存储流通的保密性、完整性、可用性和不可抵赖性。当前采用的信息安全和网络安全保护技术主要有两类：主动防御技术和被动防御技术。

1. 主动防御技术

主动防御技术一般采用数据加密、存取控制、权限设置和虚拟专用网络等技术来实现。

（1）数据加密。密码技术被认为是保护信息安全最实用的方法。对数据最有效的保护就是加密，而加密的方式可用多种算法来实现。

（2）存取控制。存取控制表征主体对客体具有规定权限操作的能力。存取控制的内容包括人员限制、访问权限设置、数据标识、控制类型和风险分析等。

（3）权限设置。规定合法用户访问网络信息资源的资格范围，即反映能对资源进行何种操作。

（4）虚拟专用网技术（VPN-Virtual Private Network，VPN）。VPN 技术就是在公网基础上进行逻辑分割而虚拟构建的一种特殊通信环境，使其具有私有性和隐蔽性。VPN 也是一种策略，可为用户提供定制的传输和安全服务。

2. 被动防御技术

被动防御技术主要有防火墙技术、入侵检测技术、安全扫描器、口令验证、审计跟踪、物理保护及安全管理等。

（1）防火墙技术。防火墙是内部网与 Internet（或一般外网）间实现安全策略要求的访问控制保护，其核心的控制思想是包过滤技术。

（2）入侵检测系统（Intrusion Detection System，IDS）。IDS 就是在系统中的检查位置执行入侵检测功能的程序或硬件执行体，对当前的系统资源和状态进行监控，检测可能的入侵行为。

（3）安全扫描器。它是可自动检测远程或本地主机及网络系统的安全漏洞的专用功能程序，可用于观察网络信息系统的运行情况。

（4）口令验证。它利用密码检查器中的口令验证程序，查验口令集中的薄弱口令，防止攻击者假冒身份登入系统。

（5）审计跟踪。它对网络信息系统的运行状态进行详尽审计，并保持审计记录和日志，帮助发现系统存在的安全弱点和入侵点，尽量降低安全风险。

（6）物理保护与安全管理。它通过指定标准、管理办法和条例，对物理实体和信息系统加强规范管理，减少人为管理因素不力的负面影响。

11.2　信息安全技术

11.2.1　信息安全技术概述

信息是人类社会最重要的资源之一，几乎人类的一切活动都依赖于信息的获取与处理。在现代社会里，信息技术的发展程度已成为衡量一个国家或民族是否进步的重要指标。"信息"一词有着悠久的历史，早在两千多年前，即有"信"字的出现。"信"常可作消息来理解。但对于"信息"一词而言，至今还没有一个公认的定义。从信息的本质来看，它实际上是指事物在相互作用中所

"刻画"出的记录。信息的记录方法和社会技术的进步密不可分。古人从"结绳记事"、在龟甲与兽骨上刻画象形文字、青铜器上铸字、使用木简竹简作为文字载体，到纸张记录，每一次信息记录方法的改变，都是当时社会进步的一个重要标志。进入20世纪中叶以来，随着计算机技术与数字化技术的发展，越来越多的信息开始以数字化的方式存在，为了使敏感的数字化信息内容安全可靠，必须保证信息的安全。

这里将主要对信息安全领域中常见的密码技术和信息隐藏技术进行介绍。

11.2.2 密码技术

密码是一个古老的话题，早在四千年前，古埃及人就开始使用密码来保护传送的消息。2 000多年以前，罗马国王 Julius Caesar 就开始使用现在称为"凯撒密码"的密码系统。但是，密码技术有重大发展则是近代的事。特别是在20世纪70年代后期，Diffie 与 Hellman 的开创性工作"密码学新方向"的发表，成为现代密码学的一个里程碑。现代密码学得到重大发展的另一个原因则是现代飞速发展的计算机、电子通信及其广泛的应用。

经典的密码学是关于加密和解密的理论，主要用于保密通信。在今天，密码学已得到了更加深入、广泛的发展。其内容已不再是单一的加密技术，而且已被有效、系统地用于电子数据的保密性、完整性和真实性等各个方面。现代密码技术的应用已深入到数据处理过程的各个环节，主要有数据加密、密码分析和数字签名等。

1．基本概念

密码技术使得发送方可以伪装数据，使得入侵者不能从截取到的数据中获得任何信息。接收方必须能从伪装数据中恢复出原始数据。图11.1所示为密码学的一些重要术语。

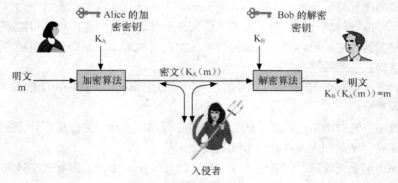

图 11.1 密码学的一些重要术语

假设 Alice 要给 Bob 发送一个报文。Alice 报文的最初形式（如"Bob, I love you"）称为明文。Alice 使用加密算法加密其明文，生成的加密报文称为密文，入侵者获得的密文是一些乱码。但在许多现代密码系统中，加密技术是公开的，即使对于潜在的入侵者也可用。显然，如果任何人都知道数据编码的方法，则一定有一些秘密信息可以阻止入侵者解密被传输的数据，这些秘密信息就是密钥。

在图11.1中，Alice 提供了一个密钥 K_A，它是一串数字或字符，作为加密算法的输入。加密算法以密钥和明文 m 为输入，生成的密文（用 $K_A(m)$ 表示）作为输出。类似地，Bob 为解密算法提供密钥 K_B，解密算法将密文和 Bob 的密钥作为输入，输出原始明文。如果 Bob 接收到一个加密报文 $K_A(m)$，他可通过计算 $K_B(K_A(m))$ 获得明文 m。在对称密钥密码系统（Symmetric

Key Crypto-system）中，Alice 和 Bob 的密钥是相同的并且是秘密的。在公开密钥密码系统（Public Key Crypto-system）中，使用一对密钥：一个密钥是公开的，另一个密钥是秘密的。

2. 对称密钥密码系统

在对称密钥密码系统中，通信双方必须事先共享密钥。当给对方发送信息时，先用共享密钥将信息加密，然后发送，接收方收到加密数据后，用共享的密钥解密信息，获得明文。图 11.2 所示为对称密钥密码体制。图中 Alice 和 Bob 使用同一个密钥 K_{A-B} 进行加密和解密，从而实现保密通信。

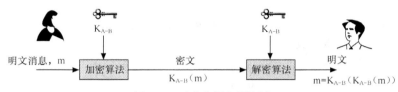

图 11.2　对称密钥密码体制

实现对称密钥的算法主要有数据加密标准（Data Encryption Standard，DES），DES 是 IBM 公司研制的，1977 年被美国定为联邦信息标准。DES 的基本思想是在一个 56 位密钥的控制下，将按 64 位分组的明文信息加密成 64 位分组的密文信息。整个加密过程由 16 轮独立的加密循环组成，每一个循环使用一个不同的 48 位的子密钥（从密钥中产生）和加密函数，每轮只处理 64 位的一半信息。

对称密钥具有加密速度快、保密度高等优点。但是，密钥是保密通信安全的关键，发信方必须安全、妥善地把密钥分发给接收方，不能泄露其内容，如何才能把密钥安全地送到接收方，是对称密钥加密技术的突出问题。因此，此方法的密钥分发过程十分复杂，所花代价高。多人通信时密钥的组合数量，会出现爆炸性的膨胀，使密钥分发更加复杂，n 个人进行两两通信，总共需要的密钥数为 $n(n-1)/2$。通信双方必须统一密钥，才能发送保密信息。如果发信者与收信者素不相识，也就无法向对方发送秘密信息了。

3. 公开密钥密码系统

公开密钥密码系统要求密钥成对使用，即加密和解密分别由两个密钥来实现。每个用户都有一对选定的密钥，一个可以公开，即公开密钥，用于加密；另一个需要保密，即秘密密钥，用于解密。公开密钥和秘密密钥之间有密切的关系。当给对方发送信息时，用对方的公开密钥进行加密，而接收方收到数据后，用自己的秘密密钥进行解密。故该技术也称为非对称密码技术。图 11.3 所示为公开密钥密码体制。Alice 先用 Bob 的公钥加密信息，发给 Bob，Bob 用自己的秘密密钥解密信息，获得明文，从而实现保密通信。

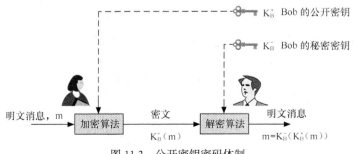

图 11.3　公开密钥密码体制

公开密钥算法主要有 RSA 算法，RSA 是美国麻省理工学院（MIT）的 3 位科学家 Rivest、Shamir 和 Adleman 于 1976 年提出并在 1978 年正式发表的，是第一个既能用于数据加密，也能用于数字签名的算法。RSA 的安全性是基于数论中的 Euler 定理和计算复杂性理论中的求两个大素数的乘积是容易的，但要分解两个大素数的乘积，求出它们的素因子则是非常困难的。

公开密钥密码系统的优点是密钥少、便于管理，网络中的每一用户只需保存自己的解密密钥，n 个用户仅需 n 对密钥；密钥分配简单，加密密钥分发给其他用户，而解密密钥则由用户自己保管。不需要秘密的通道和复杂的协议来传送密钥。公开密钥密码系统的缺点是加、解密速度慢。

4. 数字签名

在现实生活中，我们经常在支票、信用卡收据和信件上签名。我们的签名证明我们承认或同意这些文件的内容。在数字领域，人们通常需要指出一个文件的所有者或作者，或者表明某人认可一个文件的内容。数字签名（digital signature）就是在数字领域用于实现这种目的的一种技术。数字签名可以实现消息完整性认证和身份验证。

一个数字签名方案由安全参数、消息空间、签名、密钥生成算法、签名算法、验证算法等成分构成。按接收者验证签名的方式不同，可将数字签名分为真数字签名和公证数字签名两类。在真数字签名中，签名者直接把签名消息传递给接收者，接收者无需借助于第三方就能验证签名，如图 11.4 所示。在公证数字签名中，签名者把签名消息经由被称做公证者的可信的第三方发送给接收者，接收者不能直接验证签名，签名的合法性是通过公证者作为媒介来保证，也就是说接收者要验证签名必须同公证者合作，如图 11.5 所示。

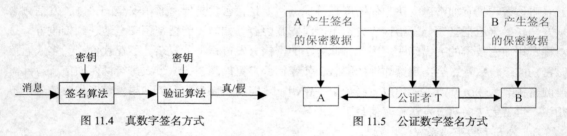

图 11.4 真数字签名方式　　　　　图 11.5 公证数字签名方式

数字签名算法可分为普通数字签名算法、不可否认数字签名算法、Fail-Stop 数字签名算法、盲数字签名算法和群数字签名算法等。普通数字签名算法包括 RSA 数字签名算法、ElGmamal 数字签名算法、ECC 数字签名算法、Fiat-Shamir 数字签名算法、Guillou-Quisquarter 数字签名算法等。

11.2.3　信息隐藏技术

信息隐藏（Information Hiding），也叫数据隐藏（Data Hiding）。简单地说，信息隐藏就是将秘密信息隐藏于另一非保密的载体之中。这里的载体可以是图像、音频、视频、文本，也可以是信道，甚至是某套编码体制或整个系统。信息之所以能够隐藏在多媒体数据中主要是基于两个事实。其一，多媒体信息本身存在很大的冗余性。从信息论的角度看，未压缩的多媒体信息的编码效率是很低的，所以将这些机密信息嵌入多媒体信息中进行秘密传送是完全可行的，并不会影响到多媒体信息本身的传送和使用。其二，人类的听觉和视觉系统都有一定的掩蔽效应。人们可以充分利用这种掩蔽性将信息隐藏而不被察觉。

1. 基本概念

对于通信的双方 Alice 和 Bob，Alice 希望将秘密传递给 Bob，Alice 需要从一些随机消息源中选取一个消息 h，这个消息在公开传递时不会引起怀疑，我们称 h 为载体对象。然后把需要传递

的秘密信息 m 隐藏到载体对象 h 中，这样，载体对象 h 就变成了伪装对象 h'。伪装对象和载体对象在感官效果（包括视觉、听觉等）上是不可区分的。这样就实现了信息的隐秘传递，它掩盖了信息传输的事实，实现了信息的安全传递。信息隐藏原理框图如图 11.6 所示。

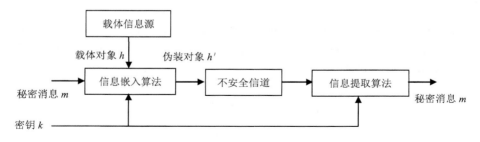

图 11.6 信息隐藏原理框图

秘密信息在嵌入过程中，可能需要密钥，也可能不需要密钥。这里，为了区别于密码中的密钥，信息隐藏的密钥通常称为伪装密钥。

Alice 首先从载体信息源中选择一个载体信号，采用信息嵌入算法将密码信息 m 嵌入载体信号中，嵌入算法可能会用到密钥。嵌入了信息的载体通过公开信道传递给 Bob。用户 Bob 接收到信息后，由于他知道 Alice 使用的嵌入算法和嵌入密钥，他可以利用相应的提取算法将隐藏在载体中的秘密信息提取出来。提取过程中可能需要（或不需要）原始载体对象 h，这取决于具体所使用的信息嵌入算法。

2. 信息隐藏技术的分类与要求

根据应用场合的不同要求，信息隐藏技术可以分为隐写术和数字水印两个主要分支。隐写术研究的重点是如何实现信息伪装的隐蔽性；而数字水印则需要考虑水印信息是否稳健等特性，如对各种可能攻击的敏感性等。根据隐藏协议，信息隐藏还可分为无密钥信息隐藏、私钥信息隐藏、公钥信息隐藏等。

数字水印近年来受到了信息隐藏研究人员的广泛关注。水印可以是标注版权的信息或 ID、图形或图章、音频信息、随机序列等。数字水印根据宿主信息的不同，可分为文本水印、图像水印、视频水印、矢量图水印等。图像、语音、视频信号通常具有较大的感官冗余，故能提供较大的信息隐藏空间。

根据水印嵌入所处的位置，水印可分为空域数字水印和变换域数字水印。根据数字水印的性质，水印可以分为鲁棒水印和脆弱水印。两类水印的用途完全不同。鲁棒水印主要用于数字内容信息的版权保护和所有权认定，故应能经受各种可能的攻击；脆弱水印可以进一步分为完全脆弱水印和半脆弱水印。完全脆弱水印对任何针对含水印载体的处理都非常敏感，而半脆弱水印则只对恶意的处理敏感，而对合法的处理鲁棒。在实际应用中，半脆弱水印通常具有更广泛的应用前景。

根据水印检测是否需要原始载体信息和原始水印信息，数字水印可以分为盲检测水印和非盲检测水印。从检测方法的角度，水印可以分为私有水印和公开水印。此外，根据含水印载体是否可无损恢复，水印还可分为可逆水印和不可逆水印。

不同的应用场合需要采用不同的信息隐藏技术，其要求也不尽相同。

（1）隐写术：不可感知性和不可检测性、秘密性、较大的水印容量以及算法实现简单。

（2）鲁棒水印：不可感知性、鲁棒性（即含水印的载体经过一些信号处理以后，水印仍然具有较好的可检测性）、能解决所有权死锁问题、秘密性以及算法实现简单等。

（3）完全脆弱水印：不可感知性、对任何处理的敏感性、秘密性以及算法实现简单等。

（4）半脆弱水印：不可感知性、对恶意攻击的敏感性、对合法处理的鲁棒性、秘密性以及算法实现简单等。

在信息隐藏中，鲁棒性、不可感知性和水印容量是其中最重要的 3 个要素。J. Fridich 给出了如图 11.7 所示的三角关系。它的含义是：一个数字水印系统在这 3 个要素上总是会在某一个上有所偏重，不可能同时达到最优。

图 11.7　信息隐藏 3 个要素的关系

3. 信息隐藏技术的基本原理与模型

从信号处理的角度来理解，信息隐藏可视为在强背景信号（载体）中叠加一个弱信号（隐藏信息）。由于人的听觉系统和视觉系统的分辨能力受到一定的限制，叠加的弱信号只要低于某一个阈值，人就无法感觉到隐藏信息的存在。

设 H 和 H' 分别表示原始载体信号和隐藏信息后的含隐秘信息载体信号，W 为带隐藏信息，信息隐藏的过程可表示为：

$$H' = H + f(F, W) \tag{11-1}$$

I.J.Cox 提出了 3 种常用的信息嵌入公式，分别为：

$$h_i' = h_i + \alpha w_i \tag{11-2}$$

$$h_i' = h_i(1 + \alpha w_i) \tag{11-3}$$

$$h_i' = h_i + \alpha |h_i| w_i \tag{11-4}$$

其中 h_i 和 h_i' 分别表示原始载体信号和隐藏信息后的含隐秘信息载体信号分量（或从中提取的特征）值，w_i 为待嵌入隐藏信号分量，α 为嵌入强度。α 越大，嵌入的信号幅度越大，鲁棒性越好，但感知性会降低。反之，则感知性好而鲁棒性降低。因此，α 的选择应在满足不可感知性的前提下，尽可能选择较大的值。

对于式（11-2）和式（11-3）所示的嵌入方法，可以实现盲检测。由于式（11-4）中 h_i 和符号改变的随机性，无法实现盲检测。

假设 H^* 表示待测的掩密信号，从中提取的水印序列用 W^* 表示，$W^* = \{w_i^*\}$，在 H^* 相对于 H' 没有误差的情况下，隐藏信息可由式（11-2）式（11-3）提取，

$$w_i^* = (h_i^* - h_i) / \alpha \text{ 或 } w_i^* = (h_i^* - h_i) / \alpha \cdot h_i \tag{11-5}$$

然而，由于 H^* 相对于 H' 会有一些失真，因此提取出来的 w_i^* 也会和原始的隐藏信息 w_i 不同。为此，水印的检测通常需要以下 3 个步骤。

（1）计算检测的水印与原始水印信息的相关性。

（2）门限化所得到的计算结果。

（3）判断水印是否存在。

为了确定 H^* 中是否含有水印，可以通过式（11-6）计算 W^* 和 W 的相似度：

$$\rho(W^*,W) = \sum_{i=0}^{K-1} w_i^* w_i \Big/ \sqrt{\sum_{i=0}^{K-1}(w_i^*)^2} \qquad (11\text{-}6)$$

水印存在与否的判定标准为：若 $\rho(W^*,W) > T$，可以判定被测掩密信号中有水印 W 存在；否则则没有。T 为一阈值，其选择需要综合考虑误检率和漏检率。T 值选择过小，会导致误检率增加而漏检概率降低；T 值选择过大，则会导致漏检概率增加而误检率降低。

从数字通信的理论出发，信息隐藏可理解为在一个宽带信道（原始载体信息）上采用扩频通信技术传输一个窄带信号（隐藏信息）。由于隐藏信号的能量较低，它分布到信道中任意特征上的能量是难以检测到的；隐藏信息的检测则可理解为在一个含噪声信道中的弱信号检测问题，如图 11.8 所示。

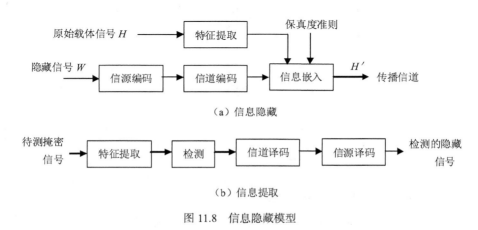

图 11.8　信息隐藏模型

11.3　网络安全技术

11.3.1　网络安全技术概述

计算机网络是计算机技术和信息技术相结合的产物，它从 20 世纪 50 年代起步至今已经有 60 余年的发展历程。网络技术实现了资源共享，极大地提高了工作效率，促进了办公自动化、工厂自动化、家庭自动化的发展。21 世纪已进入网络时代，网络得到了极大的普及。随着通信和计算机技术紧密结合和同步发展，网络技术将会得到进一步的发展。

网络作为一种战略性资源，其安全问题一直受到世界各国的重视。对于网络安全而言，既要保证网络系统的硬件与基础设施的安全，又要保证软件系统与数据信息的存储、传输和信息处理的全过程的安全。网络安全涉及的内容既有技术方面的问题，也有管理方面的问题，两者相互补充，缺一不可。技术方面主要侧重于防范外部非法用户的攻击，管理方面则侧重于内部人为因素的管理。

这里，主要网络安全中常见的对防火墙技术、恶意软件及其防治以及入侵检测技术进行介绍。

11.3.2 防火墙技术

防火墙（firewall）是应用最为广泛的网络安全技术。在构建安全网络环境的过程中，防火墙作为第一道安全防线，正受到越来越多的关注。

1. 防火墙的基本概念

防火墙是由硬件（如路由器、服务器等）和软件构成的系统，用来在两个网络之间实施接入控制策略，是一种屏障，如图11.9所示。防火墙用来限制企业内部网与外部网之间数据的自由流动，仅允许被批准的数据通过。设置Internet/Intranet防火墙实质上就是要在企业内部网与外部网之间检查网络服务请求分组是否合法，网络中传送的数据是否会对网络安全构成威胁。

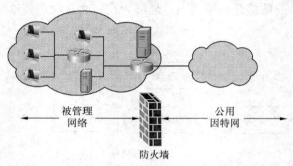

图 11.9　在被管理网络和外部网络之间放置防火墙

2. 防火墙的功能

防火墙的结构可以有很多形式，但是无论采取什么样的物理结构，从基本工作原理上来说，如果外部网络的用户要访问企业内部网的WWW服务器，它首先是由分组过滤路由器来判断外部网用户的IP地址是不是企业内部网络所禁止使用的。如果是禁止进入的节点IP地址，那么分组过滤路由器将会丢弃该IP包；如果不是禁止进入的节点IP地址，那么这个IP包不是直接送到企业内部网WWW服务器，而是被送到应用网关，由应用网关来判断发出这个IP包的用户是不是合法用户。如果该用户是合法用户，该IP包才能送到企业内部网的WWW服务器去处理；如果该用户不是合法用户，则该IP包将会被应用网关丢弃。这样，人们就可以通过设置不同安全规则的防火墙实现不同的网络安全策略。

网络防火墙的主要功能有控制对网站的访问和封锁网站信息的泄露、限制被保护子网的暴露、具有审计功能、强制安全策略、对出入防火墙的信息进行加密和解密等。

3. 防火墙的基本类型

防火墙有多种形式，有的以软件形式运行在普通计算机操作系统上，有的以硬件形式单独实现，也有的以固件形式设计在路由器中。总的来说，防火墙可分为3种：包过滤防火墙、应用层网关和复合型防火墙。

（1）包过滤防火墙

包过滤防火墙允许或拒绝所接收的每个数据包。路由器审查每个数据包以便确定其是否与某一条包过滤规则匹配。过滤规则基于可以提供给IP转发过程的包头信息。包头信息中包括IP源地址、IP目标地址、协议类型和目标端口等。如果数据包的出入接口相匹配，并且规则允许该数据包，那么该数据包就会按照路由表中的信息被转发。但是，即使是与包的出入接口相匹配，但是规则拒绝该数据包，那么该数据包就会被丢弃。如果出入接口不设有匹配规则，用户配置的缺省参数会决定是转发还是丢弃该数据包。

包过滤路由器使得路由器能够根据特定的服务允许或拒绝流动的数据，因为多数的服务收听者都在已知的 TCP/UDP 端口号上。例如，Telnet 服务器在 TCP 的 23 号端口上监听远地连接，而 SMTP 服务器在 TCP 的 25 号端口上监听连接。为了阻塞所有进入的 Telnet 连接，路由器只需简单地丢弃所有 TCP 端口号等于 23 的数据包。为了将进来的 Telnet 连接限制到内部的数台机器上，路由器必须拒绝所有 TCP 端口号等于 23 并且目标 IP 地址不等于允许主机的 IP 地址的数据包。

包过滤的优点是不用改动客户机和主机上的应用程序，因为它工作在网络层和传输层，与应用层无关，一个过滤路由器能协助保护整个网络，而且过滤路由器速度快、效率高。

但其弱点也是明显的：不能彻底防止地址欺骗；据此过滤判别的只有网络层和传输层的有限信息，因而各种安全要求不可能充分满足；在许多过滤器中，过滤规则的数目是有限制的，且随着规则数目的增加，性能会受到很大的影响；由于缺少上下文关联信息，不能有效地过滤如 UDP、RPC 一类的协议；大多数过滤器中缺少审计和报警机制，且管理方式和用户界面较差；对安全管理人员素质要求高，建立安全规则时，必须对协议本身及其在不同应用程序中的作用有较深入的理解；配置困难，因为包过滤防火墙很复杂，人们经常会忽略建立一些必要的规则，或者错误配置了已有的规则，在防火墙上留下漏洞等。

（2）应用层网关

应用层防火墙是内部网与外部网的隔离点，起着监视和隔绝应用层通信流的作用，同时也常结合了过滤器的功能。它工作在 OSI 参考模型的最高层，掌握着应用系统中可用做安全决策的全部信息。应用层网关使得网络管理员能够实现比包过滤路由器更严格的安全策略。应用层网关不用依赖包过滤工具来管理因特网服务在防火墙系统中的进出，而是采用为每种所需服务在网关上安装特殊代码（代理服务）的方式来管理因特网服务。如果网络管理员没有为某种应用安装代理编码，那么该项服务就不支持并不能通过防火墙系统来转发。同时，代理编码可以配置成只支持网络管理员认为必需的部分功能。

应用层网关采用的是一种代理技术，其优点在于代理易于配置、能生成各项记录、能灵活而完全地控制进出的流量和内容、能过滤数据内容、能为用户提供透明的加密机制、可以方便地与其他安全手段集成等。

其缺点在于代理速度较路由器慢、对用户不透明、对于每项服务可能要求不同的服务器、代理服务不能保证用户免受所有协议弱点的限制、不能改进底层协议的安全性等。

（3）复合型防火墙

由于对更高安全性的要求，常把基于包过滤的方法与基于应用代理的方法结合起来，形成复合型防火墙产品。这种结合通常采用以下两种方案。

① 屏蔽主机防火墙体系结构。

在该结构中，包过滤路由器或防火墙与外部网络相连，同时一个堡垒机安装在内部网络，通过在包过滤路由器或防火墙上对过滤规则的设置，使堡垒成为外部网上其他节点所能到达的唯一节点，这确保了内部网络不受未授权外部用户的攻击。

② 屏蔽子网防火墙体系结构。

堡垒机放在一个子网内，两个分组过滤路由器放在这一子网的两端，使这一子网与外部网络及内部网络分离。在屏蔽子网防火墙体系结构中，堡垒主机和包过滤路由器共同构成了整个防火墙的安全基础。

复合型防火墙是综合包过滤和代理技术，具有先进的过滤和代理体系，能从数据链路层到应用层进行全方位的安全处理。

4．防火墙的优缺点

（1）防火墙的优点

① 防火墙能强化安全策略：防火墙能够防止网络不良访问的发生，它执行站点的安全策略，仅仅容许"认可的"或符合规则的请求通过。

② 防火墙能有效地记录网络上的活动：因为与外部网络相关的所有进出信息都必须通过防火墙，所以防火墙非常适用于收集关于系统和网络使用和误用的信息。作为访问的唯一点，防火墙能在被保护的网络和外部网络之间进行记录。

③ 防火墙限制暴露用户点：防火墙能够用来隔开网络中的一个网段与另一个网段。这样，能够防止影响一个网段的问题通过整个网络传播。

④ 防火墙是一个安全策略的检查站：所有进出的信息都必须通过防火墙，防火墙便成为安全问题的检查点，使可疑的访问被拒绝于门外。

（2）防火墙的不足之处

① 不能防范恶意的知情者：防火墙可以禁止系统用户经过网络连接发送专有的信息，但不能防止用户将数据复制到磁盘、磁带上带出去。另外，如果入侵者已经在防火墙内部，防火墙是无能为力的。内部用户可以偷窃数据，破坏硬件和软件，并且巧妙地修改程序而不接近防火墙。对于来自知情者的威胁只能要求加强内部管理，如主机安全和用户教育等。

② 不能防范不通过它的连接：防火墙能够有效地防止通过它进行传输的信息，然而不能防止不通过它而传输的信息。例如，如果站点允许对防火墙后面的内部系统进行拨号访问，那么防火墙没有办法阻止入侵者进行拨号方式入侵。

③ 不能防备全部的威胁：防火墙被用来防备已知的威胁，如果是一个很好的防火墙设计方案，可以防备部分新的威胁，但没有一个防火墙能自动防御所有新的威胁。

④ 防火墙不能防范病毒：防火墙不能防范、消除网络上的计算机病毒。

11.3.3　恶意程序及其防治

1．病毒及相关的威胁

对计算机系统来说，最复杂的威胁可能就是那些利用计算机系统的弱点来进行攻击的恶意程序。

（1）恶意程序

图 11.10 所示为软件威胁（恶意程序）的所有分类。这些威胁大致可以分为两类：依赖于宿主程序的和独立于宿主程序的。前者本质上来说是不能独立于应用程序或系统程序的程序段，后者是可以被操作系统调度的独立程序。

也可以按其是否进行复制而将软件威胁分成两类：不进行复制的威胁和进行复制的威胁。前者是在宿主程序被调用来执行某一特定功能时被激活的程序段；后者是指一个程序段（如病毒）或一个独立的程序（如蠕虫，当它执行时，可能会对自身进行复制，而且这些复制品将会在该系统或其他系统中被激活）。除病毒外，一些常见的恶意程序如下。

① 陷门（Backdoor）：陷门是程序的一个秘密入口，用户通过它可以不按照通常的访问步骤就能获得访问权。许多年来，陷门一直被程序员合理地用在程序的调试和测试中。当陷门被一些不法人员用来作为获得未授权的访问权的手段时，它就成为一种威胁。要实现操作系统对陷门的控制是很困难的。安全策略必须贯穿在程序的开发和软件的更新上。

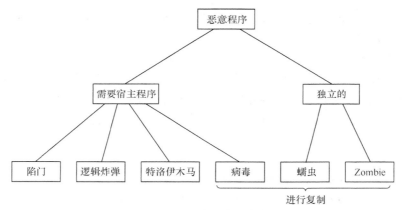

图 11.10　恶意程序的分类

② 逻辑炸弹（Logic Bomb）：逻辑炸弹是最早出现的程序威胁之一，它预先规定了病毒和蠕虫的发作时间。逻辑炸弹是嵌在合法程序中的，只有当特定的事件出现时才会进行破坏（爆炸）的一组程序代码。例如，可以将特定文件是否存在、一个星期中的某一天或某个特定用户使用电脑等作为逻辑炸弹的触发条件。一旦这些条件被满足，逻辑炸弹就会激发，从而破坏硬盘数据乃至整个文件，甚至会引起"死机"或其他的一些危害。

③ 特洛伊木马（Trojan Horses）：特洛伊木马程序是一种实际上或表面上有某种有用功能的程序，它内部含有隐蔽代码，当其被调用时会产生一些意想不到的后果。特洛伊木马程序使计算机潜伏执行非授权功能，它另一个比较普遍的危害是对数据的破坏。

④ Zombie：它秘密地接管其他连接在 Internet 上的计算机，并使用该计算机发动攻击，而且这种攻击是很难通过追踪 Zombie 的创建者而查出来的。Zombie 被用在拒绝服务攻击上，尤其是对 Web 站点的攻击，它被放置在成百上千的、属于可信第三方的计算机中，通过向 Internet 发动不可抵抗的攻击取得对目标 Web 站点的控制。

（2）病毒的特性

病毒是一种可以通过修改自身来感染其他程序的程序，这种修改包括对病毒程序的复制，复制后生成的新病毒同样具有感染其他程序的功能。

生物病毒是一种微小的基因代码段（DNA 或 RNA），它能掌管活细胞并采用欺骗性手段生成成千上万的原病毒的复制品。和生物病毒一样，计算机病毒执行时也能生成其自身的复制品。通过寄居在宿主程序上，计算机病毒可以暂时控制该计算机的操作系统。没有感染病毒的软件一旦在受染机器上使用，在该新程序中就会产生病毒的新拷贝。因此，通过可信用户在不同计算机间使用磁盘或借助于网络向他人发送文件，病毒可能从一台计算机传到另一台计算机。在病毒环境下，访问其他计算机的某个应用或系统服务的功能，也给病毒的传播提供了一个极好的条件。

病毒程序能够执行其他程序所能执行的一切功能，唯一不同的是它必须将自身附着在其他程序（宿主程序）上，当运行该宿主程序时，病毒也随之悄悄地运行了。一旦病毒程序被执行，它就能执行一些意想不到的功能，如删除文件。

在其生命周期中，病毒一般会经历如下 4 个阶段。

① 潜伏阶段：这一阶段的病毒处于休眠状态，这些病毒最终会被某些条件（如日期、某特定程序或特定文件的出现或内存的容量超过一定范围等）所激活。但是，并不是所有的病毒都会经历此阶段。

② 传染阶段：病毒程序将自身复制到其他程序或磁盘的某个区域上，每个被感染的程序因此包含了病毒程序的复制品，从而也就进入了传染阶段。

③ 触发阶段：病毒在被激活后，会执行某一特定功能从而达到某种既定的目的。与处于潜伏期的病毒一样，触发阶段病毒的触发条件是一些系统事件，包括病毒复制自身的次数等。

④ 发作阶段：病毒在触发条件成熟时，即可在系统中发作。由病毒发作体现出来的破坏程度是不同的，有些是无害的，如在屏幕上显示一些干扰信息；有些则会给系统带来巨大的危害，如破坏程序以及删除文件。

（3）病毒的种类

现有的比较典型的病毒可以分为如下几类。

① 寄生性病毒：寄生性病毒将自身附着在可执行文件上并对自身进行复制。当受染文件被执行后，它会继续寻找其他的可执行文件并对其进行感染。

② 常驻存储器病毒：这种病毒以常驻内存的程序形式寄居在主存储器上，从这点看，这类病毒会感染所有类型的文件。

③ 引导扇区病毒：此类病毒感染主引导记录或引导记录，在系统从含有病毒的磁盘上引导装入程序时进行传播。

④ 隐蔽性病毒：设计这种病毒的目的是为了躲避反病毒软件的检测。

⑤ 多态性病毒：这种病毒在每次感染时，置入宿主程序的代码都不相同，因此采用特征代码法的检测工具是不能识别它们的。

（4）宏病毒

这些年来，病毒总数急剧上升。事实上，引起这种变化的一个极其重要的原因就是一种新型病毒——"宏病毒"（Macro Viruses）的出现。据国际计算机安全中心（www.ncsa.com）报道，在现有的计算机病毒中，宏病毒就占据了三分之二。宏病毒不依赖于单一的平台，只感染文档文件且容易传播，因此宏病毒显示出了极其严重的危害。

宏病毒利用了 Word 和其他办公软件的一个特点，即"宏"。宏是嵌入在 Word 文档或其他类似文档里的可执行程序代码。用户可以使用宏来自动完成某种重复任务，而不必重复敲击键盘。宏语言与 Basic 语言类似，用户可以在宏中定义一连串的按键操作，当输入某一功能键或功能键组合时，该宏就被调用了。

后来发布的 Word 版本提高了预防宏病毒的能力。例如，Microsoft 公司提供了一种可选的宏病毒检测工具，该工具可以用来检测可疑的 Word 文件并能去除用户打开宏文件时潜在的危险。各种反病毒工具制造商也提供了检测并防治宏病毒的工具。和其他类型病毒一样，宏病毒仍在发展。

（5）电子邮件病毒

近几年来发展比较快的恶意程序之一是电子邮件病毒（E-mail Viruses）。传播迅速的电子邮件病毒如"Melissa"是利用 Microsoft Word 宏嵌在电子邮件附件中，一旦接收者打开邮件附件，该 Word 宏就被激活，向用户电子邮件地址簿中的地址发送感染文件或就地发作。

1999 年末，曾出现一种破坏力极强的电子邮件病毒，用户根本不必打开邮件附件，而只要打开含毒邮件，这种新型的病毒就被激活，该病毒使用电子邮件包支持的 Visual Basic 脚本语言编写。

新一代的恶意程序都是利用 E-mail 特征或以 E-mail 方式在 Internet 上进行传播的。病毒一旦被激活，就会通过打开 E-mail 或 E-mail 附件的方式，将自身向它所知道的所有地址传播。因此，过去常常要花几个月甚至几年时间来传播的病毒，现在只要花几小时就能完成传染，这使得反病毒软件要在病毒大面积发作之前对其作出回应变得困难了。因此我们必须加强 Internet 领域中计算机应用软件的安全性，以对付日益增长的威胁。

（6）蠕虫

蠕虫（Worms）是能进行自我复制，并能自动在网络上传播的程序。电子邮件病毒将自身从一台计算机传播到另一台计算机，但它仍然是病毒，因为它需要人工干预完成传播。蠕虫会自动寻找更多的计算机并对其进行感染，那些被感染的机器又会作为感染源，以进一步感染其他机器。

网络蠕虫利用 Internet 将自身从一台计算机传播到另一台计算机，只要系统中的蠕虫处于活动状态，它就能像计算机病毒或木马程序那样对系统进行极大的破坏。

网络蠕虫利用电子邮件、远程执行、远程登录等网络工具进行传播。它具有计算机病毒的一些特征，也有 4 个阶段：潜伏阶段、传染阶段、触发阶段和发作阶段。在传染阶段，蠕虫一般执行如下操作。

① 通过检查远程计算机的地址库，找到可进一步传染的其他机器。

② 和远程计算机建立连接。

③ 将自身拷贝到远程计算机，并在远程计算机上运行。

网络蠕虫在将自身复制到某台计算机之前，也会判断该计算机先前是否已被感染过。在分布式系统中，蠕虫可能会以系统程序名或不易被操作系统察觉的名字来为自己命名，从而伪装自己。与计算机病毒一样，网络蠕虫也很难防御。

2．计算机病毒的防治

解决病毒攻击的理想方法是对病毒进行预防，即在第一时间阻止病毒进入系统。尽管预防可以降低病毒攻击成功的概率，但一般说来，要通过预防来阻止病毒的袭击是不现实的。下面列出了一些比较有效、可行的方法。

（1）检测：一旦系统被感染，就立即断定病毒的存在并对其进行定位。

（2）鉴别：对病毒进行检测后，辨别该病毒的类型。

（3）清除：在确定病毒的类型后，从受染文件中删除所有的病毒并恢复程序的正常状态。

清除被感染系统中的所有病毒，目的是阻止病毒的进一步传播。如果对病毒检测成功但鉴别或清除没有成功，则必须删除受染文件并重新装入无毒文件的备份。

（1）病毒的检测

计算机病毒发作时，通常会表现出一些异常症状，因此，用户需要经常关注以下现象的出现或者发生以检测计算机病毒：①电脑运行比平常迟钝；②程序载入时间比平常久；③对一个简单的工作，磁盘似乎用了比预期长的时间；④不寻常的错误信息出现；⑤进程对磁盘的异常访问；⑥系统内存容量忽然大量减少；⑦磁盘可利用的空间突然减少；⑧可执行程序的大小改变；⑨磁盘坏簇莫名其妙地增多；⑩程序同时存取多部磁盘；⑪内存中增加来路不明的常驻程序；⑫文件、数据奇怪地消失；⑬文件的内容被加上一些奇怪的资料；⑭文件名称、扩展名、日期和属性被更改过；⑮打印机出现异常；⑯死机现象增多；⑰出现一些异常的画面或声音；⑱接收到包含奇怪附件的电子邮件，附件具有双扩展名，如 jpg.vbs、gif.exe 等；⑲反病毒程序被无端禁用，且无法重新启动；⑳无法在计算机上安装反病毒程序。

异常现象的出现并不表明系统内肯定有病毒，仍需进一步检查。

（2）病毒的防治

计算机病毒的防治方法一般分为如下几种。

① 软件防治。软件防治即定期或不定期地用反病毒软件检测计算机的病毒感染情况。软件防治可以方便地不断升级，提高防治能力，但是需要人为地对反病毒软件进行升级操作。

② 在计算机上插防病毒卡。防病毒卡可以达到实时检测的目的，但防病毒卡的升级不方便，从实际应用的效果看，对计算机的运行速度有一定的影响。

③ 在网络接口卡上安装防病毒芯片。它将计算机的存取控制与病毒防护合二为一，可以更加实时有效地保护计算机及通向服务器的桥梁。但这种方法同样也存在芯片上的软件版本升级不便的问题，而且对网络的传输速度也会产生一定的影响。

④ 服务器防病毒方式。服务器防病毒方式即在网络服务器中安装杀毒软件，实现服务器集中管理、查杀病毒，这是一种较为新型的模式。

病毒和反病毒技术都在不断发展。早期的病毒是一些相对简单的代码段，可以用较简单的反病毒软件来检测和清除。随着病毒技术的发展，病毒和反病毒软件都变得越来越复杂化。

反病毒技术还在不断发展。我们可以运用一些综合的防御策略，拓宽防御范围，以适应多功能计算机上的安全需要。

11.3.4　入侵检测技术

安全性两大威胁之一是入侵者，入侵者通常指黑客和解密高手。入侵者可以分为以下 3 类。

（1）假冒者：指未经授权使用计算机的人或穿透系统的存取控制冒用合法用户账号的人。

（2）非法者：指未经授权访问数据、程序和资源的合法用户；或者已经获得授权访问，但是错误使用权限的合法用户。

（3）秘密用户：夺取系统超级控制并使用这种控制权逃避审计和访问控制，或者抑制审计记录的个人。

假冒者可能是外部使用者，非法者一般是内部人员，秘密用户可能是外部使用者，也可能是内部人员。

入侵者的攻击可能是友善的，也可能是用心险恶的。很多善意攻击者只是想探索一下网络，看看那里有什么；而有些图谋不轨的用户企图读取受权限保护的数据，未经授权修改数据，或者扰乱系统。

黑客分为两种级别：高级黑客，对技术的了解非常透彻；低级黑客，则只会使用黑客程序，他们几乎不知道黑客程序是如何工作的。

计算机紧急响应小组（CERT）的建立正是基于意识到入侵问题的日益严重性，该小组收集与系统脆弱性有关的信息，将这些信息通告给系统管理员。遗憾的是，黑客也能获得 CERT 的通告。在得克萨斯 A&M 大学的黑客事件中，黑客就是根据 CERT 提供的漏洞报告进行攻击的。如果没有及时堵上 CERT 通告的漏洞，就可能受到攻击。

1.　入侵检测

显然，不存在最好的入侵抵御系统，系统防御的第二道防线是入侵检测，这也是近年来研究的热点。入侵检测成为热点的原因如下。

（1）如果检测到入侵的速度足够快，则在危及系统之前就可以识别出入侵者，并将它们驱逐出系统。即使没有非常及时地检测到入侵者，入侵检测越快，破坏的程度会越低，恢复得也越快。

（2）有效的入侵检测系统可以看成是抵御入侵的屏障。

（3）入侵检测可收集入侵技术信息，用以增强入侵抵御的能力。

入侵检测的前提是假设入侵者的行为在某些情况下不同于合法用户的行为。当然，入侵和合法用户正常使用资源的差别不可能十分明显，甚至他们的行为还有相似之处。

图 11.11 非常抽象地表明了入侵检测系统的设计者所面临的任务。虽然入侵者的典型行为有别于授权用户的典型行为，但两者仍有重叠部分。放宽定义入侵者行为，会发现更多的假入侵者，即将大量的合法用户判定为入侵者。严格定义入侵者行为，会漏掉许多入侵者，即将入侵者当成合法用户。

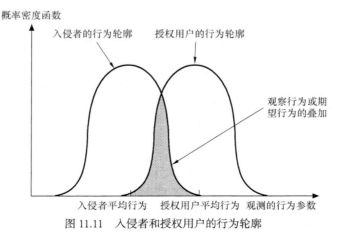

图 11.11　入侵者和授权用户的行为轮廓

2．入侵检测原理

入侵检测系统（Intrusion Detection System，IDS）是网络安全的必要手段，它在安全系统中的作用越来越大。传统的信息安全方法采用严格的访问控制和数据加密策略来防护，但在复杂的网络系统中，这些策略是不充分的。传统保护方法是系统安全不可缺少的部分，但也不能完全保证系统的安全。因此入侵检测就是一个不可缺少的网络安全技术。

入侵检测通常是指对入侵行为的发觉或发现，通过从计算机网络或系统中某些检测点（关键位置）收集到的信息进行分析比较，从中发现网络或系统运行是否有异常现象和违反安全策略的行为发生。

具体来说，入侵检测就是对网络系统的运行状态进行监视，检测发现各种攻击企图、攻击行为或攻击结果，以保证系统资源的机密性、完整性和可用性。入侵检测系统是指进行入侵检测过程配置的各种软件与硬件的组合。

入侵检测系统的目的是能迅速地检测出入侵行为，在系统数据信息未受破坏或泄密之前，将其识别出来并抑制它。即使不能最快速地破获入侵者，只要能快速地识别入侵者，也能使系统免遭损失。通过检测收集有关入侵行为的信息，加强入侵防范机制措施是对防火墙作用的进一步加固和扩展。

入侵检测的方法很多，一般的入侵检测系统原理如图 11.12 所示。入侵行为既指来自外部的入侵活动，也指来自内部未授权的活动。入侵检测的非法对象包括企图潜入系统或已成功潜入者、冒充合法用户、违反安全策略、合法用户的信息泄露、资源挤占以及恶意攻击或非法使用等行为。

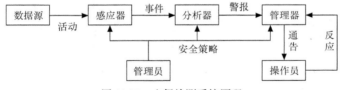

图 11.12　入侵检测系统原理

由图 11.12 可以看出，当数据信息由外部传送到内部来，或内部数据信息流正常传递时，网络系统的信息传递是稳定的。入侵检测系统的感应器作为检测设备，依应用环境而有所不同，一般用来审计记录、网络数据包和其他可监视的行为特征。这些入侵行为诱发的事件序列构成了检测的基础。而由管理员制定的安全策略对感应器、分析器和管理器进行指导和监控。这些安全策略包括检测内容、检测技术分类、审计、匹配规则等。

3. 入侵检测体系结构

入侵检测体系结构主要有3种形式：基于主机型、基于网络型和分布式体系结构。

① 基于主机型的体系结构。

基于主机型的入侵检测系统结构如图 11.13 所示，该模型属于早期的入侵检测系统结构，检测目标是主机系统和本地用户。检测原理是：通过主机的审计数据和系统监控器的日志发现可疑事件，进而判断检测系统能否运行在被检测的主机或独立的主机上。该模型依赖于审计数据、系统统计日志的准确性、完整性以及安全事件的定义。

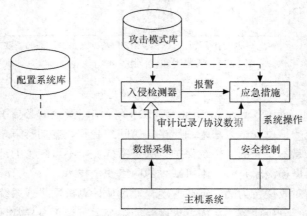

图 11.13　基于主机型的简单入侵检测系统结构

该模型的缺陷是：若入侵者逃避审计则主机检测就失效，主机审计记录无法检测类似端口扫描的网络攻击，该模型只适用于特定的用户、应用程序动作和日志等检测，将影响服务器的性能。

② 基于网络型的体系结构。

当主机结构的入侵检测方式难以适应网络安全需要时，人们就提出基于网络型的入侵检测系统的体系结构，如图 11.14 所示。

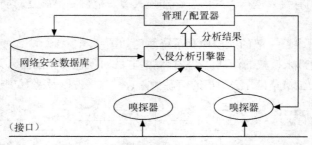

图 11.14　基于网络型的入侵检测系统结构

检测原理：根据网络流量、主机（单台或多台）的审计数据进行入侵检测。嗅探器由过滤器、网络接口引擎器和过滤规则决策器等组成。嗅探器是核心部件，其作用是按照匹配规则从网络上获取与入侵安全事件关联的数据包，直接传递给入侵分析引擎器进行归类筛选和安全分析判断。分析引擎器接收来自嗅探器和网络安全数据库的信息并进行综合分析，将结果传递给管理/配置器，一方面由配置器产生探测器需要的配置规则，另一方面通过管理来补充或更改网络安全数据库的内容。

基于网络型的入侵检测系统的优点是：配置简单，只需一个普通的网络访问接口即可；系统结构独立性好，进行通信流量监视时，不影响诸如服务器平台的变化和更新；监视对象多，可监视包括协议攻击和特定环境攻击的类型。除了自动检测，还能自动响应并及时报告。当然，它也面临着需要解决的一些问题，如分组重组、高速网的快速检测以及加密等。

③ 基于分布式的体系结构。

面对高速网的出现，基于网络型的入侵检测系统有诸多网络中的速度等问题无法克服。为解决高速网络上的丢包问题，大约在 1999 年 6 月，出现了一种新的入侵检测系统结构，如图 11.15所示。它将探测器分布到网络中的每台计算机上。这样探测器可以检测到不同位置上流经它的网络分组，然后各探测器与管理模块相互通信，主控制台将不同探测点发出的所有告警信号收集在一起，通过关联分析，来检测入侵行为。

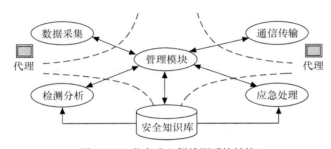

图 11.15　分布式入侵检测系统结构

图 11.15 中的管理模块主要是接收各功能模块传递的信息，其中包括来自局域网监视器或主机代理的报告，并根据关联报告结果来检测入侵情况。其中的 4 个模块：数据采集、通信传输、检测分析和应急处理可以独立分开，也可以合在一起。但从控制策略的角度说，检测分析、应急处理和安全知识库，往往放在中央管理模块中。而数据采集、通信传输等功能更多地是由局域网监视器代理模块来完成。它除了完成采集现场检测信息、分析局域网通信量外，还要将结果报告给中央管理模块。在分布式入侵检测系统结构中，也有的采用主机代理模块来完成检测任务。被监视系统中作为后台进程运行的审计收集模块的使用目的是收集主机上与安全事件有关的数据，并将结果传送给中央管理系统。

4. 入侵检测步骤

入侵检测技术主要是审计记录、模式匹配和信息分析，因此它的具体任务如下。

① 监视、分析用户及系统活动。

② 审计系统结构及缺陷。

③ 鉴别进攻活动模式、识别违反安全策略的行为并及时报警。

④ 异常行为模式的统计分析。

⑤ 评估重要系统和数据文件的完整性。

⑥ 进行操作系统的实际跟踪管理。

因此，入侵检测步骤大致分为以下两方面。

① 收集信息。多方位收集检测对象的原始信息，包括系统、网络、数据及用户活动的状态和行为，保证真实性、可靠性和完整性。在保证测试技术手段正确和安全的条件下，防止因技术原因造成获取信息不准确，或被篡改而收集到错误的信息。

入侵检测获取原始信息的来源依据如下。

a. 系统和网络监控日志文件。经常会留下黑客作案或活动的踪迹。

b. 目录和文件内容的变更。黑客经常光顾的目标，以修改或破坏重要文件和数据为目标。

c. 程序的非正常执行行为。黑客利用执行程序做文章的目的是分解或破坏程序进程，达到破坏系统资源的目标。

d. 物理攻击的入侵信息。一是非授权的网络硬件连接，二是非授权的网络资源访问。

② 数据分析。根据采集到的原始信息，进行最基本的模式匹配、统计分析和完整性分析。这就是通常所说的 3 种技术手段，模式匹配和统计分析用于实时的入侵检测，完整性分析则更多用于事后分析。

a. 模式匹配。即将收集到的信息与已知的网络入侵和系统误用模式数据库进行比较，从而发现违背安全策略的行为。

b. 统计分析。首先给系统对象（如用户、文件、目录和设备等）创建一个统计描述，统计正常使用时的一些测量属性（如访问次数、操作失败次数和延时等）。测量属性的平均值和偏差将被用来与网络、系统的行为进行比较，只要其观察值超出正常值时，就认为有入侵行为发生。

c. 完整性分析。利用文件和目录的内容及属性，针对某个文件或对象是否更改等现象，判定有无入侵存在。完整性分析在发现被更改的或被安装木马的应用程序方面特别有效。

5. 入侵检测方法分类

入侵检测方法分类有多种形式。目前较习惯的主要是按分析方法来分：一种是异常检测（Anomaly Detection），二是误用检测（Misuse Detection）。

① 异常检测。给定正常操作所具有的稳定特征（包括用户轮廓）作参照，当用户活动与正常行为发生较大或重大偏差时，即被认为是异常入侵现象。

② 误用检测。首先收集正常操作的行为特征（越多越细越好，表明档案完整充分），并建立相关的特征库。当检测的用户或系统行为与标准库中的记录相匹配时，系统就认为这种行为是入侵现象。

习 题

一、选择题

1. 在报文加密之前，它被称为（　　　）。

    A. 明文　　　　　　　　B. 密文　　　　　　C. 密码电文　　　　D. 密码

2. 密码算法是（　　　）。

    A. 加密算法　　　　　　B. 解密算法　　　　C. 私钥　　　　　　D. A 和 B

3. 在公钥密码算法中，（　　　）是公开的。

    A. 加密所用密钥　　　　　　　　　　　　B. 解密所用密钥

    C. A 和 B 都是　　　　　　　　　　　　D. A 和 B 都不是

4. 下面（　　　）不属于信息隐藏的三要素。

A. 信息隐藏容量　　　　B. 不可感知性　　　　C. 鲁棒性　　　　D. 载体类型

5. 网络病毒（　　　）。

    A. 与 PC 病毒完全不同

    B. 无法控制

    C. 只有在线时起作用，下线后就失去干扰和破坏能力

    D. 借助网络传播，危害更强

6. 逻辑上防火墙是（　　　）。

    A. 过滤器、限制器、分析器　　　　　　B. 堡垒主机

    C. 硬件与软件的配合　　　　　　　　　D. 隔离带

7. 最简单的数据包过滤方式是按照（　　　）进行过滤。

    A. 目标地址　　　　　　B. 源地址　　　　　　C. 服务　　　　　　D. ACK

二、简答题

1. 对称密钥密码系统和公开密钥密码系统的最主要区别是什么？列举典型的对称密钥密码算法和公开密钥密码算法。

2. 简述鲁棒水印与脆弱水印的区别。

3. 叙述防火墙的作用，比较几种不同类型防火墙的优缺点。

4. 什么是恶意程序？请列举 5 种以上的恶意程序。

5. 请比较计算机病毒与蠕虫的区别和联系。

6. 入侵检测的概念是什么？列出入侵检测系统的 3 种基本结构并进行比较。

本章参考文献

[1] 刘清堂，陈迪. 数字媒体技术导论. 北京：清华大学出版社, 2008.

[2] 王育民，张彤，黄继武. 信息隐藏-理论与技术. 北京：清华大学出版社, 2006.

[3] 周琳娜，王东明. 数字图像取证技术. 北京：北京邮电大学出版社，2008.

[4] 胡向东，魏琴芳. 应用密码学. 应用密码学. 北京：电子工业出版社，2009.

[5] 王丽娜，郭迟，李鹏. 信息隐藏技术实验教程. 武汉：武汉大学出版社，2004.

[6] 冯登国. 密码学原理与实践. 北京：电子工业出版社，2007.

[7] 李仁发等. 计算机网络安全. 北京：科学出版社，2004.

[8] 叶忠杰等. 计算机网络安全技术. 北京：科学出版社，2003.

[9] 袁德明，乔月圆. 计算机网络安全. 北京：电子工业出版社，2007.

[10] 沈苏彬. 网络安全原理与应用. 北京：人民邮电出版社，2007.

[11] 郑志彬. 信息网络安全威胁及技术发展趋势. 电信科学，2009,25(2):28-34.

[12] 彭飞等. 数字内容安全原理与应用. 北京：清华大学出版社，2012.

[13] 彭飞等. 计算机网络安全. 北京：清华大学出版社，2013.

第 12 章
物联网专题

当你忙碌了一天下班时，智能车载系统已经将最快的回家路线给你设计好；当你回到家时，家门自动为你打开；在你进门之后，空调已经在十分钟前开始工作，而原来处于通风状态而打开的门窗也随着空调的启动而自动关闭，室内刚好达到了你所喜欢的温度；电脑也刚好打开，进入可以使用的状态；微波炉中的饭菜也刚刚做好了。这一切不用你做出任何的指示，完全由处理中心自动完成，这就是物联网给我们所带来的享受，也正是"物联网时代"所创造的美好生活。

物联网（Internet of Things），指的是将各种信息传感设备，如射频识别（RFID）装置、红外感应器、无线传感器、全球定位系统、激光扫描器等装置与互联网结合起来而形成的一个巨大网络。其目的是让所有的物品都与网络连接在一起，系统可以自动地、实时地对物体进行识别、定位、追踪、监控、分析处理并触发相应事件。物联网是继计算机、互联网与移动通信网之后的世界信息产业的第三次浪潮。

物联网是一次技术的革命，它揭示了计算和通信的未来，它的发展也依赖于一些重要领域的动态技术革新，包括射频识别技术、无线传感器技术、网络互联技术、嵌入式技术和微机电技术等。它是物理世界和信息世界的深度融合，将人类经济与社会、生产与生活都放在一个智慧的物联网环境中。

每次经济危机之后，都会极大地激发人们对新技术的追求和探索，而技术进步和飞跃将成为经济增长的新引擎，进而实现整体经济的再一次腾飞，通信产业自然也不例外。对于通信产业来说，物联网是一种重要趋势，它将成为未来引领通信发展的主要动力，也为技术创新和产业发展提供了一个前所未有的机遇。

12.1　物联网概述

12.1.1　物联网的概念

1. 起源与发展

物联网的概念最早出现于比尔·盖茨 1995 年《未来之路》一书，只是当时受限于无线网络、硬件及传感设备的发展，并未引起重视。1998 年，美国麻省理工学院（MIT）提出了当时被称作 EPC 系统的"物联网"的构想。1999 年，美国 Auto-ID 首先提出"物联网"的概念，主要是建立在物品编码、RFID 技术和互联网的基础之上。

2005 年 11 月 17 日，在突尼斯举行的信息社会世界峰会（WSIS）上，国际电信联盟（ITU）发布了《ITU 互联网报告 2005：物联网》，正式提出了"物联网"的概念。报告指出，无所不在的"物联网"通信时代即将来临，世界上所有的物体从轮胎到牙刷、从房屋到纸巾都可以通过因特网主动进行交换。射频识别技术（RFID）、传感器技术、纳米技术、智能嵌入技术将得到更加广泛的应用。根据 ITU 的描述，在物联网时代，通过在各种各样的日常用品上嵌入一种短距离的移动收发器，人类在信息与通信世界里将获得一个新的沟通维度，从任何时间任何地点的人与人之间的沟通连接扩展到人与物、物与物之间的沟通连接。

2009 年 1 月 28 日，奥巴马就任美国总统后，与美国工商业领袖举行了一次"圆桌会议"，作为仅有的两名代表之一，IBM 首席执行官彭明盛首次提出"智慧地球"这一概念，建议新政府投资新一代的智慧型基础设施。2009 年 2 月 24 日，IBM 大中华区首席执行官钱大群在 IBM 论坛上公布了名为"智慧的地球"的最新策略。IBM 认为，IT 产业下一阶段的任务是把新一代 IT 技术充分运用在各行各业之中，具体地说，就是把感应器嵌入和装备到电网、铁路、桥梁、隧道、公路、建筑、供水系统、大坝、油气管道等各种物体中，并且被普遍连接，形成物联网。IBM 希望"智慧的地球"策略能掀起 "互联网"浪潮之后的又一次科技革命。

IBM 前首席执行官郭士纳曾提出一个重要的观点，认为计算模式每隔 15 年发生一次变革，人们又称它为"十五年周期定律"。1965 年前后发生的变革以大型机为标志，1980 年前后以个人计算机的普及为标志，而 1995 年前后则发生了互联网革命。每一次这样的技术变革都引起企业间、产业间甚至国家间竞争格局的重大动荡和变化。而互联网革命一定程度上是由美国"信息高速公路"战略所催熟。20 世纪 90 年代，美国克林顿政府计划用 20 年时间，耗资 2000 亿～4000 亿美元，建设美国国家信息基础结构，创造了巨大的经济和社会效益。而今天，"智慧的地球"战略被不少美国人认为与当年的"信息高速公路"有许多相似之处，同样被他们认为是振兴经济、确立竞争优势的关键战略。该战略能否掀起如当年互联网革命一样的科技和经济浪潮，不仅被美国关注，更为世界所关注。

2009 年 8 月 7 日，温家宝（时任国家总理）在无锡传感网工程技术研发中心视察中指出：在国家重大科技专项中，加快推进传感网发展，尽快建立中国的传感信息中心，或者叫"感知中国"。此后物联网在我国迅速升温，并受到业界和国家相关部门的高度重视。2009 年通信展最热门的概念无疑是物联网，原中国移动董事长王建宙在演讲中谈到了物联网及其应用，表明了实力强劲的电信运营商有涉入该领域的计划，物联网的概念再次掀起新一番高潮。

美国权威咨询机构 FORRESTER 预测，到 2020 年，世界上物物互联的业务，跟人与人通信的业务相比，将达到 30 比 1。因此，"物联网"被称为是下一个万亿级的通信业务。

EPOSS 在《Internet of Things in 2020》报告中分析预测，未来物联网的发展将经历 4 个阶段，2010 年之前 RFID 被广泛应用于物流、零售和制药领域，2010—2015 年物体互联，2015—2020 年物体进入半智能化，2020 年之后物体进入全智能化。物联网的推广将成为推进经济发展的又一个驱动器，将成为一个史无前例的综合性核心产业。目前，不管是物联网的网络体系本身的构建，还是与物联网相关的产业的匹配等问题，都取得前所未有的进展。但是，物联网要成为一个很好的经济带动行业，还有许多问题需要解决。

2. 什么是物联网

物联网定义为通过射频识别（RFID）、无线感应器、全球定位系统、激光扫描器等信息传感设备，按约定的协议，把任何物品与互联网相连接，进行信息交换和通信，以实现智能化识别、定位、跟踪、分析、监控和管理的一种网络。物联网是通信网和互联网的拓展应用和网络延伸，将其用户端延伸和扩展到任何物品与物品之间，它利用感知技术与智能装置对物理世界进行感知识别，通过网络传输互联，进行计算、处理和知识挖掘，实现人与物、物与物信息交互和无缝链接，达到对物理世界实时控制、精确管理和科学决策目的。

对于物联网的概念，可以从以下两个方面来理解：

从技术方面理解。物联网是指物体通过智能感应装置，经过传输网络，到达指定的信息处理中心，最终实现物与物、人与物之间的自动化信息交互与处理的智能网络。

从应用方面理解。物联网是指把世界上所有的物体都连接到一个网络中，形成物联网，然后物联网又与现有的互联网结合，实现人类社会与物理系统的整合，达到以更加精细和动态的方式管理生产和生活。

12.1.2　物联网发展状况

1．美国的智慧地球

2008 年 11 月 6 日，美国 IBM 总裁兼首席执行官彭明盛在纽约市外交关系委员会发表演讲《智慧地球：下一代的领导议程》。"智慧地球"的理念被明确地提出来，这一理念给人类构想了一个全新的空间——让社会更智慧地进步，让人类更智慧地生存，让地球更智慧地运转。

IBM 提出"智慧地球"（见图 12.1）是因为 IBM 认识到互联互通的科技将改变这个世界目前的运行方式。IBM 认为当今世界许多重大的问题如金融危机、能源危机和环境恶化等，实际上都能够以更加"智慧"的方式解决。在全球经济形势低迷之时，"智慧地球"不仅能加速发展，摆脱经济危机的影响；而且也孕育着未来的发展机遇，能够籍此开创新型产业和新的市场，引领世界经济迅速腾飞。

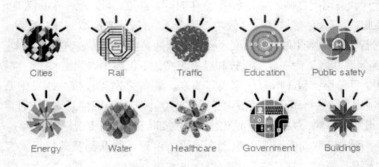

图 12.1　IBM 智慧地球

智慧地球需要关注 4 个关键问题（见图 12.2）：一是新锐洞察，面对无数个信息孤岛式的爆炸性数据增长，需要获得新锐的智能和洞察，利用众多来源提供的丰富实时信息做出更明智的决策；二是智能运作，需要开发和设计新的业务和流程需求，实现在灵活和动态流程支持下的聪明的运营和运作，达到全新的生活和工作方式；三是动态架构，需要建立一种可以降低成本、具有智能化和安全特性、并能够与当前的业务环境同样灵活动态的基础设施；四是绿色未来，需要采取行动解决能源、环境和可持续发展的问题，提高效率、提升竞争力。

信息技术正在深刻改变世界，智慧化社会的到来是大势所趋，这也是各种智慧新概念都能得到一部分人肯定的原因。企业一般以盈利为目的，但一个智慧化的地球确实也需要人们贡献更多的"智慧"。

2．欧盟的物联网行动计划

欧盟在 2006 年就成立工作组专门进行 RFID 技术的研究，并于 2008 年发布《2020 年的物联网——未来路线》。

2009 年是欧盟物联网发展的重要纪年。从欧盟委员会到物联网领域的专业研究项目组，先后颁布了多份规划欧洲物联网未来发展动向的相关报告。

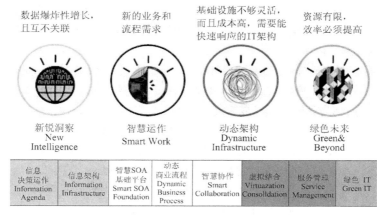

图 12.2　智慧地球需要关注的 4 个关键问题

2009 年 6 月，欧盟委员会向欧盟议会、理事会、欧洲经济和社会委员会及地区委员会递交了《欧盟物联网行动计划》（Internet of Things-An Action Plan for Europe），提出了包括物联网管理、安全性保证、标准化、研究开发、开放和创新、达成共识、国际对话、污染管理和未来发展在内 9 个方面的 14 点行动内容。其中，管理体制的制定、安全性保障和标准化是行动计划的重点。此外，计划还描绘了欧盟物联网技术的应用前景，提出了改善政府对物联网的管理，推动欧盟物联网产业发展的 10 条政策建议。

2009 年 9 月，欧盟第七框架 RFID 和物联网研究项目组发布了《物联网战略研究路线图》研究报告，提出了新的物联网概念，并进一步明确了欧盟到 2010 年、2015 年、2020 年 3 个阶段物联网的研究路线图，同时罗列出包括识别技术、物联网架构技术、通信技术、网络技术、软件等在内的 12 项需要突破的关键技术，以及航空航天、汽车、医药、能源等在内的 18 个物联网重点应用领域。

2009 年 11 月，欧盟委员会以政策文件的形式对外发布了《未来物联网战略》，计划让欧洲在基于互联网的智能基础设施发展上引领全球，除了通过 ICT 研发计划投资 4 亿欧元，启动 90 多个研发项目提高网络智能化水平外，欧盟委员会拟在 2011—2013 年间每年新增 2 亿欧元进一步加强研发力度，同时拿出 3 亿欧元专款支持物联网相关公司合作短期项目建设。12 月，欧洲物联网项目总体协调组也发布了《物联网战略研究路线图》，将物联网研究分为感知、宏观架构、通信、组网、软件平台及中间件、硬件、情报提炼、搜索引擎、能源管理、安全 10 个层面，系统地提出了物联网战略研究的关键技术和路径。

2010 年，在欧盟第七框架计划（FP7）发布的"2011 年工作计划"中，确立了 2011—2012 年期间 ICT 领域需要优先发展的项目，并指出对有关未来互联网的研究将加强云计算、服务型互联网、先进软件工程等相关技术的投入。

3. 日韩的 U 计划

日本政府自 20 世纪 90 年代中期以来相继制定了"e-Japan"、"u-Japan"、"i-Japan"等多项国家信息技术发展战略，从大规模开展信息基础设施建设入手，稳步推进、不断拓展和深化信息技术应用，以此带动本国社会、经济的发展。"u-Japan"、"i-Japan"战略与物联网概念有许多共通之处。

"u-Japan"计划着力于发展泛在网及相关产业，并希望由此催生新一代信息科技革命。2008 年，日本总务省提出"u-Japan x ICT"政策。"x"代表不同领域乘以 ICT 的含义，一共涉及 3 个领域："产业 x ICT"、"地区 x ICT"、"生活（人）x ICT"。将 u-Japan 政策的重心从之前的单纯关注居民生活品质提升拓展到带动产业及地区发展，即通过各行业、地区与 ICT 的深化融合，进而实现经济增长的目的。

为了确保在信息时代的国际竞争地位，2009 年 7 月日本 IT 战略本部颁布了日本新一代的信息化战略"i-Japan"战略。2009 年 8 月日本又将"u-Japan"升级为"i-Japan"战略，提出"智慧泛在"构想，将传感网列为其国家重点战略之一，致力于构建一个个性化的物联网智能服务体系，充分调动日本电子信息企业积极性，确保日本在信息时代的国家竞争力始终位于全球第一阵营。为了让数字信息技术融入每一个角落，首先将政策目标聚焦在三大公共事业：电子化政府治理、医疗健康信息服务、教育与人才培育。提出到 2015 年达到"新的行政改革"，使行政流程简化、效率化、标准化、透明化，同时推动电子病历、远程医疗、远程教育等应用的发展。同时，日本政府希望通过物联网技术的产业化应用，减轻由于人口老龄化所带来的医疗、养老等社会负担。

韩国政府自 1997 年起出台了一系列推动国家信息化建设的产业政策，包括 RFID 先导计划、RFID 全面推动计划、USN 领域测试计划等。为实现建设 U 化社会的愿望，韩国政府持续推动各项相关基础建设、核心产业技术发展，RFID/USN 就是其中之一。

继日本提出 u-Japan 战略后，韩国也在 2006 年确立了 u-Korea 战略，并制定了详尽的"IT839战略"，重点支持泛在网建设。u-Korea 旨在建立无所不在的社会（Ubiquitous Society），也就是在民众的生活环境里布建智能型网络（如 IPv6、BcN、USN），最新的技术应用，如 DMB（Digital Audio Broadcasting，数字音频广播）、Telematics（车载信息服务）、RFID 等先进的信息基础建设，让民众可以随时随地享有科技智慧服务。其最终目的，除了运用 IT 科技为民众创造衣、食、住、行、育、乐各方面无所不在的便利生活服务之外，也希望扶植 IT 产业发展新兴应用技术，强化产业优势与国家竞争力。

2009 年 10 月，韩国通信委员会出台了《物联网基础设施构建基本规划》，将物联网市场确定为新增长动力。该规划提出，到 2012 年实现"通过构建世界最先进的物联网基础实施，打造未来广播通信融合领域超一流信息通信技术强国"的目标，并确定了构建物联网基础设施、发展物联网服务、研发物联网技术、营造物联网扩散环境 4 大领域、12 项详细课题。

4. 感知中国

2009 年 8 月 7 日，时任中国政府总理的温家宝视察了中科院无锡微纳传感网工程技术研发中心，也提出尽快建立中国的传感信息中心，并形象地称为"感知中国"中心。

温总理同时指出，当计算机和互联网产业大规模发展时，我们因为没有掌握核心技术而走过一些弯路。在传感网发展中，要早一点谋划未来，早一点攻破核心技术，特别是与我国自主知识产权的 TD-SCDMA 技术相融合。

2009 年 11 月 3 日温家宝发表了题为"让科技引领中国可持续发展"的讲话，强调了"科学选择新兴战略性产业非常重要，选对了就能跨越发展，选错了将会贻误时机"。其中指出：要着力突破传感网、物联网关键技术，及早部署后 IP 时代相关技术研发，使信息网络产业成为推动产业升级、迈向信息社会的"发动机"。

无锡建设的"感知中国"中心，将使无锡成为中国乃至世界上传感信息技术的创新高地、人才高地和产业高地，从而带动整个中国乃至全球的传感产业的发展、应用和技术上的创新，准备把无锡打造成一个传感网示范城市。

工业与信息化部开始统筹部署宽带普及、三网融合、物联网及下一代互联网发展，并将物联网发展列为我国信息产业三大发展目标之一。

物联网在中国迅速崛起得益于我国在物联网方面的几大优势：（1）我国早在 1999 年就启动了物联网核心传感网技术研究，研发水平处于世界前列；（2）在世界传感网领域，我国是标准主导国之一，专利拥有量高；（3）我国是目前能够实现物联网完整产业链的少数几个国家之一；（4）我国无线通信网络和宽带覆盖率高，为物联网的发展提供了坚实的基础设施支持；（5）我国已经成为世界第三大经济体，有较为雄厚的经济实力支持物联网发展。

感知中国的过程就是要通过物联网无处不在的末端感知设备，"全面感知"中国各个行业、社会生活各个方面的信息，经过网络"可靠传输"获取信息，通过"智能计算"将从大量信息中挖掘、升华出知识，使我们在建设中国现代化的过程中具有更高的智慧。最终目的是进一步提高劳动生产力，改善人民的生活质量，保卫国家安全，支持我国可持续发展大政方针的实施。

12.1.3　物联网核心技术与特点

1. 核心技术

物联网网络体系架构由感知层、网络层和应用层组成，如图 12.3 所示。感知层实现对物理世界的智能感知识别、信息采集处理和自动控制，并通过通信模块将物理实体连接到网络层和应用层。网络层主要实现信息的传递、路由和控制，包括延伸网、接入网和核心网，网络层可依托公众电信网和互联网，也可以依托行业专用通信网络。应用层包括应用基础设施/中间件等应用支撑技术和各种物联网应用。应用基础设施/中间件为物联网应用提供信息处理、计算等通用基础服务设施、能力及资源调用接口，以此为基础实现物联网在众多领域的各种应用。

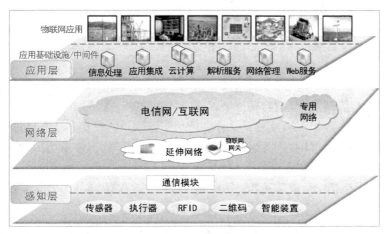

图 12.3　物联网网络体系架构

物联网涉及感知、控制、网络通信、微电子、计算机、软件、嵌入式系统、微机电等技术领域，因此物联网涵盖的关键技术也非常多，将物联网技术体系划分为感知技术、网络通信技术、支撑技术和共性技术。

（1）感知、网络通信和应用关键技术

传感和识别技术是物联网感知物理世界获取信息和实现物体控制的首要环节。传感器将物理世界中的物理量、化学量、生物量转化成可供处理的数字信号。识别技术实现对物联网中物体标识和位置信息的获取。

网络通信技术主要实现物联网数据信息和控制信息的双向传递、路由和控制，重点包括低速近距离无线通信技术、低功耗路由、自组织通信、无线接入、M2M 通信增强、IP 承载技术、网络传送技术、异构网络融合接入技术以及认知无线电技术等。

海量信息智能处理综合运用高性能计算、人工智能、数据库和模糊计算等技术，对收集的感知数据进行通用处理，重点涉及数据存储、并行计算、数据挖掘、平台服务、信息呈现等。

应用技术是指用于直接支持物联网应用系统运行的技术，它包括物联网信息共享交互平台技术、物联网数据存储技术以及各种行业物联网应用系统。

（2）支撑技术

物联网应用支撑技术包括嵌入式系统、微机电系统、软件和算法、电源和储能、新材料技术等。

嵌入式系统是满足物联网对设备功能、可靠性、成本、体积、功耗等的综合要求，可以按照不同应用定制裁剪的嵌入式计算机技术，是实现物体智能的重要基础。

微机电系统可实现对传感器、执行器、处理器、通信模块、电源系统等的高度集成，是支撑传感器节点微型化、智能化的重要技术。

软件和算法是实现物联网功能、决定物联网行为的主要技术，重点包括各种物联网计算系统的感知信息处理、交互与优化软件与算法、物联网计算系统体系结构与软件平台研发等。

电源和储能是物联网关键支撑技术之一，包括电池技术、能量储存、能量捕获、恶劣情况下的发电、能量循环、新能源等技术。

新材料技术主要是指应用于传感器的敏感元件实现的技术。传感器敏感材料包括湿敏材料、气敏材料、热敏材料、压敏材料、光敏材料等。新敏感材料的应用可以使传感器的灵敏度、尺寸、精度、稳定性等特性获得改善。

（3）共性技术

物联网共性技术涉及网络的不同层面，主要包括架构技术、标识和解析、安全和隐私、网络管理技术等。

物联网架构技术目前处于概念发展阶段。物联网需具有统一的架构，清晰的分层，支持不同系统的互操作性，适应不同类型的物理网络，适应物联网的业务特性。

标识和解析技术是对物理实体、通信实体和应用实体赋予的或其本身固有的一个或一组属性，并能实现正确解析的技术。物联网标识和解析技术涉及不同的标识体系、不同体系的互操作、全球解析或区域解析、标识管理等。

安全和隐私技术包括安全体系架构、网络安全技术、"智能物体"的广泛部署对社会生活带来的安全威胁、隐私保护技术、安全管理机制和保证措施等。

网络管理技术重点包括管理需求、管理模型、管理功能、管理协议等。为实现对物联网广泛部署的"智能物体"的管理，需要进行网络功能和适用性分析，开发适合的管理协议。

2. 主要特点

和传统的互联网相比，物联网有其鲜明的特征。

首先，它是各种感知技术的广泛应用。物联网上部署了海量的多种类型传感器，每个传感器都是一个信息源，不同类别的传感器所捕获的信息内容和信息格式不同。传感器获得的数据具有实时性，按一定的频率周期性地采集环境信息，不断更新数据。

其次，它是一种建立在互联网上的泛在网络。物联网技术的重要基础和核心仍旧是互联网，通过各种有线和无线网络与互联网融合，将物体的信息实时准确地传递出去。在物联网上的传感器定时采集的信息需要通过网络传输，由于其数量极其庞大，形成了海量信息，在传输过程中，为了保障数据的正确性和及时性，必须适应各种异构网络和协议。

最后，物联网不仅仅提供了传感器的连接，其本身也具有智能处理的能力，能够对物体实施智能控制。物联网将传感器和智能处理相结合，利用云计算、模式识别等各种智能技术，扩充其应用领域。从传感器获得的海量信息中分析、加工和处理出有意义的数据，以适应不同用户的不同需求，发现新的应用领域和应用模式。

从技术上看，物联网技术在应用层面具有以下特点。

感知识别普适化。作为物联网的前端，感知识别核心是要将传统分离的物理世界与信息世界联系起来，将物理世界信息化。而物理世界是广泛和多样的，这就要求感知识别具有广泛和普遍的适应性。

异构设备互联化。由于客观和历史的因素，互联网的设备存在硬件与协议的差异，因此，通过网关技术实现异构网络之间的互联互通是前提。

联网终端规模化。物联网的重要特点是"物"的广泛联系，因此，未来每一件物品均应当具有通信功能，并成为网络终端。当各类"物"被广泛终端化之后，物联网就水到渠成了。

管理调控智能化。物联网将大规模的信息终端高效地联系起来之后，通过海量存储和搜索引擎，就能够为各种上层应用提供可能，并实现智能化。

应用服务链条化。物联网应用的一个重要特征是能够提供"链条型"服务，即可以按照价值链、产业链、生活链展开管理和服务，最典型的应用是物流管理，实现了对商品流通过程中各种状态的动态管理。

经济发展跨越化。物联网技术有望成为从劳动密集型向知识密集型，从资源浪费型向环境友好型国民经济发展过程中的重要动力。

综上所述，物联网技术的主要特征可以归纳为：一是普通对象设备化，给生产和生活中的各种普通物品均赋予感知功能，使其成为感应的前端，成为终端设备；二是自治终端互联化。对以往各自独立和孤立的各种终端设备，通过各种网络，采用不同的方式，将他们有机地联系起来，并按照一定的规则，使他们能够快速地被发现和联系；三是普适服务智能化，智能化是物联网的一个核心价值，通过信息的大规模集成，为数据挖掘和模型建立与应用奠定了良好的基础。与此同时，需要解决的是基于各类实际需求的智能化应用问题，这种智能化应用不仅有被动意义，更需要主动意义。

12.2　物联网关键技术

12.2.1　自动识别技术与 RFID

物联网建设离不开自动信息获取和感知技术，它是物联网"物"与"网"连接的基本手段，是物联网建设非常关键的环节。物联网的信息获取并不依赖于特定的、单一的信息获取技术或感知技术。物联网之所以涉及多种信息获取和感知技术，是因为它们各有优势，又都有一定的局限性。物联网建设需要射频识别、条码等自动识别技术，也需要 NFC、WiFi、ZigBee、蓝牙、传感器等其他信息采集与处理技术。同时，还需要各种通信支撑技术、信息加工、过滤、存储、命令响应技术以及网络接口与传输技术的全面协调。

1. 二维码

二维码（2-dimensional bar code）是自动识别中的一项重要技术。作为一种及时、准确、可靠、经济的数据输入手段已在工业、商业、国防、交通、金融、医疗卫生、办公自动化等许多领域得到了广泛应用。

二维码是利用在平面的二维方向上按一定规律分布的黑白相间的几何图形（见图 12.4）来记录数据、信息的条码，也被称为"二维条码"或"二维条形码"。在二维码代码编制上利用构成计算机内部逻辑基础的"0"、"1"比特流的概念，使用若干个与二进制相对应的几何形体来表示文字数值信息，通过图象输入设备或光电扫描设备自动识读以实现信息自动处理。二维条码有许多不同的编码方法，或称码制。根据二维码码制的编码原理，通常可将二维码分为以下 3 种类型：堆积码、点阵码、邮政码。

图 12.4　二维码样式图

二维码具有条码技术的一些共性，如：每种码制有其特定的字符集，每个字符占有一定的宽度，具有一定的校验功能等。除此之外，二维码还具有以下特点：信息容量大、编码范围广、自由度高、容错能力强、保密性和防伪性好、译码可靠性高、应用范围广等。

2. RFID

无线射频识别技术（radio frequency identlcation，RFID）是兴起于 20 世纪 90 年代的一种非接触自动识别技术，是继条码技术、光学字符识别技术、磁条（卡）技术、IC 卡识别技术、声音识别技术和视觉识别技术后的又一种自动识别技术。射频识别技术采用大规模集成电路计算、电子识别、计算机通信技术，通过读写器和安装于载体上的 RFID 标签（见图 12.5），能够实现对载体的非接触的识别和数据信息交换。再加上其方便快捷、识别速度快、数据容量大、使用寿命长、标签数据可动态更改、较条码而言具有更好的安全性、动态实时通信等优点，最近几年得到迅猛的发展。

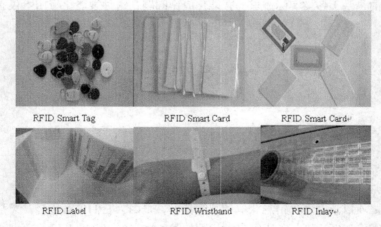

图 12.5　RFID 标签

完整的 RFID 系统由电子标签（Transponder 或 Tag）和射频信号读写模块（Reader）以及后台应用系统所构成。而电子标签由微型半导体芯片及印刷天线组成。它可以存储需要识别传输的信息，并具有智能读写及加密通信的能力。根据最终使用环境的要求，可以做成薄如纸张的标签方式，亦可以"卡"、筹码等多种形式出现。

射频识别技术依其采用的频率不同可分为低频、中频及高频系统。低频系统一般工作在 100kHz～500kHz；中频系统工作在 10MHz～15MHz；而高频系统则可达 850MHz～950MHz 甚至 2.4GHz～2.5GHz 的微波段。高频系统应用于需要较长的读写距离和高的读写速度的场合，像火车监控、高速公路收费等系统，但天线波束较窄，价格较高；中频系统在 13.56MHz 的范围，这个频率用于需传送大量数据的应用；低频系统用于短距离、低成本的应用中，如多数的门禁控制、动物监管、货物跟踪。

根据电子标签获取电能的方式，又可将其分为有源系统和无源系统两大类：有源式电子标签通过标签自带的内部电池进行供电，它的电能充足，工作可靠性高，信号传送的距离远。无源式标签的内部不带电池，需靠天线接收到特定的电磁波，由线圈产生感应电流，在经过整流、稳压后作为工作电压。无源式标签具有永久的使用期，常常用在标签信息需要每天读写或频繁读写多次的地方，而且支持长时间的数据传输和永久性的数据存储，再加上它的价格、体积和方便性决定了它是电子标签的主流。

与目前广泛使用的自动识别技术例如摄像、条码、磁卡、IC 卡等相比，射频识别系统在实际应用中具有如下很多突出的优点。

（1）非接触操作，长距离识别（几十米以内），因此完成识别工作时无须人工干预，应用便利。

（2）无机械磨损，寿命长，并可工作于各种油渍、灰尘污染等恶劣的环境。

（3）可识别高速运动物体并可同时识别多个电子标签。

（4）读写器具有不直接对最终用户开放的物理接口，保证其自身的安全性。

（5）数据安全方面除电子标签的密码保护外，数据部分可用一些算法实现安全管理。

（6）读写器与标签之间存在相互认证的过程，实现安全通信和存储。

12.2.2　传感器技术

物联网感知层的传感技术体现在传感器及其组网技术上，传感器位于物联网的末梢，是实现感知的首要环节，通过有线或无线的方式接入至与互联网相结合而成的泛在网络，实现节点的识别和管理，使计算无处不在。传感器对外界模拟信号进行探测，将声、光、温、压等模拟信号转化为适合计算机处理的数字信号，以达到信息的传送、处理、存储、显示、记录和控制的要求，使物联网中的节点充满感应能力，通过与信息平台的相互配合实现自检和自控的功能。

目前物联网传感技术有多种技术路线，业界公认的应用前景最为广泛的物联网传感技术路线仍是走无线技术发展的方向，其新技术主要有以下两种：（1）I-RFID（智能射频识别）技术；（2）MEMS（微电机系统）微传感器技术。两种技术虽然有不同的实现和应用场景，但最终目标都是实现传感数据的采集、自带预处理功能和实现传感网络的互联。

1．I-RFID 技术

I-RFID 技术是在 RFID 技术上发展而来的，其技术组成结构和实现原理与 RFID 基本一致，只是在电子标签内新增了一块智能芯片，使传感器具有本地预处理和计算的功能。I-RFID 技术由以下 5 个部分组成。

（1）Tag（电子标签）。RFID 中的电子标签也就是应答器，通常是一块射频卡，由耦合器件和周围电路芯片和内置天线组成，而 I-RFID 则有些不同，在 RFID 电子标签内加入了一块智能芯片，并且 I-RFID 中则偏重于有源工作方式。

（2）阅读器。阅读器是对电子标签进行读/写操作的设备，由射频收发模块和 DSP 组成。读写器是 RFID 中承上启下的关键设备，对下层电子标签的射频信号进行 A/D 转换，再通过 DSP 处理解调出电子标签的信息，完成电子标签的识别和读/写操作。

（3）天线。天线是电子标签和读写器之间射频信号传递的桥梁。RFID 中的天线有两类：电子标签中的天线和读写器天线。电子标签中的天线内置在电子标签电路中。读写器的天线既可内置，又可以通过自身射频输出端口与外置天线相连接。

（4）中间件。中间件即数据转换件，是智能标签和阅读器之间的桥梁，实现 RFID 硬件与应用系统之间数据传送、过滤和数据格式转换的功能，将阅读器中的各种数据信息，经过提取、解密、过滤和格式转换，导入管理信息平台中的应用系统，并通过应用系统在前台上显示，为信息管理员提供相应的操作结果。

（5）应用程序。应用程度是可视化面向用户的交互操作软件平台，其作为支撑系统协助操作者完成指令下发和中间件的逻辑设置，以使 RFID 的原始数据逐步整理为用户可理解的业务事件，并将结果显示在屏幕上。

2．MEMS 微传感器技术

MEMS 又称为微电机系统，由半导体集成电路微加工技术和超精密加工技术发展演变而来。属于纳米级的高新技术，是多学科交叉和边缘化的产物。MEMS 结构主要包括微型机构、微型传感器、微型执行器和相应的处理电路等几部分，它是多种微细加工技术的结合体，并广泛应用在现代信息技术的高科技前沿阵地。正是基于 MEMS 技术的优越特性，应用至物联网的传感器件中显得得天独厚，其在物联网中的系统模型构成如图 12.6 所示。

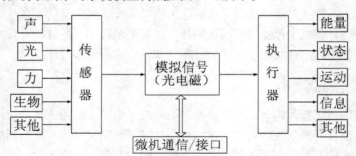

图 12.6　MEMS 的系统模型结构图

从结构框图的探测源可以看出，对于环境中特殊物理量的探测，MEMS 传感技术具有很大的优势，能完成如空间角度等复杂物理量的探测。

12.2.3　网络构建

网络是物联网最重要的基础设施之一。网络通信层在物联网三层模型中连接感知层和应用层，具有强大的纽带作用，需要能够高效、稳定、及时、安全地传输上下层的数据。目前物联网有三大发展趋势，一是更深入的智能化，使用数据挖掘和分析工具，处理复杂的数据分析、汇总和计算，整合分析海量信息，以支持决策；二是更透彻的感知，利用可随时随地感知、测量、捕获和传递信息的设备，便于立即采取应对措施和进行长期规划；三是更全面的互联互通，将个人电子设备、组织和政府信息系统中储存的信息交互和共享，实时监控环境和业务状况。为实现更全面的互联互通，就必须为各种应用构建相应网络，并接入互联网或与其他网络互联，这就涉及物联网的网络构建技术。目前物联网的网络构建主要包括互联网、无线宽带网络、无线低速网络、移动通信网络等。

1. 互联网

互联网是物联网最重要的基础设施之一，物联网本质上就是下一代互联网。互联网始于 20 世纪 60 年代末期，最初只有特定的计算机、工作站可以接入互联网。20 世纪 90 年代起，互联网开始陆续向个人计算机、手机、上网本等多种终端设备开放。截止 2010 年 8 月底，互联网终端达到 50 亿台，而截止 2012 底，互联网用户数为 24 亿。

多种终端设备可以通过不同的接入方式接入互联网，目前互联网的接入方式有（1）拨号上网，（2）数字用户线路（xDSL：x Digital Subscriber Line），（3）以太网，（4）电力线通信（PLC：Power Line Communication），（5）光纤同轴混合网，（6）无线接入等。

互联网的应用与接入技术的发展促进了计算机网络、电信通信网与广播电视网三网在技术、业务和产业上的融合。物联网是互联网应用的延伸和拓展，互联网是实现物（人）与物（人）之间更加全面的互联互通的最主要途径。

2. 无线宽带网络

无线宽带网络覆盖范围较广，传输速度较快，为物联网提供高速、可靠、低成本、且不受接入设备限制的互联手段，主要有无线局域网 WLAN 和 WiMAX。

无线局域网（WLAN）是一种利用射频（Radio Frequency，RF）技术进行数据传输的系统，可以用来弥补有线局域网络之不足，以达到网络延伸之目的。WLAN 的 802.11a 标准使用 5GHz 频段，支持的最大速度为 54Mbit/s，而 802.11b 和 802.11g 标准使用 2.4GHz 频段，分别支持最大为 11Mbit/s 和 54Mbit/s 的速度。目前 WLAN 所包含的协议标准有：IEEE 802.11b 协议、IEEE 802.11a 协议、IEEE 802.11g 协议、IEEE 802.11E 协议、IEEE 802.11i 协议、无线应用协议（WAP）。Wi-Fi（Wireless Fidelity，无线保真）技术是一个基于 IEEE 802.11 系列标准的无线局域网通信技术，目的是改善基于 IEEE 802.11 标准的无线网络产品之间的互通性，由 Wi-Fi 联盟（Wi-Fi Alliance）所持有。

WiMAX 概述及架构为广阔区域内无线网络用户提供高速无线数据传输业务，是无线城域网的主要实现技术。视线覆盖范围达 112.6km，非视线覆盖范围达 40km。带宽 70 Mbit/s，可取代传统 T1 型和 DSL 有线连接。可提供更人性化多样化的服务。与之对应的是一系列 IEEE 802.16 协议组。

无线宽带技术为家庭、校园/企业、城市甚至全球用户提供泛在互联互通。物联网所需的更广泛的互联互通不可缺少无线宽带的支持。

3. 无线低速网络

更全面的互联互通是物联网的特点之一。无线低速网络协议能够适应物联网中低速设备的要求。无线低速网络协议常见有蓝牙、红外和 ZigBee 等。

蓝牙是一种短距低功耗传输协议，始于 1994 年，由瑞典爱立信公司研发。频段范围是 2.402 GHz～2.480 GHz。通信速率一般为 1 Mbit/s 左右，新的蓝牙标准支持 20 Mbit/s 速率。通信半径从几米到 100 米左右，常见为几米。

红外是一种较早的无线通信技术，逐渐被蓝牙所取代。采用 875 nm 左右波长的光波通信，通信距离一般为 1 米。体积小、成本低、功耗低、不需要频率申请。波长较短，对障碍物的衍射较差。设备之间必须互相可见。

ZigBee 是基于 IEEE802.15.4 标准的低功耗个域网协议，也是无线传感网领域最著名的通信协议。ZigBee 协议从下到上分别为物理层、媒体访问控制层、传输层、网络层、应用层等。其中物理层和媒体访问控制层遵循 IEEE 802.15.4 标准的规定。ZigBee 网络主要特点是低功耗、低成本、低速率、支持大量节点、支持多种网络拓扑、低复杂度、快速、可靠、安全。ZigBee 作为一种短距离无线通信技术，由于其网络可以便捷地为用户提供无线数据传输功能，因此在物联网领域具有非常强的可应用性。

对物联网中各类物体进行操作的前提是将其接入网络，低速网络协议是实现全面互联互通的前提。ZigBee/蓝牙/红外等低速网络协议能够适应物联网中能力较低的节点的低速率、低通信半径、低计算能力和低能量来源等特征。

4. 移动通信技术

移动通信网络将成为"全面、随时、随地"传输信息的有效平台。高速、实时、高覆盖率、多元化处理多媒体数据，为"物品触网"创造了条件。移动通信发展历史分为：第一代移动通信——模拟语音；第二代移动通信——数字语音；第三代移动通信——数字语音与数据。

我国采用的 3 种 3G 标准，分别是 TD-SCDMA、W-CDMA 和 CDMA-2000。在我国 CDMA2000 是开在 800M 频点上的，比 2G 频点上的 WCDMA、TD-SCDMA 信号覆盖穿透能力强一些，组网也比较灵活。而 WCDMA 主要是以爱立信、阿朗，诺西等欧洲公司共同拥有主要知识产权、产业联盟比较强大，终端丰富，兼容程度高，我国联通运营的 186 网络采用此技术。TD-SCDMA 技术目前只有中国移动使用，部分核心技术是我们国家自主知识产权，主要集中在智能天线等技术上，终端缺乏、网络构建比较复杂。

4G 是第 4 代移动通信及其技术的简称，是集 3G 与 WLAN 于一体并能够传输高质量视频图像且图像传输质量与高清晰度电视不相上下的技术产品。4G 系统能够以 100Mbit/s 的速度下载，比拨号上网快 2000 倍，上传的速度也能达到 20Mbit/s，并能够满足几乎所有用户对于无线服务的要求。此外，4G 可以在 DSL 和有线电视调制解调器没有覆盖的地方部署，然后再扩展到整个地区。4G 有着不可比拟的优越性。

12.2.4 物联网中间件

从本质上看，物联网中间件是物联网应用的共性需求（感知、互联互通和智能），是已存在的各种中间件及信息处理技术，包括信息感知技术、下一代网络技术、人工智能与自动化技术的聚合与技术提升。然而在目前阶段，一方面，受限于底层不同的网络技术和硬件平台，物联网中间件研究主要还集中在底层的感知和互联互通方面，包括屏蔽底层硬件及网络平台差异，支持物联网应用开发、运行时共享和开放互联互通，保障物联网相关系统的可靠部署与可靠管理等内容；另一方面，当前物联网应用复杂度和规模还处于初级阶段，物联网中间件支持大规模物联网应用还存在环境复杂多变、异构物理设备、远距离多样式无线通信、大规模部署、海量数据融合、复杂事件处理、综合运维管理等诸多仍未克服的障碍。

在物联网底层感知与互联互通方面，EPC 中间件相关规范、OPC 中间件相关规范经过多年的发展，相关商业产品在业界已被广泛接受和使用。无线传感网络中间件以及面向开放互联的 OSGi 中间件正处于研究热点。在大规模物联网应用方面，面对海量数据实时处理等的需求，传统面向服务的中间件技术将难以发挥作用，而事件驱动架构、复杂事件处理中间件则是物联网大规模应用的核心研究内容之一。

由于物联网要实现"物物相联"，牵涉到大量事物和由这些事物产生的事件，这给物联网的应用开发带来了许多新的挑战，同样也使在普适计算中存在的问题变得更为复杂。在普适计算环境中，很难为它建立一个统一的标准。而物联网中间件需要为应用提供一个通用的服务开发平台，同时为应用层提供异构组件保证开发人员对底层基础网络的透明性。目前，物联网中间件的发展面临以下几点挑战。

（1）分布式异构的网络环境

物联网中有着许多不同类型的硬件设备，如传感器、RFID 标签及读卡器等，这些信息采集设备及其网关有着不同的硬件结构、驱动程序、操作系统等。由于底层网络异构而引起的网络处理能力、能量资源及其采用的技术平台、实现接口、协议各不相同等特性，很难为物联网提供一个统一的解决方案。因此，如何构建一个能自适应跨平台的中间件，即中间件底层协议接口能完全兼容所有物联网标签、传感器及读卡器协议等绝非易事。协议转换所带来的中间件代价和服务满足的协调折中方案必须要应对协议的动态变化，这种底层的差异性要求中间件的设计要能够屏蔽各种异构硬件、软件、网络带来的差异。这将给物联网中间件设计带来巨大的挑战。

（2）应用与服务之间的重复调用与互操作

目前许多传统中间件软件设计都是针对某类特定的应用，采用不同的数据标准和通信平台，使得不同应用的软件难以重复使用，从而造成大量资源的浪费。物联网应用领域极其广泛，而现有中间件的专业性和专有性太强，公众性和公用性较弱，标准化程度低，这使得它们无法再适用于物联网。由于物联网的异构特性，不同应用依赖于各自不同的应用环境，这给物联网中不同应用间的互操作带来极大的不便，因此要求物联网中间件建立一个通用体系，实现各应用平台的互操作，并能够支持物联网服务的动态发现以及动态定位与调用。

（3）海量异构数据的融合

物联网由各种异构感知设备构成，不同的设备所采集的数据格式不同，因此中间件需要对所有这些数据进行格式转化，以便应用系统可直接处理这些数据。同时物联网感知层数据的采集将产生数以万计的海量信息，若直接将这些海量的原始数据传输给上层应用，会导致上层应用系统计算处理量严重增加，甚至系统崩溃，且由于原始数据中包含大量冗余信息也会极大浪费通信带宽和能量资源等。因此，这要求物联网中间件能够解决数据融合和智能处理等问题。

（4）物联网的各种"大"规模因素

诸多因素的增长导致网络性能的下降，其中影响物联网中间件设计的最主要的几个因素是：更大的网络规模、更多的事件活动、更快的设备移动速度等。

（5）通信范式

物联网中间件必须采用一定的通信范式，而普通的同步通信难以用于大规模物联网，以发布/订阅为代表的异步通信范式对于像物联网这种实时性较高的场合也难以满足要求，因此物联网中间件通信范式的设计是中间件实际运行所面临的挑战。

由于物联网资源的限制、服务质量的要求、大量感知设备的接入和管理、可靠性要求等，传统通用的中间件无法满足物联网应用开发的需求。与此同时，物联网技术开发中还面临安全、实时数据服务、容错性和其他组件的引入等挑战。

12.2.5　物联网中的智能决策

庞大的物联网离不开先进的感知、通信、计算和存储技术的支持。在此基础上，如何有效地利用海量信息成为了物联网应用的关键。物联网中的数据是如何被智能化处理的，进而提供智能决策服务？这就需要一项关键技术：数据挖掘。数据挖掘通过对物联网中纷繁复杂的现象和信息进行处理，能够为人们的决策提供直观和强大的支持。

数据挖掘其实是一个逐渐演变的过程，电子数据处理的初期，人们就试图通过某些方法来实现自动决策支持，当时机器学习成为人们关心的焦点。机器学习的过程就是将一些已知的并已被成功解决的问题作为范例输入计算机，机器通过学习这些范例总结并生成相应的规则，这些规则具有通用性，使用它们可以解决某一类的问题。随后，随着神经网络技术的形成和发展，人们的注意力转向知识工程，知识工程不同于机器学习那样给计算机输入范例，让它生成出规则，而是直接给计算机输入已被代码化的规则，而计算机是通过使用这些规则来解决某些问题。专家系统就是这种方法所得到的成果，但它有投资大、效果不甚理想等不足。20 世纪 80 年代，人们又在新的神经网络理论的指导下，重新回到机器学习的方法上，并将其成果应用于处理大型商业数据库。80 年代末，一个新的术语出现，它就是数据库中的知识发现，简称 KDD（knowledge discovery in database）。它泛指所有从源数据中发掘模式或联系的方法，人们接受了这个术语，并用 KDD 来描述整个数据发掘的过程，包括最开始的制定业务目标到最终的结果分析，而用数据挖掘（data mining）来描述使用挖掘算法进行数据挖掘的子过程。

数据挖掘的任务主要是关联分析、聚类分析、分类、预测、时序模式和偏差分析等。数据挖掘方法包括：神经网络方法、遗传算法、决策树方法、粗集方法、覆盖正例、排斥反例方法、模糊集方法等。

12.2.6　物联网信息安全

任何事物的发展往往会造成互相对立的情况，像儿时玩的跷跷板一样，一端得到了提升，另一端必将被抑制，互联网带领我们进入信息时代，缩短了我们之间的距离，但互联网只传输信息，不认证信息，在信息传输的同时，也成为病毒、黑客等恶意信息作案的工具。从这个方面讲，互联网技术是不够完善的。

被视为互联网的应用扩展的物联网如果不能保障信息安全，结果将不堪设想：如果说物联网市场规模是互联网的 30 倍的话，那么，其信息安全带来的负面影响可能远大于互联网负面影响的 30 倍。

技术创新是智慧的产物，保障物联网的信息安全更需要智慧，需要用技术创新保障物联网的信息安全。物联网不能仅仅感知、传输信息，必须对感知传输的信息进行认证，阻止恶意信息的感知传输，保障信息感知传输的真实，保护信息源及信息使用的权益，保障物联网的诚信、有序。如果说物联网是一条高速公路，那么在道路上设立关卡过滤，筛选过往车辆是否对目的地带来威胁是至为关键的。

物联网的信息安全问题主要体现以下方面。

（1）安全隐私

如射频识别技术被用于物联网系统时，RFID 标签被嵌入任何物品中，比如人们的日常生活用品中，而用品的拥有者不一定能觉察，从而导致用品的拥有者不受控制地被扫描、定位和追踪，这不仅涉及技术问题，而且还将涉及法律问题。

（2）智能感知节点的自身安全问题

即物联网机器/感知节点的本地安全问题。由于物联网的应用可以取代人来完成一些复杂、危险和机械的工作，所以物联网机器/感知节点多数部署在无人监控的场景中。那么攻击者就可以轻易地接触到这些设备，从而对它们造成破坏，甚至通过本地操作更换机器的软硬件。

（3）假冒攻击

由于智能传感终端、RFID 电子标签相对于传统 TCP/IP 网络而言是"裸露"在攻击者的眼皮底下的，再加上传输平台是在一定范围内"暴露"在空中的，"窜扰"在传感网络领域显得非常频繁、并且容易。所以，网络中的假冒攻击是一种主动攻击形式，它极大地威胁着传感器节点间的协同工作。

（4）数据驱动攻击

数据驱动攻击是通过向某个程序或应用发送数据，以产生非预期结果的攻击，通常为攻击者提供访问目标系统的权限。数据驱动攻击分为缓冲区溢出攻击、格式化字符串攻击、输入验证攻击、同步漏洞攻击、信任漏洞攻击等。通常向传感网络中的汇聚节点实施缓冲区溢出攻击是非常容易的。

（5）恶意代码攻击

恶意程序在无线网络环境和传感网络环境中有无穷多的入口。一旦入侵成功，之后通过网络传播就变得非常容易。它的传播性、隐蔽性、破坏性等相比 TCP/IP 网络而言更加难以防范，如类似于蠕虫这样的恶意代码，本身又不需要寄生文件，在这样的环境中检测和清除这样的恶意代码将很困难。

（6）拒绝服务

这种攻击方式多数会发生在感知层与核心网络的衔接之处。由于物联网中节点数量庞大且以集群方式存在，因此在数据传播时，大量节点的数据传输需求会导致网络拥塞，产生拒绝服务攻击。

（7）物联网的业务安全

由于物联网节点无人值守，并且有可能是动态的，所以如何对物联网设备进行远程签约信息和业务信息配置就成了难题。另外，现有通信网络的安全架构都是从人与人之间的通信需求出发的，不一定适合以机器与机器之间的通信为需求的物联网络。使用现有的网络安全机制会割裂物联网机器间的逻辑关系。

（8）传输层和应用层的安全隐患

在物联网的传输层和应用层将面临现有 TCP/IP 网络的所有安全问题，同时还因为物联网在感知层所采集的数据格式多样，来自各种各样感知节点的数据是海量的、并且是多源异构数据，带来的网络安全问题将更加复杂。

12.3 物联网综合应用

"互联网+物联网=智慧的地球"，通过超级计算机和云计算将物联网整合起来，人类可以以更加精细和动态的方式管理生产和生活，从而达到"智慧"状态。物联网的丰富内涵催生出更广泛的综合应用，物联网把新一代 IT 技术充分运用在各行各业之中。

12.3.1 应用、预测和市场

物联网应用还处于起步阶段，目前全球物联网应用主要以 RFID、传感器、M2M 等应用项目体现，大部分是试验性或小规模部署的，处于探索和尝试阶段，覆盖国家或区域性的大规模应用较少。

物联网应用规模逐步扩大，以点带面的局面逐渐出现：物联网在各行业领域的应用目前仍以点状出现，覆盖面较大、影响范围较广的物联网应用案例从全球来看依然非常有限，不过随着世界主要国家和地区政府的大力推动，以点带面、以行业应用带动物联网产业的局面正在逐步呈现。

基于 RFID 的物联网应用相对成熟，无线传感器应用仍处于试验阶段。从技术应用规模而言，作为物联网的主要驱动技术，RFID 应用相对成熟，在金融、交通、物流等行业已经形成了一定的规模性应用，但自动化、智能化、协同化程度仍然较低。在其他领域的应用仍处于试验和示范阶段。

发达国家物联网应用整体上领先。美、欧及日韩等信息技术能力和信息化程度较高的国家在应用深度、广度以及智能化水平等方面处于领先地位。美国成为物联网应用最广泛的国家，物联网已在其军事、电力、工业、农业、环境监测、建筑、医疗、空间和海洋探索等领域投入应用，其 RFID 应用案例占全球 59%。欧盟物联网应用大多围绕 RFID 和 M2M 展开，在电力、交通以及物流领域已形成了一定规模的应用。RFID 能广泛应用于物流、零售和制药领域，欧盟在 RFID 和物联网领域制定的长期规划和研究布局发挥了重要作用。日本是较早启动物联网应用的国家之一，在灾难应对、安全管理、公众服务、智能电网等领域开展了应用，并实现了移动支付领域的大规模商用，日本对近期可实现、有较大市场需求的应用给予政策上便利，对于远期规划应用，则以国家示范项目的形式通过资金和政策支持吸引企业参与技术研发和应用推广。韩国物联网应用主要集中在其本土产业能力较强的汽车、家电及建筑领域。

未来，全球物联网将朝着规模化、协同化和智能化方向发展，同时以物联网应用带动物联网产业将是全球各国的主要发展方向。规模化发展：随着世界各国对物联网技术、标准和应用的不断推进，物联网在各行业领域中的规模将逐步扩大，尤其是一些政府推动的国家性项目，如美国智能电网、日本 i-Japan、韩国物联网先导应用工程等，将吸引大批有实力的企业进入物联网领域，大大推进物联网应用进程，为扩大物联网产业规模产生巨大作用。协同化发展：随着产业和标准的不断完善，物联网将朝着协同化方向发展，形成不同物体间、不同企业间、不同行业乃至不同地区或国家间的物联网信息的互联互通互操作，应用模式从闭环走向开环，最终形成可服务于不同行业和领域的全球化物联网应用体系。智能化发展：物联网将从目前简单的物体识别和信息采集，走向真正意义上的物联网，如实时感知、网络交互和应用平台可控可用，实现信息在真实世界和虚拟空间之间的智能化流动。

我国经济社会各领域蕴含巨大的物联网应用需求。工业领域中，物联网可用于工业过程控制、工业生产环境监测、制造供应链跟踪和产品全生命周期监测等各个环节，从而实现智能制造、精益生产。农业领域中，物联网可用于农业生产规划阶段的农业资源信息实时感知获取，农业生产过程管理的精细化、知识化与智能化，农产品流通过程中的质量安全追溯体系等。电网领域中，物联网可用于电网的智能运行、智能控制和智能调度，从而实现分布式清洁能源利用和用电、配电、输电、发电等各环节的智能适配，实现能源生产方式的变革。交通运输领域中，物联网可用于各种运输方式的综合无缝衔接和整体智能调度，交通设施和运输工具的智能化改造，交通运输信息资源的动态采集和共享应用，从而实现安全便捷以及人、车、环境和谐的智能交通。物流领域中，物联网可用于物流管理调度和物流活动的网络化、智能化，通过全球范围内全环节可视化的智能物流，实现分散物流资源的高度集约化和智能优化配送，大幅降低物流成本、提高物流效率。医疗卫生领域中，物联网可用于社区医疗资源共享、医疗用品管理、医疗和医保信息共享、医疗环境安全、医疗模式创新、远程医疗服务等各个方面，从而推动公共医疗服务的均等化。节能环保领域中，物联网可用于生态环境监测、污染源监控、危险废弃物管理等方面。公共安全领域中，物联网可用于煤矿等安全生产、药品和食品安全监控、城市和社区安全、重要设施安全保障等方面。

12.3.2　行业应用

1.　智能电网

传统的电网采用的是相对集中的封闭管理模式，效率不高，每年在全球发电和配送过程中的浪费是十分惊人的。在没有智能电网负载平衡或电流监视的情况下，每年全球电网浪费的电能足够印度、德国和加拿大使用一整年。

物联网在智能电网中的应用（见图 12.7）完全可以覆盖现有的电力基础设施。可以分别在发电、配送和消耗环节测量能源，然后在网络上传输这些测量结果。智能电网可以自动优化相互关联的各个要素，实现整个电网更好的供配电决策。对于电力用户，通过智能电网可以随时获取用电价格(查看用电记录)，根据了解到的信息改变其用电模式；而对于电力公司，可以实现电能计量的自动化，摆脱大量人工繁杂工作，通过实时监控实现电能质量监测、降低峰值负荷、整合各种能源，以实现分布式发电等一体化高效管理；对于政府和社会，则可以及时判断浪费能源设备以及决定如何节省能源、保护环境。最终实现更高效、更灵活、更可靠的电网运营管理，进而达到节能减排和可持续发展的目的。

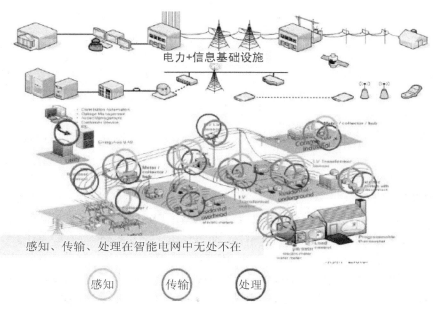

图 12.7　智能电网应用

智能电网除了能更灵活有效地调配电力供需，更需利用先进电子电表所提供的实时用电信息，来改变用户的用电行为模式、节约用电；另外也透过差异电价，进一步降低尖峰用电，避免增建电厂的庞大投资，因此智能电网对电力供需双方都有利，有助于全面大幅节能减碳。智能电网作为新兴概念，研究尚处于起步阶段，各国国情及资源分布不同，发展的方向和侧重点也不尽相同，实际上对智能电网还没有达成统一而明确的定义。

2. 智能物流

物流是以满足顾客需要为目的，从物品的源点到最终消费点，为有效的物品流通和存储，服务及相关信息而进行企划、执行和控制的过程。

物联网本身的发展跟物流行业有着密不可分的渊源，而现代物流的未来和希望是物联化物流，即智能物流。在物联网技术的支持下，现代物流正面临着翻天覆地的变化。智能物流是根据自身的实际水平和客户需求对智能物流信息化进行定位，是国际未来物流信息化发展的方向。物流业作为物联网早就落地的行业之一，很多物流系统采用了红外、激光、无线、编码、认址、自动识别、传感、RFID、卫星定位等高新技术，已经具备了信息化、网络化、集成化、智能化、柔性化、敏捷化、可视化等先进技术特征。新信息技术在物流系统的集成应用就是物联网在物流业应用的体现。概括起来，目前相对成熟的物联网应用主要在以下 4 大领域。

（1）产品的智能可追溯网络系统（见图 12.8）

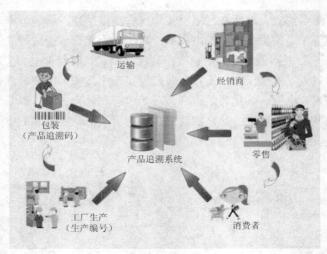

图 12.8　智能可追溯网络系统

目前，在医药、农产品、食品、烟草等行业领域，产品追溯体系发挥着货物追踪、识别、查询、信息采集与管理等方面的巨大作用，已有很多成功应用。

（2）物流过程的可视化智能管理网络系统

智能管理网络系统基于 GPS 卫星导航定位技术、RFID 技术、传感技术等多种技术，在物流过程中实时实现车辆定位、运输物品监控、在线调度与配送可视化与管理的系统。

（3）智能化的企业物流配送中心

智能化的企业物流配送中心是基于传感、RFID、声、光、机、电、移动计算等各项先进技术，建立的全自动化的物流配送中心。借助配送中心智能控制、自动化操作的网络，可实现商流、物流、信息流、资金流的全面协同。目前一些先进的自动化物流中心基本实现了机器人码垛，无人搬运车搬运物料，分拣线上开展自动分拣，计算机控制堆垛机自动完成出入库，整个物流作业与生产制造实现了自动化、智能化与网络化系统。

（4）企业的智慧供应链

智慧供应链是结合物联网技术和现代供应链管理的理论、方法和技术，在企业中和企业间构建的，实现供应链的智能化、网络化和自动化的技术与管理综合集成系统。在各企业中，随着传统供应链的发展，技术的渗透性日益增强，很多供应链已经倾向于具备了信息化、数字化、网络化、集成化、智能化、柔性化、敏捷化、可视化、自动化等先进技术特征。在此基础上，智慧供应链将技术和管理进行综合集成，系统化的论述技术和管理的综合集成理论、方法和技术，从而成系统的指导现代供应链管理与运营的实践。

3．智能交通

城镇化的加速发展和私家车的爆炸式发展，使我国已经进入了汽车化的时代。然而，交通基础设施和管理措施跟不上汽车增长速度，给汽车化社会带来了诸如交通阻塞、交通事故等诸多问题。

要减少堵车，除了修路以外，智能交通系统（见图 12.9）也可使交通基础设施发挥最大效能。通过物联网可将智能与智慧注入城市的整个交通系统，包括街道、桥梁、交叉路口、标识、信号和收费等。通过采集汇总地埋感应线圈、数字视频监控、车载 GPS、智能红绿灯、手机信令等交通信息，可以实时获取路况信息并对车辆进行定位，从而为车辆优化行程，避免交通拥塞现象，选择泊车位置。交通管理部门可以通过物联网技术对出租车、公交车等公共交通进行智能调度和管理，对私家车辆进行智能诱导以控制交通流量，侦察、分析和记录违反交通规则行为，并对进出高速公路的车辆进行无缝的检测、标识和自动收取费用，最终提高交通通行能力。

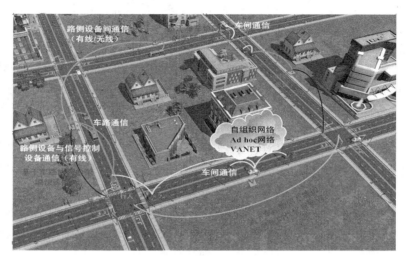

图 12.9　智能交通系统

未来，通过物联网技术将实现车辆与网络相连，使城市交通变得更加聪明和智慧。因此，智能交通将减少拥堵、缩减油耗和二氧化碳排放、改善人们的出行、提高人们的生活质量。

智能交通系统是未来交通系统的发展方向，是指将先进的传感器技术、信息技术、网络技术、自动控制技术、计算机处理技术等应用于整个交通运输管理体系从而形成的一种信息化、智能化、社会化的交通运输综合管理和控制系统。智能交通系统可以有效地利用现有交通设施、减少交通负荷和环境污染、保证交通安全、提高运输效率、使交通基础设施能发挥最大效能，各国都积极寻求在这一领域中的发展。

随着互联网、移动通信网络和传感器网络等新技术的应用，物联网应用于智能交通已见雏形，在未来几年将具有极强的发展潜力。随着物联网技术的不断发展与日益完善，其在智能交通上的应用日趋广泛深入，现从成功的智能交通系统的应用中选取几个典型应用来介绍。

（1）城市智能交通控制与管理系统

城市交通控制系统是面向全市的交通数据监测、交通信号灯控制与交通诱导的计算机控制系统，能实现区域或整个城市交通监控系统的统一控制、协调和管理，在结构上可分为一个指挥中心信息集成平台以及交通管理自动化、信号控制、视频监控、信息采集及传输和处理、GPS 车辆定位等多个子系统。

智能交通控制系统由交通管理中心、数据传输终端、现场设备组成，现场设备包括车辆检测器、信号控制机、电子警察等。交通综合管理系统是一种信息化、智能化的新型交通系统，可整合交通运输系统的信息资源，按一定标准规范完成多源异构数据的接入、存储、处理、交换、分发等功能，从而实现部门间信息共享，为制定交通运输组织与控制方案、科学决策以及面向公众开展交通综合信息服务提供数据支持。

（2）电子不停车收费系统

电子不停车收费系统简称 ETC（Electronic Toll Collection），是目前最先进的路桥收费方式。该系统能够在车辆以正常速度驶过收费站的情况下自动收取费用，降低了收费站附近产生交通拥堵的概率。

（3）高速公路监控及信息诱导系统

高速公路作为经济运输的大动脉，其承担的运输量与经济和社会需求同步增长。为了提高高速公路的使用效率和行车安全，高速公路需要有先进的监控系统和交通信息发布系统，即 EMAS（Expressway Monitoring & Advisory System）对其进行管理。

4. 智慧城市

未来的城市是什么样子？在布鲁斯·威利斯主演的好莱坞电影《第五元素》中，未来的城市是全立体交通，车辆在纵横交错的空中航道上井然有序地飞驰。很多科幻片都以丰富的想象力为我们呈现了未来城市的模样，特点五花八门，唯有一点不可或缺的是——"智慧城市"，偌大的城市就像有大脑指挥一样，繁忙而有条不紊。

广义上，"智慧城市"是指城市信息化，即通过建设宽带多媒体信息网络、地理信息系统等基础设施平台，整合城市信息资源，建立电子政务、电子商务、劳动社会保险等信息化社区，逐步实现城市国民经济和社会的信息化，使城市在信息化时代的竞争中立于不败之地。

从"智慧城市"概念的提出到落地实践，从风险评估到监理全程跟踪监管，关于智慧城市规划与建设的探讨从未停止。全球各国正探索着城市发展的智慧路径。自 2009 年，引爆"智慧城市"理念之后，我国不少城市也积极加入了这个"智慧愿景"的探索。

智慧城市是一个有机结合的大系统，涵盖了更透彻的感知、更全面的互联、更深入的智能。其中，物联网是智慧城市中非常重要的元素，它支撑着整个智慧城市系统。

智慧城市需要打造一个统一平台，设立城市数据中心，构建三张基础网络，通过分层建设，达到平台能力及应用的可成长、可扩充，创造面向未来的智慧城市系统框架，如图 12.10 所示。

智慧城市的总体目标是以科学发展观为指导，充分发挥城市智慧型产业优势，集成先进技术，推进信息网络综合化、宽带化、物联化、智能化，加快智慧型商务、文化教育、医药卫生、城市建设管理、城市交通、环境监控、公共服务、居家生活等领域建设，全面提高资源利用效率、城市管理水平和市民生活质量，努力改变传统落后的生产方式和生活方式。将城市建成为一个基础设施先进、信息网络通畅、科技应用普及、生产生活便捷、城市管理高效、公共服务完备、生态环境优美、惠及全体市民的智慧城市。

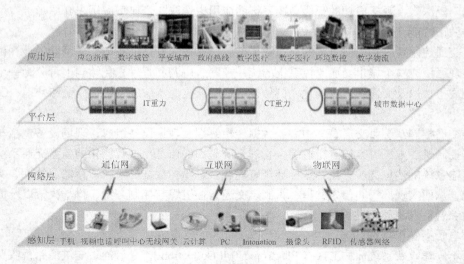

图 12.10　智慧城市整体框架

随着各种新技术的产生及应用，城市信息化正向着智能化演进。在可以预见的将来，从目前社会过渡到网络社会之后，城市也将从目前的工业城市和数字城市走向智慧城市。

5. 其他

物联网用途十分广泛，遍及家居、医疗、环保、司法、农业、校园等多个领域。

（1）智能家居

智能家居产品融合自动化控制系统、计算机网络系统和网络通信技术于一体，将各种家庭设备（如音视频设备、照明系统、窗帘控制、空调控制、安防系统、数字影院系统、网络家电等）通过智能家庭网络联网实现自动化，通过网络，可以实现对家庭设备的远程操控。与普通家居相比，智能家居不仅提供舒适宜人且高品位的家庭生活空间，实现更智能的家庭安防系统；还将家居环境由原来的被动静止结构转变为具有能动智慧的工具，提供全方位的信息交互功能。

（2）智能医疗

医疗保健是人民群众普遍关心的问题之一。智能医疗系统借助简易实用的家庭医疗传感设备，对家中病人或老人的生理指标进行自测，并将生成的生理指标数据通过网络传送到护理人或有关医疗单位。根据客户需求，还可以提供相关增值业务，如紧急呼叫救助服务、专家咨询服务、终生健康档案管理服务等。智能医疗系统真正解决了现代社会子女们因工作忙碌无暇照顾家中老人的无奈，可以随时表达孝子情怀。

（3）智能环保

我国正处于工业化、城镇化的快速发展时期，各种传统和非传统的、自然的和社会的风险及矛盾并存，公共安全和应急管理工作面临严峻形势，亟待构建物联网来感知公共安全隐患。

物联网可以广泛地应用于环境与公共安全检测中，例如地表、堤坝、道路交通、公共区域、危化品、水资源、食品安全生产环节以及疫情等容易引起公共安全事故发生的源头、场所和环节。监测的内容包括震动、压力、流量、图像、声音、光线、气体、温湿度、浓度、化学成分、生物信息等。可见，公共安全监测领域覆盖范围广，监测指标多，内容与人民生活密切相关。

公共安全管理的关键是预先感知，公共安全事件发生的隐患越早被识别，处理就可以越及时，损失就越小。建立完善的公共安全监测物联网将可为公共安全风险提供有效的预防机制，使得重大安全事件得以及时、有力、透明的解决。

（4）智能司法

智能司法是一个集监控、管理、定位、矫正于一身的管理系统。能够帮助各地各级司法机构降低刑罚成本、提高刑罚效率。

（5）智能农业

智能农业产品通过实时采集温室内温度、湿度信号以及光照、土壤温度、CO_2浓度、叶面湿度、露点温度等环境参数，自动开启或者关闭指定设备。可以根据用户需求，随时进行处理，为实施农业综合生态信息自动监测、对环境进行自动控制和智能化管理提供科学依据。通过模块采集温度传感器等信号，经由无线信号收发模块传输数据，实现对大棚温湿度的远程控制。智能农业产品还包括智能粮库系统，该系统通过对粮库内温湿度变化的感知与计算机或手机的连接进行实时观察，记录现场情况以保证粮库内的温湿度平衡。

（6）智能校园

智能校园促进了校园的信息化和智能化。智能校园主要实现功能包括电子钱包、身份识别和银行圈存。电子钱包即通过手机刷卡实现主要校内消费，身份识别包括门禁、考勤、图书借阅、会议签到等，银行圈存即实现银行卡到手机的转账充值、余额查询。智能校园还可以帮助中小学行业用户实现学生管理电子化、老师排课办公无纸化和学校管理的系统化，使学生、家长、学校三方可以时刻保持沟通，方便家长及时了解学生学习和生活情况，通过一张薄薄的"学籍卡"，真正达到了对未成年人日常行为的精细管理，最终达到学生开心、家长放心、学校省心的效果。

（7）智能文博

智能文博系统是基于RFID和无线网络，运行在移动终端的导览系统。该系统在服务器端建立相关导览场景的文字、图片、语音以及视频用来介绍数据库，以网站形式提供专门面向移动设备的访问服务。移动设备终端通过其附带的RFID读写器，得到相关展品的EPC编码后，可以根据用户需要，访问服务器网站并得到该展品的文字、图片语音或者视频介绍等相关数据。该产品主要应用于文博行业，实现智能导览及呼叫中心等应用拓展。

（8）金融与服务业

物联网的发展给金融业和服务业带来许多新的发展空间。例如手机支付，客户只要更换新的RFID-SIM卡（无需更换手机号码），再在RFID-SIM卡的消费账户上存些钱，即可利用手机在装有POS机的商家（连锁超市、商场等）进行现场的"刷卡"消费。手机支付具有远程及移动支付等强大功能，能够随时随地享受金融支付服务，同时具备网上银行所有的功能；而且技术支持安全可靠，避免了银行磁卡容易复制盗用的风险。

在餐饮服务行业，物联网技术可以帮助建立智慧餐厅系统：当客户在餐桌上自助点菜操作时，点菜数据就可以实时传至前台和厨房，以提高点菜效率；而且菜品能够实时更新，节省纸质菜单及解决其不能更换的烦恼；节省点餐服务员，提升服务品质。

在旅游服务业，利用物联网技术打造的智慧旅游服务中心，可通过网上一站式自助购票和电子门票入园方式节省购票排队等待的时间，同时杜绝假票和人为因素；游客可以通过手机读取二维码，获取地图路线、观光咨询、设施导游等旅游信息；通过视频监控后台分析客流量，用电子导游牌主动给游客提供建议，使景点平衡游客数量，同时可以科学地保护好古迹。

（9）军事国防

物联网最初也是从空战中的敌我识别演化而来的，事实上，物联网技术始于战争需要，并在战争实践应用中发展。现在物联网技术在军事上的主要应用是把军事领域的各种军事要素（如人员、车辆、武器装备、卫星、雷达等）联系起来组成有机整体，实现作战部队互联、互通，达到精确感知战场态势。通过对作战地形、气候等战场环境，对敌、我方兵力部署，武器配置，运动状态等信息的实时掌握，形成高效的作战平台，进而综合分析敌、我方的计划和意图，精确、动态地集成和控制各种信息资源，进行战术指挥，快速打赢现代信息化战争。

习　题

一、选择题

1. 智慧地球是（　　）公司提出的。
   A. 微软　　　　　　　　B. 苹果　　　　　　　　C. IBM　　　　　　　　D. 华为
2. RFID是（　　）。
   A. 条形码　　　　　　　B. 无线射频识别　　　　C. 二维码　　　　　　　D. 磁卡
3. 物联网涉及（　　）控制、软件、嵌入式系统、微机电等技术领域。
   A. 感知　　　　　　　　　　　　　　　　B. 网络通信

  C．微电子   D．A，B，C 都包括

  4．物联网是（　　　）世界和信息世界的深度融合，将人类经济与社会、生产与生活都放在一个智慧的物联网环境中。

    A．物理   B．海洋   C．电子   D．虚拟

  5．物联网网络体系架构由感知层、（　　　）和应用层组成。

    A．MAC 层   B．网络层   C．传输层   D．表示层

二、简答题

  1．什么是物联网？

  2．简述物联网包括的核心技术。

  3．物联网信息传送的网络有哪些？

  4．物联网的普及中有那些安全问题？

  5．什么是智慧城市？

本章参考文献

[1] 张飞舟，杨东凯，陈智．物联网技术导论，北京：电子工业出版社，2010．

[2] 刘云浩．物联网导论．北京：科学出版社，2010．

[3] 罗春彬，彭龑，易彬．RFID 技术发展与应用综述．通信技术，2009，42(12)：112-114．

[4] 沈宇超，沈树群．射频识别技术及其发展现状．电子技术应用，1999.1：1-4．

[5] 日本 NTT COMWARE 株式社．RFID 的现状和发展趋势．北京：人民邮电出版社，2007．

[6] 李郭欢、张文政．可信网络的平台认证与接入．信息安全与通信保密，2007(08)：106-108．

[7] 李仁发，等．无线传感器网络中间件研究进展．计算机研究与发展，2008，383-391．

[8] 杨刚，沈沛意．郑春红，等．物联网理论与技术．北京：科学出版社，2010．

[9] 徐光祐、史元春，等．普适计算．计算机学报．2003，26(9)．

[10] 吴功宜．智慧的物联网——感知中国和世界的技术．北京：机械工业出版社，2010．

[11] 刘学观、郭辉萍．微波技术与天线．西安：西安电子科技大学出版社，2010．

[12] 刘云浩．从普适计算、CPS 到物联网：下一代互联网的视界．中国计算机学会通讯，2009,5(12)．

[13] 徐勇军．物联网关键技术．北京：电子工业出版社，2012．

[14] 蒋皓石，张成，林嘉宇．无线射频识别技术及其应用和发展趋势，北京：电子技术应用，2005，31(5)：3-5．

[15] 周洪波．物联网:技术、应用、标准和商业模式．北京：电子工业出版社，2010．

[16] 罗娟，顾传力，李仁发．基于角色的无线传感网络中间件研究．通信学报，2011,32（1）：79-86．

[17] 物联网白皮书．工业与信息化部电信研究院．2011．

[18] 张成海、张铎．物联网与产品电子代码(EPC)．武汉：武汉大学出版社，2010．

第13章
智能信息处理专题

　　我们处在一个信息化时代。为了适应信息时代的要求，当前信息处理技术正逐渐朝着智能化的方向发展。无论是携带信息的载体，还是信息处理的各个环节，都广泛地模拟着人的智能进行信息的处理。这是因为，人们希望机器能够最大限度地模拟或代替人处理信息。正是因为信息处理的智能化，才出现了一些方便用户使用的"傻瓜"机器。例如，具有自动调焦等功能的"傻瓜"照相机，使用者根本不需要懂得快门速度、景深之类的术语。航天器的自主运行与控制更是离不开信息处理的智能化。

　　信息处理技术与人工智能等技术的融合发展，产生了智能信息处理（Intelligent information Processing）技术。智能信息处理是指通过模拟人或者自然界其他生物处理信息的行为，利用各种智能手段进行信息变换的过程。这里的各种智能手段包括人工智能、机器智能和计算智能等。智能信息处理不仅可以提高信息处理的效率，更重要的是通过对人脑思维机理的模拟，完成感知、推理和学习，实现复杂环境下的智能行为。

　　智能信息处理是现代信息科学中发展最快、且应用前景非常广阔的一门学科，并被誉为 21 世纪的理论与技术。从学科上看，智能信息处理是计算机科学的前沿交叉学科，涉及信息学科的诸多领域，且迄今仍然没有建立完整的理论体系。而且，智能信息处理是应用导向的综合性学科，是现代信号处理、人工神经网络、模糊系统理论、进化计算，包括人工智能等理论和方法的综合应用，其目标是处理海量和复杂的信息，发展新的感知、推理等智能行为所需要的基础理论和关键技术。从狭义上看，智能信息处理通常被认为是人工智能（Artificial Intelligence）的一个重要分支。智能信息处理以人工智能理论为基础，主要内容包括模糊信息处理、神经网络信息处理、云信息处理、可拓信息处理、粗集信息处理、遗传算法、蚁群算法、模拟退火算法、人工免疫算法和信息融合等计算智能技术。智能信息处理的最大特点是不需要建立问题的精确模型。对于那些难以建立有效的形式化模型，从而使用传统方法和人工智能难以解决、甚至无法解决的问题，也就是不确定性系统和不确定性现象问题，通常非常适合智能信息处理。

13.1　智能信息处理的产生及发展

　　在当今社会，"智能"是一个十分时髦的词。它既可以用作名词，也可以用作形容词。如果用作名词，它是指人类所能进行的脑力劳动，包括感觉、认知、记忆、学习、联想、计算、推理、判断、决策、抽空、概括，等。如果用作形容词，它的意义是：聪明的、灵活的、自学习的、自组织的、自适应的、自治的，等。从层次上看，"智能"可以分为 3 个层次（1994 年美国学者 Bezdek

在世界计算智能大会的报告）。第一层是生物智能（Biological Intelligence，BI），它是由人脑的物理化学过程反映而来的，人脑是有机物，它是智能的物质基础。第二层是人工智能（Artificial Intelligence, AI），它是非生物的、人造的，常用符号表示。AI 的来源是人的知识精华和传感器数据。第三层是计算智能（Computational Intelligence，CI），通过计算的方法来实现生物内在的智能行为。尽管这样，智能信息处理至今没有统一的定义。

其实，智能信息处理的研究很早就开始了。当电子计算机出现后，人类开始真正有了一个可以模拟人类思维的工具，而智能信息处理也始终是计算机科学的前沿学科。如何知道一个系统是否具有智能呢？1950 年，计算机科学家图灵提出了著名的"图灵测试"，认为计算机有可能在一定程度上体现出人的智能行为。智能信息处理的发展过程可以认为是经历了 3 个阶段：最早是伴随着人工智能技术发展的过程而出现；20 世纪 80 年代初，随着神经网络理论和神经计算机的热潮在美国、日本等掀起，智能信息处理的研究兴起，将神经网络原理应用于图象处理、模式识别、语音综合及机器人控制等领域，这些都是智能信息处理的典型应用；最近，随着计算智能技术的发展，智能信息处理的发展明显加快。这是因为：计算智能主要依赖生产者提供的数字材料（而不是知识），借助数学计算方法，促进基于计算的，基于计算和符号物理相结合的各种智能理论、模型、方法的综合集成。

通常，智能信息处理技术被划分为两大类：一类是基于传统计算机的智能信息处理，另一类是基于神经计算的智能信息处理。前者信息系统包括智能仪器系统、自动跟踪监测仪器系统、自动控制制导系统、自动故障诊断和报警系统等。后者是用人工神经网络来模仿延伸人脑认知功能的新型智能信息处理系统，即仿造人脑的思维、联想记忆、推理及意识等高级精神活动的智能，这类神经智能系统可以解决很多传统方法不能解决或难以解决的问题。由于传统与神经计算机的主要特征不同，这两类智能信息处理系统有本质上的区别，体现在计算原理、存储记忆功能能力、逻辑推理和知识处理方法等方面。

智能信息处理技术在我国得到了快速的发展。自 2007 年起，我国每两年召开一次全国智能信息处理学术会议（NCIIP）。它是由中国人工智能学会知识工程与分布式智能专业委员会与中国计算机学会人工智能与模式识别专业委员会共同主办，迄今已经先后在昆明、徐州、太原和南宁成功举办了 4 届全国智能信息处理学术会议。

13.2　模糊信息处理

在日常生活中，经常遇到许多模糊事物，没有明确的数量界限，需要使用一些模糊的词句来形容和描述。比如天气的冷热、个子的高矮、物体的轻重等。一般来说，人与计算机相比，人脑具有很强的处理模糊信息的能力，善于判断和处理模糊现象。但是，计算机对模糊现象的识别和处理能力较差。为了提高计算机识别和处理模糊现象的能力，需要把人们常用的模糊语言设计成计算机能够接受的指令和程序，以便使计算机能够像人脑那样简洁、灵活地做出相应的判断，从而提高自动识别和控制模糊现象的能力。

1965 年，美国控制论专家、数学家扎查德（Zadeh LA）在《Information and Control》杂志上发表了《模糊集合》的论文，标志着模糊数学和模糊理论这门崭新学科的诞生。扎查德被国际上誉为"模糊之父"。模糊数学和模糊理论的提出，为充满模糊性的现实世界提供了一种有效的研究方法，是科学方法论的一次飞跃。模糊信息处理就是建立在模糊数学和模糊理论的基础上，对具有模糊性的信息进行处理和控制。它的核心是模糊规则的提取和隶属函数的生成等。此外，它还包括模糊知识库、模糊推理机、模糊化器和解模糊化器等方面。

模糊信息处理的发展虽然时间不长，但在智能模拟和智能控制等领域却得到了飞速的发展。模糊技术与其他方法相结合，形成了模糊控制、模糊专家系统、模糊模式识别、模糊程序设计语言、模糊数据库、模糊诊断方法和技术、模糊预测、模糊决策与规划、模糊可靠性分析、模糊优化、模糊综合评判、模糊聚类分析等，使得模糊信息处理技术方兴未艾。在世界上，日本首先将模糊逻辑和模糊控制技术应用于开发新一代的家电产品。例如，模糊电饭锅是一种多功能家用烹饪器具，与传统的电饭锅相比它具有许多的优越性。它能够自动地判别饭量、水/米比等信息，从而做出合适的控制决策，达到省时、省电的目的。

由于人眼视觉系统的主观性，使得图像比较适合使用模糊手段进行处理。以模糊聚类分析为例，它已经成为数字图像处理的一个强大的研究分析工具。模糊聚类在图像处理中最为广泛的应用为图像分割，这是因为图像分割问题本质上可以等效为像素的无监督分类。训练样本图像的匮乏又需要无监督分析，而模糊聚类正好满足这两方面的要求。早在 1979 年，Coleman 和 Andrews 最早提出利用聚类算法进行图像分割。此后，随着模糊聚类理论的发展，人们结合塔型结构、小波分析等一些新技术，提出了多种基于模糊聚类的灰度图像分割新方法，并且在纹理图像分割、彩色图像分割、序列图像分割、遥感图像分割等方面获得了很大的进展。另外，基于模糊聚类的方法在边缘检测、图像增强、图像压缩、曲线拟合等众多方面的研究也得到了广泛的应用。

模糊信息处理的根本方法就是模糊推理方法，各种模糊信息处理技术的发展主要得益于模糊集合理论对模糊知识的表示和推理功能。在模糊数学及模糊信息处理中，模糊近似推论是一个重要的理论分支，它是进行大系统和不确定性系统研究的主要环节。它的基本思想是要仿照人的归纳和演绎能力，把从外部获取到的信息转化为知识（知识是信息加工的产物，是抽象化和广义化的信息），并积累起来形成经验，从而指导模糊近似推论。

13.3 神经网络信息处理

人脑是具有高度智能的复杂系统，它的信息处理机制极其复杂。从结构上看，人脑是包含有140 亿神经细胞的大规模网络。尽管单个神经细胞的工作速度并不高（毫秒级），但是通过超并行处理，人脑能够灵活地处理各种复杂的、不精确的和模糊的信息。神经网络就是通过对人脑的基本单元——神经元的建模和联结，探索模拟人脑神经系统功能的模型，并实现具有学习、联想、记忆和模式识别等智能信息处理功能的人工系统。神经网络的独特知识表示结构和信息处理原则，使其成为智能信息处理的主要技术之一。神经网络信息处理是指从信息处理的角度模拟人脑神经系统的模型和功能，发展像人脑一样能够"思维"的智能计算机和智能信息处理方法。

与当今的冯·诺依曼式的计算机相比，神经网络更加接近人脑的信息处理模式。归纳起来，神经网络的主要特征包括：大规模的并行处理和分布式的信息存储，良好的自适应、自组织性，很强的学习功能、联想功能和容错功能。具体地，神经网络更加接近人脑的信息处理模式体现为：①神经网络能够处理连续的模拟信号，例如，连续灰度变化的图像信号；②能够处理混沌的、不完全的、模糊的信息；③传统的计算机能给出精确的解答，神经网络给出的是次最优的逼近解答；④神经网络并行分布工作，各组成部分同时参与运算，单个神经元的动作速度不高，但总体的处理速度极快；⑤神经网络信息存储分布于全网络各个权重变换之中，某些单元障碍并不影响信息的完整，具有鲁棒性；⑥传统计算机要求有准确的输入条件，才能给出精确解，神经网络只要求部分条件，甚至对于包含有部分错误的输入，也能得出较好的解答，具有容错性。正因如此，神经网络是解决自适应及非线性信号处理问题的一种天然工具。神经网络在处理自然语言理解、图像模式识别、景物理解、不完整信息的处理、智能机器人控制等方面有优势。此外，由于神经网络具有良好的容错性、强大的并行实现能力及分布式信息存储和计算能力，使其适合于解决高复杂度、大数据量的信号处理问题。

通常，智能信息处理技术被划分为两大类：一类是基于传统计算机的智能信息处理，另一类是基于神经计算的智能信息处理。它们存在本质的区别，体现在如下几点。首先，在计算原理上，传统计算机以冯·诺依曼计算机思想为依据设计，即使采用并行机连接成超高速的信息处理系统，每个分机仍按一系列指令串行计算工作，且并行机之间的信息运算很少有相互协作关系。神经计算机由大量简单神经处理系统连成，是以网络形式进行计算的并行处理系统。其次，从存储记忆功能来看，冯·诺依曼计算机中信息与知识是存储在处理器分开的独立存储器中的，而神经计算机是以各处理器本身的平台与他们的连接形式分布存储信息的，这使神经计算机具有强的自学习性、自组织性和高的鲁棒性。再次，在逻辑推理方面，传统计算机和人工智能采取逻辑符号推理的途径去研究人类智能的机器化，其智能信息处理系统可具有人类的逻辑思维功能。神经网络计算机以神经元联接机制为基础，从网络结构上去直接模拟人类智能，具有人类的联想思维功能。其智能信息处理系统可进行形象思维，也具有推理意识、灵感等功能。最后，从知识处理来看，在处理能明确定义的问题或运用能明确定义的概念作为知识时，计算机一般具有极快的速度和很高的精度。但是对于无法将知识用明确的数学模型表达，或者解决问题所需的信息是不完整的或局部的，或者问题中许多概念的定义是非常模糊的，例如从人群中迅速识别出一个熟人，从车辆繁忙的马路上迅速决定自己能否通过等这类智能处理问题，即使用超级计算机也显得无能为力或相当笨拙，而模仿人脑功能的新型智能信息处理系统则能快速处理。

经过多年的发展，目前已有上百种的神经网络模型被提出，包括误差反传网络（BP）、自适应共振理论（ART）、Hopfield 网络和双向传播网（CPN）等。神经网络理论在模式识别、自动控制、信号处理、辅助决策、人工智能等众多研究领域取得了广泛的应用。学习和执行是神经网络不可缺少的两个处理过程和功能。通过学习阶段，可以把神经网络训练成对某种信息模式特别敏感，或者具有某种特征的动力学系统。通过执行阶段，可以用神经网络识别有关信息模式或特征。神经网络的各种有效的行为和作用，都是通过这两个关键的过程来实现的。在理论研究上，关于学习、联想和记忆等具有智能特点过程的机理及其模拟也受到了越来越多的重视。

13.4　粗集信息处理

信息量的不断增长，对信息分析工具的要求也越来越高，人们希望自动地从数据中获取其潜在的知识。面对日益增长的数据库，人们将如何从这些浩瀚的数据中找出有用的知识？如何将所学到的知识去粗取精？什么是对事物的粗线条描述？什么是细线条描述？粗糙集合论回答了上面的这些问题。粗糙集（Rough Set，也称 Rough 集、粗集）理论是 Z.Pawlak 教授于 1982 年提出的一种能够定量分析处理不精确（imprecise）、不一致（inconsistent）、不完整（incomplete）信息与知识的数学工具。1992 年，Pawlak 出版了《粗糙集—关于数据推理的理论》的专著，推动了国际上对粗糙集理论与应用的深入研究。由于粗糙集理论思想新颖、方法独特，它逐步成为了一种重要的智能信息处理技术。

粗糙集理论最初的原型来源于比较简单的信息模型。信息表就是一组对象的集合，对象通过一组属性来描述。粗糙集理论的基本思想是通过关系数据库分类归纳形成概念和规则，通过等价关系的分类以及分类对于目标的近似实现知识发现。粗糙集理论与其他处理不确定和不精确问题理论的最显著的区别是：它无需提供问题所需处理的数据集合之外的任何先验信息。因此，对问题的不确定性的描述或处理，粗糙集理论可以说是比较客观的。由于这个理论未能包含处理不精确或不确定原始数据的机制，该理论与概率论、模糊数学和证据理论等其他处理不确定或不精确问题的理论有很强的互补性。

由于粗糙集理论创建的目的和研究的出发点就是直接对数据进行分析和推理，从中发现隐含的知识，揭示潜在的规律。因此，它是一种天然的数据挖掘或者知识发现方法。特别是，粗糙集理论在处理不确定性问题时，不需要待处理问题所涉及的数据集合之外的任何先验知识。因此，对于基于概率论、模糊理论或者证据理论的数据挖掘方法来说，基于粗糙集理论处理不确定性问题具有很强的互补性。正因如此，粗糙集理论已经在机器学习与知识发现、数据挖掘、决策支持与分析等方面得到广泛应用。基于粗糙集理论的应用研究主要集中在属性约简、规则获取、基于粗糙集的计算智能算法研究等方面。

然而，正因为粗集理论是建立在等价类的基础上，它的主要思路是利用已知的知识库将不精确或不确定的知识用已知的知识来近似刻画。因此，粗集的一个局限是它所处理的概念和知识都是清晰的，即所有的集合都是经典集合。研究粗糙集理论和其他理论的关系也是粗糙集理论研究的重点之一。例如，在实际生活中，经常需要涉及模糊概念和模糊知识。因此，将粗集理论与模糊集合理论相结合构成粗模糊集合，是用粗集概念来研究模糊集合的粗近似问题，将粗集理论与模糊集合理论结合构成模糊集合，是用模糊集合概念来研究精集的模糊分析的相似性问题。模糊粗集和粗模糊集合的概念不仅丰富了对信息系统中不完善、不准确性知识的描述、处理，而且也为随机集合、模型逻辑等几种近似模型提供了一种统一的描述。

13.5 计算智能

近年来，借鉴仿生学思想，基于生物体系的生物进化、细胞免疫、神经细胞网络等的某些机制，用数学语言的抽象描述，模仿生物体系和人类的智能机制，产生了所谓的计算智能（Computational Intelligence，CI）。计算智能强调通过计算的方法实现生物内在的智能行为。它是指以数据为基础，以计算为手段建立功能上的联系（模型）而进行问题求解，以实现对智能的模拟和认识。计算智能研究的主要问题包括学习、搜索和推理。从技术上看，计算智能主要包括人工神经网络技术、遗传算法、蚁群优化算法、模拟退火算法、粒子群优化算法和禁忌搜索算法等。

13.5.1 遗传算法

遗传算法是模拟达尔文生物进化论的自然选择和遗传学机理的生物进化过程（适者生存、优胜劣汰遗传机制）的计算模型，是一种通过模拟自然进化过程搜索全局最优解的方法。它由贺兰德（Holland）提出，最初用于研究自然系统的适应过程。本质上，遗传算法是一种基于概率的随机搜索算法。

借鉴生物进化论，遗传算法将要解决的问题模拟成一个生物进化的学习过程。它不再是从一般到特殊或从简单到复杂地搜索假设，而是通过变异和重组当前已知的最好假设来生成后续的假设。具体地，遗传算法首先将问题空间的决策变量通过一定的编码表示为遗传空间的一个个体；然后，将目标函数转换为适应度函数，用来评价每个个体的优劣，并将其作为遗传操作的依据。遗传操作包括三种算子：选择、重组和变异。选择是从当前群体中选择适应值高的个体以生成交配池的过程，交配池是当前代与下一代之间的中间群体。选择算子的作用是用来提高群体的平均适应度值。重组算子的作用是将原有的优良基因遗传给下一代个体，并生成包含更复杂基因的新个体，它先从交配池中的个体随机配对，然后将两两配对的个体按一定方式相互交换部分基因。变异算子是对个体的某一个或几位按某一较小的概率进行反转其二进制字符，模拟自然界的基因突变现象。

与其他的优化算法相比较，遗传算法具有如下的优点：通用性、并行性、可操作性、稳定性和全局性。遗传算法是解决搜索问题的一种通用算法，对于各种通用问题都可以使用。遗传算法的基本流程如下。

（1）先确定待优化的参数大致范围，然后对搜索空间进行编码。

（2）随机产生包含各个个体的初始种群。

（3）将种群中各个个体解码成对应的参数值，用解码后的参数求代价函数和适应度函数，运用适应度函数评估检测各个个体适应度。

（4）对收敛条件进行判断，如果已经找到最佳个体则停止，否则继续进行遗传操作。

（5）进行选择操作，让适应度大的个体在种群中占有较大的比例，一些适应度较小的个体将会被淘汰。

（6）随机交叉，两个个体按一定的交叉概率进行交叉操作，并产生两个新的子个体。

（7）按照一定的变异概率变异，使个体的某个或某些位的性质发生改变。

（8）重复步骤（3）至步骤（7），直至参数收敛达到预定的指标。

使用遗传算法需要确定的运行参数有：编码串长度、交叉和变异概率、种群规模。编码串长度由问题所要求的精度决定。交叉概率控制着交叉操作的频率，交叉操作是遗传算法中产生新个体的主要方法。交叉概率通常应取较大值，但如果交叉概率过大的话可能反过来会破坏群体的优良模式，一般取值为 0.4～0.99。变异概率也是影响新个体产生的一个因素，如果变异概率太小，则产生新个体较少；如果变异概率太大，则又会使遗传算法变成随机搜索，为保证个体变异后与其父体不会产生太大的差异，通常取变异概率为 0.0001～0.1，以保证种群发展的稳定性。种群规模太大时，计算量会很大，使遗传算法的运行效率降低；种群规模太小时，可以提高遗传算法的运行速度，但种群的多样性却降低了，有可能找不出最优解，通常取种群数目为 20～100。从理论上讲，不存在一组适用于所有问题的最佳参数值，随着问题参数的变化，有效问题参数的差异往往是十分显著的。

对于许多采用传统数学难以解决或者明显失效的复杂问题，特别是优化问题（既包括数量优化问题，也包括组合优化问题），遗传算法提供了一种行之有效的途径。此外，它可用于许多机器学习的应用，包括分类问题和预测问题等。尽管遗传算法的原理并不复杂，但是灵活运用却不是一个简单的问题。通常，遗传算法应当与现有优化算法结合，可以产生比单独使用遗传算法或者现有优化算法更好、更实用的结果。

13.5.2　模拟退火

模拟退火是一种通用概率算法，用来在固定时间内寻求在一个大的搜寻空间内找到的最优解。

模拟退火是 S.Kirkpatrick、C.D. Gelatt 和 M.P. Vecchi 在 1983 年所发明，而 V.Černý 在 1985 年也独立发明此算法。

模拟退火的原理也和金属退火的原理近似：将热力学的理论套用到统计学上，将搜寻空间内每一点想像成空气内的分子；分子的能量，就是它本身的动能；而搜寻空间内的每一点，也像空气分子一样带有"能量"，以表示该点对命题的合适程度。算法先以搜寻空间内一个任意点作起始，每一步先选择一个"邻居"，然后再计算从现有位置到达"邻居"的概率。可以证明，模拟退火算法所得解依概率收敛到全局最优解。

模拟退火算法可以分解为解空间、目标函数和初始解 3 部分。模拟退火的求解步骤如下。

（1）初始化：初始温度为 T（充分大），初始解状态为 S（是算法迭代的起点），每个 T 值的迭代次数为 L。

（2）对 k=1，……，L 做第（3）～第（7）步。

（3）产生新解 S'。

（4）计算增量 $\Delta t'=C(S')-C(S)$，其中 C(S) 为评价函数。

（5）若 $\Delta t'>0$ 则接受 S' 作为新的当前解，否则以概率 $\exp(\Delta t'/T)$ 接受 S' 作为新的当前解。

（6）如果满足终止条件则输出当前解作为最优解，结束程序。终止条件通常取为连续若干个新解都没有被接受，此时终止算法。

（7）T 逐渐减少，且 T >0，然后转第（2）步。

模拟退火算法新解的产生和接受，可分为如下 4 个步骤。第一步是由一个产生函数从当前解产生一个位于解空间的新解。为便于后续的计算和接受，减少算法耗时，通常选择由当前新解经过简单的变换即可产生新解的方法，如对构成新解的全部或部分元素进行置换、互换等。注意到产生新解的变换方法决定了当前新解的邻域结构，因而对冷却进度表的选取有一定的影响。第二步是计算与新解所对应的目标函数差。因为目标函数差仅由变换部分产生，所以目标函数差的计算最好按增量计算。事实表明，对大多数应用而言，这是计算目标函数差的最快方法。第三步是判断新解是否被接受，判断的依据是一个接受准则，最常用的接受准则是 Metropolis 准则：若 $\Delta t'<0$ 则接受 S' 作为新的当前解 S，否则以概率 $\exp(-\Delta t'/T)$ 接受 S' 作为新的当前解 S。第四步是当新解被确定接受时，用新解代替当前解，这只需将当前解中对应于产生新解时的变换部分予以实现，同时修正目标函数值即可。此时，当前解实现了一次迭代。可在此基础上开始下一轮试验。而当新解被判定为舍弃时，则在原当前解的基础上继续下一轮试验。

模拟退火算法与初始值无关，算法求得的解与初始解状态 S（是算法迭代的起点）无关；模拟退火算法具有渐近收敛性，已在理论上被证明是一种以概率 1 收敛于全局最优解的全局优化算法；模拟退火算法具有并行性。

13.5.3 蚁群算法

根据维基百科的解释，蚁群算法（ant colony optimization，ACO），又称蚂蚁算法，是一种用来寻找最优解决方案的机率型技术。1992 年，意大利学者 Marco Dorigo 在其博士论文中首次引入此算法，是继神经网络、遗传算法、免疫算法之后的又一种新兴的启发式搜索算法。蚁群算法的灵感来源于蚂蚁在寻找食物过程中发现路径的行为。蚂蚁群体是一种社会性昆虫，它们有组织、有分工，还有通讯系统，它们相互协作，能完成从蚁穴到食物源寻找最短路径的复杂任务。蚂蚁在路径上前进时，会根据前边走过的蚂蚁所留下的分泌物选择其要走的路径。选择某一条路径的概率与该路径上分泌物的强度成正比。因此，由大量蚂蚁组成的群体的集体行为实际上构成一种学习信息的正反馈现象：某一条路径走过的蚂蚁越多，后面的蚂蚁选择该路径的可能性就越大。蚂蚁的个体间通过这种信息的交流寻求通向食物的最短路径。

模拟蚂蚁觅食行为的蚁群算法是作为一种新的计算智能模式引入的。它通过模仿蚂蚁的行为，从而实现寻找最优解。具体地，蚁群算法优化过程的本质在于：选择机制、更新机制和协调机制。选择机制是指信息素越多的路径，被选择的概率越大。更新机制是指路径上面的信息素会随蚂蚁的经过而增长，且同时随时间的推移逐渐挥发消失。协调机制是指蚂蚁间实际上是通过分泌物来互相通信、协同工作的。因此，基本蚁群算法的寻优机制正是充分利用了选择、更新和协调的优化机制，即通过个体之间的信息交流与相互协作，产生性能更好的解，类似于学习自动机的学习机制，从而使它具有较强的寻找最优解的能力。

显然，蚁群算法与遗传算法可以用于优化问题，但是，它们在原理上却有所不同。遗传算法最优解的搜索过程模拟达尔文的进化论和"适者生存"的思想。蚁群算法是一种用来在图中寻找优化路径的机率型算法。尽管两种算法从概念上都属于随机优化算法，但是遗传算法是进化算法，主要通过选择、变异和交叉算子，其中每个基因是由二进制串组成；而蚁群算法是基于图论的算法，通过信息素选择交换信息。

经过二十多年的发展，蚁群算法的应用已经由最初单一的 TSP 问题渗透到各个应用领域。蚁群算法具有分布计算、信息正反馈和启发式搜索的特点，不仅在求解组合优化问题（包括一维静态优化问题和多维动态组合优化问题）中获得广泛的应用，也可以应用于连续时间系统的优化。而且，它的硬件实现也取得了突破性进展。同时，蚁群算法的模型改进及其与其他仿生优化算法的融合方面也取得了相当丰富的研究成果，成为一种可以与遗传算法相媲美的仿生优化算法。

13.5.4　人工免疫算法

在生物自然界中，免疫现象普遍存在，并对物种的生存和繁衍发挥着重要的作用。生物的免疫功能主要是由参与免疫反应的细胞或者由其构成的器官完成的。人工免疫系统就是研究、借鉴、利用生物免疫系统的原理、机制而发展起来的各种信息处理技术、计算技术及其在工程和科学中的应用而产生的多种智能系统的统称。从生物信息处理的观点看，人工免疫系统是与人工神经网络、进化计算（Evolutionary Computation，EC）等智能理论和方法并列的。

免疫算法是基于免疫系统的学习算法，是人工免疫系统的核心。在人工免疫算法中，被求解的问题视为抗原，抗体则对应于问题的解。人工免疫算法将抗原和抗体分别对应于优化问题的目标函数和可行解。把抗体和抗原的亲和力视为可行解与目标函数的匹配程度：用抗体之间的亲和力保证可行解的多样性，通过计算抗体期望生存率来促进较优抗体的遗传和变异，用记忆细胞单元保存择优后的可行解来抑制相似可行解的继续产生并加速搜索到全局最优解，同时，当相似问题再次出现时，能较快地产生适应该问题的较优解甚至最优解。

人工免疫算法的基本步骤如下。（1）问题识别，根据给定的目标函数和约束条件作为算法的抗原。（2）产生抗体群，初始抗体群通常是在解空间用随机的方法产生的，抗体群采用二进制编码来表示。（3）计算抗体适应值，即计算抗原和抗体的亲和度。（4）生成免疫记忆细胞，将适应值较大的抗体作为记忆细胞加以保留。（5）抗体的选择（促进和抑制），计算当前抗体群中适应值相近的抗体浓度，浓度高的则减小该个体的选择概率——抑制；反之，则增加该个体的选择概率——促进，以此保持群体中个体的多样性。（6）抗体的演变，进行交叉和变异操作，产生新抗体群。（7）抗体群更新，用记忆细胞中适应值高的个体代替抗体群中适应值低的个体，形成下一代抗体群。（8）终止，一旦算法满足终止条件则结束算法，否则转到（3）重复执行。

一般免疫算法是模仿免疫系统抗原识别、抗原与抗体结合及抗体产生过程，并利用免疫系统多样性和记忆机理抽象得到的一种免疫算法，它在人工免疫系统发展的早期阶段形成。改进的人工免疫算法与遗传算法相似，人工免疫算法也是从随机生成的初始解群出发，采用复制、交叉、变异等算子进行操作，产生比父代优越的子代，这样循环执行，逐渐逼近最优解。不同的是，人工免疫算法的复制算子模拟了免疫系统基于浓度的抗体繁殖策略，出色地保持了解群（对应于免疫系统中的抗体）的多样性，从而克服了遗传算法解群多样性保持能力不足的缺点。此外，免疫算法可以与遗传算法结合，即所谓的免疫遗传算法（Immune Genetic Algorithm，IGA）。它可以看作一种新型融合算法，是一种改进的遗传算法，是具有免疫功能的遗传算法。

免疫算法具有良好的系统应答性和自主性，对干扰具有较强维持系统自平衡的能力。此外，免疫算法还模拟了免疫系统独有的学习、记忆、识别等功能，具有较强模式分类能力，尤其对多模态问题的分析、处理和求解表现出较高的智能性和鲁棒性。免疫算法已经应用于各种单目标、多目标优化及工程优化之中。例如，用于异常和故障诊断、机器人控制、网络入侵检测等领域，并表现出较为卓越的性能和效率。此外，免疫算法还被应用于数据挖掘、联想记忆和网络安全等领域。

13.6　展　　望

现阶段信息处理技术领域呈现两种发展趋势：一种是面向大规模、多介质的信息，使计算机系统具备处理更大范围信息的能力；另一种是与各种智能手段结合，使计算机系统更加智能化地处理信息。智能的核心是思维（thought），通过模拟人或者自然界其他生物处理信息的行为，利用各种智能手段进行信息变换，并在给定任务或目的下，根据环境条件制定正确的策略和决策，有效地实现其信息处理的目标。这里所指的各种智能手段包括人工智能、机器智能和计算智能等。具体地，智能信息处理就是将不完全、不可靠和不确定的知识和信息逐步改变为完全、可靠和确定的知识和信息的过程和方法，是利用对不精确性、不确定性的容忍来达到问题的可处理性和鲁棒性。智能信息处理涉及信息科学的多个领域，是现代信号处理、人工神经网络、模糊系统理论、进化计算，人工智能等理论和方法的综合应用。

可以预计，未来智能信息处理的发展会进一步加强与认知科学的结合，以进一步促进人类的自我了解和控制能力的发挥。加强信息学和心理学的学科交叉，探索人类认知的机制，研究具有认知机理的智能信息处理理论与方法，建立可实现的计算模型并应用于海量和复杂信息，有可能带来智能信息处理技术突破性的发展。

习　　题

一、选择题

1. 人工智能之父是（　　　）。

  A. 比尔·盖茨　　　　B. 冯·诺依曼　　　C. 阿兰·图灵　　　　D. 香农

2. 模糊信息处理的关键是（　　　）。

  A. 模糊知识的表示　　　　　　　B. 模糊推理规则

　　C．专家系统　　　　　　　　　D．A 和 B

3．下列方法中，不属于计算智能的方法是（　　）。

　　A．模拟退火　　　　　　　　　B．遗传算法

　　C．人工免疫算法　　　　　　　D．聚类算法

二、简答题

1．请简述一般意义上的信息处理与智能信息处理之间的区别？

2．请简述基于传统计算机的智能信息处理与基于神经计算的智能信息处理有什么不同？

3．请查找资料，了解智能信息处理在百度等搜索引擎中的作用。

4．我们日常生活中俗称的"智能手机"中的"智能"与"智能信息处理"中的"智能"有什么不同？

本章参考文献

[1] 孙红. 智能信息处理导论. 北京：清华大学出版社，2013.

[2] 徐立中，李士进，石爱业，著. 数字图像的智能信息处理（第 2 版）. 北京：国防工业出版社. 2007.

[3] 肖秦琨，等著. 贝叶斯网络在智能信息处理中的应用. 北京：国防工业出版社. 2012.

[4] 段海滨. 蚁群算法原理及其应用. 北京：科学出版社. 2005.

[5] 英吉布雷切特，著. 谭营，译. 计算智能导论（第 2 版）. 北京：清华大学出版社. 2010.

[6] 王国胤，姚一豫，于洪. 粗糙集理论与应用的研究综述. 计算机学报. 2009，32(7): 1229-1244.

第14章
大数据专题

在互联网时代，随着社交网络、电子商务、博客、基于位置的服务等为代表的新型信息发布方式的不断涌现，以及云计算、物联网等技术的兴起，一个大规模生产、分享和应用数据的时代正在开启，人类社会被带入一个以"PB"（1024TB）为单位的结构与非结构数据信息的大数据时代。

2009 年甲型 H1N1 流感爆发的几周前，互联网巨头谷歌公司的工程师们在《*Nature*》杂志上发表了篇引人注目的论文，文中提到谷歌可以预测冬季流感的传播，不仅仅是全美范围的传播，而且可以具体到特定的地区。谷歌公司是通过观察人们在网上的搜索记录来完成这个预测，他们设计了一个系统，使其关注特定检索词条（5000 万条美国人最频繁检索的词条）的使用频率与流感在时间和空间上的传播之间的联系，然后将它们用于一个特定的数学模型后，得出的预测与官方数据的相关性高达 97%。谷歌因此成了一个更有效、及时、可信的风向标，可以判断流感从哪里来，什么时候爆发，而疾控中心的数据往往滞后于疾病爆发一两周。谷歌的这种技术是建立在大数据的基础之上的，这是当今社会所独有的一种新型能力：以一种前所未有的方式，通过对海量数据进行分析，获得有巨大价值的产品、服务或深刻的洞见。

早在 1980 年，著名未来学家阿尔文·托夫勒便在《第三次浪潮（*The Third Wave*）》一书中，将大数据热情地赞颂为"第三次浪潮的华彩乐章"。大数据的真实价值如漂浮在海洋上的冰山，绝大部分都隐藏在水面之下，目前，工业界、学术界、甚至于政府部门都开始密切关注大数据问题，并对其产生了浓厚的兴趣。就科学界而言，《*Nature*》在 2008 年就推出了 Big Data 专刊，《*Science*》在 2011 年推出专刊 "*Dealing with Data*"，主要围绕着科学研究中大数据的问题展开讨论；2012年达沃斯世界经济论坛上，大数据是主题之一，探讨了在新的数据生产方式下，如何更好地利用数据来产生良好的经济效益；同年美国奥巴马政府发布了"大数据研究和发展倡议"（*Big Data Research and Development Initiative*），投资 2 亿美元，正式启动"大数据发展计划"，并将大数据比喻成未来的石油。纽约时报的文章 *'The Age of Big Data'* 则通过主流媒体的宣传使普通民众开始意识到大数据的存在，以及大数据对于人们日常生活的影响。

大数据技术的战略意义不在于掌握庞大的数据信息，而在于对这些含有意义的数据进行专业化处理，从中发现或获得价值。在人类漫长的发展过程中，人类主要还是依赖抽样数据、局部数据和片面数据，甚至在无法获得实证数据的时候纯粹依赖经验、理论和假设去发现未知领域的规律。因此人们对世界的认识往往是表面的、肤浅的或者是简单的、扭曲的。大数据的来临使人类终于有机会和条件，在许多领域获得全面、完整、系统的数据，可以深入探索现实世界的规律，获得过去不可能获取的知识，得到过去无法得到的商机。

大数据的出现，使得通过数据分析获取知识、商机和社会服务的能力，不再局限于少数专业学术精英，门槛的降低使得社会各界广泛参与，普通的机构、企业和政府部门也可以将海量数据与数学分析方法相结合获得所需的价值，大数据必将成为现代社会基础设施的一部分，就像公路、水电等一样不可或缺。大数据开启了一次重大的时代转型，它正在悄悄改变我们的生活以及理解世界的方式，持开放的态度拥抱大数据是适应时代发展的趋势。

14.1　大数据的相关概念

"大数据"这个术语最早期的引用可追溯到 Apache Org 的开源项目 Nutch。当时，大数据用来描述为更新网络搜索索引需要同时进行批量处理或分析的大量数据集。大约从 2009 年开始，"大数据"才成为互联网信息技术行业的流行词汇。随着谷歌 MapReduce 和 Google File System（GFS）的发布，大数据不再仅用来描述数据的体量，还涵盖了数据处理的速度。

14.1.1　大数据的定义

大数据本身是一个比较抽象的概念，从字面上看，它表示的数据规模庞大，但是无法区分与"海量数据"、"超大规模数据"等概念之间的差别，目前对大数据尚无一个公认的定义，不同的定义基本都是从大数据的特征出发给出定义。

最早将大数据用于 IT 环境的是知名咨询公司麦肯锡，麦肯锡在研究报告中指出：如果说云计算为数据资产提供了保管、访问的场所和渠道，那么如何盘活数据资产，使其为国家治理、企业决策及个人生活服务，则是大数据的核心议题，也是云计算内在的灵魂和必然的升级方向。

著云台的分析师团队认为：大数据（Big data）通常用来形容一个公司创造的大量非结构化和半结构化数据，这些数据在下载到关系型数据库用于分析时会花费过多时间和金钱。大数据分析常和云计算联系到一起，因为实时的大型数据集分析需要像 MapReduce 一样的框架来向数十、数百或甚至数千的电脑分配工作。

研究机构 Gartner 给出了这样的定义："大数据"是需要新处理模式才能具有更强的决策力、洞察发现力和流程优化能力的海量、高增长率和多样化的信息资产。

根据维基百科的定义，大数据是指无法在可承受的时间范围内用常规软件工具进行捕捉、管理、处理的数据集合。从产业角度看，常常把这些数据与采集它们的工具、平台、分析系统一起称为"大数据"。大数据技术是很多种技术的某种集合，它们包括分析技术、存储数据库、NoSQL 数据库、分布式计算技术。

综上所述，可以认为："大数据"是由数量巨大、结构复杂、类型众多的数据构成的数据集合，它们是从世界的各个部分搜集而来，它们相互关联，是基于云计算的数据处理与应用模式，通过数据的整合共享，交叉复用形成的智力资源和知识服务能力。

14.1.2　大数据的 4 个特性

不论定义如何，目前一般认为大数据具有 4 个特性，即比较有代表性的 4V 定义。

（1）规模性（Volume）。数据体量巨大，从 TB 级跃升到 PB 级。美国互联网数据中心指出，互联网上的数据每年将增长 50%，每两年便将翻一番，而目前世界上 90% 以上的数据是最近几年才产生的。IDC 最近的报告预测称，到 2020 年，全球数据量将扩大 50 倍。目前，大数据的规模尚是一个不断变化的指标，单一数据集的规模范围从几十 TB 到数 PB 不等。此外，各种意想不到的来源都能产生数据。

（2）多样性（Variety）。数据类型繁多，主要指数据结构及数据来源多样性。数据并非单纯指人们在互联网上发布的信息，它们包括网络日志、社交媒体、互联网搜索、手机通话记录等数据类型。同时全世界的工业设备、汽车、电表上有着无数的数码传感器，随时测量和传递着有关位置、运动、震动、温度、湿度乃至空气中化学物质的变化，也产生了海量的数据信息。

（3）高速性（Velocity）。输入和处理速度快。处理速度快，时效性要求高，这是大数据区分于传统数据挖掘最显著的特征。当各种信息汇集在一起时，如何把握数据的时效性，是大数据时代对数据管理提出的基本要求。

（4）价值密度性（Value）。大数据的价值往往具备稀疏性，价值密度相对较低。随着物联网的广泛应用，信息感知无处不在，信息海量，但价值密度较低，如何通过强大的机器算法更迅速地完成数据的价值"提纯"，是大数据时代亟待解决的难题。

14.1.3　大数据与数据库的差异

从数据库到大数据，看似一个简单的技术演进，但是两者有着本质的区别，大数据的出现必将冲击传统的数据管理方式，在数据来源、数据处理方式及数据思维等方面都将带来革命性的变化，它们的差异主要体现在如下几个方面。

（1）数据规模。数据库处理的对象通常以 MB 为单位，而大数据往往以 GB 甚至 TB 为基本处理单位。

（2）数据类型。数据库往往仅有一种或几种数据类型，并且结构类似，基本都以结构化数据为主；而大数据的种类繁多，这些数据又包含着结构化、半结构化以及非结构化数据，其中半结构与非结构数据份额突出。

（3）模式与数据的关系。传统的数据库都是先有模式再产生数据；而大数据时代难以预先确定模式，只有当数据出现后才能确定模式，且模式随着数据量的增长而不断演变。

（4）处理对象。传统数据库中的数据仅仅是处理对象，而大数据时代，数据可作为一种资源辅助解决其他领域的问题。

（5）处理方法。数据库中的数据可以使用一种或几种方法（工具）基本应对，但是由于大数据类型与来源的多样性，不存一种或几种方法的组合可以处理全部数据。

14.1.4　大数据的产生方式

人类历史上从未有哪个时代和今天一样产生如此海量的数据，数据的产生已完全不受时间、地点的限制。从开始采用数据库作为数据管理的主要方式开始，人类社会的数据产生经历了 3 个阶段，数据产生方式的巨大变化才最终导致了大数据的产生。

（1）被动产生阶段。这一阶段的数据往往随着一定的运营活动而产生并记录在数据库中。比如超市每销售一件产品就会在数据库中产生相应的一条销售记录。

（2）主动产生阶段。基于 Web2.0 技术，以博客、微博为代表的新型社交网络的出现和快速发展，使得用户主动产生数据。智能手机、平板电脑等便携式移动设备的出现，使得人们更容易接入互联网络产生数据。

（3）自动产生阶段。随着技术的发展，人们有能力制造出极微小的带有处理功能的传感器节点，并开始将这些设备布置于地球的各个角落，实现对整个社会的监控，这些设备会源源不断地产生数据，其生产方式是自动的。

这些被动产生、主动产生、自动产生的数据共同构成了大数据的数据来源，其中自动产生的数据才是大数据产生的根本原因。

14.2 大数据的处理与存储

大数据给很多领域带来了很大的挑战，其中之一就是如何处理大量的不确定性数据，这些数据普遍存在于电信、互联网、科学计算、经济、金融等领域中，如何有效地组织和使用这些不确定性数据并从中获取知识是大数据时代的一个重要任务。

14.2.1 处理模式

大数据的主要处理模式为流处理和批处理两种，批处理先存储后处理，而流处理则是直接处理。

1. 流处理

适用于流处理模式的应用场景有传感器网络、金融交易等数据的实时处理。流处理模式视数据为流，当新的数据到来时就立刻处理并返回结果，基本理念是数据的价值会随着时间的流逝而不断减少，因此快速处理最新的数据并给出结果是流处理模式的共同目标。由于响应时间的要求，流处理基本在内存中完成，因此内存容量是限制流处理的瓶颈，以相变内存为代表的储存级内存也许在未来会使内存不再成为流处理的制约。

2. 批处理

Google 公司提出的 MapReduce 编程模型是最具代表性的批处理模式。该模型首先将用户的原始数据源进行分块，然后分别交给不同的 Map 任务区处理。Map 任务从输入中解析出键/值（Key/Value）对集合，然后对这些集合执行用户自定义的 Map 函数得到中间结果，并将该结果写入本地硬盘。Reduce 任务从硬盘上读取数据之后会根据 Key 值排序，将具有相同的 Key 值的组织在一起。最后用户自定义的 Reduce 函数会作用于这些排好序的结果并输出最终结果。

我们一般并不是简单使用其中一种，而且根据应用类型，将两者结合起来使用。有些互联网会根据业务划分为在线、近线、离线。在线业务一般是秒级或毫秒级，因此常用流处理模式，而离线业务一般是以天为单位，故可采用批处理模式，而近线业务一般在分钟级或小时级，可根据需要，灵活选择处理模式。

14.2.2 处理流程

大数据的处理主要是由数据抽取与集成、数据分析、数据解释 3 个步骤组成。图 14.1 表示了整个大数据的处理流程，系统在合适的工具辅助下，对广泛异构的数据源进行抽取和集成，按照一定的标准统一存储结果。然后利用数据分析技术对存储的数据进行分析，从中提取有益的知识并利用恰当的方式将结果展现给终端用户。

1. 数据抽取与整合

大数据的数据类型繁杂，数据的抽取与整合有助于了解事物的全貌，发现未知的关系，提升预测的准确率。处理大数据的第一步，就是对所需要的数据进行抽取与整合，从中提取出关系和实体，经过关联和聚合之后再采用统一定义的结构来存储这些数据。在抽取与整合时需要对数据进行清洗，保证数据质量及可信性；同时还要注意模式与数据的关系，大数据时代的数据往往先有数据再有模式，且模式处于不断演化之中。当前对数据集成与抽取方法大概有 4 种类型，分别是：基于物化或 ETL 方法的引擎（Materialization）、基于联邦数据库或中间件方法的引擎（Federation Engine or Mediator）、基于数据流方法的引擎（Stream Engine）、基于搜索引擎的方法（Search Engine）。

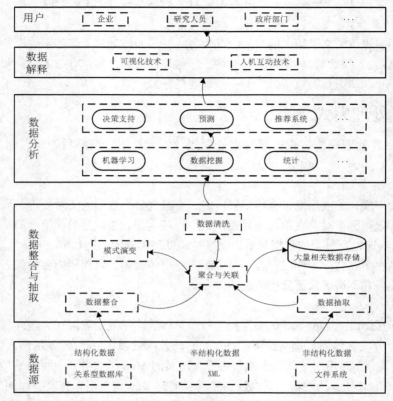

图 14.1　大数据处理流程

2.　数据分析

大数据分析已被广泛应用于推荐系统、商业智能、决策支持等诸多领域。大数据的价值产生于分析过程，故数据分析是整个大数据处理流程的核心。从异构数据源抽取和集成的数据构成了数据分析的原始数据，依据应用需求，可以从这些数据中选择部分或全部进行分析。

传统的数据分析方法，如数据挖掘、机器学习、统计分析，需要调整来适应大数据时代。因为数据量大并不代表数据价值增加，相反这意味着数据干扰的增多，因此在数据分析之前需要对数据进行清洗等预处理，但数据规模的庞大对机器硬件以及算法都是考验。

算法的精确度不再是大数据应用的最主要指标，有时需要在处理的实时性与准确率之间取一个平衡，如机器在线学习算法。云计算是大数据处理的有力工具，算法需要为云计算框架做出调整，要变得具有可扩展。

大数据的简单算法比小数据的复杂算法更有效。微软研究中心在寻求改进 Word 程序中语法检查的方法时，发现当数据只有 500 万时，有一种简单的算法表现很差，当数据达到 10 亿的时候，它的精确度从 75% 提高到 95%，而在小量数据表现最好的算法，精确的度提高却有限，从 86% 提高到了 94%。

3. 数据解释

数据分析是大数据处理的核心，但如果分析的结果正确，却没有采用适当的解释或表示方法，则往往会让用户难以理解，前期工作做得再好也是无用。在大数据时代，结果之间的关系极其复杂，以文本形式输出结果或者直接在终端上显示结果的传统解释方法基本不可行。

当前一般使用可视化技术、人机交互技术来向用户解释结果。以可视化形象的方式向用户展示结果，用户更容易理解和接受。常用的可视化技术有标签云、历史流、空间信息流等，可根据具体的应用需要选择合适的技术；利用交互式的数据分析过程来引导用户进行分析，使用户得到结果的同时更好地理解分析结果的由来。

14.2.3　大数据相关技术

大数据价值的完整体现需要多种技术的协同。文件系统提供底层存储能力的支持，基于文件系统之上的数据库系统能更好地实现对数据的管理，数据库系统之上的索引技术可对外提供高效的数据查询等常用功能，最终通过数据分析从数据库中的大数据理取出有益的知识。而这一切都源自于云计算技术在数据存储、管理与分析方面的支撑，才使得大数据有用武之地。以 Google 为代表的公司为云计算技术做出了巨大的技术贡献，他们引导着当前大数据时代的技术主流，学习以 Google 公司技术等为代表的技术更容易理解大数据的关键技术。

1. 文件系统

文件系统是支撑上层应用的基础。Google 的 GFS 是构建在大量廉价服务器之上的一个可扩展的分布式文件系统，主要针对文件较大且读远大于写的应用场景，采用主从结构，通过数据分块、追加更新等方式实现了对海量数据的高效存储。除了 Google 的 GFS，还有微软的 Cosmos 支撑搜索、广告业务，HDFS 和 CloudStore 都是模仿 GFS 的开源实现，Facebook 推出的专门针对海量小文件的文件系统 Haystack，淘宝公司的 TFS 通过将小文件合并成大文件、文件名隐含部分元数据等方法实现对海量小文件的高效存储。

2. 数据库系统

数据库系统可以屏蔽掉底层的细节，方便数据管理。直接采用关系模型的分布式数据库已不能适应大数据时代的数据存储，主要原因有：数据量远超单机所能容纳的数据量；数据类型多样化，半结构与非结构数据占主要成份；关系数据库的数据强一致性的严格要求在多数大数据场景下无法适应；设计理念冲突，大数据在实际的处理中几乎不可能有一种统一的数据存储方式能够应对所有场景。

面对这些挑战，Google 公司的大表（Bigtable）是早期开发的数据库系统解决方案，它是一个多维稀疏排序表，由行和列组成，每个存储单元都有一个时间戳，形成三维结构，不同的时间对同一个数据单元的多个操作形成数据的多个版本，版本之间由时间戳来区分。除了 Google 公司的大表（Bigtable），亚马逊公司的 Dynamo 和 Yahoo 的 PNUTS 也都是非常具有代表性的系统。它们的成功促使人们开始对关系数据库进行反思，由此产生了一批采用非关系模型的数据库，统一称为 NoSQL（not only SQL），一般具有以下的特征：模式自由、支持简易备份、简单的应用程序接口、最终一致性、支持海量数据。

Google 公司针对大表数据库的不足，先后又开发出了 Megastore 系统和 Spanner 数据库系统，Spanner 是第一个可以实现全球规模扩展并且支持外部一致的事务的数据库，通过 GPS 和原子时钟技术，数据中心之间的时间同步能够精确到 10ms 以内。Spanner 类似于 Bigtable，但是它具有层次性的目录结构以及细粒度的数据复制，对于数据中心之间不同的操作会分别支持强一致性或弱一致性，且支持更多的自动操作。Spanner 类的新型数据库为我们带来了新思路，这种融合了一致性与可用性的 NewSQL 或许会是未来大数据存储的新发展。

3. 索引与查询技术

数据查询是数据库最重要的应用之一，而索引是解决数据查询的有效方案。Google 最早的索引系统是利用 MapReduce 来更新的，随后 Google 提出了 Percolater，这是一种更高效的增量式索引更新器，Google 当前正在使用的索引系统为 Caffeine。

由于现有成熟的索引方案不可能直接应用于大数据，而 NoSQL 数据库针对主键的查询效率一般较高，因此当前研究集中在 NoSQL 数据库的多值查询优化上，针对 NoSQL 数据库上的查询优化研究主要有以下两种思路。

（1）采用 MapReduce 并行技术优化多值查询。当利用 MapReduce 并行查询 NoSQL 数据库时，每个 Map Task 处理一部分的查询操作，通过实现多个部分之间的并行查询来提高多值查询的效率，但是每个部分的内容仍旧需要进行数据的全扫描。

（2）采用索引技术优化多值查询。很多的研究工作尝试从添加多维索引的角度来加速 NoSQL 数据查询速度。ITHbase、IHbase、CCIndex 等是典型的采用多个一维二级索引来加速多值查询优化的实现方案。RT-CAN 采用多维索引加速多值查询，其局部索引采用 R-tree，全局索引中采用能够支持多维查询的 CAN 覆盖网络。MD-HBase 提出一种基于空间目标排序的索引方案，按照一定规则将覆盖整个研究区的范围划分为大小相等的格了，并给每一格网分配一个编号，用这些编号为空间目标生成一组具有代表意义的数字，其实质是将 K 维空间的实体映射到一维空间。

4. 数据分析技术

前面部分已经提到，数据分析是大数据最核心的业务。Google 公司最初是采 MapReduce 来实现，但是不适用于图计算，因此 Google 设计了适用图计算的 Pregel 模型。同时 Google 也提出了一个适用于 Web 数据级别的交互式数据分析系统 Dremel，通过结合列存储和多层次的查询树，Dremel 能够在极短时间内实现海量数据分析，主要适用于多数据集的分析；Google 在 VLDB2012 发表的文献中提出了一个适用于大数据量的核心数据集分析工具 PowerDrill，PowerDrill 被设计用来处理少量的核心数据集，它对数据处理速度要求极高，因此其数据应尽可能驻扎内存，它可以在 30s～40s 的时间内处理 7820 亿个单元格的数据。

微软公司设计了一个名为 Dryad 的模型，主要用来构建支持有向无环图类型数据流的并行程序；Cascading 通过对 Hadoop MapReduce API 的封装，支持有向无环图类型的应用；Nephele/PACTs 则包括 PACTs（Parallelization Contracts）编程模型和并行计算引擎 Nephele。MapReduce 模型基本成了批处理类应用的标准模型，很多应用开始尝试利用 MapReduce 加速其数据处理。

以 MapReduce 和 Hadoop 为代表的非关系数据分析技术，凭借其适合非结构数据处理、大规模并行处理、简单易用等突出优势，在互联网信息搜索和其他大数据分析领域取得了重大进展，已成为大数据分析的主流技术。尽管如此，但是在应用性能等方面仍存在不少问题，还需要开发更有效、更实用的大数据分析和管理技术。

14.2.4　大数据工具

Hadoop 是一个能够对大量数据进行分布式处理的软件框架，现归属于 Apache 公司，是与谷歌的 MapReduce 系统相对应的开源式分布系统的基础架构，非常适于处理大量的数据。它的开源性、高容错性、跨平台性等特点使其成为构建大数据处理平台的首选技术。目前国内的腾讯、百度、淘宝、阿里巴巴等互联网企业已经成功应用了 Hadoop。

目前 Hadoop 已经发展成为包括文件系统（HDFS）、数据库（HBase、Cassandra）、数据处理（MapReduce）等功能模块在内的完整生态系统。HDFS 是一个面向海量数据密集型应用的、可扩展的分布式文件系统，可在多台廉价的计算机上运行，具有强大的纠错功能，可为用户提供可靠的服务。MapReduce 是实现对超大数据集的处理和生成算法的分布式编程模型，用户可以在不了解分布式底层细节的情况下开发分布式程序，并可以充分利用计算机集群的协作实现事务的高速运算。在某种程度上，可以说 Hadoop 已经是大数据处理工具事实上的标准，对 Hadoop 改进并将其应用于各种场景的大数据处理已成为新的研究热点。

Hadoop 通过把大数据变成小模块后再分配给其他机器进行分析，每个模块可以在任何集群节点上执行或重复执行，它实现了对超大量数据的处理。其输出结果没有关系数据库准确，不适用于卫星发射、开具银行账户明细这种精确度要求很高的任务。但是对于要求精确度不太高的任务，就比其他系统运行快得多，如信用卡公司 VISA 使用 Hadoop，能够将两年内 730 亿单交易所需要的处理时间，从一个月缩减到仅 13 分钟。

由于应用时间不长，以 Hadoop 为基础设计和开发实用高效的数据分析系统需要考虑具体生产环境中的众多因素，如何在保护已有投资的情况下研发出高效率的 Hadoop 数据处理平台需要广泛深入研究。

14.2.5　大数据的存储管理

大数据时代给传统数据存储架构带来了一系列的冲击和挑战，仅从源数据采集和存储层面，就让仓储的构建者不得不面对两个问题：一是数据规模急速增长；二是大数据的数据结构复杂多样性，包含非结构化、半结构化和结构化这 3 大类数据，其中又以半结构化与非结构为主。

采用传统的大而全的存储架构不是解决大数据的最佳方案，目前主流技术路线是让不同种类的数据存储在最适合他们的存储系统里，然后再将不同的数据类型进行融合，在融合的数据基础上做数据分析，其基本思想如下。

对非结构化数据采用分布式文件系统进行存储，对结构松散无模式的半结构化数据采用面向文档的分布式（Key/Value）存储引擎，对海量的结构化数据采用 Shared-Nothing 的分布式并行数据库系统存储。最后再构建分布式数据库系统和分布式文件系统之间的连接器，使得非结构化数据在处理成结构化信息后，能方便地和分布式数据库中的关系型数据快速融通，保证大数据分析的敏捷性。

1. 适合存储海量非结构化数据的分布式文件系统

HDFS（Hadoop Distributed File System）是鼎鼎大名的开源项目 Hadoop 的家族成员，是谷歌文件系统 GFS（Google File System）的开源实现。HDFS 将大规模数据分割为多个 64 兆字节的数据块，存储在多个数据节点组成的分布式集群中，随着数据规模的不断增长，只需要在集群中增加更多的数据节点即可，因此具有很强的可扩展性；同时每个数据块会在不同的节点中存储 3 个副本，因此具有高容错性；因为数据是分布式存储的，因此可以提供高吞吐量的数据访问能力，在海量数据批处理方面有很强的性能表现；相对传统的商业数据库系统，HDFS 提供了较好的扩展性和容错能力，并且建设成本低廉，使用 HDFS 弹性存储可以实现自动控制，灵活地进行存储空间的释放和分配，以适应快速变化的需求。

2. 适合存储海量无模式的半结构化数据的分布式 Key/Value 存储引擎

HBase（Hadoop Database）也是开源项目 Hadoop 的家族成员，是谷歌大表（Bigtable）的开源实现。HBase 是一个高可靠性、高性能、面向列、可伸缩的分布式存储系统，它不同于一般的有模式的关系型数据库，HBase 存储的数据表是无模式的，特别适合结构复杂多样的半结构化数据存储。此外，HBase 利用 HDFS 作为其文件存储系统，利用 MapReduce 技术来处理 HBase 中的海量数据。

3. 适合存储海量结构化数据的分布式并行数据库系统

Greenplum 是基于 PostgreSQL 开发的一款 MPP（海量并行处理）架构的、Shared-Nothing 无共享的分布式并行数据库系统。采用 Master/Slave 架构，Master 只存储元数据，真正的用户数据被散列存储在多台 Slave 服务器上，并且所有的数据都在其他 Slave 结点上存有副本，从而提高了系统可用性。

Greenplum 最核心的技术就是：大表数据分片存储，可以应对海量数据；基于大表的查询语句在经过 Master 分析后可以分片发送到 Slave 节点进行并行运行，所有节点将中间结果返回给 Master 节点，由 Master 进行汇总后返回给客户端，大大提高了 SQL 的运行速度。

4. 数据交换网络

各种复杂而大量的数据犹如一张立体的大网，3 类数据是网里 3 种不同的结点，前面提到的 3 类分布式存储引擎可以将不同的结点有序地安排在网上，并且每种相同的结点都可以直接用线相互连接起来。3 种不同类型的数据融合在一起，则需要构建一个方便、快速的数据交换组件，它是一个连接器，可以实现"三融合一"，满足大数据存储有"融"乃大的特性。

图 14.2 所示为一个简化的数据交换网络逻辑图，它是一个可以完成分布式文件系统和分布式数据库之间海量数据快速交换的组件。在实际的物理部署中，HDFS 集群和并行数据库集群共用一个服务器集群，即在服务器集群的每个节点上既有 HDFS 数据节点也有并行数据库的数据库单实例。处于图中间融通两方数据的连接部分就是分布式、可并行运行的高速连接器数据交换例程。

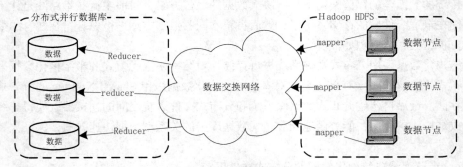

图 14.2　数据融合图

数据交换例程实际就是运行在 Hadoop 集群上的一系列 Mapreduce 任务，它要完成从 HDFS 读取源数据、处理中间结果集、最后写入分布式数据库的若干作业，这些作业对调用者而言是完全透明的，仅需要配置简单的业务信息，调用数据交换例程就可自动完成。

14.3　大数据与机器学习

在大数据时代，人类所能获得的数据规模已经从数万、数十万到今天的上千万、数亿，知识量成爆炸式增长，如文本分类数据库达到 10^7 的样本个数，10^9 的样本维数。如何学习和处理这些大规模海量数据是当前值得关注而又亟需解决的问题。

机器学习是智能数据分析的有力工具，目前已经被公认是处理和学习大数据的有效手段之一。机器学习是人工智能的一个核心研究领域，主要研究如何使用计算机模拟和实现人类获取知识的过程，创新、重构已有的知识，从而提升自身处理问题的能力。机器学习的经典定义：计算机利用经验改善系统自身性能的行为。机器学习的最终目的是从数据中获取知识。

14.3.1　大数据时代下机器学习的特点

大数据时代的机器学习更强调"学习本身是手段"，机器学习成为一种支持、服务技术，如何基于机器学习对复杂多样的数据进行深层次的分析，更高效地利用信息成为当前机器学习研究的主要方向。随着数据产生速度的不断加快，数据的规模有了前所未有的增长，而需要分析的新数据种类也在不断涌现，如文本的理解、文本情感的分析、图像的检索和理解、图形和网络数据的分析等。机器学习领域涌现出了很多新的研究方向，更多新机器学习方法被提出并得到广泛认可。比如考虑如何利用未标识数据的半监督学习（Semi-Supervised Learning），有效解决训练数据质量问题；提高学习结果的泛化能力的集成学习（Integrated Learning）；在不同的领域进行知识迁移的迁移学习（Transfer Learning）等吸引了广泛的研究和兴趣。

机器学习一般是使用已知实例集合的全部属性值作为机器学习算法的训练集，导出一个分类机制后，再使用这个分类机制判别一个新实例的属性。常用的分类方法有决策树分类 、贝叶斯分类等。然而，这些方法存在的问题是当数据巨大时，分类的准确率不高。机器学习要适应大数据时代的发展，成为有效分析方法，要特别注意可扩展性问题及并行化方法的使用，机器学习在大数据时代的特点与要求如下。

1. 大量的数据实例

在很多领域，训练实例的数量是非常大的，另外越来越多的设备，如传感器网络，持续记录观察的数据可以作为训练数据，这样的数据集可以轻易达到几百 TB。组合服务器群的存储与带宽是有效的处理方法。前面提到的一些计算架构如 MapReduce 等，通过简单的、天然可并行化的语言原语将编程框架和使用高容易存储及执行平台的能力有效组合在一起，可以让大数据集的计算变得更加容易。

2. 输入数据的复杂化

数据规模的庞大伴随着数据种类的繁多，是大数据的特点。机器学习的应用包括了自然语言、图形、视频等，这些数据是由很多数量的特征表示，远超当前可以轻易解决的特征量级别。因此在特征空间进行并行计算是可以将计算扩展得更丰富的表示方法。

3. 模型和算法的复杂性

高准确性的学习算法，一般是基于复杂的非线性模型或者采用运行代价较高的计算子程序。大数据机器学习算法的特点就是将计算任务分配到多个处理单元。在单台机器中采用非线性复杂学习模型，其计算过程可能会让人无法接受，采用并行多节点或多核处理技术，则可有效改善计算速度。

4. 计算时间的约束

许多应用会有实时性的需求，如自动导航、股票交易等。决定系统计算时间的因素一般有两个：一是单任务的处理时间，可以通过提高系统单机的处理能力和吞吐量来解决；另一个因素是任务由多个相互关联的进程组成，任务的整体处理速度取决于各个进程的结果，在这些约束场景下，采用高度并行化的硬件及分布式算法调度任务将会十分有效。

5. 预测关联

在现实问题中，如物体追踪、语音识别、机器翻译都要求执行一系列互相关联的预测，形成预测级联。这些应用具有高度复杂的联合输出空间，并行化技术可以大大提高机器学习算法推理的速度。

6. 模型选择和参数扫描

学习算法的参数调整、统计重要性评估，要求多次执行学习和推理。如参数扫描，学习算法需要在配置不同的同一个数据集上运行多次，然后在一个验证集上进行评估，这些过程是可以并行化应用的。

14.3.2　评价指标

大数据的价值发现如同大海捞针，从数据中寻找出价值，而不是被数据海洋所淹没。因此针对机器学习技术的性能指标，有必要从以下几个方面来评价。

（1）泛化能力

机器学习最基本的目标是对训练数据中的实例进行泛化推广，也就是指经训练样本训练后的机器学习算法具有较强的泛化能力，对新输入具有给出合理响应的能力。

（2）速度

有的算法能够取得很好的训练速度，但是测试速度却很慢。因此需要协调两者之间的关系，开发出训练速度与测试速度都很好的算法。

（3）可理解性

随着数据量的增加、问题复杂度的提高，人们在看到结果的同时，也希望了解机器学习算法为什么可以得到这样的结果。

（4）数据利用能力

数据的收集能力越来越强，收集的数据类型越来越多，包括大量标识与未标识的数据以及那些含有大量噪声、不一致，不完整的数据。如果简单丢弃脏数据或者部分使用数据，则会造成数据浪费，学习模型泛化能力减弱，因此研究开发能够有效利用所有数据的机器学习方法具有非常重要的意义。

（5）代价敏感

大数据时代的机器学习算法会面临更多、更复杂的内外部因素影响，不同领域中不同误判产生的结果所引发的代价也是不同的，有的误判结果会导致严重的后果，而有的影响却很小。在算法中通过引入代价信息来度量误判的严重性是一个有效的解决方法，不同的代价参数代表不同的损失，最终的目标是最小化总的代价。

（6）知识的迁移性

学习算法中一些学习函数，在很多大数据场景中，可能会需要学习一系列相关的函数，虽然不同应用的判断函数不一样，但是共同点还是很多。如何将从一个任务中学习到的知识迁移到其他任务中，以提高其他任务的学习性能也是评价指标之一。

14.3.3　机器学习模型

大数据时代，如何利用规模庞大、结构多样且复杂、质量参差不齐的实际数据，构建一个具有较强泛化能力的预测模型（学习机器），使我们可以对新的未知对象给出尽可能精确的估计，是大数据分析的一个主要目标。

在机器学习研究与应用中，常用的关键技术有很多，如半监督学习、集成学习、迁移学习、统计学习理论与支持向量机、随机森林算法、人工神经网络等，大数据时代的数据分析中，以半监督学习、集成学习、迁移学习和概率图模型等技术尤为突出。

1. 半监督学习

大数据时代，数据收集和存储技术得到快速发展，收集大量未标记的（unlabeled）示例已相当容易，而获取大量有标记的示例则相对较为困难，因为获得这些标记可能需要耗费大量的人力物力。显然如果只使用少量的有标记示例，那么利用它们所训练出的学习系统往往很难具有强泛化能力；另一方面，如果仅使用少量"昂贵的"有标记示例而不利用大量"廉价的"未标记示例，则是对数据资源的极大的浪费。半监督学习（Semi-Supervised Learning）是监督学习与无监督学习相结合的一种学习方法，它主要考虑如何利用少量的标注样本和大量的未标注样本进行训练和分类的问题，以期获得良好的性能和泛化能力的学习机器。半监督学习对于减少标注代价，提高学习机器性能具有非常重大的实际意义。

半监督学习利用的数据集可表示成 $X = \{x_1, x_2, \cdots, x_n\}$（$n = j + u$），其中 $X_j = \{x_1, \cdots, x_j\}$ 表示是已标识的数据样本点，$X_u = \{x_{j+1}, \cdots, x_{j+u}\}$ 表示未标识的数据样本点。为符合实际情况，一般设 $u \gg j$，即未标识的数据远远大于标识的数据。半监督学习的工作原理是基于聚类假设与流型假设。

聚类假设是指处在相同聚类（Cluster）中的示例有较大的可能拥有相同的标记。根据该假设，决策边界就应该尽量通过数据较为稀疏的地方，从而避免把稠密的聚类中的数据点分到决策边界两侧。在这一假设下，大量未标记示例的作用就是帮助探明示例空间中数据分布的稠密和稀疏区域，从而指导学习算法对利用有标记示例学习到的决策边界进行调整，使其尽量通过数据分布的稀疏区域。聚类假设简单、直观，常以不同的方式直接用于各种半监督学习算法的设计中。流形假设是指处于一个很小的局部邻域内的示例具有相似的性质，因此其标记也应该相似。这一假设反映了决策函数的局部平滑性，与聚类假设着眼整体特性不同，流形假设主要考虑模型的局部特性。在该假设下，大量未标记示例的作用就是让数据空间变得更加稠密，从而有助于更加准确地刻画局部区域的特性，使得决策函数能够更好地进行数据拟合。流形假设也可以容易地直接用于半监督学习算法的设计中。

根据半监督学习算法的工作方式，可以大致将现有的很多半监督学习算法分为三大类。第一类算法以生成式模型为分类器，将未标记示例属于每个类别的概率视为一组缺失参数，然后采用 EM 算法（Expectation-Maximization Algorithm）来进行标记估计和模型参数估计，此类算法可以看成是在少量有标记示例周围进行聚类，是早期直接采用聚类假设的做法。第二类算法是基于图正则化框架的半监督学习算法，此类算法直接或间接地利用了流形假设，它们通常先根据训练例及某种相似度度量建立一个图，图中结点对应了有标记或未标记示例，边为示例间的相似度，然后定义所需优化的目标函数并使用决策函数在图上的光滑性作为正则化项来求取最优模型参数。第三类算法是协同训练（Co-Training）算法，此类算法隐含地利用了聚类假设或流形假设，它们使用两个或多个学习器，在学习过程中，这些学习器挑选若干个置信度高的未标记示例进行相互标记，从而使得模型得以更新。

以上讨论的半监督学习算法只是利用了已标识数据和未标识数据之间的关系，还有很多其他类型的关系并没有得到很好的利用，这在大数据时代尤为突出。比如假设希望为社交网络中的人预测分类标识或者数字型数值等，那么社交网络中人与人之间的朋友关系或者共同的兴趣爱好、相近的地理位置、点击了同一个广告等关系，都可以用来提高半监督学习的性能。将这些信息集成到半监督学习的算法中具有非常重要的实际意义。

2. 集成学习

集成学习类似于人类智慧的集成，多人的决策常常比一个人做出的决策更优。集成学习使用多个学习机来解决同一问题，通过将多个不同学习系统的结果进行整合，可以获得比单个学习系统更好的性能，即便是采用简单的学习系统，也能获得更好性能。一个集成学习机的构建一般分为两步：基本学习机的生成和基本学习机的合并，现有的许多集成学习算法主要是在这两方面存在差异。在构建集成学习机时，有效地产生泛化能力强、差异大的基本学习机是关键，即基本学习机的准确性和它们之间的多样性是两个重要因素。集成学习的架构本质上就具有易于并行的特性，为在处理大数据时提高训练和测试效率提供了良好的基础。

基本学习机通常是在训练数据上运用传统的机器学习算法（决策树、神经网络等）生成的，采用单个基本学习算法应用于不同的训练集上生成相同类型的基本学习机称为同构类型的，采用多个不同的学习算法应用于同一数据集上生成不同类型的基本学习机称为异构类型的。根据基本学习机的生成次序，可以将集成学习分为两类：一类是顺序的集成学习方法，基本学习机是按次序生成的，这类方法利用基本学习机之间的相关性减小残余错误，典型的例子是 Boosting 方法；一类是并行集成学习方法，基本学习机是并行生成的，这类算法利用基本学习机之间的独立性，通过综合多个独立的基本学习机，可以大大减小学习的错误，典型例子是 Bagging 方法。

Boosting 方法是一种用来提高弱分类算法准确度的方法，这种方法通过构造一个预测函数系列，然后以一定的方式将他们组合成一个预测函数，主要是通过对样本集的操作获得样本子集，然后用弱分类算法在样本子集上训练生成一系列的基分类器。基本思路：将其他的弱分类算法作为基分类算法放于 Boosting 框架中，通过 Boosting 框架对训练样本集的操作，得到不同的训练样本子集，用该样本子集去训练生成基分类器；每得到一个样本集就用该基分类算法在该样本集上产生一个基分类器，这样在给定训练轮数 n 后，就可产生 n 个基分类器，然后 Boosting 框架算法将这 n 个基分类器进行加权融合，产生一个最后的结果分类器。在这 n 个基分类器中，每个单个的分类器的识别率不一定很高，但他们联合后的结果有很高的识别率，这样便提高了该弱分类算法的识别率。

Bagging 是 Bootstrap Aggregating 的缩写，是第一批用于多分类器集成的算法，该集成算法在一个训练集合上重复训练得到的多个分类器。基本思路：给定一个训练数据集，将训练数据分成多个不重叠的训练数据子集，并对这些子集进行随机抽样，然后在每个抽样的数据集上训练出一个基本学习机，让该学习算法重复训练多轮，某个初始训练样本在某轮训练集中可以出现多次或根本不出现，最终的学习结果是对多个学习机的学习结果进行多数投票而产生的。

在产生一系列的基本学习机之后，集成学习是通过组合这些基本学习机的方式来获得更强的泛化能力。组合方法会直接影响学习的性能，目前常用的组合方法有平均法和投票法。

平均法有简单平均法、加权平均法。简单平均法的有效性是基于单个学习机的错误是不相关的假设前提，而集成学习中单个学习机是在相同的问题上进行训练，故这个假设在集成学习中可能不成立。加权平均法是给每个基学习机不同的权重，不同的权重意味着不同的重要性，然后进行平均。因此简单加权法可以视为加权平均法的一个特例，但是加权平均法的性能并不一定优于简单平均法，因为现实生活中，数据规模大且数据的噪声也很大，估计的权重经常不可靠，过多的权重估计也容易导致过度拟合问题，这点在大数据时代尤为突出。一般对有近似性能的基本学习机使用简单平均法是合适的。

投票法是对非数据型输出结果的常用组合方法，主要有多数投票法、最大投票法、加权投票法。多数投票法由每个基本学习机投票选一个分类标识，当某分类标识获得投票数超过一半，则成为集成学习的最终输出，否则无输出结果；最大投票法，最终输出结果是得票数最高的分类标识，不要求得票率超过一半，当出现得票数一样时，随机选择一个输出；加权投票法，由于每个基本学习机的性能不同，可以给性能好的基本学习机更高的投票权。

3. 概率图模型

概率图模型是概率论与图论相结合的产物，是概率分布的图形化表示，它用图论的语言直观表示较为抽象的随机变量之间的依赖关系，并用图形结构服务于对概率模型的研究，最终达到降低推理的计算复杂度。它为捕获随机变量之间复杂的依赖关系、构建大规模多变量统计模型提供了一个统一的框架。概率图模型主要包括贝叶斯（Bayes）网络、马尔可夫网络和隐马尔可夫模型。

贝叶斯网络又称信度网络，是贝叶斯方法的扩展，目前不确定知识表达和推理领域最有效的理论模型之一。一个贝叶斯网络是一个有向无环图（Directed Acyclic Graph，DAG），由代表变量节点及连接这些节点有向边构成。节点代表随机变量，节点间的有向边代表了节点间的互相关系（由父节点指向其子节点），用条件概率进行表达关系强度，没有父节点的用先验概率进行信息表达。节点变量可以是任何问题的抽象，如：测试值，观测现象，意见征询等。

从上述分析，可以看出贝叶斯网络可以系统化将某种情形下的概率信息构建成一个整体，通过一系列的算法自动地对这些信息推导出更多隐含的信息，为下一步的决策提供基础。在任意的贝叶斯网络中，有且只有一个概率分布满足各种限制条件，因此可以保证数据的一致性和完整性。贝叶斯网络具有非常灵活的学习机制及高效率的算法，可以模拟人类的学习方式和认识过程，灵活地对结构和参数进行相应的修改与更新，适用于表达和分析不确定性和概率性的事件，应用于有条件地依赖多种控制因素的决策，可以从不完全、不精确或不确定的知识或信息中做出推理。

贝叶斯网络的特性与大数据时代的数据多样性、不确定性及不完全性等属性基本符合，在大数据时代必将得到广泛使用。

4. 迁移学习

大数据环境下，大量新的数据在许多不同的新领域呈爆炸性增长，要在这些新的领域中应用传统的机器学习方法，就需要大量有标识的训练数据，这会耗费大量的人力与物力。人类可以从以前学习的经验中认知并运用相关的知识来解决新的学习任务，新的学习任务与以前的经验相关性越大，就越容易掌握新的任务。如果有了大量其他领域的不同分布下的有标识的训练数据，利用从这些训练数据中学习到的知识帮助在新环境中的学习任务，这就是迁移学习。

传统机器迁移学习一般假设训练数据与测试数据服从相同的数据分布，即学习的知识与应用的问题有相同的统计特征，然而在现实世界中，特征空间却常常发生变化，这会大大影响统计学习的结果和效果。因此让机器能够继承和发展过去学到的知识，关键就是让机器学会利用原领域任务中的知识来提高在目标领域的学习性能。

迁移学习也可以被分为很多不同的类别，例如：样本迁移、参数迁移、分级迁移和特征表述迁移等。下面是几种比较常见的迁移学习方式及其特点。

样本迁移：这是最为直接也是最为便捷的迁移学习方式之一。在样本迁移的过程中，我们往往并不深究源任务的内在信息，而是从样本或是类别标签入手，直接地在目标任务中应用源任务样本或类别标签。这一迁移学习方法比较适用于以下这类情况：目标任务仅仅拥有很少一部分的训练样本或是类别标签，而源任务的训练样本或是类别标签数量充足，并且源任务和目标任务相似性较高，此时我们就可以使用样本迁移来学习目标任务。

参数迁移：这类迁移方法是归纳迁移的一种，核心是把与源任务相关的知识用参数的形式传递至目标任务中去。与模型迁移相似，参数迁移的目的也是对源任务相关知识进行浓缩，我们可以把关于一个源任务的知识尽可能地用参数的形式表示出来，然后用以帮助学习目标任务。

分级迁移：在现实生活中，不同的任务之间总会存在着一定的差异性，它们的难度也可能各不相同。因此，在某些情况下，我们可以把一个复杂的目标任务分割成几个简单的源任务，然后结合这些简单的源任务的信息，来帮助解决目标任务所遇到的问题。

特征表述迁移：此类迁移学习方法比较注重细节上的迁移，例如，样本与样本之间的映射关系、目标与目标之间表示方法的传递等。它所注重的核心部分与先前的几种迁移学习方法略有差异。相比于归纳式的迁移方法而言，特征表述迁移会更注意一些细节上的问题，也正是由于这一原因，这一方法被广泛地应用于实体识别等领域。

负迁移的避免。目标任务与源任务的相似程度直接影响着迁移学习的效果。如果目标任务与源任务相似度较高，那么迁移学习也将会是有效的，目标任务的性能也将会得到提高。反之，如果目标任务和源任务没有足够的相关性，那么迁移学习就很难起到作用，不但不会提升目标任务的学习效率和效果，反而有可能会起到反作用，即产生负迁移。尽量识别并拒绝源任务中的对目标任务不利的信息，是避免负迁移的一种方法；另外的一些方法是有选择地拒绝部分知识并选择部分知识；如果有不止一个源任务，目标任务则有更大的概率获得一个与其相似的源任务，在众多的源任务中选择最佳的一个。

大数据时代的数据多以大量无标识的数据和少量有标识数据组合而成，半监督学习方法是处理该类数据的有效方法；随着数据规模的爆炸式增长，通过多个基本学习机整合后的集成学习方法能较有效地获取学习的结果；概率图模型通过图形可视化的方式为多种结构的大数据分析提供了简单有效的分析模型；而通过迁移学习，已有的学习成果能不断积累并衍生引用到未知的领域。与大数据相关的机器学习研究领域还有很多，如复杂自适应系统、人类学习机制的研究、大规模机器学习的算法并行性等都是未来机器学习的一个重点方向。

14.3.4　面向数据流的机器学习

大数据时代，数据流具有海量性、实时性和动态变化性 3 个基本特点。数据流随着时间不停地产生，除非人为干预，否则这种状态会一直持续下去，没有终点，因此可以将数据流看成是无限的，其包含的数据量自然也是海量的；由于数据的产生是随时间而进行的，因此数据流是有时间属性的，即实时性；由于数据流的产生往往受到当前采集环境的影响，因此导致数据会随着时间而发生变化，因此数据也是动态变化的，即发生概念漂移。

现实世界中的数据通常都是在一个时间段内获取的，如果忽略潜在概念中可能的改变，将会降低分类模型的预测能力。概念漂移的问题给机器学习带来了巨大的挑战，目前各种机器学习系统的构造算法在本质上都是于基静态学习环境，以尽量保证学习系统泛化能力为目标的一个寻优过程，所以现有各种机器学习算法本质上都不适应进行概念漂移数据流学习。这种不适应体现在：计算模型或者缺乏获取新知识的能力，或者不能保持原本学到的知识。

处理概念漂移，最重要的是能识别在哪一个时间点训练样本集合跟已有概念产生了不一致。对已有各种学习器进行调整，使其适应概念漂移数据流学习，目前大部分分类学习方法都是以两种方式来处理：第一种是在训练样本集合里附加一个固定或可调整大小的窗口，依据概念漂移的情形决定窗口的移动或扩展；第二种是依据分类所需的效果、样本存入时间的长度等考虑为数据加权，适时摒弃一些超时的或不适合的数据。它们的实现算法可以分为两类，一类是通过单分类器实现，另一类是通过多分类器集成实现。

所谓单分类器实现就是使用一种分类模型对数据流进行分类。主要方法有 4 种：选择训练样本，该类方法的主要思路是在目前为止采集到的训练样本中选择一部分最合适对未来数据实施准确分类的样本训练分类器，其主要做法有滑动窗口法、自适应滑动窗口调整法以及动态样本选择法；给训练样本赋以权值，该类方法的主要思路是对最新的训练样本赋以最大的权值，以提高对新概念的反应速度；调整学习机的结构，该类方法的特点是动态调整分类器的内部结构，以适应概念漂移检测的要求；第 4 种是各种方法的组合。

使用单分类器处理概念漂移数据流时需要不断更新分类模型且分类器泛化能力不高，集成分类器模型通过对多分类器集成，实现对历史样本的选择，可以提高分类器泛化能力。分类器集成的一般做法是利用集成学习策略对数据流实施分块学习，或者基于在线学习模型对整个数据流实施集成学习，都是通过改变样本集合进行的，流行的方法有 Bagging、Boosting、Pasting 等。随着集成分类器模型研究深入，对多分类器集成当前主要集中在弱分类器的构建和分类结果的汇总上。对弱分类器的构建主要是通过调整模型内部参数和训练集等方式，建立不同的弱分类模型，为集成模型的构建提供分类器基础；对分类结果汇总方面，其目的是通过汇总多分类器给出的分类结果，给出最终的集成模型分类结果。因此能否有效构建强学习模型的关键是对个体分类器分类结果的汇总，它是集成分类器模型的核心内容。相对于单一分类器而言，集成分类器有几个好处：集成分类器很好地提高了预测的精度；由于大部分分类器模型的建立复杂度都是非线性的，集成分类器的建立比单一分类器的建立要高效很多；集成分类器本身就是可并行扩展和在线分类大数据库。

尽管集成分类器模型已成为学术界研究热点，但是仍存在一些不足，如个体分类器的构建以及分类结果的融合等方面。当前对于面向数据流的机器学习仍有许多的问题需要解决，如对混合数据类型如何进行实时分类，如何使用并行计算的思想对海量级数据流进行处理等，都是将来要解决的问题。

14.4　隐私保护与数据安全

美国在线公司（AOL）隐私泄露事件是一个著名的"人肉数据分析"案例。为了进行研究，AOL 于 2006 年发布了搜索查询数据集，其中有 65 万用户 3 个月中在 AOL 搜索提交的两千万多项查询，为了保护用户隐私，AOL 将用户的个人信息删除，给每个用户赋一个 ID。然而纽约时报的一个记者对数据进了观察、分析，利用电话号码簿，很快确定 ID4417749 的用户是居住在佐治亚州利尔本的一个 62 岁寡妇塞尔玛·阿诺德（Thelma Arnold）。

《大数据时代（*Big Data: A Revolution That Will Transform How We Live，Work，and Think*）》的作者维克托·尔耶·舍恩伯格（Viktor Mayer-Schönberger）在书中表示，在大数据时代，我们时刻都暴露在"第三只眼"之下：亚马逊（Amazon）监视着我们的购物习惯，谷歌（Google）监视着我们的网页浏览习惯，而微博（MicroBlog）似乎什么都知道，不仅窃听到了我们心中的"TA"，还有我们的社交关系网。

维克托·尔耶·舍恩伯格说："对我们而言，危险不再是隐私的泄露，而是被预知的可能性——这些能预测我们可能生病、拖欠还款和犯罪的算法会让我们无法购买保险、无法贷款、甚至在实施犯罪前就被预先逮捕。"

另外一些基于个人踪迹的预测，可以让你每走一步之前都被设计好一个陷阱等着你，你这一步踩不到，下一步也总能踩到。以前的"飞天大盗"要实地勘察几个月甚至数年来分析某人或某机构的习惯规律以实施犯罪行为。以后，只需要一台电脑和简单的黑客手段就可以做到了。

14.4.1　大数据隐私问题

隐私问题由来已久，计算机的出现使得越来越多的数据以数字化的形式存储在电脑中，互联网的发展则使数据更加容易产生和传播。

1. 隐性的数据暴露

互联网尤其是社交网络的出现，使得人们在不同的地点产生越来越多的数据足迹。这种数据具有累积性和关联性，单个地点的信息可能不会暴露用户的隐私，但是如果有办法将某个人的很多行为从不同的独立地点聚集在一起时，他的隐私就很可能会暴露。这种隐性的数据暴露往往是个人无法预知和控制的。从技术层面，可以通过数据抽取和集成来实现用户隐私的获取；现实生活所谓的"人肉搜索"的方式能快速、准确地得到结果。大数据时代的隐私保护面临着技术和人力层面的双重考验。

2. 数据公开与隐私保护的矛盾

如果仅为了保护隐私就将所有的数据加以隐藏，那么数据的价值根本无法体现。数据公开是非常有必要的，政府可以从公开的数据中了解整个国民经济的宏观运行，以便制定更好的政策；企业可以从公开的数据中了解客户的需求变化，从而推出更受欢迎的服务或产品，使其利益最大化；研究者可以从公开数据中从社会、经济、技术等不同的角度进行研究。大数据时代的隐私性主要体现在不暴露用户敏感信息的前提下进行有效的数据挖掘。针对这一问题，目前有学者提出了保护隐私的数据挖掘，尝试在尽可能少损失数据信息的同时最大化隐藏用户隐私，平衡高效的数据隐私保护策略算法与系统良好运行应用之间的关系。但是数据信息量与隐私是矛盾的，当前研究离实际应用还有很长的路要走。

3. 数据呈动态性

大数据时代的数据变化快速，数据模式及内容不断随机变化且相互关联，现有的隐私保护技术主要是基于静态数据集。大部分现有隐私保护模型和算法都是针对传统关系数据库的，不能将其直接移植到大数据应用中。实现对动态数据的利用和隐私保护将是一个急需研究解决的问题。

14.4.2　大数据安全挑战

虽然大数据的相对价值密度较低，但是它里面所蕴藏的潜在信息量却较高。随着快速处理和分析提取技术的发展，人们可以很便捷地从大数据中捕捉到有价值的信息，从而为参考决策服务。大数据在成为竞争新焦点的同时，带来了新的发展机遇，也带来了更多的安全风险。信息安全正成制约大数据技术发展的瓶颈。

1. 网络化社会使大数据易成为攻击目标

网络化社会的形成，为大数据在各个行业领域实现资源共享和数据互通搭建平台和通道。基于云计算的网络化社会为大数据提供了一个开放的环境，分布在不同地区的资源可以快速整合、动态配置，实现数据集合的共建共享。而且，网络访问便捷化和数据流的形成，为实现资源的快速弹性推送和个性化服务提供基础。正因为平台的暴露，使得蕴含着海量数据和潜在价值的大数据更容易吸引黑客的攻击，也就是说，在开放的网络化社会，大数据的数据量大且相互关联，对于攻击者而言，相对低的成本就可以获得滚雪球的收益。近年来在互联网上发生的用户账号的信息失窃等连锁反应可以看出，大数据更容易吸引黑客，而且一旦遭受攻击，失窃的数据量也是巨大的。

2. 大数据存储安全问题

在大数据之前，数据存储分为关系型数据库和文件服务器两种。大数据时代的数据特征与以前有着巨大差异，占数据总量80%以上的是非结构化数据，当前基本采用非关型数据库（NoSQL）存储，虽然NoSQL数据存储具有可扩展性和可用性等优点，为大数据存储提供了初步解决方案，但是NoSQL数据存储仍存在以下问题：一是相对于严格访问控制和隐私管理的SQL技术，目前NoSQL还无法沿用SQL的模式，而且适应NoSQL的存储模式并不成熟；二是虽然NoSQL软件从传统数据存储中取得经验，但NoSQL仍然存在各种漏洞，毕竟它使用的是新代码；三是由于NoSQL服务器软件没有内置足够的安全，所以客户端应用程序需要内建安全因素，这又反过来导致产生了诸如身份验证、授权过程和输入验证等大量的安全问题。

3. 技术发展增加了安全风险

随着计算机网络技术和数据处理技术的发展，大数据的收集效率以及智能动态分析能力也在不断提高。但是，技术发展与风险是相伴随的。一方面，大数据本身的安全防护存在漏洞，虽然云计算对大数据提供了便利，但对大数据的安全控制力度仍然不够，应用程序编程接口（Application Programming Interface，API）访问权限控制以及密钥生成存储和管理方面的不足都可能造成数据泄漏。而且大数据本身可以成为一个可持续攻击的载体，被隐藏在大数据中的恶意软件和病毒代码很难被发现，从而达到长久攻击的目的。另一方面，在用数据挖掘和数据分析等大数据技术获取价值信息的同时，攻击者也在利用这些大数据技术进行攻击。

14.4.3　大数据安全应对策略

大数据的安全存储。数据按照安全存储的要求，被存储在数据集的任何空间，通过 SSL（Secure Sockets Layer）加密，实现数据集的节点和应用程序之间移动保护大数据，为数据在传输的过程中提供加密服务；使用加密把数据使用与数据保护分离，把密钥与要保护的数据隔离开；通过过滤器的监控，一旦发现数据离开了用户的网络，就自动阻止数据的再次传输；进行数据备份，实现端对端的数据保护，确保大数据在损坏情况下有备无患。

大数据应用安全策略。重视发展基于大数据技术的 APT（Advanced Persistent Threat）攻击分处理能力，设计具备实时检测能力与事后回溯能力的全流量审计方案，提醒隐藏有病毒的应用程序；可根据用户需求的不同及大数据的密级程度，对大数据和用户设定不同的权限等级，并严格控制访问权限；建立数据实时分析引擎，从大数据中第一时间挖掘出黑客攻击、非法操作、潜在威胁等各类安全事件，及时发出警告响应。

大数据安全管理。规范建设可以促进大数据管理过程的正规有序，实现各级各类信息系统的网络互连、数据集成、资源共享，在统一的安全规范下运行；建立以数据为中心的安全系统，按照数据价值或密级轻重分析大数据的类别，明确重点保障对象，强化对敏感和要害数据的监控管理，从系统管理上保证大数据的安全。

在大数据的价值不再单纯来源于它的基本用途，更多的是源于它的二次使用。为了保护数据隐私安全，人们曾提出使用数据时，需要告知数据所有者并得到许可，对敏感数据或可能存在威胁的数据采用模糊化和匿名化处理，如谷歌的街景，居民要求将自己的房屋图像模糊处理。不管是告知与许可、模糊化还是匿名化，这三大隐私保所策略都失败了。如谷歌要使用检索词预测流感，必然征得上亿人的同意，这是不可能的；对谷歌街景的部分图片实行模糊化，本身就是让目标突出，等于间接告诉犯罪份子这是一个有价值的场所。虽然技术层面上，可以对隐私保护有一定的作用，但是单一固化的保护模式难以为继，对数据的管理有必要要求让数据使用者承担责任，同时也要完善数据隐私安全保护的法律体系和管理标准。

14.5　大数据的应用及发展趋势

14.5.1　大数据的应用

大数据技术可运用到各行各业，大数据就像一个侦探家，能够拨开重重迷雾，找到问题的本质及解决方案。麦肯锡公司 2011 年报告推测，如果把大数据用于美国的医疗保健，一年产生潜在价值 3000 亿美元，用于欧洲的公共管理可获得年度潜在价值 2500 亿欧元；服务提供商利用个人位置数据可获得潜在的消费者年度盈余 6000 亿美元；利用大数据分析，零售商可增加运营利润60%，制造业设备装配成本会减少 50%。

在商业领域，UPS 快递公司是一个应用数据分析的典型公司，他们利用多效地理定位信息制定最佳行车路径，在 2011 年，少跑了 4828 万公里，减少了 300 万加仑燃油。沃尔玛、家乐福等大型连锁超市通过对销售额、定价以及经济学、人员统计学和天气数据进行分析，了解顾客购物习惯，指导特定的连锁店选择合适的上架产品及搭配在一起出售的商品，并基于这些分析来判定商品减价的时机，还可从中细分顾客群体，提供个性化服务。麦当劳的部分门店安装了搜集运营数据的装置，用于跟踪客户互动、店内客流和预订模式，研究人员可以对菜单变化、餐厅设计以及培训等是如何对劳动生产力和销售额产生影响进行建模。

在金融领域，麻省理工学院的两位经济学家 Alberto Cavell 和 Oberto Rigobon 通过一个软件在网上收集信息，然后进行数据分析，在 2008 年 9 月雷曼兄弟银行破产后，就发现了通货紧缩趋势，而官方数据在 11 月才发现这个现象。印第安纳大学利用谷歌公司提供的心情分析工具，从近千万条网民留言中归纳出六种心情，进而对道琼斯工业指数的变化进行预测，准确率达到 87%。阿里公司根据在淘宝网上中小企业的交易状况筛选出财务健康和讲究诚信的企业，对他们发放无需担保的贷款，目前已放贷 300 多亿元，坏账率仅 0.3%。华尔街通过分析微博账户留言，判断民众情绪，依据人们高兴时买股票、焦虑时抛售股票的规律，决定公司股票的买入或卖出。

在医疗保健领域，在加拿大多伦多的一家医院，针对早产婴儿，每秒钟有超过 3000 次的数据读取，通过这些数据分析，医院能够提前知道哪些早产儿出现问题并且有针对性地采取措施，避免早产婴儿夭折。"谷歌流感趋势"项目依据网民搜索内容分析全球范围内流感等病疫传播状况，与美国疾病控制和预防中心提供的报告对比，追踪疾病的精确率达到 97%。苹果公司的前总裁史蒂夫·乔布斯对自身所有 DNA 和肿瘤 DNA 进行排序，基于个体特定基因进行大数据分析，然后对症下药执行个性化治疗，使生命得到延长。社交网络为许多慢性病患者提供临床症状交流和诊治经验分享平台，医生借此可获得在医院通常得不到的临床效果统计数据。

在社会安全管理领域，通过对手机数据的挖掘，可以分析实时动态的流动人口来源、出行，实时交通客流信息及拥堵情况。利用短信、微博、微信和搜索引擎，可以收集热点事件，挖掘舆情，还可以追踪造谣信息的源头。纽约市的警方部门正在使用计算机化的地图以及对历史性逮捕模式、发薪日、体育项目、降雨天气和假日等变量进行分析，从而试图预测最可能发生罪案的"热点"地区，并预先在这些地区部署警力。美国麻省理工学院通过对十万多人手机的通话、短信和空间位置等信息进行处理，提取人们行为的时空规律性，进行犯罪预测。

在科学研究领域，海量数据的出现催生了一种新的科学模式，即面对海量数据，科研人员只需要从数据中直接查找或挖掘所需要的信息，无需直接接触研究的对象。2007 年，已故的图灵奖得主 Jim Gray 在他最后一次演讲中描述了数据密集型科学研究的"第四范式"，把数据密集型科学从计算科学中单独分离开来。基于密集数据分析的科学发现成为继实验科学、理论科学和计算科学之后的第 4 个范例，基于大数据分析的材料基因组学和合成生物学等正在兴起。

在农业领域，如果农民和农技专家掌握天气变化数据、农作物生长数据等，就可以避免因自然因素造成的产量下降；掌握市场供需数据可以选择不同农作物的种植及种植数量，避免因市场供需失衡带来经济损失。天气意外保险公司（The Climate Corporation）利用公司特有的数据采集与分析平台，每天从 250 万个采集点获取天气数据，并结合大量的天气模拟、海量的植物根部构造和土质分析等信息对意外天气风险做出综合判断，向农户出售个性化保险。Farmeron 公司为全世界的农民提供类似于 Google Analytics 的数据跟踪和分析服务，农民可在其网站上利用这款软件，记录和跟踪自己饲养畜牧的情况（饲料库存、消耗和花费，畜牧的出生、死亡、产奶等信息，还有农场的收支信息）。

14.5.2　大数据的发展趋势

如今一个大规模生产、分享和应用数据的时代正在开启，大数据技术使人们可以利用以前不能有效利用的多种数据类型，这促使经济学、政治学、社会学和许多科学门类发生巨大甚至是本质上的变化，进而影响人类的价值体系、知识体系和生活方式。

未来，数据可能成为最大的交易商品。但数据量大并不能算是大数据，大数据的特征是数据量大、数据种类多、非标准化数据的价值最大化。因此，大数据的价值是通过数据共享、交叉复用后获取最大的数据价值，大数据的挖掘和应用将成为核心。未来大数据将会如基础设施一样，有数据提供方、管理者、监管者，数据的交叉复用将把大数据变成一大产业。

大数据的整体态势和发展趋势主要体现在几个方面：大数据与学术、大数据与人类的活动，大数据的安全隐私、关键应用、系统处理和整个产业的影响。大数据整体态势上，数据的规模将变得更大，数据资源化，数据的价值凸显，数据私有化出现和联盟共享。

随着大数据的发展，数据共享联盟将逐渐壮大成为产业的核心一环，同时大数据使得数据价值极大提高，数据的安全与隐私问题将会日益突出，这为大数据信息安全产业的发展提供了机遇。数据资源化使得大数据在国家、企业和社会层面成为重要的战略资源，成为新的战略制高点和抢购的新焦点。大数据的发展会催生许多新兴职业，会产生数据分析师、数据科学家、数据工程师，有非常丰富的数据经验的人才会成为稀缺人才。

大数据的新变革才刚开启，很多领域还有创新或领先的可能，机遇离我们是如此之近。我们有必要以开放的心态和创新的勇气来迎接大数据时代的到来，对大数据要给予高度重视，特别需要从政策制定、人才培养、基础技术研究、信息安全保障体系等方面综合建设，抓住历史给予中国创新的机会，利用大数据促进人文、经济、科技的全面发展。

习　　题

一、选择题

1. 大数据技术一般不包括（　　）。
   A. 分析技术　　　　　　　　　　B. 存储数据库
   C. 分布式计算技术　　　　　　　D. 软件工程思想
2. （　　）才是大数据产生的根本原因。
   A. 被动产生的数据　　　　　　　B. 主动产生的数据
   C. 自动产生的数据　　　　　　　D. 混合产生的数据
3. 大数据的处理流程在获得数据源之后是（　　）。
   A. 数据整合与抽取　　　　　　　B. 用户
   C. 数据分析　　　　　　　　　　D. 数据解释
4. 大数据的数据结构复杂且具有多样性，包含非结构化、半结构化和结构化这 3 大类数据，其中又以（　　）为主。

    A. 半结构化与非结构化　　　　B. 半结构化

    C. 非结构化　　　　　　　　　D. 结构化

5. 半监督学习是（　　）与无监督学习相结合的一种学习方法。

    A. 监督学习　　　　　　　　　B. 集成学习

    C. 迁移学习　　　　　　　　　D. 支持向量机

6. （　　）通过图形可视化的方式为多种结构的大数据分析提供了简单有效的分析模型。

    A. 监督学习　　　　　　　　　B. 概率图模型

    C. 迁移学习　　　　　　　　　D. 支持向量机

7. 大数据时代的数据当前基本采用（　　）存储。

    A. 文件　　　　　　　　　　　B. 关系型数据库

    C. 非关系型数据库　　　　　　D. U盘

二、简答题

1. 简述大数据的4个特性。

2. 请比较一下大数据与数据库的差异。

3. 大数据处理模式主要有哪两种？如何选择它们的适用场合？

4. 请以Google为代表的云计算技术来阐述大数据所涉及的相关技术。

5. 针对机器学习技术的性能指标，主要从哪几个方面来评价？

6. 请比较一下集成学习与半监督学习的区别。

7. 请收集当前大数据的应用文献资料来说明大数据的发展趋势及存在的问题。

本章参考文献

[1] 孟小峰，慈祥. 大数据管理：概念、技术与挑战.计算机研究与发展，2013，50(1):146-169.

[2] 大数据. http://zh.wikipedia.org/wiki/大数据.

[3] 大数据. http://baike.baidu.com/view/6954399.htm.

[4] 维克托·迈尔·舍恩伯格. 大数据时代. 杭州：浙江人民出版社，2012.

[5] The changing privacy landscape in the era of big data. http://www.nature.com/msb/journal/v8/n1/ full/msb201247.html.

[6] 陈康，向勇，喻超. 大数据时代机器学习的新趋势. 电信科学，2012, 12:88-95.

[7] 文益民,强保华,范志刚. 概念漂移数据流分类研究综述. 智能系统学报,2013,8(2):95-104.

[8] 李国杰. 大数据研究的科学价值. 中国计算机学会通讯，2012，8（9）：8-15.

[9] 王珊，王会举，覃雄派，等. 架构大安适据：挑战、现状与展望. 计算机学报，2011，34(10): 1741-1752.

[10] 陈明奇，姜禾，张娟，等. 大数据时代的美国信息网络安全新战略分析. 信息网络安全，2012，(8): 32-35.

第15章
云计算专题

15.1 云计算概述

15.1.1 云计算的演进

云计算（见图 15.1）是并行计算（Parallel Computing）、分布式计算（Distributed Computing）、网格计算（Grid Computing）的自然延伸，或者说是这些计算机科学的商业实现，是虚拟化（Virtualization）、效用计算（Utility Computing）、基础设施即服务（IaaS）、平台服务（Paas）、软件即服务（SaaS）等技术混合演进并跃升的结果。云计算是一种新的突破式创新，已成为 IT 的发展趋势。

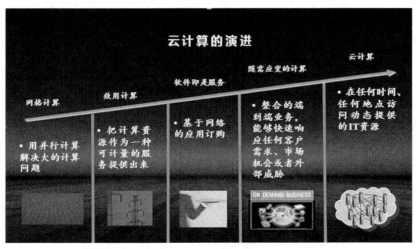

图 15.1　云计算的演进

15.1.2 云计算的定义

对云计算的内涵，业界一直有很多种不同的说法，每个人站在不同的角度都有不同的理解，其中一种被广泛认可的定义是：云计算是分布式处理、并行处理和网格计算的发展，或者说是这些计算机科学概念的商业实现。它是基于互联网的超级计算模式——即把存储于个人电脑、移动电话和其他设备上的大量信息和处理器资源集中在一起，协同工作。同时又是在极大规模上以可扩展的信息技术能力向外部客户作为服务来提供的一种计算方式，使得数据放在云端，不怕丢失、不必备份、可以任意点的恢复；在云端的软件不必下载便可自动升级；在任何时间，任意地点，任何设备登录后就可以进行计算服务，计算无所不在，且计算具有无限空间、无限速度。有人将这种模式比喻为从单台发电机供电模式转向了电厂集中供电的模式。它意味着计算能力也可以作为一种商品进行流通，就像煤气、水和电一样，取用方便、费用低廉。最大的不同在于，它是通过互联网进行传输的，如图 15.2 所示。

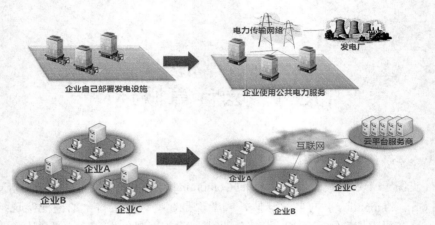

图 15.2　像用电用水一样使用 IT

根据 Wiki 的定义："Cloud computing is a style of computing in which dynamically scalable and offer virtualized resources are provided as a service over the Internet"。可知云计算是一种通过 Internet 以服务的方式提供动态可伸缩的虚拟化资源的计算模式。用户不必知晓如何管理和运行支持云计算的那些设施，只需要从"云"中获取他所需要的服务（见图 15.3）。

图 15.3　云计算的定义

15.1.3　云计算的特点

从目前的发展现状来看，云计算具有以下特点。

（1）超大规模。"云"具有相当大的规模，Google 云计算已经拥有 100 多万台服务器，亚马逊、IBM、微软和 Yahoo 等公司的"云"均拥有几十万台服务器。"云"能赋予用户前所未有的计算能力。

（2）跨地域性。云计算支持用户在任意位置使用各种终端获取服务。所请求的资源来自"云"，而不是固定的有形的实体。应用在"云"中某处运行，但实际上用户无需了解应用运行的具体位置，只需要一台笔记本或一个 PDA，就可以通过网络服务来获取各种能力超强的服务。

（3）高可靠性。"云"使用了数据多副本容错、计算节点同构可互换等措施来保障服务的高可靠性，使用云计算比使用本地计算机更加可靠。

（4）通用性。云计算不针对特定的应用，在"云"的支撑下可以构造出千变万化的应用，同一片"云"可以同时支持不同的应用运行。

（5）高可扩展性。"云"的规模可以动态伸缩，满足应用和用户规模增长的需要。

（6）按需服务。"云"是一个庞大的资源池，用户按需购买，像自来水、电和煤气那样计费。

（7）极其廉价。"云"的特殊容错措施使得可以采用极其廉价的节点来构成云；"云"的自动化管理使数据中心管理成本大幅降低；"云"的公用性和通用性使资源的利用率大幅提升；"云"设施可以建在电力资源丰富的地区，从而大幅降低能源成本。

综上所述，"云"具有前所未有的性能价格比。Google 每年投入约 16 亿美元构建云计算数据中心，所获得的能力相当于使用传统技术投入 640 亿美元，节省了大量成本。因此，用户可以充分享受"云"的低成本优势，需要时，花费几百美元、一天时间就能完成以前需要数万美元、数月时间才能完成的数据处理任务。

15.1.4　云计算的类型和服务层次

云计算按照服务类型大致可以分为 3 类：将基础设施作为服务 IaaS、将平台作为服务 PaaS 和将软件作为服务 SaaS，如图 15.4 所示。

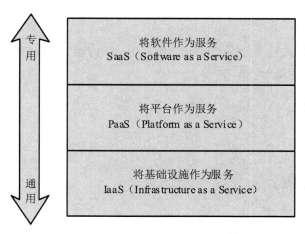

图 15.4　云计算的服务类型

IaaS 将硬件设备等基础资源封装成服务供用户使用，如亚马逊云计算 AWS（Amazon Web Services）的弹性计算云 EC2 和简单存储服务 S3。在 IaaS 环境中，用户相当于在使用裸机和磁盘，既可以让它运行 Windows，也可以让它运行 Linux，几乎可以做任何想做的事情，但用户必须考虑如何才能让多台机器协同工作起来。AWS 提供了在节点之间互通消息的接口简单队列服务 SQS（Simple Queue Service）。IaaS 最大的优势在于它允许用户动态申请或释放节点，按使用量计费。

运行 IaaS 的服务器规模达到几十万台之多，用户因而可以认为能够申请的资源几乎是无限的。同时，IaaS 是由公众共享的，因而具有更高的资源使用效率。

PaaS 对资源的抽象层次更进一步，它提供用户应用程序的运行环境，典型的如 Google App Engine。微软的云计算操作系统 Microsoft Windows Azure 也可大致归入这一类。PaaS 自身负责资源的动态扩展和容错管理，用户应用程序不必过多考虑节点间的配合问题。但与此同时，用户的自主权降低，必须使用特定的编程环境并遵照特定的编程模型。这有点像在高性能集群计算机里进行 MPI 编程，只适用于解决某些特定的计算问题。例如，Google App Engine 只允许使用 Python 和 Java 语言、基于称为 Django 的 Web 应用框架、调用 Google App Engine SDK 来开发在线应用服务。

SaaS 的针对性更强，它将某些特定应用软件功能封装成服务，如 Salesforce 公司提供的在线客户关系管理 CRM（Client Relationship Management）服务。SaaS 既不像 PaaS 一样提供计算或存储资源类型的服务，也不像 IaaS 一样提供运行用户自定义应用程序的环境，它只提供某些专门用途的服务供应用调用。

随着云计算的深化发展，不同云计算解决方案之间相互渗透融合，同一种产品往往横跨两种以上类型。例如，Amazon Web Services 是以 IaaS 发展的，但新提供的弹性 MapReduce 服务模仿了 Google 的 MapReduce，简单数据库服务 SimpleDB 模仿了 Google 的 Bigtable，这两者属于 PaaS 的范畴，而它新提供的电子商务服务 FPS 和 DevPay 以及网站访问统计服务 Alexa Web 服务则属于 SaaS 的范畴。

15.2　云计算主要技术

15.2.1　云计算技术框架

云计算技术框架[1]主要由 5 大部分组成：云管理平台、虚拟化、结构化分布式数据存储、大规模并行计算以及分布式文件系统，如图 15.5 所示。

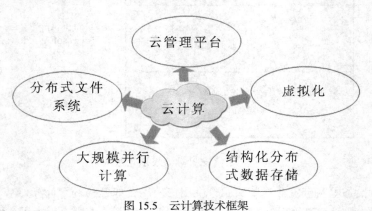

图 15.5　云计算技术框架

云管理平台：实现对于云计算平台资源的管理，硬件及应用系统的性能和故障监控。

虚拟化：虚拟化指对计算资源进行抽象的一个广义概念。虚拟化对上层应用或用户隐藏了计算资源的底层属性。它既包括使单个的资源（比如一个服务器、一个操作系统、一个应用程序、一个存储设备）划分成多个虚拟资源，也包括将多个资源（比如存储设备或服务器）整合成一个虚拟资源。虚拟化技术是指实现虚拟化的具体的技术性手段和方法的集合性概念。虚拟化技术根据对象可以分成存储虚拟化、计算虚拟化、网络虚拟化等。计算虚拟化可以分为操作系统级虚拟化，应用程序级和虚拟机管理器。虚拟机管理器分为宿主虚拟机和客户虚拟机。所以虚拟化即指资源的抽象化，实现单一物理资源的多个逻辑表示或者多个物理资源的单一逻辑表示。

结构化分布式数据存储：类似文件系统采用数据库来存储结构化数据，云计算也需要采用特殊技术实现结构化数据存储，典型技术为 BigTable/Dynamo 以及中国移动提出的 HugeTable。

大规模并行计算：在分布式并行环境中将一个任务分解成更多份细粒度的子任务，这些子任务在空闲的处理节点之间被调度和快速处理之后，最终通过特定的规则进行合并生成最终的结果。典型技术为 MapReduce[2]。

分布式文件系统[3]：可扩展的支持海量数据的分布式文件系统，用于大型的、分布式的、对大量数据进行访问的应用。它运行于廉价的普通硬件上，提供容错功能（通常保留数据的 3 份拷贝），典型技术为 GFS/HDFS/KFS 以及中国移动提出的 HyperDFS。

15.2.2 云计算的核心

云计算的本质核心：以虚拟化的硬件体系为基础，以高效服务管理为核心，提供自动化的、具有高度可伸缩性、虚拟化的硬软件资源服务。其中虚拟化作为实现资源共享和弹性基础架构的手段，将 IT 资源和新技术有效整合；以服务为核心，将资源模块化、服务化提供给最终用户；以自动化实现自动快速的任务分发、资源部署和服务响应，提高运维管理效率。

虚拟化技术可以使得一台服务器当多台服务器来使用。虚拟化技术与多任务以及超线程技术是完全不同的。多任务是指在一个操作系统中多个程序同时并行运行，而在虚拟化技术中，则可以同时运行多个操作系统，而且每一个操作系统中都有多个程序运行，每一个操作系统都运行在一个虚拟的 CPU 或者是虚拟主机上；而超线程技术只是单 CPU 模拟双 CPU 来平衡程序运行性能，这两个模拟出来的 CPU 是不能分离的，只能协同工作。虚拟化技术也与 VMware Workstation 等同样能达到虚拟效果的软件不同，是一个巨大的技术进步，具体表现在减少软件虚拟机相关开销和支持更广泛的操作系统方面。

不管是基于什么环境的虚拟化，都具备分区、隔离和封装三大关键特征。其中，分区使得在一个物理机上可以运行多个 OS，更充分利用服务器资源，支持高可用——分区之间可以组建集群（负载均衡、双机容错）；隔离使得从硬件层面隔离系统故障和安全威胁，在虚拟机之间能够动态地分配 CPU、内存等系统资源，保证服务可用性；封装是将虚拟机封装成与硬件配置无关的文件，使得随时对虚拟机进行快照并实现通过简单的文件复制对虚拟机进行迁徙。

虚拟化技术不仅仅是服务器虚拟化，概况来说包括前端数据中心虚拟化以及服务器和后端存储虚拟化两大部分。前端数据中心虚拟化又包含设备层面的组件虚拟化，如 IDS/IPS、虚拟路由、转发 VRF、VDC、虚拟防火墙等；系统层面的交换系统虚拟化，如提供更好的可用性的虚拟交换 VSS N:1，提供更好的网络扩展能力虚拟私有云 VPC Nexus N:1；连接层面的网络虚拟化，如 VPN、MPLS/VPN、VLAN、VNet、OTV；此外还有服务层面的网络服务虚拟化等。服务器和后端存储虚拟化又包含存储虚拟化与统一 IO，如数据中心以太网、Unified IO/FCoE 及虚拟 SAN 技术；服务器及桌面虚拟化，如 x86 服务器虚拟化、小型机分区技术、虚拟桌面技术等。总的结构如图 15.6 所示。

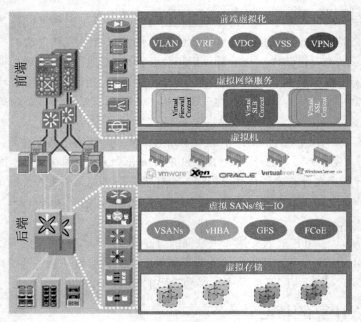

图 15.6　虚拟化技术

　　虚拟化是云计算的核心，但是虚拟化并不等于云计算，云计算除了虚拟化之外，还需要从运维、管理、安全等方面进行调整来满足云计算的要求。

15.2.3　云计算关键技术

　　云计算关键技术包括资源管理与调度、并行计算、分布式文件系统、资源调度、统一管理、分布并行编程技术。

　　资源管理与调度技术：云计算区别于单机虚拟化技术的重要特征是通过整合物理资源形成资源池，并通过资源管理层（管理中间件）实现对资源池中虚拟资源的调度，实现透明化的可伸缩计算系统，提高资源的使用效率、发挥计算资源的聚合效能。云计算的资源管理需要负责资源管理、任务管理、用户管理和安全管理等工作，实现节点故障的屏蔽、资源状况监视、用户任务调度、用户身份管理等多重功能。其中要涉及的关键技术包括虚拟机生成、虚拟机文件管理（复制、备份）、快速的动态部署技术，资源监控与调度、高效负载均衡、高效迁移技术、故障快速检测与容错技术和高效的资源动态扩展技术。

　　并行计算技术：并行计算（Parallel Computing）是指将一个计算问题分解为多个相对小的计算任务，并同时使用多种计算资源执行，利用并行处理的方式来快速解决复杂问题。它的基本思想是用多个处理器来协同求解同一问题。并行计算系统既可以是专门设计的、含有多个处理器的超级计算机，也可以是以某种方式互连的若干台的独立计算机构成的集群。

　　传统的并行计算算法复杂，需要考虑很多其他问题，比如进程之间的协调运行、计算任务的负载均衡等，并且并行的规模有限（一般限于 1024 个节点）。

　　Mapreduce 是由谷歌公司发明的新兴并行计算模型。它通过若干优化（本地化计算），简化了并行程序的编程开发，提高了并行系统的效率。Mapreduce[4]将计算任务分拆 Map 和 Reduce 两个阶段，Map 阶段负责把复杂的任务分成若干个相对简单的任务来并行执行，Reduce 阶段则是对 Map 阶段的结果进行汇总，最后输出结果给用户，如图 15.7 所示。

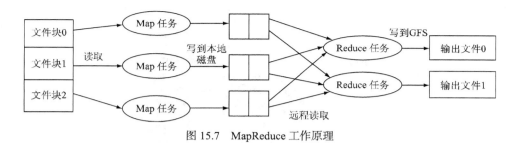

图 15.7 MapReduce 工作原理

分布式文件系统：为保证高可用、高可靠和经济性，云计算采用分布式存储的方式来存储数据和冗余存储的方式来保证存储数据的可靠性。为了满足大量用户的需求，数据存储技术必须具有高吞吐率和高传输率的特点。目前数据存储技术主要有 Google 的 GFS（Google File System，非开源）以及 HDFS（Hadoop Distributed File System，开源），这两种技术已经成为事实标准。GFS 实现机制是将文件划分为 64M 的块，每一块至少在 3 个服务器上保存（可靠性），其中某块数据失效，会从其他块访问并恢复新的块，主机（Master）管理所有元数据信息（每个块的具体大小、位置、起始），数据实际上直接在客户端和块服务器（Chunk Server）之间传输，主机和块服务器之间保持通讯以保证块服务器和块数据的有效性，每次主机重启，都会重新从块服务器中刷新信息。

资源调度技术：在特定的环境下，根据一定的资源使用和调度规则，进行资源调整以实现资源的动态分配和均衡使用。

统一管理技术：通过部署统一资源化管理平台，实现对应用性能、计算、网络、存储等资源的管理。

分布并行编程技术：为了高效地利用云计算的资源，使用户能更轻松地享受云计算带来的服务，云计算的演变是必须保证后台复杂的并行执行和任务调度向用户和编程人员透明。云计算采用 MapReduce 编程模式，将任务自动分成多个子任务，通过 Map 和 Reduce 两部分实现任务在大规模计算节点中的调度与分配。

15.3 云计算产业及应用情况

继个人计算机、互联网变革之后，云计算作为第三次 IT 浪潮的代表将给 IT 商业模式、应用开发模式和产业链带来根本性改变，成为当前全社会关注的热点。

15.3.1 云计算带来的变革

云计算下的商业模式：近几年云计算产业发展的热火朝天，云计算应用市场将呈现大规模的增长，衍生成多样的商业模式。据 hosting.com 统计，目前已有以下几种模式：固定式/包月式的合同收费、按需动态收费、按使用量收费、按服务效果收费（业务分成）和后向收费（广告收费）。按需取用、按需付费、集中管理的这一创新商业模式，将给 IT 产业带来最大的震撼，会被延伸至 IT 之外的产业，甚至是影响企业经营思维，很可能改变企业和社会的运营理念。

云计算下应用开发模式的变化：在技术上，云计算和传统的应用系统有很大的区别。以下用图 15.8 和图 15.9 稍作说明。

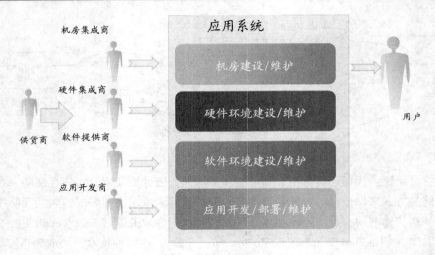

图 15.8　传统应用开发模式

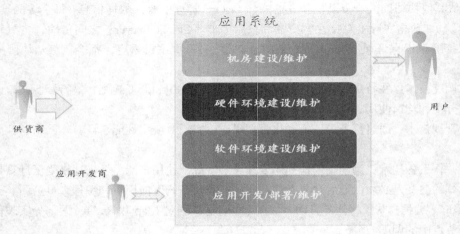

图 15.9　云计算应用系统开发模式

1. 传统应用开发模式

传统应用集成、开发模式需要考虑以下几大主要因素。

（1）机房建设/维护：机房选址、设计、装修，通电系统、通风系统、防火系统、监控系统。系统建设成本很高。而且，系统正常运行后，机房的维护也不可避免。

（2）硬件环境/维护：硬件系统设计选型，机架机柜组装，系统部署、组网。

（3）软件环境/维护：软件系统安装、系统设置部署，中间件、数据库、邮件服务、消息服务等系统设置至最优，还要对系统健康状况进行监控，以期它们合理地运用 CPU、内存、存储空间带宽等系统资源。

这几项都会给建设者和管理者带来巨大的工作量。

（4）应用开发/部署/维护：当前 3 项前提条件都准备好，应用开发人员才能将应用部署及运行于系统环境之中，组成完整的应用系统提供给最终用户。

2. 云计算应用系统开发模式

云计算给应用系统开发者带来的变化是：以后开发应用系统，不用再关心机房、硬件、软件环境的前提条件。这些问题都可以由"云计算"提供商以更节约、更高效、更稳定的方式解决。

如图 15.10 所示，应用开发商只需开发实现业务逻辑的程序，并将程序部署于云计算平台环境中就可以了。

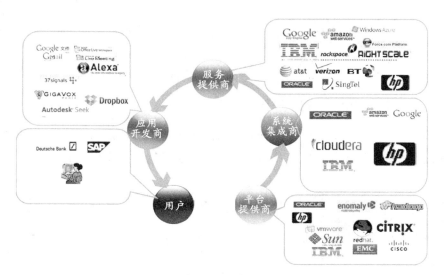

图 15.10　云计算产业链

云计算产业链：互联网、通信业、IT 厂商互相渗透，打破了传统的产业链模式，形成高度混合渗透的生态模式。云计算时代将出现专门的云计算服务运营商负责提供数据机房，软、硬件设备，系统安装部署、维护等服务，成为系统资源服务商；并将服务、资源通过虚拟化管理技术，提供给 Saas/PaaS/等应用开发商，提高数据资源利用率；为最终用户提供更加便利的信息服务。

因此，在云计算时代，信息产业将出现整合。人们的日常生活中将离不开云，云服务运营商将宽带、存储、计算能力作为像人们生活中的"水、电"一样提供给最终用户。如图 15.10 所示，云计算产业链也将由平台提供商—系统集成商—服务提供商—应用开发商—最终用户来组成。

15.3.2　云计算的应用

按照 15.1.4 小节中对云计算服务的分类，各个层面的应用及服务模式正在我们的社会生活中扮演着越来越重要的角色。

IaaS，基础设施即服务。消费者通过 Internet 可以从完善的计算机基础设施获得服务。这些服务包括虚拟计算、虚拟存储、虚拟网络、虚拟数据库、主机托管等。IaaS 相对其他两种应用市场规模相对较小、利润空间也较小、投资大、投资回报率（ROI）小、赢利周期长，规模是赢利的关键要素，长期持续赢利面临许多不确定因素（技术快速变化，用户需求的指数性增长等），进入门槛较高，SMB（中小规模企业）很难参与 IaaS 的竞争，未来很可能是"寡头垄断"市场，有明显的"共用设施"、去本地化特征。它的优势是节省费用，所付及可用，可以即使升级，安全可靠。

PaaS，平台即服务。云计算服务的运营平台（PaaS）是未来云计算产业的关键环节，其价值和影响不仅体现在技术上，更体现在业务运营和管理监控上。基于 PaaS 进行各种服务、内容、应用的开发、运营、销售，将成为 SaaS 发展的趋势。像其他平台型技术和产品一样，PaaS 的成功关键是"普及和流行"程度，即：有多少服务/内容/应用厂商使用这个平台。国际大厂商都在积极构建和推广自己的 PaaS，以期占据未来云计算产业有利地位。但是平台性技术一直是中国 IT 产业的薄弱环节。

SaaS，软件即服务。软件通过互联网来交付，向用户收取月服务费。从技术上看是美好的，它允许即时注册，极大地降低整合成本，并允许用户购买前试用，而且具有良好的可扩展性。中小型企业在 SaaS 中有巨大的发展机会，传统的软件巨头无一例外地开始进入 SaaS 领域，大型企业的关键应用软件（如客户关系管理系统）也已经开始采用云计算模式。应用和服务的多样化、个性化需求决定了 SaaS 不可能成为"寡头垄断"市场，新兴的软件历史包袱小，可以快速转型进行 SaaS 开发和服务，Salesforce 为 SaaS 市场树立了成功的榜样。SaaS 具有巨大的产业带动力和创新空间。

15.3.3　云计算的发展现状

由于意识到云计算将是一场改变 IT 格局的划时代变革，几乎所有重量级跨国 IT 巨头都从不同领域和角度开始在云计算领域布局，这个阵营占据着主导位置的领先者有 Google、Yahoo、IBM、Microsoft、Amazon。

Google：唯一以硬件起家的搜索公司。每年在数据中心的投入超过 20 亿美元。成为云计算领域难以超越的领跑者和极力推动者。

Yahoo：规模和资金比 Google 稍逊一筹，开发的软件与云计算兼容不够。但是作为 Hadoop 的首要资助方，可能后来居上。

IBM：商业数据计算的龙头和传统超级计算机的绝对领导者。与 Google 合作后立足云计算一方。

Microsoft：现在只能与自身开发的软件结合，这可能成为它的软肋。但是在云科学基础理论中扮演重要的角色。正在伊利诺伊州和西伯利亚建立大型数据中心。

Amazon：第一个将云计算作为服务出售的公司。规模小于其他竞争者，但是在该领域的专业性为这家零售商在下一代网络服务方面从零售到传媒业的转型助了一臂之力。

（1）国外云计算发展现状

在国外，主要以公司主导，以应用拉动产业的发展。表 15.1 是国外知名公司对云计算技术和业务的开展情况。

表 15.1　　国外云计算发展现状

公司名	IaaS	PaaS	SaaS	云计算技术和业务开展情况
Amazon	√	√	√	将过剩的闲散 IT 资源整合起来为客户提供服务，提高资源利用率，增加新的利润增长点
Google		√	√	为搜索等互联网业务建立的低成本、高可扩展的数据处理平台。为了打击竞争对手 Microsoft，推出了 Google Doc 等 SaaS 服务，为了与 Amazon 抗衡，同时提高资源利用率，将剩余资源开放出来提供 PaaS 服务，同时 Google 也是云计算技术的领导者
SalesForce.com		√	√	由原来卖软件 license 转型为出租软件的 SaaS 服务，进一步扩展到 PaaS 服务领域（Force.com）
Facebook		√	√	为用户提供社交网络服务，支撑系统采用低成本 PC 构建云计算平台进行照片存储、后台日志分析及智能推荐等，降低系统成本，增强竞争力。基于开源 Hadoop 开发了 Hive 系统，支持海量数据仓库应用
Microsoft	√	√	√	提供 Azure 解决方案，包括基于 Windows 的虚拟计算环境和存储以及在此基础上提供的 Live、.Net、SQL 服务能力

续表

公司名	IaaS	PaaS	SaaS	云计算技术和业务开展情况
IBM	√	√	√	基于 IBM 小型机、x 系列 PC 服务器、数据库、中间件软件以及 Tivoli 系统管理软件提供按需计费的资源管理解决方案，提供 Lotus Live 等在线应用解决方案
CISCO	√		√	将产品线由原来的网络设备扩展到 PC 服务器领域，进而提供统一的数据中心解决方案。同时提供 WebEX 在线应用解决方案
VmWare	√			提供 x86 虚拟化管理解决方案

（2）中国云计算发展现状

中国云计算产业分为市场准备期、起飞期和成熟期 3 个阶段。当前，中国云计算产业尚处于导入和准备阶段，处于大规模爆发的前夜。中国云计算发展阶段分析如图 15.11 所示。

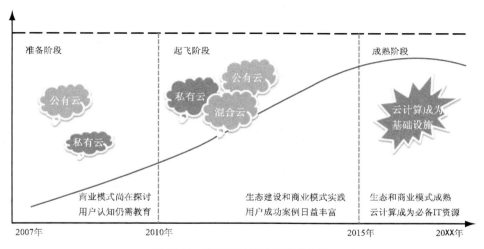

图 15.11　中国云计算发展阶段分析

在国内，云计算发展主要以政府为主导，我国政府高度重视云计算产业发展，国务院《关于加快培育和发展战略性新兴产业的决定》（国发〔2010〕32 号），把促进云计算研发和示范应用作为发展新一代信息技术的重要任务。2010 年 10 月，国家发改委和工信部印发了《关于做好云计算服务创新发展试点示范工作的通知》，确定首先在北京、上海、深圳、杭州、无锡等 5 个城市先行开展云计算服务创新发展试点示范工作。中国电信、移动、联通三大电信运营商和 IT 龙头企业大举向云计算转型。2011 年，中国云计算服务市场规模达到 315.54 亿元，增长 88.6%。2012 年，中国云计算服务市场规模已超过 600 亿元。2013 年，将增长到 1174.12 亿元，云计算市场发展速度明显加快。

为了积极响应中央的指示，各地方政府也加快了战略布局。

15.4　私有云搭建技术

云计算的部署模式主要有公有云、私有云和后面发展起来的混合云。公有云的基础架构或应用程序是通过 Internet 与世界各地数百万客户共享，私有云是作为一组标准化服务交付的计算资源池，这些服务由特定企业指定、构建和控制。公有云可以说是哥哥，它在技术和产品上都比私有云更成熟，但是私有云在成本、全面的软件兼容性、资源弹性分配、部署速度、服务器零宕机、数据安全[5]等方面比公有云更有潜力。本小节就私有云搭建技术稍作介绍。

在私有云领域，基于云计算模式的开源项目百花齐放，Openstack 或许算不上其中的佼佼者。但近三年来，OpenStack 发展得如火如荼，快速崛起并引领着私有云市场，CloudStack 紧随其后，如图 15.12 所示。所以下面就 OpenStack 和 CloudStack 加以简要介绍。

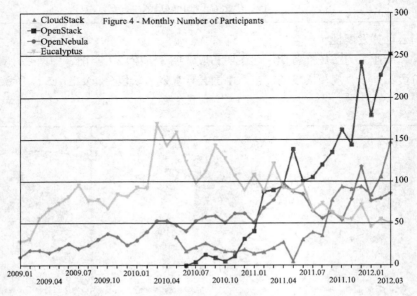

图 15.12　群雄并起的私有云模式

15.4.1　OpenStack 简介

OpenStack 是由 Rackspace 和 NASA 共同开发的云计算平台，帮助服务商和企业内部实现类似于 Amazon [6]EC2 和 S3 的云基础架构服务（Infrastructure as a Service, IaaS）。旨在为公共云、私有云及混合云的建设与管理提供软件的开源项目。它的社区拥有超过 130 家企业及 1350 位开发者，而且这些数据是在逐渐地递增，这些机构与个人都将 OpenStack 作为基础设施即服务（简称 IaaS）资源的通用前端。OpenStack 项目的首要任务是简化云的部署过程并为其带来良好的可扩展性。

OpenStack 目前主要由六大基本组件组成，分别是：计算组件 Nova、对象存储组件 Swift、镜像组件 Glance、网络组件 Quantum、身份验证组件 Keystone、Dashboard 组件 Horizon。

15.4.2　CloudStack 简介

CloudStack 是一个开源的具有高可用性及扩展性的云计算平台。目前 Cloudstack 支持管理大部分主流的 hypervisors，如 KVM、XenServer、VMware、Oracle VM、Xen 等。同时 CloudStack 是一个开源云计算解决方案，可以加速高伸缩性的公共和私有云（IaaS）的部署、管理、配置。使用 CloudStack 作为基础，数据中心操作者可以快速方便地通过现存基础架构创建云服务。

CloudStack 采用了典型的分层结构：客户端、核心引擎以及资源层。它面向各类型的客户提供了不同的访问方式：Web Console、Command Shell 和 Web Service API。通过它们，用户可以管理使用在其底层的计算资源（又分为主机、网络和存储），完成诸如在主机上分配虚拟机，配给虚拟磁盘等功能。

简单将 CloudStack 与 OpenStack 进行一下比较，如表 15.2 所示。

表 15.2　　　　　　　　　　　　　　　CloudStack 与 OpenStack 的比较

比较项	CloudStack	OpenStack
服务层次	IaaS	IaaS
授权协议	Apache 2.0	Apache 2.0
Apache 2.0	不需要	不需要
动态资源调配	主机 Maintainance 模式下自动迁移 VM	无现成功能，需通过 Nova-scheduler 组件自己实现
VM 模板	支持	支持
VM Console	支持	支持
开发语言	Java	Python
用户界面	Web Console，功能较完善	DashBoard，较简单
负载均衡	软件负载均衡（Virtual Router）、硬件负载均衡	软件负载均衡（Nova-network 或 OpenStack Load Balance API）、硬件负载均衡
虚拟化技术	XenServer、Oracle VM，vCenter、KVM、Bare Metal	XenServer、Oracle VM、KVM、QEMU、ESX/ESXi、LXC（Liunx Container）等
最小化部署	一管理节点，一主机节点	支持 All in one（Nova、Keystone、Glance 组件必选）
支持数据库	MySQL	PostgreSQL、MySQL、SQLite
组件	Console Proxy VM、Second Storage VM、Virtual Router VM、Host Agent、Management Server	Nova、Glance、Keystone、Horizon、Swift
网络形式	Isolation（VLAN）、Share	VLAN、FLAT、FLATDhcp
版本问题	版本发布稳定，不存在兼容性问题	存在各版本兼容性问题
VLAN	不能 VLAN 间互访	支持 VLAN 间互访

可以认为，在市场上 CloudStack 和 OpenStack 这两个 IaaS 平台存在不同的功能、客户和发展路线，前者作为曾经的商业软件，已经被证明为可以可靠地用于生产系统；而后者虽然目前缺少广泛的真实用户，却拥有更多的大公司支持。

习　　题

一、选择题

1.　云计算是对（　　　）技术的发展与运用。

　　A.　并行计算　　　　B.　网格计算　　　　C.　分布式计算　　　D.　前三个选项都是

2.　将平台作为服务的云计算服务类型是（　　　）。

A. IaaS　　　　　B. PaaS　　　　　C. SaaS　　　　　D. 前三个选项都不是

3. 将基础设施作为服务的云计算服务类型是（　　　　）。

A. IaaS　　　　　B. PaaS　　　　　C. SaaS　　　　　D. 前三个选项都不是

4. 云计算体系结构的（　　）负责资源管理、任务管理、用户管理和安全管理等工作。

A. 物理资源层　　B. 资源池层　　C. 管理中间件层　D. SOA 构建层

5. 云计算按照服务类型大致可分为以下哪几类？（　　　　）。

A. IaaS　　　　　B. PaaS　　　　　C. SaaS　　　　　D. 效用计算

6. （　　　）是 Google 提出的用于处理海量数据的并行编程模式和大规模数据集的并行运算的软件架构。

A. GFS　　　　　B. MapReduce　　C. Chubby　　　D. BitTable

7. Mapreduce 适用于（　　　）。

A. A. 任意应用程序　　　　　　　　B. 任意可在 Windows Servet 2008 上运行的程序

C. 可以串行处理的应用程序　　　　D. 可以并行处理的应用程序

二、简答题

1. 简述云计算技术的演进过程。
2. 对比"发电厂"和"电网"的概念，简述你对云计算定义和本质特征的理解。
3. 简述云计算环境中的关键技术及其作用。
4. 简述云计算的分类和服务层次。
5. 在现有的云计算类型中，你认为在我国会大规模发展的是何种类型的"云"，给出你的理由。
6. 列出两种现有的主流云计算开源项目名称以及各自的特点。

本章参考文献

[1] A.Lenk, M.Klems, J.Nimis, S.Tai, T.Sandholm. What's inside the Cloud? An architectural map of the Cloud landscape. Software Engineering Challenges of Cloud Computing, 2009. CLOUD '09. ICSE Workshop on, 23-23 May 2009: 23 – 31.

[2] H.Chang, M.Kodialam, R.R. Kompella, T. V. Lakshman, M.Lee, and S.Mukherjee. Scheduling in MapReduce-like Systems for Fast Completion Time[S]. INFOCOM, 2011 Proceedings IEEE, 10-15 April 2011: 3074–3082.

[3] M.Armbrust,A. Fox,R.Griffith,A.D. Joseph,R.H. Katz,A.Konwinski,G.Lee,D.A. Patterson, A.Rabkin,I.Stoica,and M.Zaharia .Above the Clouds: A Berkeley View of Cloud Computing. Department of Electrical Engineering and Computer Sciences, University of California at Berkeley, Report No. UCB/EECS-2009-28, CA, USA, 2009.

[4] M.Zaharia, A.Konwinski, A.D. Joseph, R.Katz, and I.Stoica.Improving MapReduce Performance in Heterogeneous Environments. In Proceedings of the 8th USENIX conference on Operating systems design and implementation ,San Diego, USA, 10-11 December 2008: 29-44.

[5] T.Mather, S.Kumaraswamy, and S.Latif .Cloud Security and Privacy An Enterprise Perspective on Risks and Compliance. the United States of America :M.Loukides, September 2009: 100-102.

[6] M.Palankar, M.Ripeanu,and S.Garfinkel.Amazon S3 for Science Grids: a Viable Solution. Computing Workshop (DADC), Boston, MA, June 2008: 55-64.